全国二级造价工程师
上海市水利工程专业职业资格考试辅导教材

水利工程计量与计价实务

上海市水务工程定额管理站　主编

同济大学出版社
TONGJI UNIVERSITY PRESS
·上海·

内 容 提 要

本书是全国二级造价工程师(上海市水利工程专业)职业资格考试参考用书。全书由基础知识篇、造价构成篇、计量计价篇构成,系统阐述了水文、工程地质、水利工程建筑材料、主要机电和金属结构设备、常用施工机械类型及应用、水利工程施工技术等基础知识,概述了水利工程造价管理及造价构成,并对计量与计价、合同价款管理进行介绍,同时列举了详尽的造价案例。

本书还可作为水利工程造价管理人员、项目经理、监理工程师以及与工程造价相关的从业人员的参考用书。

图书在版编目(CIP)数据

水利工程计量与计价实务 / 上海市水务工程定额管理站主编. --上海：同济大学出版社，2025.6.

ISBN 978-7-5765-1622-7

Ⅰ. TV512

中国国家版本馆 CIP 数据核字第 2025UV3110 号

水利工程计量与计价实务

上海市水务工程定额管理站　**主编**

责任编辑　朱　勇　王映晓　　**责任校对**　徐逢乔　　**封面设计**　陈益平

出版发行　同济大学出版社　　www.tongjipress.com.cn

(地址:上海市四平路 1239 号　邮编:200092　电话:021-65985622)

经　　销　全国各地新华书店

排　　版　南京文脉图文设计制作有限公司

印　　刷　上海叶大印务发展有限公司

开　　本　787mm×1092mm　1/16

印　　张　23.75

字　　数　578 000

版　　次　2025 年 6 月第 1 版

印　　次　2025 年 6 月第 1 次印刷

书　　号　ISBN 978-7-5765-1622-7

定　　价　88.00 元

编审委员会

前　言

根据住房城乡建设部、交通运输部、水利部、人力资源社会保障部关于印发《造价工程师职业资格制度规定》《造价工程师职业资格考试实施办法》的通知（建人〔2018〕67 号）要求，为统一和规范上海市二级造价工程师管理，提升建设工程造价管理水平，上海市住房和城乡建设管理委员会会同上海市交通委员会、上海市水务局、上海市人力资源和社会保障局制定了《上海市二级造价工程师职业资格管理办法》，并于 2021 年开始启动二级造价工程师职业资格考试工作。

为更好地贯彻国家及上海市的水利工程造价法律、法规及相关政策，进一步提高水利工程造价专业人员的职业素质及对专业技术知识的掌握程度，配合二级造价工程师（水利工程专业）资格考试工作，上海市水务工程定额管理站在上海市水务局的指导下，于 2024 年 3 月正式启动了二级造价工程师职业资格考试辅导教材（水利工程）的编写工作。

为确保本书编写工作顺利、稳妥进行，上海市水务工程定额管理站牵头，成立了全国二级造价工程师职业资格考试辅导教材（水利工程）编审委员会，通过认真研究、反复斟酌、通力合作，最终保质保量地完成了编写工作。

编写团队依据《全国二级造价工程师职业资格考试大纲》和《上海市二级造价工程师职业资格管理办法》，编写了本书，涵盖了水利工程所涉及的水文与工程地质、建筑材料、主要机电和金属结构设备、施工机械、施工技术等专业基础知识、水利工程造价构成、水利工程计量与计价、水利工程合同价款管理、水利工程计量与计价应用案例等。

本书在编写过程中，充分吸收了水利部以及上海地区最新颁布的有关水利工程造价管理的法规、规章、指导性政策文件及定额，与大纲紧密结合，注重体现全过程造价管理的统一性、完整性和实效性。

本书的编写工作得到了上海市水务局的关心、指导，更得到了行业专家的大力支持。其间，上海市堤防泵闸建设运行中心、上海翔波工程咨询有限公司、上海事通工程造价咨询监理有限公司、上海仁泓工程咨询有限公司、上海宏波工程咨询管理有限公司等单位的诸多专家秉持着专业精神，投入大量时间和精力参与编写工作。在此，对各位专家的努力及付出表示由衷的敬意和衷心的感谢！

本书的编写不仅对上海市水利工程造价专业人员业务提升具有实战指导意义，而且为水利工程造价从业人员丰富专业技术知识、提升计量计价实务操作水平提供了基础。

由于编写时间有限，本书难免存在不足，敬请广大读者提出宝贵意见和建议。

编者

2025 年 6 月

目 录

造价构成篇

计量计价篇

基础知识篇

第一章 概 述

第一节 定义及分类

一、定义

为了对自然界的地表水和地下水进行有效的控制和合理的调配，达到兴利除害目的而修建的各项工程，统称为水利工程。

水利工程的目的是解决水资源在时间和空间上的分配不均匀，以及来水和用水不相适应的矛盾。其根本任务是除水害和兴水利。前者主要是防止洪水泛滥和旱涝成灾；后者则是利用水资源满足人类生产和生活需求，包括灌溉、发电、供水、航运、养殖、旅游等。

二、分类

(一) 按对水的作用分类

水利工程按其对水的作用可分为蓄水工程、排水工程、引水工程、输水工程、提水工程及水质净化工程等。

(二) 按承担的任务分类

水利工程按其承担的任务可分为治河防洪工程、农田水利工程(或称灌溉排水工程)、水力发电工程、给排水工程、航道及港口工程、环境水利工程、水处理工程等。

1. 治河防洪工程

治河防洪工程主要通过“上拦下排、两岸分滞”的方式来达到防洪减灾的目的。“上拦”是防洪的根本措施，它包括在流域范围内采取水土保持措施，有效减少地面径流；兴建水库拦蓄洪水，减少下泄流量。“下排”是指采取疏浚河道、修筑堤防等河道整治措施，提高河道泄洪能力。“两岸分滞”是指在河道两岸适当位置修建分洪闸、引洪道、滞洪区等，将超过河道安全泄量的洪峰流量通过泄流建筑物分流到该河道下游或其他水系，或者蓄于滞洪区，以保证保护区的安全。

2. 农田水利工程

农田水利工程是通过工程技术措施调节和改变地区水利条件与农田水分状况，使其符合发展农业生产的需要，一般包括取水工程、输配水工程和排水工程。

3. 水力发电工程

水力发电工程通常是在河流上筑坝或修引水道，利用河段落差取得水头，通过水库调节径流取得流量，引导水流通过电站厂房中安装的水轮发电机组，将水能转换为机械能和电能，然后通过输变电线路，把电能输送到电网或者用户。

4. 给排水工程

给排水工程是指用于水供给、废水排放和水质改善的工程，分为给水工程和排水工程。给水有时也称供水。给水是将水从天然水源中取出，经过净化、加压，用管网输送到城市和企业等用水部门；排水是指排除企业和城市的废水、污水及地面雨水。给水必须满足国家对用水水质、水量、水压等要求，排水必须符合国家规定的污水排放标准。

5. 航道及港口工程

航道及港口工程是为发展水上运输而兴建的各种工程设施。航道是船舶航行的通道，分天然航道和人工运河两类。天然航道包括内河航道和近海入港航道。港口是供船舶停泊、装卸和补给的水陆运输枢纽。港口按使用特点分为商港、工业港、军港、渔港和避风港等。港口按所处地理位置可分为内河港、河口港和海岸港。内河港位于天然河流、人工运河、湖泊或水库内；河口港和海岸港统称为海港。

- 水利工程
  - 枢纽工程
    - 水利枢纽工程
    - 水库工程
    - 水电站工程
    - 泵站工程
    - 拦河水闸工程
    - 独立建筑物
  - 引水工程
    - 供水工程
    - 灌溉工程(1)
    - 其他调水工程
  - 河道工程
    - 堤防工程
    - 河湖整治工程
    - 灌溉工程(2)

图 1-1　水利工程分类

注：灌溉工程(1)指设计流量不小于 5 m^3/s 的灌溉工程，灌溉工程(2)指设计流量小于 5 m^3/s 的灌溉工程和田间工程。

6. 环境水利工程

环境水利工程是指为保护和改善水环境而采取的措施及修建的工程。主要包括为改善水生物环境而修建的蓄水或排水工程、改善鱼类洄游和河口环境的工程、景观工程、城市水环境工程等。

7. 水处理工程

水处理工程是指使用一系列水处理设备通过物理、化学、生物的手段，除去水中对生产、生活有害的物质的工程；也是对水进行的沉降、过滤、混凝、絮凝以及缓蚀、阻垢等水质调理的过程。

(三) 按工程性质分类

根据 2024 版《水利工程设计概(估)算编制规定》中的有关规定，将水利工程按工程性质划分为枢纽工程、引水工程和河道工程三类，具体划分如图 1-1 所示。

三、常见水利工程

全国第一次水利普查集中对水库、水电站、水闸、泵站、堤防、农村供水工程、水库移民征地工程、塘坝工程、窖池工程、跨流域调水工程和灌区以及地下取水井等 11 类常见的水利工程进行了调查。这些水利工程虽然规模大小不一、类型差异很大，但在全国分布广泛、数量众多，对人民生产和生活影响较大。

水库是指在河道、山谷或低洼地带修建挡水坝或堤堰形成的具有拦蓄洪水和调节水流功能的水利工程。

水电站是指为开发利用水利资源，将水能转化为电能而修建的工程建筑物和机械、电气设备以及金属结构的综合体。

水闸是指建在河道、湖泊、渠道、海堤上或水库岸边，具有挡水和泄（引）水功能的调节水位、控制流量的低水头水工建筑物。

泵站是指由泵和其他机电设备、泵房以及进出水建筑物组成，建在河道、湖泊、渠道上或水库岸边，可以将低处的水提升到所需的高度，用于排水、灌溉、城镇生活和工业用水等的水利工程。

堤防是指沿江、河、湖、海等岸边或行洪区、分蓄洪区、围垦区边缘修筑的挡水建筑物。

农村供水工程指向广大农村的镇区、村庄等居民点和分散农户供给生活和生产等用水，以满足村镇居民和企事业单位日常用水需要为主的供水工程。

水库移民征地工程是指为水利工程建设，征用土地、补偿库区淹没土地、进行非自愿性群体迁移以及其社会经济系统恢复重建的工程。

塘坝工程指在地面开挖修建或在洼地上形成的拦截和贮存当地地表径流，用于农业灌溉、农村供水的蓄水设施。

窖池工程指采取防渗措施拦蓄、收集天然来水，用于农业灌溉、农村供水的蓄水工程。

四、其他水利工程

除以上分类外，水利工程逐渐出现了水土保持工程、生态水利工程、海绵城市等涉水工程建设新领域。

水土保持工程是指建设区内以防治水土流失为目标采取的水土整固措施工程，一般是通过改变一定范围内（有限尺度）小地形（如坡改梯等平整土地），拦蓄地表径流，增加土壤降雨入渗，改善农业生产条件，充分利用光照、温度、水土资源，建立良性生态环境，减少或防止土壤侵蚀，合理开发、利用水土资源而建设的工程。

生态水利工程是既能满足人类经济社会发展需求，又能满足水生态系统健康需求的水利工程，通过综合运用工程与非工程措施，进行适度正向扰动，或在生态系统自修复能力范围内进行负向扰动，使水生态系统结构完整性和整体平衡性得以维持，从而保障水生态系统服务功能的正常发挥，使生态系统的健康和可持续性得到恢复或改善。

海绵城市是指通过加强城市规划建设管理，充分发挥建筑、道路和绿地、水系等生态系统对雨水的吸纳、蓄渗和缓释作用，有效控制雨水径流，实现自然积存、自然渗透、自然净化的城市发展方式。

第二节 水工建筑物与水利枢纽

一、水工建筑物

为了防洪、发电、灌溉、航运等要求，通常需要修建不同类型的建筑物，以控制水位、调节水流、兴利除害，这些建筑物统称为水工建筑物。

(一) 分类

1. 按功能分类

水工建筑物按其主要功用可分为以下六类。

(1) 挡水建筑物，是拦截或约束水流、抬高水位及调蓄水量的水工建筑物，如拦河坝、堤防及水闸等。坝高 $H>70$ m，称为高坝；$H=30\sim70$ m，称为中坝；$H<30$ m，称为低坝。

(2) 泄水建筑物，是宣泄水库、湖泊及河渠等多余水量，以保证枢纽安全的水工建筑物，如溢洪道、溢流坝、泄洪隧洞及水闸等。

(3) 输水建筑物，是输送库水或河水，以满足灌溉、发电或工业用水等需要的水工建筑物，如输水隧洞、涵管或渡槽等。

(4) 引水建筑物，是从水库或河流取水，满足各种用水要求的水工建筑物，如灌溉渠首和供水用的水闸、扬水站等。

(5) 整治建筑物，是改善河道水流条件、调整河势、稳定河槽、维护航道及保护河岸的水工建筑物，如丁坝、顺坝、导流堤、护底和护岸等。

(6) 专门建筑物，是专门为发电、航运、过鱼及过木等单一目标而设置的水工建筑物，如水电站厂房、船闸、鱼道及筏道等。

有些水工建筑物的功能并非单一的，难以严格区分其类型。如溢洪坝，既是泄水建筑物，又是挡水建筑物；水闸既可挡水，又能泄水，有时还作为灌溉渠首或供水工程的引水建筑物。

2. 按使用期限分类

水工建筑物按建筑物的使用期限分类，可分为永久性建筑物和临时性建筑物。

(1) 永久性建筑物

永久性建筑物是指运行期间长期使用的建筑物。依其重要性分为主要建筑物和次要建筑物。工程的主要建筑物是指其失事将造成灾害或严重影响工程效益的建筑物，如挡水坝(闸)、泄洪建筑物、取水建筑物及电站厂房等；次要建筑物是指其失事后不致造成灾害或对工程效益影响不大、易于修复的附属建筑物，如挡土墙、分流墩及护岸等。

(2) 临时性建筑物

临时性建筑物是指工程施工期间临时使用的建筑物，如施工围堰、导流建筑物、临时房屋等。

(二) 特点

水工建筑物主要在水中工作，承受水的各种作用，与一般土建工程的建筑物相比，有以下四个特点。

1. 复杂性

水工建筑物工作条件的复杂性主要在于水的作用。在上下游水位差的作用下，水工建筑物可能产生滑动或倾覆，同时建筑物及其地基内会产生渗透水流，这种渗流不利于建筑物的稳定，也可能使建筑物及地基产生渗流变形而遭到破坏。除上述静水作用的影响外，还有动力影响，如高速水流可能会产生空蚀等破坏作用，强烈的紊流脉动会引起轻型结构的振动，消能设备后面可能产生冲刷破坏。另外，库区泥沙淤积，又会减少水库寿命等。

2. 艰巨性

水工建筑物的施工条件要比陆地上其他建筑物复杂得多。首先，在水中施工需修建围堰，对河道还要截流，并采取导流措施，将上游来水安全地导向下游。这些工作非常艰巨，处理不好甚至还会贻误工期。其次，施工受自然条件影响大，受季节性制约强，可变因素多，施工很困难，如地下或水下施工、复杂地基的处理、大体积混凝土施工的温度控制等。另外，对于挡水建筑物，还要求在有限的时间内抢修到拦洪高程，往往要和洪水“赛跑”，以确保汛期拦洪，这些都给工程带来紧迫性和艰巨性。

3. 个别性

水工建筑物的形式和尺寸与地形、地质和水文等条件密切相关，尤其受地质条件的影响更大。由于各个地区情况不同，加上自然条件千差万别，因而水工建筑物具有较大的个别性，除非特别小的建筑物，一般不能采用定型设计。

4. 显著性

水工建筑物建成后会给国民经济及人民生活带来显著的效益。它不仅可以消除洪水灾害，还能发电、改善航运条件、改良农田灌溉与排水，同时对周围的自然环境和社会环境也将产生良好影响。可是，水工建筑物一旦失事，又会带来显著的灾害，特别是较高的拦河坝一旦溃决，会给两岸或下游造成灾难性乃至毁灭性的后果。因此，在勘测、规划、设计、施工及管理等方方面面都要慎重对待，务必妥善解决安全与经济的矛盾。

二、水利枢纽

水利枢纽是由几种作用不同的水工建筑物组成的综合体。不同类型的水工建筑物相互配合，以控制水流并便于协调运行与管理。

(一) 功能

水利枢纽的功能可以是单一的，如防洪、灌溉、发电或引水等，但多数是有几种功能的，这种枢纽称为综合性水利枢纽。以某一单项目标为主而兴建的水利枢纽，则常冠以主要目标之名，如防洪枢纽、水力发电枢纽（或水利水电枢纽）、航运枢纽及引水枢纽等。水利枢纽按其所在地区的地貌形态，分为山区、丘陵区水利枢纽和平原、滨海地区水利枢纽；也可按承受水头的大小分为高、中、低水头水利枢纽。

(二) 影响

水利枢纽建成后，对其周围的自然环境和社会环境将产生很大的影响。

在自然环境影响方面，包括对水文、水温、水质和泥沙的影响，对局部地区气候的影响，对环境地质（如诱发地震、库岸稳定等）和土壤环境的影响，对陆生生物和水生生物的影响，特别是对鱼类的影响等。

在社会环境影响方面，包括库区淹没和工程占地所引起的人口迁移及工程施工，对人民生活、景观及文物古迹的影响等。

水利枢纽对环境的影响既有有利的一面，也有不利的一面，两者互为影响。因此，既要考虑枢纽兴建后引起的环境改变，又要研究环境对枢纽的设计与运行管理的制约与要求。在规划、设计和建设水利枢纽时，均要注意枢纽对环境的正负两方面的作用，特别是关注不利影响，力争扩大有利的影响，而缩小不利的影响。

（三）布置

水利枢纽工程的位置一般通过河流流域规划或地区水利规划确定。水利枢纽工程的布置，一般通过可行性研究和初步设计确定。枢纽布置必须使各个不同功能的建筑物在位置上各得其所，在运用中相互协调，充分有效地完成所承担的任务。在满足基本要求的前提下，要力求建筑物布置紧凑，一个建筑物能发挥多种作用，减少工程量和工程占地，以减小投资；同时要充分考虑管理运行的要求和施工便利，工期短。

三、基本形式

（1）挡水建筑物工程，包括挡水的各类坝（闸）建筑物，如图 1-2 所示的非溢流坝段。

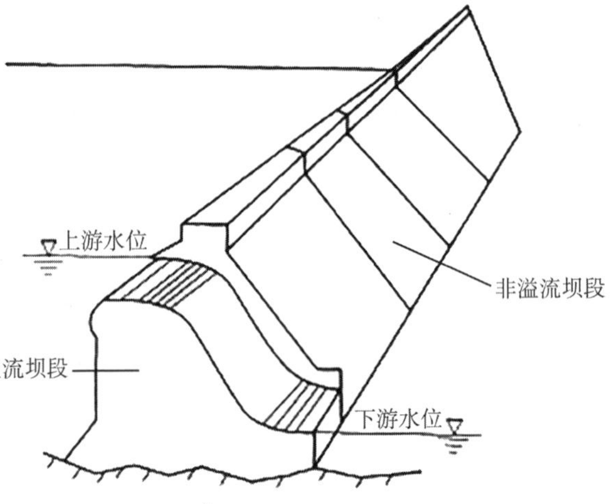

图 1-2　混凝土重力坝示意图

（2）泄洪建筑物工程，包括溢洪道、泄洪洞、冲沙孔（洞）、放空洞、泄洪闸等建筑物，如图 1-2 中的溢流坝段。

（3）引水建筑物工程，包括发电引水明渠、进水口、隧洞、调压井、高压管道等建筑，如图 1-3 所示的引水隧洞、压力水管。

（4）发电厂（泵站）建筑物工程，包括地面、地下各类发电厂（泵站）建筑物，如图 1-3 所示的地下厂房。

（5）升压变电站建筑物工程，包括升压变电站、开关站等。

（6）航运建筑物工程，包括上下游引航道、船闸、升船机等。

（7）鱼道建筑物工程，根据枢纽建筑物布置情况，可独立列项。与拦河坝相结合的，也可作为拦河坝的一部分。

（8）渠（管）道建筑物工程，包括明渠、输水管道、渠（管）道附属小型建筑物（如观测测量

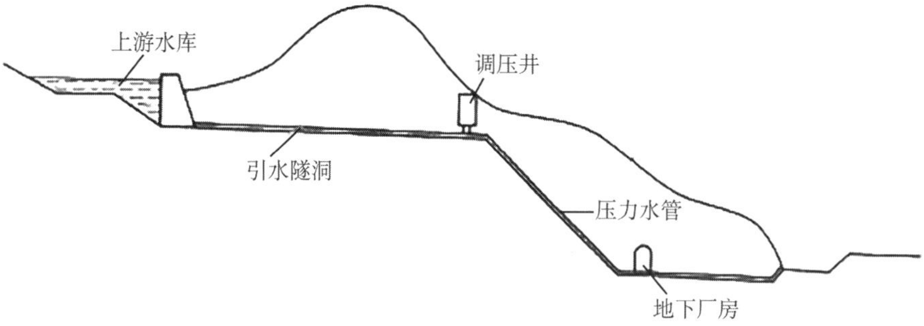

图 1-3　有压引水式水电站示意图

设施、调压减压设施、检修设施）等。

（9）渠系建筑物工程，包括泵站、水闸、渡槽、隧洞、箱涵（暗渠）、倒虹吸、跌水、动能回收电站、调蓄水库、排水涵（槽）、公路（铁路）交叉（穿越）建筑物等。

（10）堤防建筑物工程，指各类堤防的堤身填筑与除险加固、防渗导渗、堤防水下工程、护坡护岸、堤顶硬化、堤防绿化、生物防治和穿堤、跨堤建筑物（不含单独立项的分洪闸、进水闸、排水闸、挡潮闸等），如图 1-4 所示。

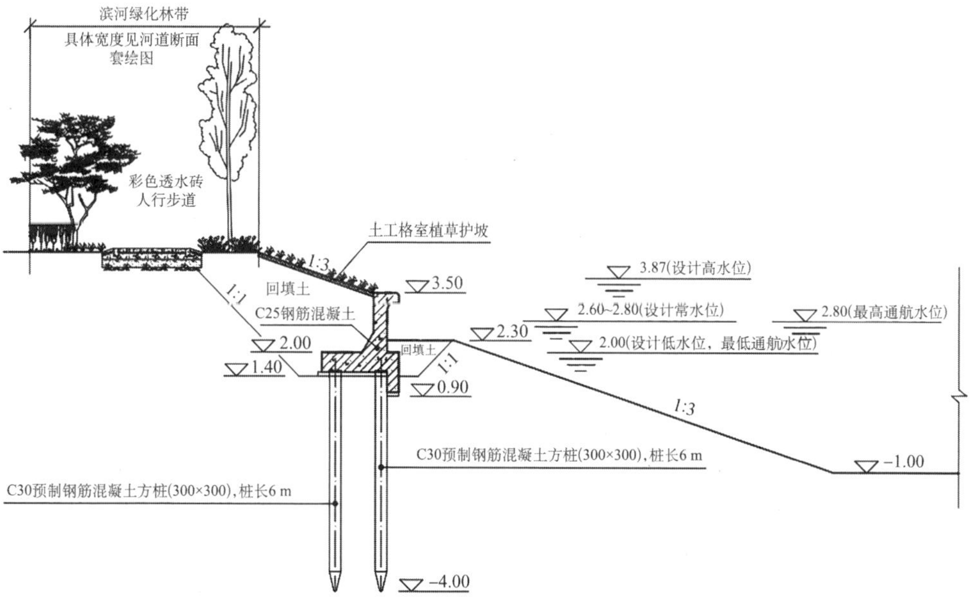

图 1-4　堤防断面图

（11）河湖整治建筑物工程，指各类河道、湖泊的河势控导、险工处理、堰塘固基等。

（12）疏浚建筑物工程，指对河道或滩地进行的局部开挖。其目的是扩大航道、港区、引水通道或新辟航道，也有工程是为新建水中工程开挖基槽。

（13）灌溉及田间渠道建筑物工程，包括明渠、输配水管道、排水沟（渠、管）工程、渠（管）道附属小型建筑物（如观测测量设施、调压减压设施、检修设施）、田间土地平整等。

（14）闸泵建筑物工程，包括水闸（图 1-5）、泵站、田间工程机井等。

（15）交通建筑物工程，包括上坝、进厂、对外等永久公路、运行管理维护道路，以及桥

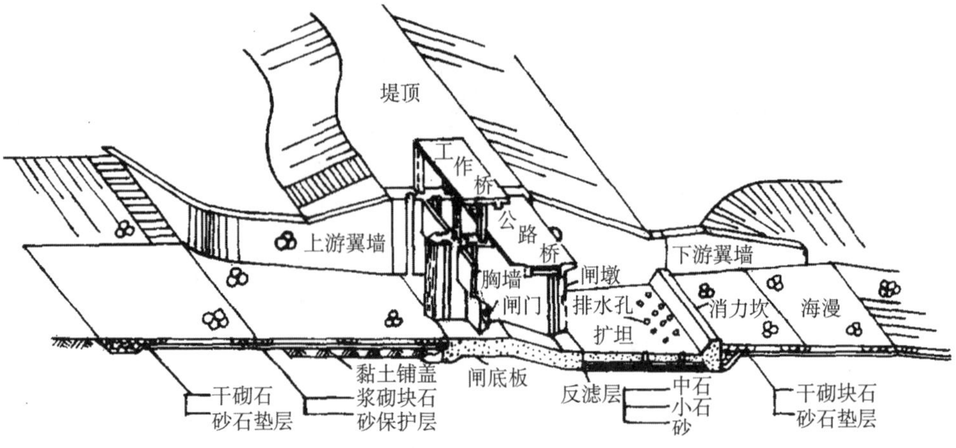

图 1-5　水闸示意图

梁、交通隧道、铁路、码头等。

(16) 房屋建筑物工程,包括为生产运行服务的永久性辅助生产建筑、仓库、办公用房、值班宿舍及文化福利建筑等房屋建筑工程和室外工程。

(17) 供电设施建筑物工程,指满足工程生产运行供电需求架设的输电线路及变配电站等。

(18) 其他建筑物工程,包括安全监测设施工程,照明线路,通信线路,厂坝(闸、泵站)区供水、供热、排水等公用设施工程,劳动安全与工业卫生设施,水文、泥沙监测设施工程,水情自动测报系统工程及其他工程。

第三节　工程等别及水工建筑物级别

一、水利工程等别划分

依据《水利水电工程等级划分及洪水标准》(SL 252—2017)的规定,水利水电工程的等别根据其工程规模、效益及在国民经济中的重要性,划分为Ⅰ、Ⅱ、Ⅲ、Ⅳ、Ⅴ五等,以适用于不同地区、不同条件下建设的防洪、治涝、灌溉、供水和发电等水利水电工程,见表 1-1。

对于综合利用的水利水电工程,当按各综合利用项目的分等指标确定的等别不同时,其工程等别应按其中的最高等别确定。

表 1-1　水利水电工程分等标准

工程等别	工程规模	水库总库容/亿 m^3	防洪			治涝	灌溉	供水		发电
			保护人口/万人	保护农田/万亩	保护区当量经济规模/万人	治涝面积/万亩	灌溉面积/万亩	供水对象重要性	年引水量/亿 m^3	发电装机容量/MW
Ⅰ	大(1)型	≥10	≥150	≥500	≥300	≥200	≥150	特别重要	≥10	≥1 200

（续表）

工程等别	工程规模	水库总库容/亿 m^3	防洪			治涝	灌溉	供水		发电
			保护人口/万人	保护农田/万亩	保护区当量经济规模/万人	治涝面积/万亩	灌溉面积/万亩	供水对象重要性	年引水量/亿 m^3	发电装机容量/MW
Ⅱ	大(2)型	＜10，≥1	＜150，≥50	＜500，≥100	＜300，≥100	＜200，≥60	＜150，≥50	重要	＜10，≥3	＜1 200，≥300
Ⅲ	中型	＜1，≥0.1	＜50，≥20	＜100，≥30	＜100，≥40	＜60，≥15	＜50，≥5	中等	＜3，≥1	＜300，≥50
Ⅳ	小(1)型	＜0.1，≥0.01	＜20，≥5	＜30，≥5	＜40，≥10	＜15，≥3	＜5，≥0.5	一般	＜1，≥0.3	＜50，≥10
Ⅴ	小(2)型	＜0.01，≥0.001	＜5	＜5	＜10	＜3	＜0.5	一般	＜0.3	＜10

注：1. 水库总库容指水库最高洪水位以下的静库容；治涝面积和灌溉面积均指设计面积；年引水量指供水工程渠首设计年均引(取)水量。

2. 保护区当量经济规模指标仅限于城市保护区；防洪、供水中的多项指标满足 1 项即可。

3. 按供水对象的重要性确定工程等别时，该工程应为供水对象的主要水源。

二、水工建筑物级别划分

(一) 一般规定

(1) 水利工程永久性水工建筑物的级别，应根据工程的等别或永久性水工建筑物的分级指标综合分析确定。

(2) 综合利用水利工程中承担单一功能的单项建筑物的级别，应按其功能、规模确定；承担多项功能的建筑物级别，应按规模指标较高的确定。

(3) 失事后损失巨大或影响十分严重的 2～5 级主要永久性水工建筑物，经过论证并报主管部门批准，可提高一级；失事后造成损失不大的 1～4 级主要永久性水工建筑物，经过论证并报主管部门批准，可降低一级。

(4) 对 2～5 级的高填方渠道、大跨度或高排架渡槽、高水头倒虹吸等永久性水工建筑物，经论证后建筑物级别可提高一级，但洪水标准不予提高。

(5) 当永久性水工建筑物采用新型结构或其基础的工程地质条件特别复杂时，对 2～5 级建筑物可提高一级设计，但洪水标准不予提高。

(6) 穿越堤防、渠道的永久性水工建筑物的级别，不应低于相应堤防、渠道的级别。

(二) 永久性水工建筑物级别

(1) 水库及水电站的永久性水工建筑物的级别，根据建筑物所在工程的等别和永久性水工建筑物的重要性划分为 5 级，按表 1-2 确定。

表 1-2 永久性水工建筑物级别

工程等别	主要建筑物	次要建筑物	工程等别	主要建筑物	次要建筑物
Ⅰ	1	3	Ⅳ	4	5
Ⅱ	2	3	Ⅴ	5	5
Ⅲ	3	4			

(2) 水库大坝按表 1-2 规定为 2 级、3 级的永久性水工建筑物，如坝高超过表 1-3 中的指标，其级别可提高一级，但洪水标准可不提高。

表 1-3 水库大坝等级标准

级别	坝 型	坝高/m	级别	坝 型	坝高/m
2	土石坝	90	3	土石坝	70
	混凝土坝、浆砌石坝	130		混凝土坝、浆砌石坝	100

(3) 水库工程中最大高度超过 200 m 的大坝建筑物，其级别应为 1 级，其设计标准应专门研究论证，并报上级主管部门审查批准。

(4) 当水电站厂房永久性水工建筑物与水库工程挡水建筑物共同挡水时，其建筑物级别应与挡水建筑物的级别一致，按表 1-2 确定。当水电站厂房永久性水工建筑物不承担挡水任务、失事后不影响挡水建筑物安全时，其建筑物级别应根据水电站装机容量按表 1-4 确定。

表 1-4 水电站厂房永久性水工建筑物级别

发电装机容量/MW	主要建筑物	次要建筑物	发电装机容量/MW	主要建筑物	次要建筑物
≥1 200	1	3	<50，≥10	4	5
<1 200，≥300	2	3	<10	5	5
<300，≥50	3	4			

(三) 拦河闸永久性水工建筑物级别

(1) 拦河闸永久性水工建筑物的级别，应根据其所属工程的级别按表 1-2 确定。

(2) 拦河闸永久性水工建筑物按表 1-2 分为 2 级、3 级，当校核洪水过闸流量分别大于 5 000 m^3/s、1 000 m^3/s 时，其建筑物级别可提高一级，但洪水标准可不提高。

(四) 防洪工程堤防永久性水工建筑物级别

(1) 防洪工程中堤防永久性水工建筑物的级别应根据其保护对象的防洪标准按表 1-5 确定。当经批准的流域、区域防洪规划另有规定时，应按其规定执行。

表 1-5 堤防永久性水工建筑物级别

防洪标准[重现期(年)]	≥100	<100，≥50	<50，≥30	<30，≥20	<20，≥10
堤防永久性水工建筑物级别	1	2	3	4	5

(2) 涉及保护堤防的河道整治工程永久性水工建筑物级别，应根据堤防级别并考虑损

毁后的影响程度综合确定，但不宜高于其所影响的堤防级别。

（3）蓄滞洪区围堤永久性水工建筑物的级别，应根据蓄滞洪区类别、堤防在防洪体系中的地位和堤段的具体情况，按批准的流域防洪规划、区域防洪规划的要求确定。

（4）蓄滞洪区安全区的堤防永久性水工建筑物级别宜为 2 级。对于安置人口大于 10 万人的安全区，经论证后堤防永久性水工建筑物级别可提高为 1 级。

（5）分洪道（渠）、分洪与退洪控制闸永久性水工建筑物级别，应不低于所在堤防永久性水工建筑物级别。

（五）治涝、排水工程永久性水工建筑物级别

（1）治涝、排水工程中的排水渠（沟）永久性水工建筑物级别，应根据设计流量按表 1-6 确定。

表 1-6 排水渠（沟）永久性水工建筑物级别

设计流量/(m^3/s)	主要建筑物	次要建筑物	设计流量/(m^3/s)	主要建筑物	次要建筑物
≥500	1	3	<50，≥10	4	5
<500，≥200	2	3	<10	5	5
<200，≥50	3	4			

（2）治涝、排水工程中的水闸、渡槽、倒虹吸、管道、涵洞、隧洞、跌水与陡坡等永久性水工建筑物级别，应根据设计流量按表 1-7 确定。

表 1-7 排水渠系永久性水工建筑物级别

设计流量/(m^3/s)	主要建筑物	次要建筑物	设计流量/(m^3/s)	主要建筑物	次要建筑物
≥300	1	3	<20，≥5	4	5
<300，≥100	2	3	<5	5	5
<100，≥20	3	4			

注：设计流量指建筑物所在断面的设计流量。

（3）治涝、排水工程中的泵站永久性水工建筑物级别，应根据设计流量及装机功率按表 1-8 确定。

表 1-8 泵站永久性水工建筑物级别

设计流量/(m^3/s)	装机功率/MW	主要建筑物	次要建筑物	设计流量/(m^3/s)	装机功率/MW	主要建筑物	次要建筑物
≥200	≥30	1	3	<10，≥2	<1，≥0.1	4	5
<200，≥50	<30，≥10	2	3	<2	<0.1	5	5
<50，≥10	<10，≥1	3	4				

注：1. 设计流量指建筑物所在断面的设计流量。
2. 装机功率指泵站包括备用机组在内的单站装机功率。
3. 当泵站按分级指标分属两个不同级别时，按其中高者确定。
4. 由连续多级泵站串联组成的泵站系统，其级别可按系统总装机功率确定。

（六）灌溉工程永久性水工建筑物级别

（1）灌溉工程中的渠道及渠系永久性水工建筑物级别，应根据设计灌溉流量按表 1-9 确定。

表 1-9　泵站永久性水工建筑物级别

设计灌溉流量/(m^3/s)	主要建筑物	次要建筑物	设计灌溉流量/(m^3/s)	主要建筑物	次要建筑物
≥300	1	3	<20，≥5	4	5
<300，≥100	2	3	<5	5	5
<100，≥20	3	4			

（2）灌溉工程中的泵站永久性水工建筑物级别，应根据设计流量及装机功率按表 1-8 确定。

（七）供水工程永久性水工建筑物级别

（1）供水工程永久性水工建筑物级别，应根据设计流量按表 1-10 确定。供水工程中的泵站永久性水工建筑物级别，应根据设计流量及装机功率按表 1-10 确定。

（2）承担县级市及以上城市主要供水任务的供水工程永久性水工建筑级别不宜低于 3 级，承担建制镇主要供水任务的供水工程永久性水工建筑物级别不宜低于 4 级。

表 1-10　供水工程的永久性水工建筑物级别

设计流量/(m^3/s)	装机功率/MW	主要建筑物	次要建筑物	设计流量/(m^3/s)	装机功率/MW	主要建筑物	次要建筑物
≥50	≥30	1	3	<3，≥1	<1，≥0.1	4	5
<50，≥10	<30，≥10	2	3	<1	<0.1	5	5
<10，≥3	<10，≥1	3	4				

注：1. 设计流量指建筑物所在断面的设计流量。
2. 装机功率指泵站包括备用机组在内的单站装机功率。
3. 泵站建筑物按分级指标分属两个不同级别时，按其中高者确定。
4. 由连续多级泵站串联组成的泵站系统，其级别可按系统总装机功率确定。

（八）临时性水工建筑物级别

（1）水利水电工程施工期使用的临时性挡水、泄水等水工建筑物的级别，应根据保护对象的重要性、失事造成的后果、使用年限和临时性水工建筑物的规模按表 1-11 确定。

表 1-11 临时性水工建筑物级别

级别	保护对象	失事后果	使用年限/年	临时性水工建筑物规模	
				高度/m	库容/亿 m^3
3	有特殊要求的 1 级永久性水工建筑物	淹没重要城镇、工矿企业、交通干线或推迟总工期及第一台(批)机组发电,造成重大灾害和损失	>3	>50	>1.0
4	1 级、2 级永久性水工建筑物	淹没一般城镇、工矿企业、交通干线或影响总工期及第一台(批)机组发电,造成较大经济损失	≤3,≥1.5	≤50,≥15	≤1.0,≥0.1
5	3 级、4 级永久性水工建筑物	淹没基坑,但对总工期及第一台(批)机组发电影响不大,经济损失较小	<1.5	<15	<0.1

(2) 当临时性水工建筑物根据表 1-11 的指标同时分属于不同级别时,其级别应按照其中最高级别确定。但对于 3 级临时性水工建筑物,符合该级别规定的指标不得少于 2 项。

(3) 利用临时性水工建筑物挡水发电、通航时,经过技术经济论证,临时性水工建筑物的级别可提高一级。

(4) 失事后造成损失不大的 3 级、4 级临时性水工建筑物,其级别论证后可适当降低。

第四节 水利工程项目划分

一、工程项目划分

水利工程包含的建筑种类多、涉及范围广,建设内容涉及水利、电力、交通、通信、房屋建筑、设备制造等。因此,为了便于编制水利工程基本建设计划、预测水利工程造价、进行招投标、控制工程投资、实行经济核算等,可将一个水利工程项目系统地逐级划分为单项工程、单位工程和分部分项工程。

(一) 单项工程

单项工程在水利工程项目划分中称为"一级项目",是具有独立的设计文件,竣工后可以独立发挥生产能力或效益的工程。例如,挡水工程、泄洪工程、水电站厂房、船闸、升船机等。

(二) 单位工程

单位工程在水利工程项目划分中称为"二级项目",是具有独立施工条件的工程,是单项工程的组成部分,如输水工程中的进水口、引水隧洞工程等。

(三) 分部分项工程

分部分项工程在水利工程项目划分中称为"三级项目",是单位工程的组成部分,是概预算中最基本的预算单位，是按工程的不同结构部位、不同的材料、不同的施工方法、不同的规格等进一步划分的工程。例如，土方开挖、混凝土工程等。

(四) 上海水利工程项目划分

根据上海市工程建设规范《水利工程施工质量验收标准》(DGTJ 08-90—2021)，单位工程是指具有独立发挥作用或具有独立施工条件的建筑物，如河湖开挖及疏浚工程、水生态治理工程、水(涵)闸工程、泵站工程、防汛墙及护岸工程、机电设备安装工程等；分部工程是指在一个建筑物内能组合发挥一种功能的部分工程，是组成单位工程的各个部分，如防汛墙及护岸工程中的基础、底板承台及导梁、墙身、护坡、回填土、防汛通道等。

二、工程项目分类

为了计价方便，可以进一步划分水利工程项目。根据2024版《水利工程设计概(估)算编制规定》的有关规定，将工程划分为建筑工程、机电设备及安装工程、金属结构设备及安装工程、输水管线设备及安装工程、施工临时工程等部分。各工程下设一级项目、二级项目和三级项目。

(一) 建筑工程

1. 枢纽系统中的建筑工程

枢纽系统中的建筑工程指水利枢纽工程、水库工程、水电站工程、泵站工程、拦河水闸工程、独立建筑物的建筑工程。包括挡水工程、泄水工程、引水工程、发电厂(泵站)工程、升压变电站工程、通航工程、过鱼工程、边坡工程、交通工程、房屋建筑工程、供电设施工程、数字孪生设施工程和其他建筑工程。其中，交通工程之前的项目为主体建筑工程。

2. 引水系统中的建筑物工程

引水系统中的建筑物工程指供水工程、灌溉工程(1)、其他调水工程的建筑工程。包括渠道工程、输水管线工程、建筑物工程、交叉工程、交通工程、房屋建筑工程、供电设施工程、数字孪生设施工程和其他建筑工程。其中，交通工程之前的项目为主体建筑工程。

3. 河道系统中的建筑物工程

河道系统中的建筑物工程指堤防工程、河湖整治工程、灌溉工程(2)的建筑工程。包括堤防与河湖整治工程、渠道工程、输水管线工程、建筑物工程、交叉工程、交通工程、房屋建筑工程、供电设施工程、数字孪生设施工程和其他建筑工程。上述交通工程之前的项目为主体建筑工程。

(二) 机电设备及安装工程

1. 枢纽系统中的机电设备及安装工程

枢纽系统中的机电设备及安装工程包括发电设备及安装工程、升压变电设备及安装工程、数字孪生设备及安装工程和公用设备及安装工程。大型泵站和大型拦河水闸的机电设备及安装工程的项目组成可参考引水工程及河道工程。

(1) 发电设备及安装工程，包括水轮机、发电机、主阀、起重机、水力机械辅助设备、电气设备等设备及安装工程。

(2) 升压变电设备及安装工程，包括主变压器、高压电气设备、一次拉线等设备及安装工程。

(3) 数字孪生设备及安装工程，包括雨水情监测预报设备、工程安全监测设备、运行视频监视设备、通信网络设备、自动化控制系统、信息基础环境设备、数字孪生平台、网络安全和数据安全系统、工程综合应用系统等设备及安装工程。

(4) 公用设备及安装工程，包括供电设备，通风采暖设备，机修设备，全厂接地及保护网，电梯，厂坝区供水、排水、供热设备，消防设备，劳动安全与工业卫生设备，交通工具等设备及安装工程。

2. 引水系统中的机电设备及安装工程

引水系统中的机电设备及安装工程包括泵站设备及安装工程、水闸(涵)设备及安装工程、消能电站设备及安装工程、供电设备及安装工程、数字孪生设备及安装工程和公用设备及安装工程。

(1) 泵站设备及安装工程，包括水泵、电动机、主阀、起重设备、水力机械辅助设备、电气设备等设备及安装工程。

(2) 水闸(涵)设备及安装工程，包括电气一次设备、电气二次设备及安装工程。

(3) 消能电站设备及安装工程，组成内容可以参照枢纽工程的发电设备及安装工程和升压变电设备及安装工程。

(4) 供电设备及安装工程，包括供电、变配电设备及安装工程。

(5) 数字孪生设备及安装工程，包括雨水情监测预报设备、工程安全监测设备、运行视频监视设备、通信网络设备、自动化控制系统、信息基础环境设备、数字孪生平台、网络安全和数据安全系统、工程综合应用系统等设备及安装工程。

(6) 公用设备及安装工程，包括电站(水闸、泵站)通风采暖设备，机修设备，全厂接地及保护网，厂坝(水闸、泵站)区供水、排水、供热设备，消防设备，劳动安全与工业卫生设备，交通工具等设备及安装工程。

3. 灌溉田间系统中的机电设备及安装工程

灌溉田间系统中的机电设备及安装工程包括首部设备及安装工程、田间灌水设施设备及安装工程等。

(1) 首部设备及安装工程，包括过滤、施肥、控制调节、计量等设备及安装工程等。

(2) 田间灌水设施设备及安装工程，指管道输水灌溉、喷灌、微灌等节水灌溉工程灌水设施设备及安装工程，包括田间配水管道、管件、阀门、灌溉机组、灌水器等灌水设施设备及安装工程。

(三) 金属结构设备及安装工程

金属结构设备及安装工程包括闸门、启闭机、拦污设备、升船机、鱼道、升鱼机和集运鱼系统设备等设备及安装工程，水电站(泵站)压力钢管制作及安装工程等。

(四) 输水管线设备及安装工程

输水管线设备及安装工程包括输水管线阀门设备及安装工程，以及输水管道、管件、管道附件等安装工程。

水电站(泵站)的站内各类管路设备及安装工程计入机电设备及安装工程,压力钢管制作及安装工程计入金属结构设备及安装工程。

(五) 施工临时工程

施工临时工程指为辅助主体工程施工所必须修建的生产和生活用临时性工程,主要包括施工导流工程、施工交通工程、施工专项工程、施工场外供电工程、施工房屋建筑工程、其他施工临时工程等。

第二章　水　　文

第一节　水　文　学

一、概述

大气中的水汽，地面上的江河、湖沼、海洋和地下水等，统称为水体。水文学研究各种水体的存在、循环和分布，水体的物理与化学特性，以及水体对环境的影响和作用，包括对生物特别是对人类的影响。

水文学按照自然界水体存在范围和运动过程可分为很多门类，通常我们所说的水文学是狭义的水文学，主要是指陆地水文学分支。陆地水文学又可以细分为水文测验学、河流动力学、水文学原理、水文地理学、水文预报、水文分析计算等。

二、水文学的内容

（1）水文资料。水文测验、资料整编和发布，是水文分析计算和研究的基础性工作。水文资料有降水、蒸发、水位、流量、泥沙、水温、水质等，可通过不同的水文测验设施进行观测并系统整理观测结果，然后以水文年鉴或水文数据库的形式提供给有关部门应用。

（2）水文实验研究。水文实验研究包括室内的和野外的，研究水量水质变化的物理机制和水文循环及径流形成的基本规律。

（3）水文分析与计算（也称水文预测）。根据水文要素变化的规律来统计，预测未来一段时期内某一水文现象平均出现的概率，如工程运用期间的百年一遇洪水，其出现概率为1%，为工程规划提供依据。

（4）水文预报。根据水文现象的成因规律，由现时已经出现的雨情、水情、沙情等现象来预报未来一定时期内（称预见期）径流、泥沙等的大小和变化，为防洪、发电、灌溉等实时决策提供依据。

（5）水文地理。研究水文特征与地理特征间的关系，例如，多年平均洪峰流量与流域面积、降雨、河流、坡降间的相关关系，以及水文特征值随地区的变化规律，用以解决无实测资料流域的水文计算问题。

（6）河流动力学。河流的冲刷与泥沙淤积计算对河流防洪和工程安全具有重要意义，这部分内容已形成一门独立的学科——河流动力学。

（7）其他，如水情、水质、兴利和防洪调度等。

三、水文现象的基本规律

地球上的水在太阳辐射和重力的作用下，以蒸发、降水和径流等方式周而复始地循环，这些现象称为水文现象。这些水文现象在时间变化上与其他自然规律一样，具有必然性和偶然性，在水文学中通常称前者为确定性，后者为随机性。此外，水文现象在空间变化上，还具有地区性规律。

1. 水文现象的确定性规律

河流每年都具有丰水期和枯水期的周期性交替规律，冰雪水源的河流则具有以日为周期的流量变化规律，产生这些现象的根本原因是地球公转、自转和周期性变化。流域上发生一场降雨，一段时间后可能会出现一场洪水。如果暴雨强度大、历时长、笼罩面积广，产生的洪水就大；反之，则小。显然，暴雨与洪水之间存在着因果关系。由此说明水文现象都具有客观发生的原因和具体的形成条件，从而存在确定性的规律，也称为成因规律。

2. 水文现象的随机性规律

影响水文现象的因素错综复杂，其确定性规律常常不能完全用严密的数理方程表达出来，在一定程度上又表现出非确定性，或者说随机性。例如，根据暴雨洪水的成因规律进行洪水预报，尽管能取得较好的效果，但由于计算中忽略了一些偶然因素的干扰，从而使预报成果表现出某种程度的随机误差。河口某断面每年出现最大洪峰流量的大小和出现的具体时间各年不同，也具有随机性。通过长期观测可以发现，洪水大小和出现机会形成一个确定的概率分布，这就是所说的随机性规律。因为要掌握这种规律，常常需要用到统计学，从大量的资料中进行分析，故又称为统计规律。

四、工程水文学及其任务

从水文学的研究对象来看，水文学是地球物理科学的一部分。进入 20 世纪，特别是第一次世界大战以后，大量兴起的防洪、灌溉、水电、航运工程和农业、林业及城市建设，给水文科学提出了许多新课题。解决这些新课题的方法也由经验的、零碎的知识逐渐理论化和系统化，水文科学的应用特色也逐渐显现出来，并率先形成最重要的分支学科——工程水文学。

工程水文学是为工程规划设计、施工建设及运行管理提供水文依据的一门科学，包括水文计算、水利计算和水文预报等内容。由于天然来水过程与国民经济的需求不相适应，故修建水利工程就是解决这一矛盾的技术措施。

规划设计阶段，水文计算的主要任务是确定工程的规模。规模过大，造成工程投资上的浪费；过小，水资源不能充分利用，也是一种浪费。对于防洪措施，如标准过低，还可能导致工程失事，造成工程本身和下游人民生命财产的巨大损失。在多沙河流兴建水利工程还须估算蓄水引水工程的泥沙淤积量，以便考虑延长工程寿命的措施。水利工程的使用期限一般达几十年甚至百年以上，规划设计时，必须知道控制水体在使用期间的水文情势。水文计算就是研究这类问题的学科。

施工阶段，其任务即将规划设计的工程付诸实施。因此在施工期间必须对水文情势有所了解。水利工程工期一般较长，往往需要一个季度甚至几年。对水文情势的了解应包括两个方面：一方面，为了临时性建筑物如围堰、引水隧洞或渠道等，须预报整个施工期的天然来水情势，而通常的水文和气象预报，往往不能提供如此长期的预报，仍需通过水文计算来解决这个问题；另一方面，为了安排日常工作，也必须了解近期更为确切的水情，这就需要提供短期（如几天之内）的水文预报。水文预报是为解决这一类问题服务的。

运营管理阶段，其主要任务在于使建成的工程充分发挥作用。为此需要未来一定时期的水文情况，以便确定最经济合理的调度方案。此时需要由水文分析得到的长期平均情势结合水文预报的短期水情提出最佳的调度运用方案。

规划设计水利工程大体可分为两大环节。水文计算为第一个环节，其输入为基本水文气象资料，输出是当地可能出现的水文情势。水文计算的输出则是后继环节——水利计算的输入；水利计算通过当地的水文情势、自然情况和国民经济对水资源开发的需求，研究各种设计方案的经济效益，从中选出最优方案。

第二节　水文循环与径流形成

一、自然界的水文循环

地球上的水以液态、固态和气态的形式分布于海洋、陆地、大气和生物机体中，这些水体构成了地球的水圈。水圈中的各种水体在太阳的辐射下不断地蒸发变成水汽进入大气，并随气流的运动输送到各地，在一定条件下凝结形成降水，一部分被植物截留并蒸发，一部分渗入地下，还有一部分形成地面径流沿江河回归大海。水圈中的各种水体通过这种不断蒸发、水汽输送、凝结、降落、下渗、地面和地下径流的往复循环过程，称为水文循环，也称为水循环。水文循环的范围贯穿整个水圈，向上延伸到地表以上 10 km 左右，下至地表以下平均 1 km 深处。

按水文循环的规模与过程，可分为大循环和小循环。从海洋蒸发的水汽被气流输送到大陆形成降水，其中一部分以地面和地下径流的形式从河流回归海洋；另一部分重新蒸发返回大气。这种海陆间的水分交换过程，称为大循环或外循环。在大循环运动中，水一方面在地面和上空通过降水和蒸发进行纵向交换，另一方面通过河流在海洋和陆地之间进行横向交换。海洋上蒸发的水汽在海洋上空凝结后，以降水的形式落到海洋里，或陆地上的水经蒸发凝结又降落到陆地上，这种局部的水文循环称为小循环或内循环。

水文循环是地球上最重要、最活跃的物质循环之一。在水文循环过程中，水的物理状态、水质、水量等都在不断地变化，水通过蒸发、水汽输送、降水和径流四个环节进行交换。由于大气环流机制和海陆分布决定了地球上水汽的运行规律，加之不同的地区地质构造、地貌、岩石土壤性质、植物覆盖、湖泊、沼泽等条件不同，所以水在自然界循环的路径和过程极其复杂且多变。正是由于自然界的水文循环，才形成永无终止、千变万化的水文现象。

水在自然界中的循环运动，为人类带来了取之不尽、用之不竭的水资源，对人类的生活和生产活动有着重大的影响。研究水文循环，目的在于认识它的基本规律，揭示其内在联系，这对合理开发和利用水资源、抗御洪旱灾害、改造自然、利用自然都有十分重要的意义。

二、降水

空气中的水分以各种形式降落到地面的现象称为降水。降水的主要形式有雨、雪、雹、霜、露等。对大多河流而言，降雨与水文现象关系最大，降雨是降水的最主要形式。降雨的形成主要是由于地面暖湿气团在各种因素的作用下，迅速升入高空产生动力冷却，当温度降到露点以下时，气团中的水汽便凝结成水滴或冰晶，形成云层。云层中的水滴、冰晶随着水汽不断凝结而增多，同时还随着气流运动，相互碰撞合并而增大，直到它们的重量超过上升气流的托浮力的时候，下降到地表形成降雨。降雨按气流上升运动形成动力冷却的原因，一般分为锋面雨、气旋雨、对流雨和地形雨四种。

降雨量、降雨历时和降雨强度称为降水三要素。此外，分析一场降雨的影响时，也常考虑降雨面积和暴雨中心等因素。

降雨量指降落在某一区域的水层深度，表示一段时间内实际降水的总量。由于降雨一般在平面上并不是均匀分布的，降雨量分为点降雨量和面降雨量，面降雨量是某一区域所有点降雨量的平均值。

降雨历时是指一场降雨从开始到结束的时间。

降雨强度是指单位时间内的降水量，表示雨下得大或者小。

降雨面积是指一场降雨覆盖的区域面积。暴雨中心是点降雨量最高的某个局部区域或点。

三、土壤水与下渗

地表水、土壤水、地下水是陆地上普遍存在的三种水体。在水文循环中，地表土层对降雨起着再分配的作用。降雨落到地表之后，一部分渗入土壤中，另一部分形成地表(面)水，地表水主要指河川径流。渗入土层的水量，一部分被土壤吸收成为土壤水，而后通过直接蒸发或植物散发返回大气；另一部分渗入地下补给地下水，再以地下径流的形式进入河流。下渗和土壤水的运动是径流形成的重要环节，它们的变化直接影响径流的形成过程。

1. 饱和带和包气带

地表土层为多孔介质，能吸收、储存和向任何方向输送水分。以地下水面为界，土层可分为两个不同的土壤含水带。在地下水面以下，土壤处于饱和含水状态，是土壤颗粒和水分组成的二相系统，称为饱和带或饱水带；地下水面以上，土壤含水量未达饱和，是土壤颗粒、水分和空气同时存在的三相系统，称为包气带。

2. 土壤水

水文学中把存于包气带中的水称为土壤水，而将饱和带中的水称为地下水，包括潜水和承压水。土壤含水量的大小直接影响到蒸发、下渗的大小，并决定了降雨量中产生径流(包括地面径流、表层流径流和地下径流)的比例，把降雨、下渗、蒸发及径流等水文要素在径流形成过程中有机地联系起来。当水分进入土壤后，在分子力、毛管力或重力的作用下，形成不同类型的土壤水，包括吸湿水、薄膜水、毛管水、重力水。

土壤中的水分与周围介质中的水分不断地发生交换，土壤内部的水分也时刻处于运动状态。这种水分的交换和变化不仅受土壤物理性质的制约，还受到降雨、下渗、蒸散发和其他水分运动的影响。为描述土壤水分随时间和空间的这种动态变化，通常用土壤含水量来表示它们的大小。

3. 下渗

下渗是水分从土壤表面向土壤内部的运动过程。下渗的强弱一般用单位时间内渗入土壤的水深，即下渗率来表示。下渗强度受土壤中水分的含量影响非常大。当降雨持续不断地落在干燥的土层表面后，在土壤分子吸力、土壤孔隙毛管力和重力的作用下，雨水不断地下渗，其过程可以分为三个阶段。

降雨初期是渗润阶段，该阶段主要是受土壤分子力的作用，下渗的水分被土粒吸附成为薄膜水。干燥的土粒吸附力极大，从而初期下渗率也非常大，这是下渗强度最高的阶段。当土壤含水量达到最大分子持水量时，土粒分子吸力消失，这一阶段结束。

渗润阶段之后是渗漏阶段。下渗水分在毛管力和重力作用下，沿土壤孔隙继续向下做不稳定流动，并逐步充填土壤孔隙，直到土层中全部毛管孔隙被水充满，毛管力消失，渗漏阶段结束。这一阶段，随着毛管力的逐渐减小，下渗率也逐步减小。渗润阶段和渗漏阶段都属于非饱和下渗，为非稳定下渗期。

渗透阶段是在土壤土粒薄膜水饱和、土壤孔隙水饱和之后，随之土壤分子力和毛管力消失，水分在重力作用下呈稳定流动的阶段。这一阶段是稳定下渗阶段，下渗强度为最低。

充分供水条件下的下渗率称为下渗能力，上述下渗三阶段就是下渗能力随时间增加而不断衰减，最后逐渐趋近于一个稳定值，整体形成一条光滑曲线，称为下渗曲线。当供水不充分时，其下渗率小于下渗能力，实际下渗强度取决于供水强度。

四、地下水

地下水是埋藏于地表以下的各种形式的重力水。一方面，作为一个宝贵的自然资源，地下水对人类的生活、生产有着重要的意义。另一方面，在水利水电工程建设中，地下水常会对建筑物造成严重危害，如常见的库、坝区渗漏，某些岩石遇水产生的体积膨胀、溶蚀洞穴、基坑开挖和地下洞室掘进中遭遇的突然涌水等，都与地下水的活动有关。

(一) 地下水的性质

地下水是自然界水体大循环的一部分，其主体与地面水是一致的，但因埋藏在地下，与贮存的介质接触，受贮存介质的物理化学作用，具有独特的物理和化学性质。这反映了地下水的形成环境和形成过程。通过研究地下水的物理性质和化学成分，可以查明地下水的形成规律，对利用地下水资源和治理地下水产生的危害，具有重要意义。

1. 地下水的物理性质

地下水的物理性质主要指地下水的温度、颜色、透明度、嗅觉、味觉等指标。

(1) 温度。地下水不直接与大气接触，其温度主要受地热控制，随着埋藏的深度变化，分为变温带、常温带和增温带。变温带处于上部，地下水受大气的影响较大，温度呈昼夜变化规律。常温带地下水温呈年度变化规律。常温带以下为增温带，埋深越深，地下水温度越高。

(2) 颜色。地下水一般是无色的，有时因含某种离子或胶体物质而呈现一定的颜色。

地下水颜色与水中所溶物质有关。例如，含硫化氢的呈翠绿色，含低价铁的呈绿灰色，含高价铁的呈黄褐色等。

(3) 透明度。地下水的透明度取决于其中固体或胶体悬浮物的含量，分为透明、微浊、浑浊、极浊等。

(4) 嗅觉。一般地下水是无气味的，但如果含有某些类型的离子或气体，则有特殊臭味，如含有亚铁盐时有铁腥味，含有硫化氢时有臭鸡蛋味等。味道的浓烈程度与物质含量和温度有关，一般在 40℃时气味最为强烈。

(5) 味觉。地下水一般无味，但含有一些可溶性盐类时则有味感，如含有硫酸钠或硫酸镁时有苦涩味。

另外，地下水还有导电性、放射性等物理性质。

2. 地下水的化学性质

地下水最常见的离子有 Cl^-、SO_4^{2-}、HCO_3^-、K^+、Na^+、Ca^{2+}、Mg^{2+} 等七种，因其含量多、分布广，可作为地下水分类的根据，同时也是研究地下水化学成分的主要对象。以分子状态存在于地下水的化合物主要有 Al_2O_3、Fe_2O_3、H_2SiO_3 等。此外，地下水中还溶有 O_2、CO_2、N_2、H_2S 等气体。也有呈胶体状态存在的 SiO_2，因其溶解度很小，故在地下水中含量很低。

地下水的化学性质主要通过矿化度、硬度、酸碱度等指标来衡量。

(1) 地下水的矿化度是指单位水体中离子、分子及化合物的总含量，表示水中含盐量的多少。一般以水样烘干后所剩干涸残余物的含量来确定。地下水按矿化度分为淡水、微咸水、咸水、盐水、卤水等五类。

(2) 地下水的硬度是指钙和镁的含量。水的硬度通常以德国度表示，1 德国度为 1 L 水中含有 10 mg CaO 或 7.2 mg O_2，或 1L 水中含 0.356 63 mg 当量的 CaO，反算之则 1 mg 当量的硬度相当于 2.8 德国度。地下水按硬度分为极软水、软水、微硬水、硬水、极硬水等五类。

(3) 酸碱度是指水中氢离子的含量。水的酸碱度以 pH 值表示，pH 值等于氢离子浓度的负对数值，即 $pH=-lg[H^+]$，按酸碱度大小可将地下水分为强酸性水、弱酸性水、中性水、弱碱性水和强碱性水等五类。

(二) 地下水类型

地下水的赋存特征对其水量、水质时空分布有决定意义，其中最重要的是埋藏条件与含水介质类型。地下水的埋藏条件，是指含水岩层在地质剖面中所处的部位及受隔水层(弱透水层)限制的情况。据此可将地下水分为包气带水、潜水及承压水。按含水介质(空隙)类型，又可将地下水分为孔隙水、裂隙水及岩溶水(表 2-1)。

表 2-1 地下水分类表

类型	含水介质		
	孔隙水	裂隙水	岩溶水
包气带水	土壤水(土壤中未饱和的水)，局部黏性土隔水层上季节性存在的重力水(上层滞水)	裂隙岩层浅部季节性存在的重力水及毛细水	裸露岩溶化岩层上部岩溶通道中季节性存在的重力水

（续表）

类型	含水介质		
	孔隙水	裂隙水	岩溶水
潜水	各类松散沉积物浅部的水	裸露于地表的各类裂隙岩层中的水	裸露于地表的岩溶化岩层中的水
承压水	山间盆地及平原松散沉积物深部的水	组成构造盆地、向斜构造或单斜断块的被掩覆的各类裂隙岩层中的水	组成构造盆地、向斜构造或单斜断块的被掩覆的岩溶化岩层中的水

（三）地下水的特征

1. 不同含水介质类型地下水的特点

（1）孔隙水

孔隙水是指存在松散沉积物颗粒间孔隙中的地下水，不同成因的沉积物中，存在着不同的孔隙水。在山前地带形成的洪积扇内，近山处的卵砾石层中有巨厚的孔隙潜水含水层。到了平原或盆地内部，由于砂砾层与黏土层交互成层，形成承压孔隙水含水层。在平原河流的上游多为切割峡谷，沉积物范围小，厚度不大，但岩性多为粗粒，可赋存少量地下水；中游典型的二元阶地高层接受降水补给，底层接受河水补给，赋存地下水丰富；下游地区的河床相的砂砾层中，存在着宽度和厚度不大的带状孔隙水含水层。在湖泊成因的岸边缘相的粗粒沉积物中，多形成厚而稳定的层状孔隙水含水层。在冰川消融水搬运分选而形成的冰水沉积物中，有透水性较好的孔隙水含水层。深层孔隙承压水往往远离补给区。离补给区越远，补给条件越差，补给量有限，故深层孔隙承压水的开采应有所节制。

（2）裂隙水

裂隙水是指存在于岩石裂隙中的地下水，是丘陵、山区供水的重要水源，也是矿坑充水的重要来源。与孔隙水比较，裂隙水分布不均匀，水力联系不好，介质的渗透性具有不均一性与各向异性。按含水介质裂隙的成因，可分为风化裂隙水、成岩裂隙水与构造裂隙水。大多数情况下，裂隙水的运动符合达西定律，只有在少数巨大的裂隙中，水的运动不符合达西定律，甚至属紊流运动。裂隙介质与孔隙介质的重要区别在于裂隙介质具有非均质性和各向异性，裂隙的大小、张开度、密度、方向和分布状况等都对裂隙水的运动产生影响。

（3）岩溶水

岩溶水是指赋存于可溶性岩层的溶蚀裂隙和洞穴中的水，又称喀斯特水（karst water），其最明显特点是分布极不均匀。岩溶含水系统一般水量丰富、水质优良，常作为大中型供水源。但岩溶水并不是均匀地遍及整个可溶岩的分布范围，而是埋藏于可溶岩的溶蚀裂隙、溶洞中。因此，往往同一岩溶含水层在同一标高范围内，或者同一地段，甚至相距几米，富水性可相差数十倍至数百倍。根据岩溶水的出露和埋藏条件不同，可将岩溶水划分为裸露型岩溶水、覆盖型岩溶水、埋藏型岩溶水等类型，其径流、排泄及动态特征和化学成分均有所不同。

2. 不同埋藏条件下地下水的特点

地下水的埋藏条件决定了其与周围环境之间的关系。埋藏条件不同，自然因素的影响情况便不相同，地下水的补给、径流和排泄的条件也因地而异，工农业生产及工程建设过程中所遇到的有关地下水方面的问题、计算方法及所采取的开发或防治的措施也不相同。

包气带水主要有土壤水和上层滞水两种存在方式。土壤水是指土壤中不饱和的水，其对地下水的补给和排泄有一定影响，但本身一般不会输移，对工程中地下水的计算影响相对较少。工程中更关注包气带水中的上层滞水、潜水和承压水这三种不同埋藏类型的地下水。

(1) 上层滞水

上层滞水是指赋存于包气带中局部隔水层或弱透水层上面的重力水。它是大气降水和地表水等在下渗过程中局部受阻积聚而成。大气降水是上层滞水的主要补给来源，因此其补给区与分布区相一致。在一些情况下，还可能获得附近地表水的入渗补给。上层滞水通过蒸发及透过其下面的弱透水底板缓慢下渗进行垂向排泄，同时在重力作用下，在底板边缘进行侧向的散流排泄(图 2-1)。

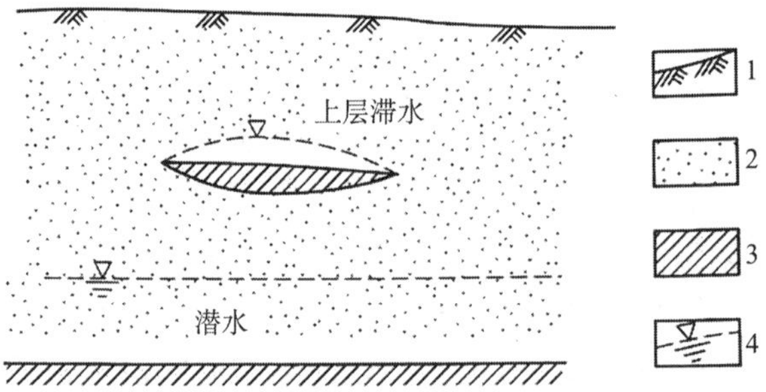

1—地面线；2—含水层、上层滞水；3—隔水层；4—地下水位线

图 2-1　上层滞水埋藏示意图

上层滞水水面的位置和水量的变化与气候变化息息相关，季节性变化大，极不稳定。因此，由上层滞水所补给的井或泉，尤其当上层滞水分布范围较小时，常呈季节性存在，雨季或雨后，泉水出流，井水面上涨，旱季或雨后一定时间，泉水流量急剧减小甚至消失，井水面下降甚至干涸。

由于距地表近，补给水入渗途径短，上层滞水容易受污染。在利用它作生活用水的水源时(一般只宜作小型供水源)，应对水质问题十分注意。

(2) 潜水

赋存于地表下第一个稳定隔水层之上，将具有自由表面的含水层中的重力水称为潜水。该含水层称为潜水含水层。潜水的水面称为潜水面。其下部隔水层的顶面称为隔水底板。潜水面和隔水底板构成了潜水含水层的顶界和底界。潜水面到地面的距离称为潜水的埋藏深度，潜水面到隔水底板的距离称为潜水含水层的厚度，潜水面的高程称为潜水位(图 2-2)。

潜水通过包气带与大气圈及地表水发生密切联系，在其分布范围内，通过包气带直接接受大气降水、地表水及灌溉渗漏水等的入渗补给，补给区一般与分布区相一致。潜水的水位、埋藏深度、水量和水质等均显著地受气象、水文等因素的控制和影响，随时间而不断地变化，并呈现显著的季节性变化。丰水季节潜水获得充沛的补给，储存量增加，厚度增大，水面上升，埋深变小，水中的含盐量亦由于淡水的加入而被冲淡。枯水季节补给量小，潜水由于不断排泄而消耗储存量，含水层厚度减薄，水面下降，埋深增大，水中含盐量亦增加。

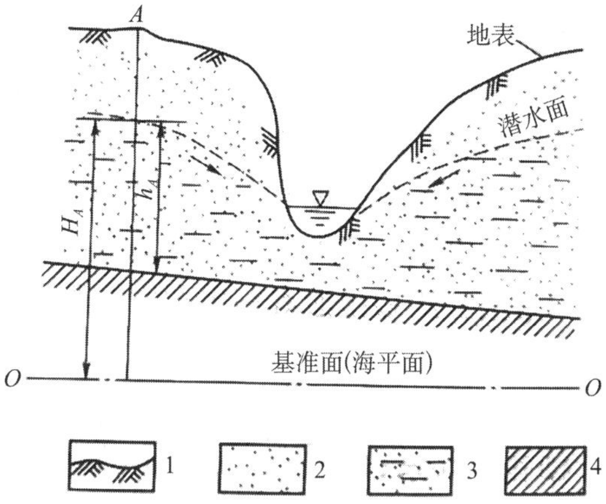

1—表土;2—透水层;3—饱水层;4—隔水层
H_A—A 点处的潜水水位;h_A—A 点处的潜水层厚度

图 2-2 潜水埋藏情况示意图

(3) 承压水

充满在两个稳定的不透水层(或弱透水层)之间的含水层中的重力水称为承压水,该含水层称为承压含水层。

承压水的主要特性是处在两个不透水层之间,具有压力水头,一般不直接受气象、水文因素的影响,具有动态变化较稳定的特点。承压水的水质不易遭受污染,水量较稳定,是河川枯水期水量的主要来源。承压含水层按水文地质特征可分为三个组成部分:补给区、承压区和排泄区,如图 2-3 所示。含水层出露于地表较高的部分为补给区,直接承受大气降水和地表水体的补给,实际上该区地下水仍具有潜水的性质,并主要由下渗补给。另一部分含水层位置较低,出露地表,为排泄区。这两层之间的含水层为承压区。该区是指含水层被上覆盖隔水层所覆盖的地段,其主要特征是承受静水压力,具有压力水头。承压含水层的贮量,主要与承压区分布的范围、含水层的厚度和透水性、贮水区构造、补给区大小及补给量的多少有关。

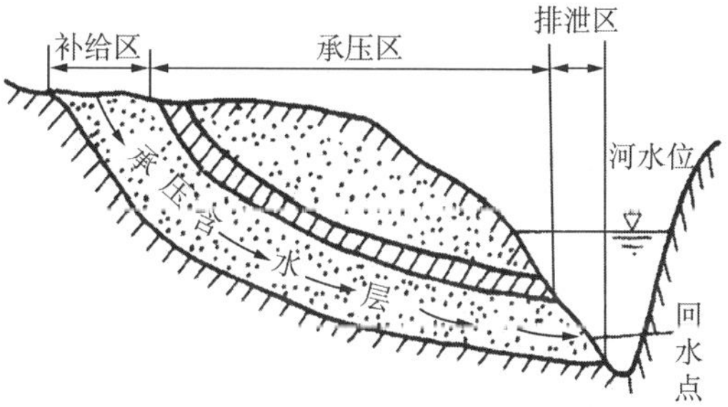

图 2-3 承压含水层的补给与排泄示意图

五、蒸散发

蒸散发是水文循环中自降水到达地面后由液态或固态转化为水汽返回大气的阶段。陆地上一年的降水约 66%通过蒸散发返回大气,由此可见蒸散发是水文循环的重要环节。而对径流形成来说,蒸散发则是一种损失。蒸散发在水量平衡研究和水利工程规划中是不可忽视的影响因素。

水由液态或固态转化为气态的过程称为蒸发;被植物根系吸收的水分,经由植物的茎叶散逸到大气中的过程称为散发或蒸腾。蒸散发是发生在具有水分子的物体表面上的一种分子运动现象。具有水分子的物体表面称为蒸发面。自然界的蒸发面有各种形态，性质各不相同，因而蒸散发也分为不同的类型。蒸发面为水面时称为水面蒸发，蒸发面为土壤表面时称为土壤蒸发，蒸发面是植物茎叶则称为植物散发。

1. 水面蒸发

水面蒸发是河湖水面的蒸发。水面蒸发的速率主要取决于温度、湿度、风强等气候条件。

2. 土壤蒸发

土壤蒸发是土壤中水分以水汽的形式逸入大气的物理过程。土壤蒸发较水面蒸发复杂，它不仅受气象条件影响，而且与土壤中水分含量、土壤性质等有关。一般分成以下三个阶段。

（1）土壤中含水量大于田间持水量，基本处于饱和状态，土层中毛细管上下沟通，水分可以充分地供给表面强度蒸发。此时蒸发情况类似于水面蒸发，蒸发率为接近水面蒸发率的一个稳定值。

（2）土壤含水量减少到小于田间持水量之后，土壤中毛细管的连续状态逐渐受到破坏。该阶段土壤蒸发率与土壤含水量为线性关系，随土壤含水量的降低不断降低。

（3）土壤中毛管水全部蒸发后，毛细管被完全破坏，水分只能以气态水的形式向地表移动，输送量非常小，该阶段的土壤蒸发率为一个很微小的稳定值。

3. 植物散发

植物散发是指土壤中的水分经植物吸收后，输送至叶面，经由气孔逸入大气的过程。由于气孔受植物生命活动的控制，具有随外界条件张开和关闭的性能，所以植物散发是一种生物物理过程。植物的散发率因土壤含水量、植物种类、季节和天气条件的不同而异。植物除散发外，枝叶还截留了一部分降水，在雨后蒸发，这称为植物截留。植物生长在土壤中，植物散发与土壤蒸发总是同时存在，因此通常将两者合称为陆面蒸发。

流域蒸散发是流域中土壤蒸发、水面蒸发与植物散发的总和。在水文计算和水文预报中，常常需要确定这个总的数值变化。由于现实中流域情况大多极其复杂且分项计算不准确，故分别计算各项蒸发和散发，再综合求出总蒸散发量不具有现实可行性。目前应用比较多的方法是用流域水量平衡原理推求，即根据流域水量平衡方程，以实测的降水量减去径流量和流域蓄水量的增加量，得到蒸发量。在自然条件下，土壤蒸发量所占比重较大，水面蒸发所占比重较小，植物散发规律与土壤蒸发基本一致。因此，通常以土壤蒸发三阶段的规律为基础，建立区域的蒸散发模型，进行各类水文计算。我国年平均总蒸发量为 364 mm，地理分布趋势大体与年降水量的分布趋势相当。

六、径流

径流是指由降水所形成的，沿着流域地面和地下向河川、湖泊、水库、洼地等流动的水流。其中，沿着地面流动的水流称为地面径流，或地表径流；沿土壤岩石孔隙流动的水流称为地下径流；汇集到河流后，在重力作用下沿河床流动的水流称为河川径流。径流因降水形式和补给来源的不同，可分为降雨径流和融雪径流，我国大部分河流以降雨径流为主。

径流过程是地球上水文循环中的重要一环。在水文循环过程中，大陆上降水 34%转化为地面径流和地下径流汇入海洋。径流过程又是一个复杂多变的过程，与人类同洪旱灾害进行斗争，以及水资源的开发利用和水环境保护等生产经济活动密切相关。因此，揭示和了解径流的变化与规律，分析它与其他水文要素以及各影响因素之间的相互关系，掌握径流形成的基本理论与分析计算方法是十分重要的。

(一) 径流的形成过程

流域内，自降雨开始到水流汇集到流域出口断面的整个物理过程，称为径流形成过程。一般分为产流过程和汇流过程两个阶段。

1. 产流过程

雨水降到地面，能形成地面径流和地下径流的那部分雨量称为净雨。同一区域净雨和径流的总量在理论上是相等的，是同一部分水量在不同过程的描述。降雨扣除损失转化为净雨的过程称为产流过程。

降雨的损失大体分为以下四部分。

(1) 植物截留损失。降雨过程中被植物截留，雨停后会很快蒸发掉。

(2) 填洼损失。降落到地面的雨沿坡面流动时，部分停留在地面的洼地。

(3) 雨期蒸发损失。降雨的同时，水量蒸发也一直在持续。

(4) 初渗损失。降雨初期补充土壤缺水的部分，主要是形成土壤表面的薄膜水和土粒之间的孔隙水。这些损失基本上会以蒸发和散发形式回到空气中，不会形成径流。

产流过程中，净雨按产生的场所可以分为以下三种。

(1) 地面净雨。降雨在地面汇集和流动，形成地面径流。

(2) 壤中流净雨。降雨在表层土壤中流动汇入河流形成径流。

(3) 地下净雨。降雨在地下含水层中流动汇入河流形成径流。

2. 汇流过程

净雨沿坡底从地面、地下汇入河网，然后再沿着河网汇集到流域出口断面，这一完整的过程称为流域汇流过程。前者称坡地汇流，后者称河网(道)汇流。坡地汇流是地面净雨和壤中流净雨在地面和地表浅层形成的地表径流汇入河流的过程。河网汇流是净雨经坡地汇流进入河网，在河网中从上游向下游、从支流向干流汇集到流域出口的过程。在河网汇流过程中，沿途不断有坡地水流汇入。对于比较大的流域，河网汇流时间长，调蓄能力大，降雨和地表漫流停止后，它们产生的洪水还会持续很长时间。一次降雨过程，经植物截留、填洼、初渗和蒸发等损失后，进入河网的水量要小于降雨量。经过坡地汇流和河网汇流两次再分配后，出口断面的径流过程远比降雨过程变化缓慢、历时长久、时间滞后。

(二) 径流的表示方法和度量单位

径流是水文学中观测和研究的一个重要对象，也是决定水工建筑的设计的重要依据，描述径流的时间空间和变化特征，一般用到以下几个概念。

(1) 流量，指单位时间通过河流某个断面的水量，用来表示径流的大小。流量随时间变化的过程曲线称为流量过程线。为了表示一段时间的流量整体情况，也常常把瞬时流量过程按时段求平均值，得到时段平均流量，例如日平均流量、月平均流量或者年平均流量。

(2) 径流总量,指一段时间内通过河流某个断面的总水量,单位为体积单位,数值等于平均流量乘以时间。

(3) 径流深,是径流总量均匀地平铺在整个流域面积上所得的水层深度,单位为长度单位。

七、自然水循环的意义

水循环是地球上最重要、最活跃的物质循环之一,它实现了地球系统水量、能量和地球生物化学物质的迁移与转换,构成了全球性的连续有序的动态大系统,联系着海陆,塑造着地表形态,不断提供可再生的淡水资源,对地球生态环境和人类社会发展都具有非常重要的意义。

水循环深刻地影响着地球表面结构的形成、演化和发展。不仅将地球上各种水体组合成连续、统一的水圈,而且在循环过程中进入大气圈、岩石圈、冰雪圈与生物圈,将地球上五大圈层紧密地联系起来。水循环在地质构造的基底上重新塑造了全球的地貌形态,同时影响着全球的气候变迁和生物群类。

水循环的实质就是物质与能量的传输过程,水循环改变了地表太阳辐射能的纬度地带性,在全球尺度下进行高纬与低纬、海陆间的热量再分配。水是一种良好的溶剂,同时具有搬运能力,水循环负载着众多物质不断迁移和聚集。

水循环是海陆间联系的纽带。水循环的大气过程实现了海陆上空的水汽交换,海洋通过蒸发源源不断地向陆地输送水汽,进而影响着陆地上一系列的物理、化学和生物过程;陆面通过径流归还海洋损失的水量,并源源不断地向海洋输送大量的泥沙、有机质和各种盐类,从而影响着海水的性质、海洋沉积和海洋生物等。

水循环是地球系统中各种水体不断更新的总和,这使得水成为可再生资源,水循环与人类关系密切,水循环强弱的时空变化是制约一个地区生态平衡和可持续发展的关键。

第三节　河流与流域

一、河流

(一) 河流的形成与分段

降落到地面的雨水,除下渗、蒸发等损失外,在重力的作用下沿着一定的方向和路径流动,这种水流称为地面径流。地面径流长期侵蚀地面,冲成沟壑,形成溪流,最后汇集成河流。河流流经的谷地称为河谷,河谷底部有水流的部分称为河床或河槽。河流是水文循环的一条主要路径。地球上的各种水体中,河流的水面面积和水量最小,但它和人类的关系却最为密切。

一条河流沿水流方向,自高向低可分为河源、上游、中游、下游和河口五段。河源是河流的发源地，多为泉水、溪涧、冰川、湖泊或沼泽等。上游紧接河源，多处于深山峡谷中，坡陡流急，河谷下切强烈，常有急滩或瀑布。中游河段坡度渐缓，河槽变宽，两岸常有滩地，冲淤变化不明显，河床较稳定。下游是河流的最下段，一般处于平原区，河槽宽阔，河床坡度和流速都较小，淤积明显，浅滩和河湾较多。河口是河流的终点，即河流注入海洋或内陆湖泊的地方。这一段因流速骤减，泥沙大量淤积，往往形成三角洲。

（二）河流的功能

1. 行洪排涝功能

行洪排涝是河流最基本也是最重要的功能。区域内的降水通过河流汇集排出，避免区域受洪水泛滥之害。很多水利工程，例如疏浚河道、加固堤防等主要是为了提高河流的行洪排涝能力。

2. 调蓄降水功能

区域内的降水有时不能立即排出，或者需要存储使用，故河流承担了储存和调蓄的功能。在雨季时存储降水，在旱季时可以供给生产生活所用。河流的调蓄功能对区域的水资源的存储和使用都具有非常重要的意义。

3. 生态环境功能

河流的生态环境功能主要是河流对环境的支撑能力：一方面供给区域内动植物的水资源，称为区域生态维持的基础；另一方面，河流的纳污能力、净化能力和修复能力也是维系区域环境的重要保障。

4. 航运交通功能

河流航运是一种重要的交通方式。由于浮力作用，单位质量运输水运所消耗的能力要比陆运少得多。水运的优点是运量大、能耗小、占地少、投资省、成本低，对于体积较大、重量较大、需要长距离运输和对运输时间要求不高的货物，水运是首选方式。缺点是运输速度较慢，受港口、水位、季节、风向等自然环境因素影响较大。

5. 蓄水发电功能

河流蕴藏着丰富的水能资源，而且水能是经济环保的可再生资源。世界各地有很多在河流上建坝蓄水，利用河流的水位差把水能转化为电能的案例。

6. 渔业养殖功能

河流是鱼类等水生物的天然养育场所。天然河流不仅具有多种野生渔业资源，也是开展淡水养殖的优良场地。

7. 景观休闲和文化功能

游山玩水一直是景观旅游的主要内容。清澈的河水、怡人的两岸景色、壮观的水利工程，以及深厚的河流文化都给人们以美好的享受。近年来，随着人民生活水平的提高，人们在城市河道也建设了很多美丽的河段，一方面，可以为游人提供划船、游泳、渔猎等娱乐休闲活动；另一方面，滨江滨河公园等也成为人们休闲娱乐的好去处。

8. 地质功能

河流的冲刷侵蚀以及输沙淤积改变了原来的地形地貌，塑造了沧海桑田的变化。我国经济最发达的长江三角洲、珠江三角洲平原均是河砂淤积造陆形成。

（三）河流的分类

河流的分类有多种方式。根据管理或者研究，往往从不同的角度以及河流的不同特点进行划分。

按照河流流经的国家，可以分为国内河流与国际河流。国内河流简称“内河”，是指完全处于一个国家境内的河流。国际河流是指流经两个或多个国家的河流。国际河流的水资源分配常常对国际关系有着重要影响。

按照河流的归宿不同，可分为外流河和内流河（内陆河）。外流河最终流入海洋。内流河则注入封闭的湖泊，或者消失于沙漠。

按照河流的流量情况分为常年性河流与季节性河流（间歇性河流）。水量充沛、四季均有水流的河流称为常年性河流。我国西北地区的一些河流水量相对贫乏，有的会在一年中不定期断流，有的只在流域降雨之后或山区融雪时才有水流动，其余时间河床干涸，称为季节性河流。

按照河水的来源，可分为降水补给、冰雪融水补给、地下水补给、湖泊与沼泽补给，以及人造工程措施的人工补给。一般降水补给是河水的主要补给方式，但一些较大的江河往往来自两种或两种以上的补给途径。

按河流是否受到人为干扰，可分为天然河流与非天然河流。天然河流的形态特征和演变过程完全处于自由发展之中。非天然河流的形态和演变在一定程度上受限于人为工程干扰或约束，如在河道中修建的丁坝、护岸工程、港口码头、桥梁、取水口和实施人工改道等。在有人类活动的地方，自然界的河流大多已经受到人为干扰。

（四）河流的分级管理

由于不同的河流在规模和影响上差别巨大，所以世界各国大多根据河流的自然规模及其对社会、经济发展影响的重要程度，实行分级管理制度。水利部在 1994 年颁布《河道等级划分办法（内部试行）》（水利部水管〔1994〕106 号），将我国的河道分为五个等级，即一级河道、二级河道、三级河道、四级河道和五级河道，并规定了各级河道认定和管理权限。目前我国整体上仍然延续这种管理制度。

首批认定长江、黄河、淮河、海河、珠江、松花江、辽河、太湖、东南沿海流域等 18 条由水利部或其派出机构直接管理的全国一级河道。我国按照河流或湖泊的流域范围设置水行政主管部门，现有 7 个水利部派出的流域管理机构代表水利部在所辖流域内行使水行政管理权，分别是水利部长江水利委员会、水利部黄河水利委员会、水利部淮河水利委员会、水利部海河水利委员会、水利部珠江水利委员会、水利部松辽水利委员会、水利部太湖流域管理局。

其余的各等级河道大致由省、地市和县级水行政主管部门划分确定，并分级管理。各省在划分方式上略有不同，具体的行政审批、日常养护、规划建设等事权上的分工也不完全一致，但大体上都与省、地市、县和乡镇相对应。

（五）河长制

2016 年 12 月，中共中央办公厅、国务院办公厅印发了《关于全面推行河长制的意见》，通知要求全面建立省、市、县、乡四级河长体系。各省（自治区、直辖市）设立总河长，由党委或政府主要负责同志担任；各省（自治区、直辖市）行政区域内主要河湖设立河长，由省级负责同志担任；各河湖所在市、县、乡均分级分段设立河长，由同级负责同志担任。县级及以上河长设置相应的河长制办公室，具体组成由各地根据实际确定。

各级河长负责组织领导相应河湖的管理和保护工作，包括水资源保护、水域岸线管理、水污染防治、水环境治理等，牵头组织对侵占河道、围垦湖泊、超标排污、非法采砂、破坏航道、电毒炸鱼等突出问题依法进行清理整治，协调解决重大问题；对跨行政区域的河湖明晰管理责任，协调上下游、左右岸实行联防联控；对相关部门和下一级河长履职情况进行督导，对目标任务完成情况进行考核，强化激励问责。河长制办公室承担河长制组织实施具体工作，落实河长确定的事项。各有关部门和单位按照职责分工，协同推进各项工作。

（六）河流的水文特征值

在河流修建水利工程时需要对河流状况进行详细分析，涉及的水文特征值很多，以下重点介绍流量、含沙量等对水利工程的设计和建设影响较大的特征指标。

1. 流量

流量指单位时间通过某河流断面的水量，是反映水资源和江河、湖泊、水库等水体水量变化的基本数据，也是河流最重要的水文特征值。流域内暴雨或大规模融雪产生大量的地面径流，在短时间内迅速汇入河槽，使河道中流量骤增，水位猛涨，水流呈波状下泄，这种径流称为洪水。洪水通过某一河道断面时有一个逐步增加到峰值，再逐步减少的过程。峰值流量称为洪峰流量，流量从正常流量增加再回落到正常流量的过程称为洪水过程，整个洪水过程流过的水量称为洪量。在设计水工建筑物时，往往需要首先推算设计洪峰流量、设计洪量和设计洪水过程线。

2. 含沙量和输沙率

泥沙影响河流的水情、河床的变迁及水库的淤积。河流泥沙按其运动方式可分为悬移质、推移质和河床质三类。悬移质是悬浮于水中的细颗粒泥沙，其运动与水流速度基本相同；推移质是受水流冲击而沿河底移动、滚动或跃动的粗颗粒泥沙；河床质则是组成河床的较粗颗粒泥沙，三者随水流条件的变化而相互转化。描述河流中悬移质数量多少的指标是含沙量。单位体积河水中所含干沙的重量称为含沙量。单位时间通过河流某断面的干沙重量称为输沙量。在设计水工建筑物时，一般要计算河流的多年平均含沙量、多年平均年月输沙量以及含沙量和输沙量的历年最大值与最小值等。

3. 水位、基面和库容

水位是指河流、湖泊、水库、海洋等水体的自由水面离固定基面的高程。水位是堤防、坝高、桥梁及涵洞、公路路面标高的确定依据，同时也广泛用于流量计算、水资源计算等其他水文数据的推求。

基面是水位和高程起算零点的一个固定基准面，目前全国统一采用黄海基面。但由于历史的原因，有些地区仍沿用以往使用的大沽基面、吴淞高程、珠江基面，也有使用假定基面、测站基面或冻结基面的，在使用水位数据时需要注意。

水库的水位对水库的正常运行和功能发挥有着特别重要的意义。通常把表示水库工程规模及运用要求的各种库水位称为水库特征水位。其由低至高分别为死水位、防洪限制水位、兴利水位（正常蓄水位、设计蓄水位）、防洪高水位、设计水位和校核水位（图 2-4）。

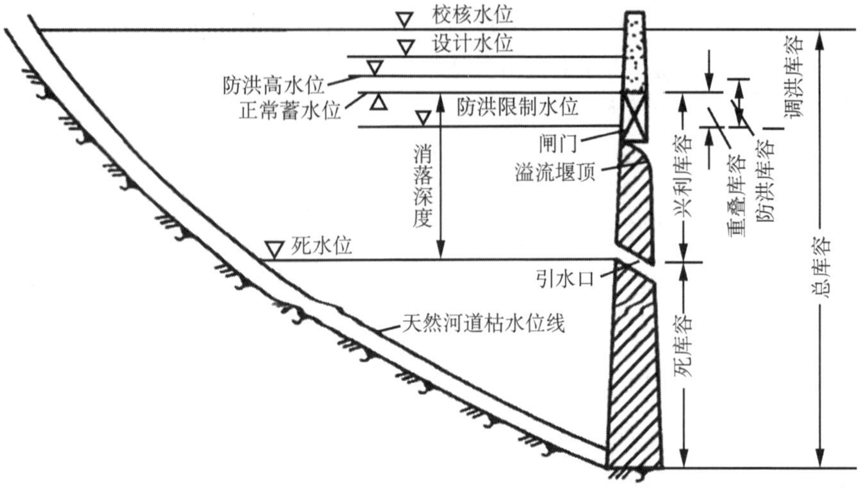

图 2-4　水库特征水位图

(1) 死水位是正常运用情况下允许水库消落的最低水位，死水位以下的库容称为死库容。

(2) 防洪限制水位又称汛限水位，是指汛期在迎接洪水到来前允许的最高水位。

(3) 兴利水位是指在非汛期为满足设计的兴利要求允许的最高水位，兴利水位至死水位的库容称为兴利库容，又称调节库容或有效库容。

(4) 防洪高水位是指当水库遇到下游防护对象的设计标准洪水时，在坝前允许达到的最高水位，防洪高水位与汛限水位的库容称为防洪库容。

(5) 设计水位是当水库遇到大坝设计标准的洪水时，经调洪计算后坝前达到的最高水位，它与汛限水位之间的库容称为拦洪库容。

(6) 校核水位是指水库遇到大坝校核标准的洪水时，经调洪计算后坝前达到的最高水位，它与汛限水位之间的库容称为调洪库容。

二、流域

(一) 流域介绍

汇集地面水和地下水的区域称为流域，也就是分水线包围的区域。分水线有地面、地下之分。当地面分水线与地下分水线相重合，称为闭合流域，否则为不闭合流域。在实际工作中，除有石灰岩溶洞等特殊的地质情况外，对于一般流域，多按闭合流域考虑。

流域是相对于某一出口断面的，当不指明断面时，流域即指河口断面以上区域。

(二) 流域基本特征

1. 流域面积

流域分水线包围区域的平面投影面积称为流域面积，记为 F，以 km^2 计。可在适当比例尺的地形图上勾绘出流域分水线，量出其流域面积。

2. 河网密度

流域内河流干支流总长度与流域面积的比值称为河网密度，以 km/km^2 计。

3. 流域的长度和平均宽度

流域长度就是流域轴长。以流域出口为中心向河源方向作一组不同半径的同心圆，在每个圆与流域分水线相交处作割线，各割线中点的连线的长度即为流域的长度，以 km 计。流域面积与流域长度之比称为流域平均宽度，以 km 计。

4. 流域形状系数

流域平均宽度与流域长度之比称为流域形状系数。扇形流域的形状系数较大，狭长形流域则较小，因此流域形状系数在一定程度上以定量的方式反映流域的形状。

5. 流域的平均高度和平均坡度

将流域地形图划分为 100 个以上的正方格，依次定出每个方格交叉点上的高程以及与等高线正交方向的坡度，取其平均值，即为流域的平均高度和平均坡度。

6. 流域自然地理特征

流域自然地理特征包括流域的地理位置、气候特征、下垫面条件等。

(1) 流域的地理位置。流域的地理位置以流域所处的经纬度来表示，它可以反映流域所处的气候带，说明流域距离海洋的远近，反映水文循环的强弱。

(2) 流域的气候特征。其包括降水、蒸发、湿度、气温、气压、风等要素。它们是河流形成和发展的主要影响因素，也是决定流域水文特征的重要因素。

(3) 流域的下垫面条件。下垫面指流域的地形、地质构造、土壤和岩石性质、植被、湖泊、沼泽等情况，这些要素以及上述河道特征、流域特征都反映了每一水系形成过程的具体条件，并影响径流的变化规律。在天然情况下，水文循环中的水量、水质在时间上和地区上的分布与人类的需求是不相适应的。为了解决这一矛盾，长期以来人类采取了许多措施，如兴修水利、植树造林、水土保持、城市化等，来改造自然以满足人类的需要。人类的这些活动在一定程度上改变了流域的下垫面条件，从而引起水文特征的变化。因此，当研究河流及径流的动态特性时，需对流域的自然地理特征及其变化状况进行专门的研究。

第四节 水 资 源

地球表层可供人类利用的水称为水资源。水资源包括水量、水质、水能资源和水域。

对人类最为实用的水资源是陆地上每年可以更新的降水量、江河流水量和浅层地下水的淡水量。降水可以直接为人类利用，同时，它又是江河径流和浅层地下淡水的来源。江河径流是人类最重要和最经常利用的水资源。人类可从江河引水，供城市、工矿、农业灌溉利用。我国水资源量与世界各国比较，居世界第六位。但因为人口众多，我国水资源人均占有量只有世界人均占有量的 1/4，排在世界百位以后；耕地平均分摊水量只有世界平均数的 3/4。

中国降水量的地区分布也很不均匀，南部和东南沿海平均年降水量大于 1 600 mm。华北和东北年降水量为 400～800 mm。西北的大部地区只有 200～400 mm，一些沙漠边缘地区少于 100 mm。中国境内江河年径流深的分布趋势大致与年降水量分布相似，自东南向西北逐渐递减。东南沿海年径流深大于 900 mm，而西北部的沙漠边缘年径流深小于 10 mm。降水径流与耕地间的不相适应，造成我国水土资源不平衡，需要跨流域调度水资源。

各地的降水量和江河径流量在各年之间和年内各月之间都不均衡，这就使水资源利用困难，并造成洪涝或干旱灾害。

水能资源在全球的理论蕴藏量为 44.28 万亿 kW · h/年，其中技术上可开发的水能资源为 19.39 万亿 kW · h/年。我国径流丰沛，地形有利，在可开发容量和可开发年发电量方面，均居世界第一位。我国大量的水能资源可以进行长期持续开发利用。

第三章　工程地质

第一节　岩石的分类和特性

覆盖在地球上的坚固部分称为岩石。岩石是在各种不同的地质作用下产生的，是由一种或多种矿物有规律地组合而成的矿物集合体。广义上岩石也是一种土，在很多规范和标准中是与一般意义上的土并列讨论。根据成因，岩石可分三类，即由岩浆冷凝所形成的岩浆岩，由风化产物经过搬运、沉积和固结形成的沉积岩，以及由变质作用形成的变质岩。

一、岩浆岩

（一）岩浆岩的形成与分类

岩浆岩也称火成岩，其种类繁多，性状各异。岩浆岩是地壳深处或来自地幔的熔融岩浆，受某些地质构造的影响，侵入到地壳中或上升到地表凝结而成的岩石。在距地表相当深的地方开始凝结的称为深成岩，如橄榄岩、辉岩、花岗岩等；喷出地表或在地表附近凝结的称为喷出岩，如玄武岩、流纹岩等；介于深成岩和喷出岩之间的是浅成岩，如花岗岩、正长斑岩等。

（二）岩浆岩的主要矿物成分

火成岩最主要的矿物有两类：一类是石英、正长石、斜长石等含铝硅酸盐矿物，比重较小，颜色较浅，叫浅色矿物；另一类是角闪石、辉石、橄榄石、黑云母等富含铁镁的硅酸盐矿物，比重较大，颜色较深叫深色矿物。正长石和斜长石占整个火成岩成分的60%以上，其次是石英。因此，这两种矿物就成了火成岩鉴别和分类的主要依据。此外，亦可用化学成分中二氧化硅（SiO_2）含量对火成岩进行分类。一般二氧化硅含量多时，浅色矿物必然多，常称为酸性火成岩。而二氧化硅含量少时，深色矿物相对增多，常称为基性火成岩。

（三）岩浆岩的结构

结构是指矿物的结晶程度、颗粒大小、形状及矿物间结合方式所反映出的特征。常见的有以下几种。

1. 全晶质结构

岩石全部由矿物晶体组成，多见于深成岩如花岗岩。用肉眼能辨认出矿物颗粒的称为显晶质结构。用肉眼无法辨认矿物颗粒的称为隐晶质结构。颗粒越粗，反映岩浆缓慢冷却，矿物结晶条件较好。

2. 玻璃质结构

岩石由没有结晶的物质组成(又称非晶质),岩石断面光滑,是岩浆喷出地表骤然冷却形成的,为喷出岩所特有的结构。如岩石中既有矿物晶体,又有玻璃质,则称为半晶质结构。

3. 斑状结构

岩石中比较粗大的晶体散布在较细小的物质中的结构。大的晶体称为斑晶,细小的物质称为石基。这是由于岩浆活动中物质结晶有先后之故,一般熔点高的矿物先结晶,熔点低的矿物后结晶。大多数浅成岩和一部分喷出岩为斑状结构。

(四) 岩浆岩的构造

构造是指岩石中不同矿物集合体之间排列、充填以及空间分布方式所反映出来的岩石外貌特征。常见的有以下几种。

1. 块状构造

它是岩石各组成部分无一定方向的均匀分布所组成的一种构造。大多数火成岩特别是侵入岩均为块状结构。

2. 气孔和杏仁状构造

它是岩浆喷溢地表时,其中所含的气体逸散后留下的气孔。当气孔体积大于90%时可称为浮岩构造。当气孔被后来的物质(硅、钙质等)所充填,形成杏仁状构造,是火山岩中常见的构造。

3. 流纹状构造

它是熔岩流由不同的颜色条纹、拉长了的气孔及长条状矿物沿一定方向排列所呈现的构造。它是岩浆溢出地面在流动过程中迅速冷却而形成的。

(五) 常见岩浆岩的特征

(1) 花岗岩,属酸性深成侵入岩体,分布非常广泛,多呈肉红色,风化面呈黄色。主要矿物成分为石英、正长石,含有少量的黑云母、角闪石和其他矿物。其为块状构造,全晶质等粒结构。由于花岗岩具有质地坚硬、性质均一的特点,所以岩块的抗压强度可达120～200 MPa,可作良好的建筑物地基和天然建筑石料。

(2) 花岗斑岩,成分与花岗岩相同,为酸性浅成岩。其为斑状结构,斑晶由长石、石英组成,基质多由细小的长石、石英及其他矿物构成;块状构造,若斑晶以石英为主,则称为石英斑岩。

(3) 流纹岩,属酸性喷出岩,呈岩流状产出,颜色一般较浅,大多呈灰、灰白、浅红、浅黄褐等颜色,常具有流纹构造,斑状结构。细小的斑晶由长石和石英等矿物组成,基质多由隐晶质和玻璃质矿物组成。流纹岩性质坚硬,强度较高,可作为良好的建筑材料。

(4) 正长岩,多呈微红色、浅黄或灰白色。中粒、等粒结构,块状构造。主要矿物成分为正长石,其次为黑云母和角闪石等;有时含少量的斜长石和辉石,一般石英含量极少。其物理力学性质与花岗岩类似,但不如花岗岩坚硬,且易风化,常呈岩株产出。

(5) 闪长岩,属中性深成岩体,浅灰至深灰色,也有黑灰色。其主要矿物成分为斜长石、角闪石,其次为辉石、云母等,暗色矿物在岩石中占35%左右。含石英时称为石英闪长岩,常呈细粒的等粒状结构。其分布广泛，多为小型侵入体产出；岩石坚硬，不易风化，岩块抗压强度可达 130～200 MPa，可作为各种建筑物的地基和建筑材料。

（6）玄武岩，是岩浆岩中分布广泛的基性喷出岩，岩石呈黑色、褐色或深灰色。其主要矿物成分与辉长岩相同，但常含有橄榄石颗粒，呈隐晶质细粒或斑状结构，具有气孔构造。当气孔被方解石、绿泥石等所充填时，即为杏仁构造。岩石致密坚硬、性脆。岩块抗压强度为 200～290 MPa，具有抗磨损、耐酸性强等特点。

（7）火山碎屑岩在火山活动时，除溢出熔岩流形成前述各类喷出岩外，还喷出大量的火山弹、火山砾、火山砂及火山灰等碎屑物质，这些物质堆积在火山口周围，形成成分复杂的火山碎屑岩，如火山凝灰岩、火山角砾岩、火山集块岩等。

二、沉积岩

沉积岩是在地表或接近地表的常温常压环境下，各种既有岩石遭受外力地质作用下，经过风化剥蚀、搬运、沉积和硬结成岩过程而形成的岩石。沉积岩广泛分布于地表，覆盖面积约占陆地面积的 75%。因此，研究沉积岩的形成条件及其性质特征，对工程建设具有重要意义。

（一）沉积岩的形成和分类

沉积岩的形成是一个长期而复杂的地质作用过程，一般可分为以下四个阶段。

（1）风化和剥蚀阶段。地壳表面原来的各种岩石长期遭受自然界的风化、剥蚀作用，例如风吹、雨淋、冰冻、日晒、水流或波浪的冲刷和淋蚀作用，以及生物机械作用和化学作用，使原来坚硬的岩石逐渐破碎，形成大小不同的松散物质，甚至改变原来的物质成分和化学成分，形成一种新的风化产物。

（2）搬运阶段。岩石经风化、剥蚀后的产物除一部分残积在原地外，大多数破碎物质在流水、风、冰川、海水和重力等作用下，搬运到其他地方。流水的机械搬运作用使具有棱角的碎屑物不断磨蚀，径粒逐渐变细、磨圆。溶解物则随水溶液带到河口和湖海中。

（3）沉积阶段。当搬运能力减弱或物理化学环境改变时，携带的物质逐渐沉积下来。一般可分为机械沉积、化学沉积和生物化学沉积。沉积物具有明显的分选性，因此，在同一地区沉积着直径大小相近似的颗粒。河流由山区流向平原时，随着河床坡度的减小，水流速度不断减慢。因此，上游沉积颗粒粗，下游沉积颗粒细，海洋中沉积的颗粒更细。碎屑物是碎屑岩的物质来源，黏土物是泥质岩的主要物质来源，溶解物则是化学岩的物质来源，这些呈松散状态的物质称为松散沉积物。

（4）硬结成岩阶段。最初沉积的松散物质被后继沉积物所覆盖，在上覆沉积物压力和胶结物质（如硅质、钙质、铁质、石膏质等）的作用下，逐渐把原物质压密，孔隙减小，经脱水固结或重结晶作用而形成较坚硬的岩层。这种作用称为硬结成岩作用或石化作用。

根据沉积岩的组成成分、结构、构造和形成条件，可将沉积岩分为碎屑岩类、黏土岩类、化学及生物化学岩类等，见表 3-1。

表 3-1 沉积岩分类

<table>
<tr><th>分类</th><th colspan="2">结构特征</th><th>岩石名称</th><th>岩石亚类</th></tr>
<tr><td rowspan="5">碎屑岩类</td><td rowspan="5">碎屑结构</td><td>砾状结构,粒径>2 mm</td><td>砾岩</td><td>砾岩,角砾岩</td></tr>
<tr><td rowspan="3">砂状结构,粒径 0.05～2 mm</td><td rowspan="3">砂岩</td><td>石英砂岩</td></tr>
<tr><td>长石砂岩</td></tr>
<tr><td>杂砂岩</td></tr>
<tr><td>粉砂状结构,粒径 0.005～0.05 mm</td><td>粉砂岩</td><td>粉砂岩</td></tr>
<tr><td rowspan="2">黏土岩类</td><td colspan="2" rowspan="2">泥状结构,粒径<0.005 mm</td><td>泥岩</td><td>碳质泥岩</td></tr>
<tr><td>页岩</td><td>碳质页岩</td></tr>
<tr><td rowspan="4">化学及生物化学岩类</td><td colspan="2" rowspan="4">化学结构或生物结构</td><td>硅质岩</td><td>燧石岩</td></tr>
<tr><td rowspan="3">碳酸岩类</td><td>石灰岩</td></tr>
<tr><td>白云岩</td></tr>
<tr><td>泥灰岩</td></tr>
</table>

各类沉积岩由于形成条件不同,其颜色、结构、构造和矿物成分亦不同。因此,反映出的特征也不相同,这些特征是鉴定沉积岩的主要标志。

(1) 碎屑岩类

具有碎屑结构,即岩石由粗粒的碎屑和细粒的胶结物两部分组成。碎屑按其大小可分为砾状结构、砂状结构等。砂状结构又可进一步分为粗砂结构、中砂结构和细砂结构。碎屑形状一般是指颗粒的圆滑程度,可分为磨圆度良好、磨圆度中等及磨圆度差(带棱角)进行观察。碎屑的成分在砂岩、粉砂岩中多为单一矿物组成,如石英、长石等。而在砾岩中的砾石成分比较复杂,除矿物组成外,还常由岩石碎屑组成,如石灰岩碎屑、石英岩碎屑等。碎屑岩类的岩石物理力学性质好坏,一般与胶结物的性质及胶结形式有密切关系。

(2) 黏土岩类

黏土岩类为黏土质结构(泥状结构),质地均匀细腻,主要由黏土矿物组成。黏土岩是由松软的黏土,经过脱水、固结作用而形成的。由于颗粒细小,其成分用肉眼难以辨别,需利用精密仪器如电子显微镜、X 射线仪,或通过化学分析来鉴定。一般黏土岩吸水性强,遇水后易于软化,具有可塑性和膨胀性。根据其层理清晰与否又可分为页岩和泥岩。页岩层理清晰,能沿层理分成薄片,结构较泥岩紧密,风化后多呈碎片状;泥岩则层理不清晰,结构较疏松,风化后多呈碎块状。

(3) 化学及生物化学岩类

化学及生物化学岩类颜色单一,往往反映所含杂质的颜色。如杂质为碳质时呈黑色,泥质时呈褐黄色,铁质时呈褐红色。常见的有致密结构、结晶结构、鲕状结构及竹叶状结构等。致密结构用肉眼难以辨认矿物颗粒的粗细;结晶结构多在岩石表面有闪闪发亮的矿物颗粒;鲕状结构是在岩石表面上有直径小于 2 mm 的圆形粒状,大者称豆状结构;竹叶状结构是在岩石表面上有竹叶的形状。化学及生物化学岩类主要由碳酸盐类组成,用肉眼鉴定矿物成分时主要是借助它的某些化学性质,如方解石遇酸起泡剧烈,白云石则较微弱,而硅质矿物遇酸则不起作用。

(二) 沉积岩的主要矿物成分

组成沉积岩的物质有以下三种。

(1) 抗风化能力强、耐磨的矿物碎屑和岩石碎屑，如石英、长石、云母等。

(2) 从水溶液中结晶析出的物质，如方解石、白云石、石膏、石盐等。

(3) 各种古代生物遗骸。在碎屑岩的碎屑颗粒之间还有胶结物质，如碳酸钙、二氧化硅、氧化铁、氧化铝等。

(三) 沉积岩的结构

沉积岩的结构是指沉积岩组成物质的颗粒大小、形状及结晶程度。它不仅决定了沉积岩的岩性特征，也反映了沉积岩的形成条件。沉积岩的结构类型可分如下几种。

(1) 碎屑结构，指碎屑物质被胶结物黏结而形成的一种结构。按碎屑粒径大小不同可分砾状结构(>2 mm)、砂状结构(0.05～2 mm)和粉砂状结构(0.05～0.005 mm)。

(2) 泥状结构，一般由颗粒粒径小于 0.005 mm 的黏土等胶结物质组成的矿物颗粒显示定向排列的结构。

(3) 化学结构，指由化学沉淀或胶体重结晶所形成的结构，可分为鲕状、结核状、纤维状、致密块状和粒状结构等。

(4) 生物结构，指岩石中几乎全部由生物遗体所组成的结构，如生物碎屑结构、贝壳结构等。

(四) 沉积岩的构造

沉积岩的构造是指沉积岩各个组成部分的空间分布和排列方式。层理构造和层面构造是沉积岩最重要的特征，它是区别于岩浆岩和某些变质岩的主要标志。

1. *层理构造*

层理是沉积岩在形成过程中，由于沉积环境的改变而引起沉积物质的成分、颗粒大小、形状或颜色沿垂直方向发生变化而显示出的成层现象。

沉积物在一个基本稳定的地质环境条件下，连续不断沉积形成的单元岩层简称为层。相邻两个层之间的界面称为层面，层面是由于上下层之间产生较短的沉积间断而造成的。一个单元岩层上下层面之间的垂直距离称为岩层厚度。根据单元岩层的厚度可分为巨厚层(>1 m)、厚层(0.5～1 m)、中厚层(0.1～0.5 m)和薄层(<0.1 m)。

层理和层面的方向有时不一致。根据两者的关系，可对层理形态进行分类：当层理与层面延长方向相互平行时，称为平行层理。其中，当层理面平直时称为水平层理；当层理面波状起伏时称为波状层理；当层理与层面斜交时，称为斜层理；若是多组不同方向的斜交层理相互交错时，称为交错层理。有些岩层一端较厚，而另一端逐渐变薄以至消失，这种现象称为尖灭层。若在不大的距离内两端都尖灭，而中间较厚，则称为透镜体。

2. *层面构造*

层面构造指岩层层面上的构造特征，常见的有波痕、泥裂、雨痕、化石和结核等。

(1) 波痕。沉积过程中，沉积物由于受风力或水流的波浪作用，在沉积岩层面上遗留下来的波浪的痕迹。

(2) 泥裂。黏土沉积物表面由于失水收缩而形成不规则的多边形裂缝称为泥裂，裂缝内常被泥砂、石膏等物质充填。

(3) 雨痕。沉积物表面经受雨点、冰雹打击后遗留下来的痕迹称为雨痕。

(4) 化石。在沉积岩中常见到古代动植物的遗骸和痕迹，它们经过石化交替作用保存下来而成为化石，如三叶虫、鳞木、恐龙蛋等。化石是沉积岩的重要特征，根据化石的种类可以确定化石形成的环境和地质时代。

(5) 结核。沉积岩中常有圆形或不规则的与周围岩石成分、颜色、结构不同，大小不一的无机物包体，这个包裹体称为结核。结核可以是由于胶体物质聚集而呈凝块状析出；也可以是胶体物质围绕某些质点中心聚集，形成具有同心圆结构的团块。例如，石灰岩中的燧石结核，黏土岩中的石膏结核、磷质结核及黄土中的钙质结核等。

(五) 常见沉积岩的特征

1. *砾岩和角砾岩*

由50%以上直径大于2 mm的碎屑颗粒组成的称为砾岩。由带棱角的角砾石、碎石胶结而成的称为角砾岩。角砾岩大多是由带棱角的岩块和碎石，经搬运距离不远即沉积胶结而成的。砾岩则多经过较长距离的搬运后再沉积胶结。两者的颗粒成分可由矿物或岩石碎块组成，胶结物多为泥质、钙质、硅质和铁质。

2. *砂岩*

砂岩指由50%以上的砂粒胶结而成的岩石。根据颗粒大小、含量不同可分为粗粒、中粒、细粒及粉粒砂岩。按颗粒的主要矿物成分可分为石英砂岩、长石砂岩、杂砂岩和粉砂岩等。由于多数砂岩岩性坚硬、性脆，在地质构造作用下张性裂隙发育。

3. *泥岩*

泥岩一般具有泥状结构，成分以高岭石、蒙脱石和水云母等次生黏土矿物为主。高岭石黏土岩呈灰白或黄白色，干燥时吸水性大，吸水后可塑性增大。蒙脱石黏土岩呈白色、玫瑰红色或浅绿色，表面有滑感，可塑性小，干燥时表面有裂缝，能被酸溶解，有强吸水能力，吸水后体积急剧膨胀。水云母黏土岩是介于上述两种岩石之间的过渡类型。在自然界中，单一矿物成分的黏土岩很少，一般是由几种矿物组成，常为薄层至厚层状，多为水平层理，层面上留有泥裂、雨痕、虫迹等构造。

4. *页岩*

页岩由黏土脱水胶结而成，以黏土矿物为主，大部分有明显的薄层理，呈页片状。可分为硅质页岩、黏土质页岩、砂质页岩、钙质页岩及碳质页岩。只有硅质页岩强度稍高，其余的易风化成碎片。页岩性质软弱，抗压强度一般为20～70 MPa或更低。浸水后强度显著降低，但透水性一般很小，常作为不透水层、隔水层。分布广泛，由于强度低，变形模量小，抗滑稳定性差。

5. *石灰岩*

石灰岩简称灰岩，主要化学成分为碳酸钙，矿物成分以结晶的细粒方解石为主，其次含少量白云石等矿物。颜色多为深灰、浅灰，纯灰岩呈白色。有致密状、鲕状、竹叶状等结构。石灰岩一般遇酸起泡剧烈，但硅质、泥质灰岩遇酸起泡较差。含硅质、白云质和纯石灰的灰岩强度高，含泥质、碳质和贝壳的灰岩强度低。一般抗压强度为 40～80 MPa。石灰岩具有可溶性，易被地下水溶蚀，形成宽大的裂隙和溶洞，是地下水的良好通道，对工程建筑地基渗漏和稳定影响较大。因此，在石灰岩地区进行工程建设时，必须进行详细的地质勘探。

6. *白云岩*

白云岩的矿物成分主要是白云石，其次含有少量方解石，常混有石膏和硬石膏，有时夹有石英和蛋白石等矿物。含有石膏时，强度明显降低。白云岩特征与石灰岩相似，在野外难以区别，可用盐酸点滴看起泡程度辨认。纯白云岩可作耐火材料。

三、变质岩

（一）变质岩的形成和分类

组成地壳的岩石由于地壳运动和岩浆活动等的影响，其在固态下发生矿物成分、结构构造的改变，从而形成新的岩石，称为变质岩。例如，碳酸盐岩在炽热的岩浆的烘烤下，固态岩石中的矿物重新结晶，晶体变粗大，成为大理岩；富铝的泥质岩石，在地壳运动和不同温度条件下，变成矿物有定向排列的板岩、千枚岩、片岩；花岗岩等可变成片麻岩。这种由地球内力引起岩石改造和变化的作用，称为变质作用。

变质岩与其他种类岩石最明显的区别是具有特殊的构造、结构和变质矿物。变质岩的分类命名较复杂，一般可采用以下原则：区域变质岩主要根据岩石的构造命名分类，块状构造的变质岩主要根据矿物成分命名分类，动力变质岩主要根据反映破碎程度的结构来命名分类，见表 3-2。

表 3-2 变质岩分类

<table>
<tr><th>变质作用</th><th colspan="2">构造与结构</th><th>定名</th><th>主要矿物成分</th></tr>
<tr><td rowspan="4">区域变质</td><td colspan="2">板状构造、变余结构</td><td>板岩</td><td>黏土矿物、绢云母、绿泥石、石英等</td></tr>
<tr><td colspan="2">千枚状构造、变晶结构</td><td>千枚岩</td><td>绢云母、石英、绿泥石等</td></tr>
<tr><td colspan="2">片状构造、变晶结构</td><td>片岩</td><td>云母、滑石、绿泥石、石英等</td></tr>
<tr><td colspan="2">片麻状构造、变晶结构</td><td>片麻岩</td><td>石英、长石、云母、角闪石等</td></tr>
<tr><td rowspan="2">接触变质</td><td rowspan="2">变晶结构、块状结构</td><td>石英为主</td><td>石英岩</td><td>石英为主，有时含绢云母等</td></tr>
<tr><td>方解石为主</td><td>大理石</td><td>方解石、白云石</td></tr>
<tr><td>动力变质</td><td>碎裂结构、糜棱结构</td><td>块状结构</td><td>碎裂岩、糜棱岩</td><td>原岩岩块、原岩碎屑</td></tr>
</table>

引起变质作用的主要因素有高温、高压、新的化学成分的加入。根据变质岩的成因和变质作用因素，把变质作用分为以下几类。（1）区域变质作用：指在地壳深处，广大地区内的岩石在高温高压和化学活动性较大的流体的综合作用下的变质作用。（2）接触变质作用：发生在岩浆岩与围岩的接触带。（3）动力变质作用：岩层在地壳运动时受定向压力的作用而产生的变质作用，多见于大的褶皱带和大断裂带。

(二) 变质岩的主要矿物成分

组成变质岩的矿物,一部分是与岩浆岩或沉积岩所共有的矿物,如石英、长石、云母、角闪石、方解石、白云石等;另一部分是变质作用后产生的新的特有变质矿物,以此将变质岩与其他岩石区别开来。常见的变质矿物有红柱石、硅线石、蓝晶石、黄玉、石榴子石、硅灰石、绿泥石、绿帘石、绢云母、滑石、蛇纹石、石墨等。这些矿物具有变质分带指示作用,如绿泥石、绢云母多出现在浅变质带,故代表浅变质带,蓝晶石代表中变质带,而硅线石则代表深变质带。

(三) 变质岩的结构

岩石在变质过程中,由于矿物的重结晶和新矿物的生成,相应地也要出现一些新的结构。变质岩的结构是指变质岩的变质程度、颗粒大小和连接方式,按变质作用的成因及变质程度不同,可分为下列主要结构。

(1) 变余结构(残余结构),有些岩石经过变质以后,重结晶作用不完全,原岩的矿物成分和结构特征一部分被保留下来,形成所谓的变余结构。如泥质砂岩变质以后,泥质胶结物变质成绢云母和绿泥石,而其中碎屑矿物如石英不发生变化,被保留下来,形成变余砂状结构。其他类型有与沉积岩有关的变余砾状结构,与岩浆岩有关的变余斑状结构、变余花岗结构等。

(2) 变晶结构,指岩石在变质作用过程中重结晶所形成的结构,它是变质岩中最主要的结构。变晶结构和岩浆岩中的结晶结构有些相似,但重结晶是在固态条件下进行的,因此变晶结构与岩浆岩结晶结构相比,有些不同。如变晶结构的岩石均为全晶质,没有玻璃质和非晶质成分;矿物结晶没有先后顺序,故矿物颗粒紧密排列;变质成因的斑晶中,常有大量基质矿物包裹体,表明其结晶生长时间与基质同时或更晚,这与岩浆岩中的斑晶形成较早的情况相反。

(3) 碎裂结构,指由于岩石受挤压应力作用,使矿物发生弯曲、破裂,甚至成碎块或粉末状后,又被黏结在一起形成的结构。碎裂结构具有明显的条带和片理,是动力变质中常见的结构,如糜棱结构、碎斑结构等。

(四) 变质岩的构造

变质岩的构造是鉴定变质岩的主要特征,也是区别于其他岩石的特有标志。变质岩的构造是指变晶矿物集合体之间的分布与充填方式。一般变质岩的构造可分为下列几种。

(1) 板状构造:岩石结构致密,沿一定方向极易分裂成厚度近乎均一的薄板状,如各种板岩。

(2) 千枚状构造:岩石中重结晶的矿物颗粒细小,多为隐晶质片状或柱状矿物,呈定向排列。片理为薄层状,呈绢丝光泽,这是千枚岩特有的构造。

(3) 片状构造:在定向挤压应力的长期作用下,岩石中含有大量片状、板状、纤维状矿物互相平行排列形成的构造,如各种片岩。有此种构造的岩石,具有各向异性特征,沿片理面易于裂开,其强度、透水性、抗风化能力等也随方向不同而异。

(4) 片麻状构造:岩石中晶粒较粗的浅色矿物(石英、长石等)和片柱状深色矿物(黑云母、角闪石等)大致相间平行排列,呈条带状分布的构造是片麻岩所特有的构造。

(5) 块状构造:岩石呈坚硬块体,颗粒分布较均匀,是粒状矿物重结晶的岩石所特有的构造,如大理岩、石英岩等。

(6) 条带状和眼球状构造:条带状构造是指岩石中的矿物成分、颜色、颗粒或其他特征不同的组分,形成彼此相间、近于平行排列成条带的现象。眼球状构造是指在定向排列的片柱状矿物中,局部夹杂有刚性较大的凸镜状或扁豆状的矿物团块的现象。

(五) 常见变质岩的特征

1. *板岩*

板岩是页岩经浅变质而成的,多为深灰至黑灰色,也有绿色及紫色。其主要成分为硅质和泥质矿物,肉眼不易辨别,结构致密均匀,具有板状构造,沿板状构造易于裂开成薄板状。击打时发出的清脆声可作为与页岩的区别,能加工成各种尺寸的石板。板岩透水性弱,可作隔水层加以利用,但在水的长期作用下易软化、泥化形成软弱夹层。

2. *千枚岩*

千枚岩是变质程度介于板岩与片岩之间的一种岩石,多由黏土质岩石变质而成。矿物成分主要为石英、绢云母、绿泥石等。结晶程度差,晶粒极细小、致密,肉眼不能直接辨别,外表呈黄绿、褐红、灰黑等色。由于含有较多的绢云母矿物,片理面上常具有微弱的丝绢光泽,这是千枚岩的特有特征,可作为鉴定千枚岩的标志。千枚岩性质软弱,易风化破碎,在荷载作用下容易产生蠕动变形和滑动破坏。

3. *片岩*

片岩具有典型的片状构造,主要由云母和石英矿物组成,其次为角闪石、绿泥石、滑石、石榴子石等,以不含长石区别于片麻岩。片岩按所含矿物成分不同可分为云母片岩、绿泥石片岩、角闪石片岩、滑石片岩等。片岩强度较低,且易风化。由于片理发育,易沿片理裂开。

4. *片麻岩*

片麻岩分为正片麻岩和副片麻岩两种。由岩浆岩变质而成的原岩,称正片麻岩;由沉积岩变质而成的原岩,称副片麻岩。正片麻岩的矿物成分与其相应的岩浆岩相似,最常见的是与花岗岩成分一致的片麻岩,主要含有正长石、石英、云母等矿物。与闪长岩、辉长岩及其喷出岩相应的片麻岩,主要成分为斜长石、石英、角闪石、黑云母、辉石等。在正片麻岩中,矿物成分还有磁铁矿、石榴子石、绢云母等。副片麻岩除含有石英、长石、云母外,常与沉积岩不同,富含有硅铝的变质矿物,如硅线石、蓝晶石、石墨等。

5. *石英岩*

石英岩由石英砂岩和硅质岩变质而成,矿物成分以石英为主,其次为云母、磁铁矿和角闪石。石英岩一般呈白色,含铁质氧化物时呈红褐色或紫褐色。其具有油脂光泽、变余粒状结构、块状构造,是一种非常坚硬、抗风化能力很强的岩石,岩块抗压强度可达 300 MPa 以上,可作为良好的建筑物地基,但因性脆,较易产生密集性裂隙,形成渗漏通道,应采取必要的防渗措施。

6. *大理岩*

大理岩由石灰岩重结晶而成,具有细粒、中粒和粗粒结构。主要矿物为方解石和白云石。纯大理岩是白色,含有杂质时带有灰色、黄色、蔷薇色,具有美丽花纹,是贵重的雕刻和建筑石料。大理岩硬度较小，与盐酸作用起泡，因此很容易鉴别。具有可溶性，强度随其颗粒胶结性质及颗粒大小而异，抗压强度一般为 50～120 MPa。

第二节　土的分类和特性

土是由地壳表层的岩石长期受自然界的风化（物理、化学、生物风化）作用后，再经其他各种外力的地质作用（如搬运、沉积）形成的大小、形状和成分各不相同的松散矿物颗粒的集合体。

一、土的工程地质分类

（一）分类的原则

土的种类繁多，其分类方法也很多。土的分类是在充分认识土的不同特殊性的基础上归纳其共性，将客观存在的各种土划分为若干不同的类或组。土的工程地质分类是根据工程实践经验，把工程性能近似的土划为一类并给定名称，使人们可以大致判断其工程特性，也可以使工程人员对土有共同的概念，便于经验交流。但在不同的工程中，土的应用目的不同，如建筑物将土作为地基，隧道将土作为环境，堤坝将土作为材料。不同的目的，对土的评价的侧重面有所不同，也就形成了不同行业对土的不同分类习惯和分类标准。

目前，国内最基本的土的工程分类规范有《岩土工程勘察规范》（GB 50021—2001）（2009 年版）和《建筑地基基础设计规范》（GB 50007—2011）。前者按照颗粒级配和塑性指数将土分为碎石土、砂土、粉土和黏性土。后者把作为建筑地基的这一部分土（包括岩石）分为六类，即岩石、碎石土、砂土、粉土、黏性土和人工填土。两个规范虽然结构安排有所不同，但对土的分类的主要内容基本一致，本书仅简单介绍《建筑地基基础设计规范》（GB 50007—2011）中的分类方法。

（二）《建筑地基基础设计规范》（GB 50007—2011）对土的工程分类

1. *岩石*

岩石指颗粒间牢固联结，呈整体或具有节理裂隙的岩体。岩石的坚硬程度应根据岩块的饱和单轴抗压强度标准值 f_{rk} 划分，按规范分为坚硬岩、较硬岩、较软岩、软岩和极软岩（表 3-3）。岩石的风化程度可分为未风化、微风化、中风化、强风化和全风化。岩体完整程度应根据完整性指数（岩体纵波波速与岩块纵波波速之比的平方）划分为完整、较完整、较破碎、破碎和极破碎（表 3-4）。

表 3-3　岩石坚硬程度划分

坚硬程度类别	坚硬岩	较硬岩	较软岩	软岩	极软岩
f_{rk}/MPa	＞60	30～60	15～30	5～15	≤5

表 3-4　岩石完整程度划分

完整程度等级	完整	较完整	较破碎	破碎	极破碎
完整性指数	＞0.75	0.55～0.75	0.35～0.55	0.15～0.35	＜0.15

2. 碎石土

碎石土为粒径大于 2 mm、颗粒质量超过总质量 50%的土。碎石土可根据颗粒形状和粒组含量分为漂石、块石、卵石、碎石、圆砾和角砾(表 3-5)。碎石土的密实度可根据重型圆锥动力触探锤击数分为松散、稍密、中密和密实。

表 3-5　碎石土的分类

土的名称	颗粒形状	颗粒级配
漂石	圆形及亚圆形为主	粒径大于 200 mm、颗粒质量超过总质量的 50%
块石	棱角形为主	
卵石	圆形及亚圆形为主	粒径大于 20 mm、颗粒质量超过总质量的 50%
碎石	棱角形为主	
圆砾	圆形及亚圆形为主	粒径大于 2 mm、颗粒质量超过总质量的 50%
角砾	棱角形为主	

3. 砂土

砂土为粒径大于 2 mm 的颗粒质量不超过总质量的 50%且粒径大于 0.075 mm 的颗粒超过总质量 50%的土。砂土可根据粒组含量划分,按规范表分为砾砂、粗砂、中砂、细砂和粉砂(表 3-6)。砂土的密实度可根据标准贯入试验锤击数,按规范分为松散、稍密、中密和密实。

表 3-6　砂土的分类

土的名称	粒组含量
砾砂	粒径大于 2 mm、颗粒质量占总质量的 25%～50%
粗砂	粒径大于 0.5 mm、颗粒质量超过总质量的 50%
中砂	粒径大于 0.25 mm、颗粒质量超过总质量的 50%
细砂	粒径大于 0.075 mm、颗粒质量超过总质量的 85%
粉砂	粒径大于 0.075 mm、颗粒质量超过总质量的 50%

4. 黏性土

黏性土为塑性指数 I_p 大于 10 的土,当 I_p 大于 17 时为黏土,当 $10 < I_p \leqslant 17$ 时为粉质黏土。黏性土的状态可根据液性指数划分,按规范表分为坚硬、硬塑、可塑、软塑和流塑。

5. 粉土

粉土为介于砂土与黏性土之间,塑性指数 I_p 小于等于 10 且粒径大于 0.075 mm 的颗粒含量不超过总质量 50%的土。

6. 人工填土

人工填土根据其组成和成因,可分为素填土、压实填土、杂填土和冲填土。素填土为由碎石土、砂土、粉土、黏性土等组成的填土。经过压实或夯实的素填土为压实填土。杂填土为含有建筑垃圾、工业废料、生活垃圾等杂物的填土。冲填土为由水力冲填泥砂形成的填土。

(三) 水利工程施工中土的常用分类

(1) 依据水利部 2002 年颁布的《水利建筑工程概算定额》,在水利工程施工工程量计算中,涉及土方开挖工程、石方开挖工程和土石方回填工程,需要对施工工程土类和岩石进行专门的分级,见表 3-7、表 3-8。表中土(岩)的名称及其含义按《建筑地基基础设计规范》(GB 50007—2011)和《岩土工程勘察规范》(GB 50021—2001)(2009 年版)定义确定,其中土质的级别为 4 级,岩石的级别为 12 级。

表 3-7　土类分级表

土质级别	土质名称	坚固系数 f	自然湿容重/(kN/m³)	外形特征	鉴别方法
Ⅰ	(1) 砂土 (2) 种植土	0.5～0.6	16.19～17.17	疏松,黏着力差或易透水,略有黏性	用锹或略加脚踩开挖
Ⅱ	(1) 壤土 (2) 淤泥 (3) 含壤种植土	0.6～0.8	17.17～18.15	开挖时能成块,并易打碎	用锹,需用脚踩开挖
Ⅲ	(1) 黏土 (2) 干燥黄土 (3) 干淤泥 (4) 含少量砾石黏土	0.8～1.0	17.66～19.13	黏手,看不见砂粒或干硬	用锹用力加脚踩开挖
Ⅳ	(1) 坚硬黏土 (2) 砾质黏土 (3) 含卵石黏土	1.0～1.5	18.64～20.60	土壤结构坚硬,将土分裂后成块状或含黏粒砾石较多	用镐、三齿耙撬挖

表 3-8　岩石类别分级表

岩石级别	岩石名称	实体岩石自然湿度时的平均容重/(kN/m³)	净钻时间/(min/m) 用直径 30 mm 合金钻头,凿岩机打眼(工作气压为 4.6×10^5 Pa)	极限抗压强度/10^2 Pa	坚固系数 f
Ⅴ	(1) 砂藻土及软的白垩岩	14.72	≤3.5 (淬火钻头)	≤1.96	1.5～2
	(2) 硬的石炭纪黏土	19.13			
	(3) 胶结不紧的砾岩	18.64～21.58			
	(4) 各种不坚实的页岩	19.62			
Ⅵ	(1) 软的有孔隙的节理多的石灰岩及贝壳石灰岩	21.58	4 (3.5～4.5) (淬火钻头)	1.96～3.92	2～4
	(2) 密实的白垩岩	25.51			

（续表）

岩石级别	岩石名称	实体岩石自然湿度时的平均容重/(kN/m³)	净钻时间/(min/m) 用直径 30 mm 合金钻头，凿岩机打眼(工作气压为 4.6×10⁵Pa)	极限抗压强度/10²Pa	坚固系数 *f*
Ⅵ	(3) 中等坚实的页岩	26.49	4 (3.5～4.5) (淬火钻头)	1.96～3.92	2～4
	(4) 中等坚实的泥灰岩	22.56			
Ⅶ	(1) 水成岩卵石经石灰质胶结而成的砾岩	21.58	6 (4.5～7) (淬火钻头)	3.92～5.88	4～6
	(2) 风化的节理多的黏土质砂岩	21.58			
	(3) 坚硬的泥质页岩	27.47			
	(4) 坚实的泥灰岩	24.53			
Ⅷ	(1) 角砾状花岗岩	22.56	6.8 (5.7～7.7)	5.88～7.85	6～8
	(2) 泥灰质石灰岩	22.56			
	(3) 黏土质砂岩	21.58			
	(4) 云母页岩及砂质岩石	22.56			
	(5) 硬石膏	28.45			
Ⅸ	(1) 软的风化较甚的花岗岩、片麻岩及正长岩	24.53	8.5 (7.8～9.2)	7.85～9.81	8～10
	(2) 滑石质的蛇纹岩	23.54			
	(3) 密实的石灰岩	24.53			
	(4) 水成岩卵石经硅质胶结的砾岩	24.53			
	(5) 砂岩	24.53			
	(6) 砂质石灰质的页岩	24.53			
Ⅹ	(1) 白云岩	26.49	10 (9.3～10.8)	9.81～11.77	10～12
	(2) 坚实的石灰岩	26.49			
	(3) 大理石	26.49			
	(4) 石灰质胶结的致密的砂岩	25.51			
	(5) 坚硬的砂质页岩	25.51			
Ⅺ	(1) 粗粒花岗岩	27.47	11.2 (10.9～11.5)	11.77～13.73	12～14
	(2) 特别坚实的白云岩	28.45			
	(3) 蛇纹岩	25.51			
	(4) 火成岩卵石经石灰质胶结的砾岩	27.47			

（续表）

岩石级别	岩石名称	实体岩石自然湿度时的平均容重/(kN/m³)	净钻时间/(min/m) 用直径 30 mm 合金钻头，凿岩机打眼(工作气压为 4.6×10⁵ Pa)	极限抗压强度/10² Pa	坚固系数 f
Ⅺ	(5) 石灰质胶结的坚实的砂岩	26.49	11.2 (10.9～11.5)	11.77～13.73	12～14
	(6) 粗粒正长岩	26.49			
Ⅻ	(1) 有风化痕迹的安山岩及玄武岩	26.49	12.2 (11.6～13.3)	13.73～15.69	14～16
	(2) 片麻岩、粗面岩	25.51			
	(3) 特别坚实的石灰岩	28.45			
	(4) 火成岩卵石经硅质胶结的砾岩	25.51			
XIII	(1) 中粒花岗岩	30.41	14.1 (13.1～14.8)	15.69～17.65	16～18
	(2) 坚实的片麻岩	27.47			
	(3) 辉绿岩	26.49			
	(4) 玢岩	24.53			
	(5) 坚实的粗面岩	27.47			
	(6) 中粒正长岩	27.47			
XIV	(1) 特别坚实的细粒花岗岩	32.37	15.5 (14.9～18.2)	17.65～19.61	18～20
	(2) 花岗片麻岩	28.45			
	(3) 闪长岩	28.45			
	(4) 最坚实的石灰岩	30.41			
	(5) 坚实的玢岩	26.49			
XV	(1) 安山岩、玄武岩、坚实的角闪岩	30.41	20 (18.3～24)	19.61～24.52	20～25
	(2) 最坚实的辉绿岩及闪长岩	28.45			
	(3) 坚实的辉长岩及石英岩	27.47			
XVI	(1) 钙纳长石质橄榄石质玄武岩	32.37	＞24	＞24.52	＞25
	(2) 特别坚实的辉长岩、辉绿岩、石英岩及玢岩	29.43			

(2) 依据交通运输部《疏浚与吹填工程设计规范》(JTS 181—5—2012)，疏浚岩土分为土类和岩石类。疏浚土类应根据颗粒组成及其特征、天然含水量、塑性指数及有机物含量分为有机质土及泥炭、淤泥土类、黏性土类、粉土类、砂土类和碎石土类；疏浚岩石类应按强度进行分类，并考虑其风化程度、成因、软化系数等因素。疏浚岩土的分类指标应符合表 3-9 的规定。

表 3-9 疏浚岩土分类表

岩土类别	岩土名称		分类标准
有机质土及泥炭	有机质土及泥炭		$Q \geqslant 5\%$
淤泥类	浮泥		$W > 150\%$
	流泥		$85\% < W \leqslant 150\%$
	淤泥		$55\% < W \leqslant 85\%, 1.5 < e \leqslant 2.4$
淤泥质土类	淤泥质黏土		$36\% < W \leqslant 55\%, 1.0 < e \leqslant 1.5, I_p > 17$
	淤泥质粉质黏土		$36\% < W \leqslant 55\%, 1.0 < e \leqslant 1.5, 10 < I_p \leqslant 17$
黏性土类	黏土		$I_p > 17$
	粉质黏土		$10 < I_p \leqslant 17$
粉土类	黏质粉土		$d > 0.075$ mm 的颗粒含量小于总质量 50%，$I_p \leqslant 10, 10\% \leqslant M_c < 15\%$
	砂质粉土		$d > 0.075$ mm 的颗粒含量小于总质量 50%，$I_p \leqslant 10, 3\% \leqslant M_c < 10\%$
	粉砂		$d > 0.075$ mm 的颗粒含量大于总质量 50%
	细砂		$d > 0.075$ mm 的颗粒含量大于总质量 85%
	中砂		$d > 0.25$ mm 的颗粒含量大于总质量 50%
	粗砂		$d > 0.5$ mm 的颗粒含量大于总质量 50%
	砾砂		$d > 2.0$ mm 的颗粒含量占总质量 25%～50%
碎石土类	角砾、圆砾		$d > 2.0$ mm 的颗粒含量大于总质量 50%
	碎石、卵石		$d > 20$ mm 的颗粒含量大于总质量 50%
	块石、漂石		$d > 200$ mm 的颗粒含量大于总质量 50%
岩石类	软质岩石	极软岩	$R_c \leqslant 5$
		软岩	$5 < R_c \leqslant 15$
		较软岩	$15 < R_c \leqslant 30$
	硬质岩石	较坚硬岩	$30 < R_c \leqslant 60$
		坚硬岩	$R_c > 60$

注：Q—有机质含量（%）；W—天然含水量（%）；e—孔隙比；I_p—塑性指数；d—粒径（mm）；M_c—黏粒含量（$d <$ 0.005 mm）；R_c—单轴饱和抗压强度（MPa）。

二、土的一般特性

（一）土的三相组成

疏松的土壤微粒组合起来，形成充满孔隙的土壤。这些孔隙中含有溶液（液体）和空气（气体），因此土是由固体颗粒（固相）、液体（液相）和空气（气相）组成的三相体，这三种成分混合分布。如果土中的孔隙全部被水所充满时，称为饱和土；如果孔隙全部被气体所充满时，称为干土；如果孔隙中同时存在水和空气时，称为湿土。饱和土和干土都是二相系，湿土为三相系。这些组成部分的相互作用和它们在数量上的比例关系，决定了土的物理力学性质。

（二）土的固相

固相，即土的颗粒，是由矿物颗粒或有机质组成，它的矿物成分、颗粒大小、形状与级配影响土的物理力学性质。

土的粒组指将土中颗粒按适当粒径范围分组，使各组内土粒大小、性质大体相近。划分粒组的分界尺寸称为界限粒径。我国按界限粒径 200 mm、20 mm、2 mm、0.05 mm 和 0.005 mm 把土粒分为六组：漂石(快石)、卵石、圆砾、砂粒、粉粒和黏粒。

土按矿物成分不同可以分为原生矿物和次生矿物两类。原生矿物常见的有石英、长石和云母等，由岩石物理风化成的土粒，通常由一种或者几种原生矿物组成。次生矿物是由原生矿物经过化学风化生成的新矿物，它的成分与母岩完全不同，主要是黏土矿物，即高岭石、伊利石和蒙脱石。

土的级配，即土中各粒组的相对含量(各粒组质量占全部粒组质量的百分比)，可通过颗粒分析试验测得，用级配累计曲线表示。利用级配曲线可求得不均匀系数 C_u 和曲率系数 C_c，用以判断土的级配情况。

不均匀系数：

$$C_u=\frac{d_{60}}{d_{10}}$$

曲率系数：

$$C_c=\frac{d_{10}}{d_{60}d_{10}}$$

式中，d_{10}、d_{30}、d_{60} 分别相当于累计百分比含量为 10%、30%和 60%的对应粒径，通常把 d_{10} 称为有效粒径，d_{60} 称为限制粒径。

其中，若 $C_u>10$，称为级配良好的土，宜作为良好地基；若 $C_u<5$，称为均粒土，其级配不好，不宜作为地基，可作为反滤料。但实际上仅用一个指标 C_u 来确定土的级配情况是不够的，还必须同时兼顾曲率系数 C_c 值。当同时满足不均匀系数 $C_u>5$ 和曲率系数 $C_c=1\sim3$ 这两个条件时，为级配良好的土；如不能同时满足，则为级配不良的土。

土的结构，指土粒及其集合体的大小、形状、相互排列与联结等综合特征。具体有三种：单粒结构(颗粒较大)，如砂粒、碎石；蜂窝结构(颗粒较细)，如粉粒；絮状结构(颗粒极细)，如黏粒。

土的构造，指物质成分和颗粒大小等相近的各部分土层之间的相互联系特点。主要有层理构造(分水平、交错两种)、裂隙构造和分散构造。

（三）土的液相

液相即土中水，可以呈固态(冰)、液态(水)、气态(水蒸气)存在于土中。从水膜理论的角度来看，水的分类如下。

(1) 结合水，指受电分子吸引力而吸附于土粒表面的土中水。结合水可分为强结合水和弱结合水。

强结合水(吸着水)：可塑状态黏土仅含此水，呈固态。

弱结合水(薄膜水)：可塑状态黏土多含此水，特别对黏性土的性质影响大。

(2) 自由水，指存在于土粒表面电场影响范围以外的水。自由水可分为重力水和毛细水。重力水指地下水位以下透水层中的水；毛细水指孔隙中的自由水，也能在地下水位以上存在。

(四) 土的气相

气相即土中气，可分为通畅气和封闭气。通畅气与大气相连，常存在于粗粒土中；封闭气封闭于孔隙中，常存在于细粒土中。

(五) 土的三相比例指标

1. 由试验直接测定的基本指标

(1) 土的重度(重力密度) γ：可用环刀法、灌砂法测定。天然状态下单位体积土的重力称为天然重度 W(kN/m^3)，$W=mg$，m 为质量，g 为重力加速度。

$$\gamma=\frac{W}{V}$$

式中，V 为土的总体积。

γ 与土的矿物成分、孔隙大小、含水率等有关，一般 γ 为 16～22 kN/m^3。

(2) 土的含水率 ω：可用烘干法、酒精燃烧法测定。土中水的重力与土粒重力之比称为含水率，常用百分比表示为

$$\omega=\frac{W_\omega}{W_s}$$

式中，W_ω 为水的重力；W_s 为土粒重力，它反映土的干湿程度。含水率越大，土越湿软，地基土承载力越低，我国沿海软黏土含水量常接近 50%，高者达 60%～70%，地基土容许承载力仅 50～80 kPa。

(3) 土粒相对密度(旧称“比重”)可用比重瓶法测定，指土粒重力与同体积 4℃时水的重力之比，即

$$d_s=\frac{W_s}{V_s\gamma_\omega}$$

式中，V_s 表示 4℃时水的体积；W_s 表示 4℃时水的重度，近似取 10 kN/m^3。

其大小随土粒矿物成分而异。砂土相对密度为 2.65～2.69，黏土相对密度为 2.72～2.76。土中含大量有机质时，土粒相对密度则显著减少。

2. 换算的物理性质指标

(1) 饱和重度 γ_{sat}。土的孔隙全部被水充满时的重度，称为饱和重度 γ(kN/m^3)，即

$$\gamma_{sat}=\frac{W_s+V_v\gamma_\omega}{V}$$

式中，V_v 为土中孔隙体积。

(2) 浮重度(有效重度)γ'。一般从地下水位以下取出的土，其天然重度可作为饱和重度。当土处于地下水位以下时，则受到水的浮力作用。单位土体积中颗粒的有效重力由单位土体积中土颗粒的重力减去浮力后的重度称为土的浮重度 γ'，即

$$\gamma'=\frac{W_s-V_s\gamma_\omega}{V}=\gamma_{sat}-\gamma_\omega(\gamma_\omega\approx 10\ \text{kN/m}^3)$$

(3) 干重度(干重力密度)。单位土体积中固体颗粒的重力称为土的干重度 γ_d (kN/m³)，即

$$\gamma_d=\frac{W_s}{V}$$

干重度反映土颗粒排列的紧密程度，工程上用 γ_d 作为人工填土压实质量的控制指标。一般 γ_d 达到 16 kN/m³ 以上时，土就比较密实。

(4) 土的孔隙比 e。土中孔隙体积与土的颗粒体积之比称为孔隙比，即

$$e=\frac{V_v}{V_s}$$

它表示土的密实程度，建筑物的沉降与土的孔隙比有着密切的关系。天然状态的黏性土，一般当 $e<0.6$ 时，土密实、压缩性低；当 $e>1.0$ 时，土是松软的。高压缩性的淤泥质土、淤泥的 e 值高达 1.5 以上。地基土层中含有 $e>1.0$ 的黏性土时，建筑物的沉降量较大。

(5) 土的饱和度 S_r。土中水的体积 V_w 与孔隙体积 V_v 之比称为饱和度 S_r，以百分数表示，即

$$S_r=\frac{V_w}{V_v}\times 100\%$$

它表示土的潮湿程度，如 $S_r=100\%$，表明土孔隙中充满水，土是完全饱和的；如 $S_r=0$，土是完全干燥的。砂土的含水饱和程度对其工程性质影响较大，如饱和粉细砂土在动荷载作用下会发生液化。根据饱和度 S_r 的数值，砂土可分为稍湿 ($S_r\leqslant 50\%$)、很湿 ($50\%<S_r\leqslant 80\%$) 和饱和 ($S_r>80\%$) 三种湿度状态。

(六) 土的物理状态指标

1. 黏性土的状态与界限含水率

(1) 界限含水率。黏性土由某一状态转入另一状态时的分界含水率，称为土的界限含水率。

(2) 液限、塑限和缩限。三者在国际上称为阿太保界限，它们是黏性土的重要物理状态指标。

液限：土由流动状态变成可塑状态的界限含水率称为液限，以符号 ω_L 表示。

塑限：土由可塑状态变化到半固体状态的界限含水率称为塑限，以符号 ω_P 表示。

缩限：由半固体状态变化到固体状态的界限含水率称为缩限，以符号 ω_S 表示。

(3) 塑性指数 I_P。

$$I_P = \omega_L - \omega_P$$

液限与塑限之差值(省去%)反映在可塑状态下的含水率范围。此值可作为黏性土分类的指标。

(4) 液性指数 I_L，即天然含水率 ω 和塑限之差与塑性指数的比值。反映土在天然条件下所处的状态。

$$I_L = \frac{\omega - \omega_P}{\omega_L - \omega_P} = \frac{\omega - \omega_P}{I_P}$$

土中多含自由水时，处流动状态，土中多呈弱结合水时，处于可塑状态，弱结合水减少，水膜变薄，土向半固态转化，土中为强结合水时处于固态。

2. 无黏性土的密实度

砂土的密实度对地基土的工程性质有很大影响。如密实的天然砂层是良好的天然地基。疏松的砂，尤其是饱和的粉细砂，在动力作用下结构常处于不稳定状态，对土建工程很不利。

(1) 相对密实度。

土的孔隙比一般可以用来描述土的密实程度，但砂土的密实程度并不单独取决于孔隙比，而是在很大程度上取决于土的级配情况。粒径级配不同的砂土即使具有相同的孔隙比，但由于颗粒大小不同，排列不同，所处的密实状态也会不同。为了同时考虑孔隙比和级配的影响，引入砂土相对密实度的概念。

当砂土处于最密实状态时，其孔隙比称为最小孔隙比 e_{min}；而砂土处于最疏松状态时的孔隙比则称为最大孔隙比 e_{max}。试验标准规定了一定的方法测定砂土的最小孔隙比和最大孔隙比，然后可按下式计算砂土的相对密实度 D_r。

$$D_r = \frac{e_{max} - e}{e_{max} - e_{min}}$$

从式中可以看出，当砂土的天然孔隙比接近于最小孔隙比时，相对密实度 D_r 接近于 1，表明砂土接近于最密实的状态；而当天然孔隙比接近于最大孔隙比时，则表明砂土处于最松散的状态，其相对密实度接近于零。根据砂土的相对密实度，可以按表 3-10 将砂土划分为密实、中密和松散三种密实度。

表 3-10 砂土密实度划分标准

密实度	密实	中密	松散
相对密实度	0.67～1	0.33～0.67	0～0.33

(2) 标准贯入试验。

测定砂土密实度，目前常用标准贯入试验。该试验是将带有刃口的厚壁管状的标准贯入器在规定锤重(63.5 kg)和落距(76 cm)的条件下击入土中，测定贯入量为 30 cm 所需要的

锤击数 N，称为标准贯入锤击数，以此确定砂土层的密实度，见表 3-11。

表 3-11 标准贯入试验判定砂土密实度

密实度	松散	稍密	中密	密实
锤击数 N	$\leqslant 10$	$10<N\leqslant 15$	$15<N\leqslant 30$	>30

（七）土的压实性

有时建筑物建筑在填土上，为了提高填土的强度，增加土的密实度和均匀性，降低其透水性和压缩性，通常用分层压实的办法来处理地基。

实践经验表明，对过湿的土进行夯实或碾压时就会出现软弹现象（俗称"橡皮土"），此时土的密实度是不会增大的。对很干的土进行夯实或碾压，显然也不能把土充分压实。因此，要使土的压实效果最好，其含水率一定要适当。在一定的压实能量下使土最容易压实，并能达到最大密实度时的含水率，称为土的最优含水率（或称最佳含水率），相对应的干重称为最大干重度。另外，在同类土中，土的颗粒级配对土的压实效果影响很大，颗粒级配不均匀的容易压实，均匀的则不易压实。

同时必须指出，室内击实试验与现场夯实或碾压的最优含水率是不一样的。所谓最优含水率，是针对某一种土，在一定的压实机械、压实能量和填土分层厚度等条件下测得的。如果这些条件改变，就会得出不同的最优含水率。因此，要指导现场施工，还应该进行现场试验。

三、特殊土的工程地质特性

特殊土是指如淤泥类土、膨胀土、红黏土、黄土类土等。我国幅员辽阔，从沿海到内陆，从山区到平原，经、纬度跨度大，土类分布多种多样，因此还存在区域性特殊土，如淤泥类土、膨胀土、红黏土、黄土类土等。

（1）淤泥类土

淤泥类土是指在静或缓慢的流水环境沉积，并经生物化学作用而形成，其天然含水率大于液限、天然孔隙比大于或等于 1.5 的黏性土。当天然含水率大于液限，而天然孔隙比小于 1.5 但大于或等于 1.0 时的黏性土或粉土为淤泥质土。含有大量未分解的腐殖质，有机质含量大于 60%的土为泥炭，有机质含量大于等于 10%且小于等于 60%的土为泥炭质土。淤泥类土压缩性高、强度低、透水性低，为不良地基。

（2）膨胀土

膨胀土的土中黏粒成分主要由亲水性矿物组成，同时具有显著的吸水膨胀和失水收缩特性，其自由膨胀率大于或等于 40%的黏性土。膨胀岩土分部地区易发生浅层滑坡、地裂、新开挖的基槽及路堑边坡坍塌等不良地质现象。

（3）红黏土

红黏土为碳酸盐岩系的岩石经红土化作用形成的高塑性黏土。其液限一般大于 50。红黏土经再搬运后仍保留其基本特征，其液限大于 45 且小于 50 的土为次生红黏土。红黏土和次生红黏土通常强度高、压缩性低。因受基岩起伏影响，厚度不均匀，上硬下软。

(4) 黄土类土

黄土类土是我国地域分布最广的一种特殊性土类。它是第四纪的一种特殊堆积物。其主要特征为：颜色以黄为主，有灰黄、褐黄等；含有大量粉粒，一般在55%以上；具有肉眼可见的大孔隙，孔隙比在1.0左右；富含碳酸盐类；无层理，垂直节理发育；具有湿陷性、易溶蚀和易冲刷性等。湿陷性黄土地基的设计和施工，除了必须遵循一般地基的设计和施工原则外，还应针对黄土湿陷性这个特点和工程要求，因地制宜采用以地基处理为主的综合措施。

第三节 常见工程地质问题及处理

水利工程地质问题指工程地质条件不能满足水工建筑物稳定和安全的要求时，工程建筑物与工程地质条件之间所存在的矛盾。水利工程主要的工程地质问题包括以下内容。

(1) 坝基(肩)以及软基稳定性问题。

(2) 边坡稳定性问题。

(3) 洞室(隧洞)围岩稳定性问题。

(4) 库坝区渗漏、水库淤积、滨库地区浸没、水库诱发地震等问题。

一、特殊地基及处理

(一) 松散、软弱土层

松散、软弱土层的强度、刚度低，承载力低，抗渗性差。对不满足承载力要求的松散土层，如砂和砂砾石地层等，可挖除，也可采用固结灌浆、预制桩或灌注桩、地下连续墙或沉井等加固；对不满足抗渗要求的，可灌水泥浆或水泥黏土浆，或地下连续墙防渗；对于影响边坡稳定的，可喷混凝土护面和打土钉支护。对不满足承载力的软弱土层，如淤泥及淤泥质土，浅层的挖除，深层的可以采用振冲等方法用砂、砂砾、碎石或块石等置换。

(二) 断层、泥化软弱夹层

对充填胶结差、影响承载力或抗渗要求的断层，浅埋的尽可能清除回填，深埋的灌水泥浆处理；泥化夹层影响承载能力，浅埋的尽可能清除回填，深埋的一般不影响承载能力。断层、泥化软弱夹层可能是基础或边坡的滑动控制面，对于不便清除回填的，根据埋深和厚度，可采用锚杆、抗滑桩、预应力锚索等进行抗滑处理。

(三) 常用软土地基处理方法

对水工建筑物的基础所在区域软土地基进行工程处理，往往成为提高基础的强度和稳定性、缩短建设工期、降低工程造价和确保工程质量的关键因素之一。下面介绍常用的六种软土地基处理方法，包括排水固结法、桩基法、换填法、灌浆法、加筋法和强夯法。

1. 排水固结法

目前，软土地基的处理要综合考虑经济实用、稳妥可行、施工简便的方法，首选是排水固结法。该法通过在软土地基设置的竖向排水体，转变原有地基的边界条件，增长孔隙水的排除道路，大大缩短了固结时间。一般采用袋装砂井和塑料排水板配合砂垫层来达到上述目标。在公路、铁路、水利、港口等工程领域内应用很广。这是一种使用多年的方法，至今仍被普遍采用，其主要特点是理论成熟，施工设备简单，费用低。

排水固结法的原理是软土地基在荷载作用下，土中孔隙水慢慢排出，孔隙体积不断减少，地基发生固结变形，同时随着超静孔隙水压力的逐渐消散，土的有效应力增大，地基强度逐步增长。排水固结法的有效处理深度为 12～15 m，超过此深度，孔隙水压力消散相当困难和缓慢，故设计时应加以考虑。此外，由于排水固结法需要预压荷载，且预压时间长，对工期紧迫、缺乏压载条件的工程是难以采用的。此法只能加速固结沉降而不能减少固结沉降量，对于统一沉降和不均匀沉降要求严格的工程必须慎重选择。

2. 桩基法

当淤泥软土层较厚、难以大面积进行深处理时，可采用桩基法进行加固处理。而桩基技术多种多样，早期多采用水泥土搅拌桩、砂石桩、木桩，目前很少使用。这是因为，一是水泥土搅拌桩水灰比、输浆量和搅拌次数等控制管理自动化系统未健全，设备陈旧，技术落后，存在搅拌均匀性差及成桩质量不稳定问题；二是砂石桩用以加固较深淤泥软土地基，由于存在工期长、工后变形大等问题，已不再用作对变形有要求的建筑地基处理；三是民用建筑已禁用木桩基础。

钢筋混凝土预制桩是指在预制构件加工厂预制，经过养护，达到设计强度后，运至施工现场，用打桩机打入土中，然后在桩的顶部浇筑承台梁（板）基础。钢筋混凝土预制桩由于具有较强承载力、质量有保证、施工速度快等特点，目前得到普遍运用。淤土层较厚地基处理还可以采用灌注桩，打灌注桩至硬土层，作为承载台。灌注桩有沉管灌注桩和冲钻孔灌注桩，但这两种方法有一些技术难题，沉管灌注桩在深厚软土中存在桩身完整性问题；冲钻孔灌注桩存在泥浆污染问题，以及桩身混凝土灌注质量、桩底沉渣清理和持力层判断不易监控等问题。

3. 换填法

换填法是通过回填有较好压密特性的土进行压实或夯实，形成良好的持力层，从而改变地基承载力特性，提高抗变形和稳定能力的方法。施工时应注意坑边稳定，保证填料质量，填料应分层夯实。其适用于处理浅层非饱和软弱地基、湿陷性黄土地基、膨胀土地基、季节性冻土地基、素填土和杂填土地基。其特点是简易可行，但仅限于软弱土层不大于 3 m 的浅层处理。

4. 灌浆法

灌浆法利用气压、液压或电化学原理将能够固化的某些浆液注入地基介质中或建筑物与地基的缝隙部位。灌浆的浆液可以是水泥浆、水泥砂浆、黏土水泥浆、黏土浆、石灰浆及各种化学浆材，如聚氨酯类、木质素类、硅酸盐类等。根据灌浆的目的可分为防渗灌浆、堵漏灌浆、加固灌浆和结构纠倾灌浆等。按灌浆方法可分为压密灌浆、渗入灌浆、劈裂灌浆和电化学灌浆。灌浆法在水利、建筑、道桥及各种工程领域有着广泛的应用。

5. 加筋法

加筋法是通过在土层中埋设强度较大的土工合成材料、拉筋、受力杆件等，使这种人工复合的土体可承受抗拉、抗压、抗剪或抗弯作用的一种软基处理方法。通过土体与筋体间的摩擦作用，使筋体承受拉力，而筋间土体则承受压应力及剪应力，进而使加筋土中筋体和土体都能较好发挥自己的潜能，达到提高地基稳定性、减小沉降的目的。

由于加筋法要求土粒能够提供较高的剪切阻力，故一般宜选用摩擦角大于 35°，且粒径大于 0.08 mm，土粒不少于总量 85%的土体作为加筋土。而黏性土由于其抗剪强度低（尤其是不排水抗剪强度），不易排水，且其湿化对强度的损失极为敏感，并会产生明显的蠕变效应，土中的次生矿物易腐蚀金属等，故不宜选用。

6. 强夯法

强夯法是使用起重设备，将大重量（80～300 kN）和一定外形结构规格的夯锤起吊至某一高度（一般为 6～30 m）后，自由下落，给地基土以强大冲击能量的夯击，使地基土产生强烈的振动和很高的动应力，将夯面以下一定深度的土层夯实，以增大地基的承载力和土体的稳固性，降低压缩性的一种软土地基处理方法。由于夯击能力大，加固深度也大，对于一般的软土地基加固有着良好的效果。现在常用的强夯技巧加固软土地基的方法有挤密碎石桩加夯法、砂桩加夯法、真空/堆载预压加强夯以及强夯碎石墩。

它可快速加固软基，施工设备简单，施工工艺、操作简单，不需要加固材料，费用低，周期短，加固效果显著，可取得较高的承载力。一般地基强度可提高 2～5 倍，变形沉降量小，压缩性可降低 1/10～1/2 倍。土粒结合紧密，有较高的结构强度，是一种常用的软土地基处理方法。但是施工时噪声和振动较大，不宜在人口密集的城市使用。另外，强夯法虽然适用土质范围广，但是有严格的适用范围。

二、渗漏及处理

（一）库坝区渗漏及处理

1. 渗漏

库坝区渗漏是指库水沿岩石孔隙、裂隙、断层、溶洞等向库盆以外或通过坝基（肩）向下游渗漏水量的现象。水库的作用是蓄水兴利，在一定的地质条件下，水库蓄水期间及蓄水后会产生渗漏。对任何一座水库来说，在未采取有效的工程处理措施的情况下，如果存在严重的渗漏现象，将会直接影响到该水库的效益。而坝区的渗漏，在不少情况下往往导致坝基产生渗透变形，威胁到大坝的安全。所以，库坝区渗漏问题是非常重要的工程地质问题，也是常遇到的问题。

（1）库区渗漏地质条件分析

水库渗漏的情况基本上有两种：一种是集中渗漏，另一种是面状渗漏。不同的地形地貌条件、岩性条件、地质构造、水文地质条件都可能形成不同种类的渗漏。因此，应对库区上述各项条件进行全面的调查研究，才能正确地评价水库渗漏问题。

（2）坝区渗漏地质条件分析

坝区裂隙岩体的渗漏条件，除岩体的岩性特征外，起主导作用的是岩体中各种成因类型结构面的发育程度和溶蚀空隙（洞）及其开启性、充填情况以及连通情况。河谷地貌特征也是影响透水性强弱和入渗、排泄条件的重要因素。

2. 渗漏处理

(1) 帷幕灌浆

帷幕灌浆是将浆液灌入岩体或土层的裂隙、孔隙，形成连续的阻水帷幕，以减小渗流量和降低渗透压力的灌浆工程。帷幕灌浆通常布置在靠近坝基面的上游(图 3-1)，是应用最普遍、工艺要求较高的灌浆工程。帷幕顶部与坝体连接，底部深入相对不透水岩层一定深度，以阻止或减少坝基中地下水的渗透;并与位于其下游的排水系统共同作用，还可降低渗透水流对坝基的扬压力。20 世纪以来，帷幕灌浆一直是水工建筑物地基防渗处理的主要手段，对保证水工建筑物的安全运行起着重要作用。

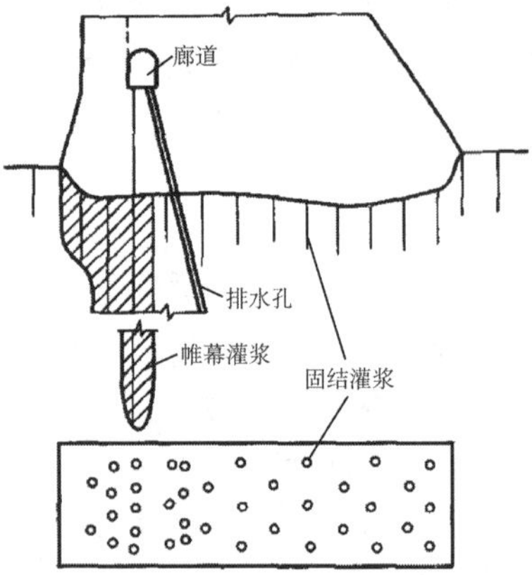

图 3-1　帷幕灌浆和固结灌浆示意图

帷幕灌浆的钻孔灌浆按设计排定的顺序，逐渐加密。基岩帷幕灌浆通常由一排孔、两排孔或多排孔组成。由两排孔组成的帷幕，一般应先进行下游排的钻孔和灌浆，然后再进行上游排的钻孔和灌浆;由多排孔组成的帷幕，一般应先钻灌下游排，再钻灌上游排，最后钻灌中间排。同一排孔多按 3 个次序钻灌。灌浆方法采用全孔分段灌浆法。在幕体中钻设检查孔进行压水试验是检查帷幕灌浆质量的主要手段，质量不合格的孔段要进行补灌，直至达到设计的防渗标准。

帷幕灌浆孔钻孔的钻机最好采用回转式岩芯钻机，金刚石或硬质合金钻头。这样钻出来的孔孔形圆整，钻孔方向较易控制，有利于灌浆。以往经常采用的是钢粒或铁砂钻进，但在金刚石钻头推广普及之后，除有特殊需要外，钢粒钻进一般就用得很少。

为了提高工效，国内外已经越来越多地采用冲击钻进和冲击回转钻进。但是冲击钻进要将全部岩芯破碎，因此产生的岩粉较其他钻进方式多，故应当加强钻孔和裂隙冲洗。另外，在同样情况下，冲击钻进的井斜较回转钻进的大，这也是应当加以注意的。在各种灌浆中，帷幕灌浆孔的井斜要求是较高的，因此应当切实注意控制井斜和进行井斜测量。

(2) 铺盖

铺盖是处理地表面状或带状分散性裂隙岩溶渗流通道，特别是水库渗漏时经常采用的方法。一般使用黏土铺盖防渗，局部基岩裸露的地段也可以采用混凝土盖板护面防渗。当采用黏土铺盖防渗时，除表面清理外，应注意有无集中渗漏处，防止蓄水后因渗水引起铺盖塌陷造成大量漏水。铺盖下面如有集中渗漏洞穴，宜另作专门防漏处理。

(3) 截水墙

在地下岩溶管道集中渗漏处或比较狭窄的渗漏段修建截水墙，以截断渗流通道。当岩溶浅埋且下部有隔水层时，可将截水墙与隔水层相衔接。对于沿构造破碎带发育的岩溶通道，当难以对岩溶通道进行个别处理时，用截墙办法亦较适宜。

(4) 堵洞

选择集中漏水的洞口，用适当的建材堵塞，是防止岩溶通道渗漏的有效方法。对裸露基岩中的漏水洞，只要清除其充填物和洞壁的风化松软物质，然后用混凝土封堵，即可获得良好效果。一般的堵洞结构是下部作反滤层，上部以混凝土封堵，再以黏土回填。

（二）水闸泵站渗漏及处理

闸室出现管涌或流土等渗透破坏现象时，应查明原因，及时进行处理；闸室发生渗透破坏时，可在闸底板上游端增设或延长（加厚）闸基垂直防渗措施（如板桩、帷幕、截水槽、防渗墙等）。

闸室与堤（坝）结合部位出现集中渗漏（接触冲刷），应采用黏土（掺适量的水泥）灌浆处理；如灌浆效果差，可开槽（一道或多道）重新回填或进行高压旋喷桩处理。

泵房、启闭机房混凝土墙体有渗水、漏水现象时，可在低水位采取背水面涂抹、迎水面贴补或迎水面水下修补等措施。

（三）防汛墙渗漏及处理

发生渗漏、管涌、墙后地面出现少量冒水和冒沙现象时，应按照“上截下排”“迎水坡防渗、背水坡导渗”的原则进行修复。

土质堤岸出现绕渗或集中渗漏（接触冲刷）可能形成渗透破坏时，可采取上游翼墙防渗处理、两岸堤岸灌浆、堤岸开槽填筑截水墙等措施，同时做好下游反滤、排水措施。

防汛墙伸缩缝、沉降缝出现漏水时，应补充充填物，或更换止水。

三、滑坡体处理

（一）滑坡的形态要素

滑坡有明显的边界和地形特征（图 3-2），在野外是可以识别的。滑坡地区常形成一种特殊的滑坡地形，即在较平整的坡面上出现低于周围原始坡面的环谷状洼地，后缘顶部有围椅状陡崖的滑坡后壁；洼地中往往坡状起伏，裂隙、错台等普遍分布；前部则有稍隆起且缓坡向前延伸的滑坡舌。它可使河流阶地变位，阶面突陷、错断，甚至将河流推弯曲、逼向对岸。

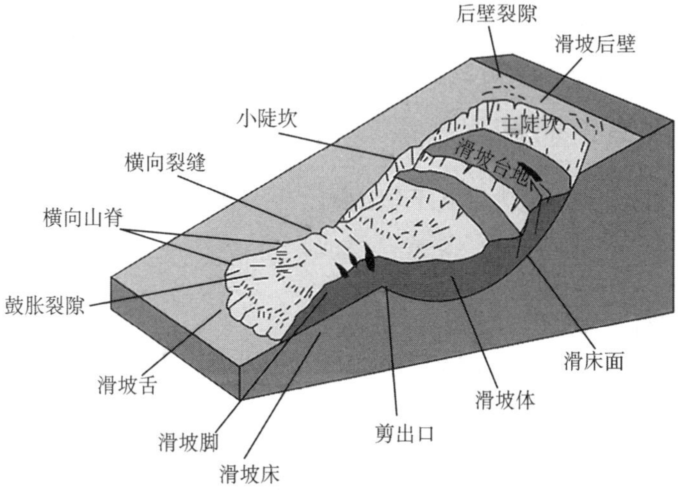

图 3-2　滑坡的边界和地形特征

滑坡体的两侧常形成冲沟，它们呈现“双沟同源”现象。此外，滑坡体上还会出现醉汉林、马刀树，常有地下水大片出露而成为沼泽、池塘。这些现象可作为判定滑坡的存在及其周界位置的依据。

以上是滑坡形态的总轮廓，有关滑坡的各部分结构和形态要素具体如下。

(1) 滑床面：又称滑动面或滑面，即贯通性破坏面。滑床面一般较光滑，有时可见擦痕，犹如断层面。滑床面上土石破坏比较强烈，发生片理化和糜棱化现象，其厚度较大时可形成滑动带。

(2) 滑坡体：依附于滑床面下滑的那部分坡体，它常可保持岩体的原始结构，内部相对位置基本不变。

(3) 滑坡台地：滑坡体因各段下滑的速度和幅度不同而形成一些错台，出现数个陡坎和高程不同的平缓台面。

(4) 滑坡床：滑床面下伏未动的岩主体。它完全保持原有的结构，但在滑动周界处可出现不同性质的裂隙。

(5) 滑坡舌：滑坡体前缘伸出部分，常呈舌状，故名之。其根部隆起部分称为滑坡鼓丘。

(二) 滑坡的治理原则

边坡失稳的发生与发展多属综合因素的作用结果。但在复杂的多种因素中，应该根据影响边坡稳定的主要因素采取适当的处理措施，以确保施工与运行中的安全。在勘测与设计过程中，必须贯穿以防为主的原则。对坝址、引水线路、泄水建筑物等的选定，尽可能避开难以处理、规模巨大的不稳定边坡，以免造成工程在施工、运行期间的被动局面。对难以避开的不稳定边坡，除勘测过程中进行必要的勘探、试验与稳定分析外，还要做好以下工作。

(1) 加强观测、及时预报。对于地质条件复杂，一时难以摸清或直接威胁到工程安全的边坡，在勘测过程中，应进行长期观测，掌握边坡变形规律与促发因素，以便制定恰当的处理措施，及时防治，不留后患。

(2) 合理施工、避免恶化。采取合理的施工方法，可以避免边坡的不利因素恶化，如疏导施工用水，严格防止地表水渗入，严禁掏坡挖脚、放大炮等。

(3) 一次根除、消除隐患。建筑物选定后，对影响施工和运行安全的不稳定边坡应及时研究经济合理、安全可靠的处理方案，早下决心，消除隐患。

(三) 滑坡的治理方法

滑坡的治理方法一般可分为以下三个方面。

(1) 排除不利外因，如地面水入渗等。

(2) 改善力学条件，如削坡减重、支撑、排水。

(3) 提高或保持滑动面的力学强度，如锚固。

各种治理方法应综合应用，具体体现在以下几个方面。

1. 减载与反压

减载与反压是常用的简易处理方法，一般对于方量不大的岩质或土质滑坡、坍方、蠕动等各种类型的边坡均可使用。减载的作用在于降低滑动体的下滑力，其主要方法是将滑坡体后部的岩土体削去一部分。但是单纯的减重不能起到阻滑的作用，最好与反压结合起来进行。反压即是在坡脚之外和之上等抗滑地段堆筑岩土体，起到反压作用，提高阻滑力。把减压削下的土石堆于下部的阻滑部位，使之起反压作用，就使两者很好地结合起来，共同达到降低下滑力，增加抗滑力，使边坡得到稳定的效果。这一方法也可称为“削头补足”。

2. 排水

（1）地面排水：不论是岩质边坡还是土质边坡，排除地面水常对边坡稳定起着重要作用。地面排水的设置原则，一方面是截断外部流入的沟泉水源和施工水源；另一方面是疏导坡面上的降水，使其尽快入沟排出，防止渗入边坡内部。排水沟应予以衬砌，同时对边坡较大的裂缝应进行堵塞；建筑物附近的，有时用喷浆护面。顺坡排水沟间距一般为 50～60 m。

（2）地下排水：降低和保持不稳定体地下水位，以避免水库或周围岩体地下水渗入，对岩体稳定意义很大。在有软弱夹层组成的滑动面，可防止长期浸水恶化，降低抗剪强度。排除地下水，可使坡体含水量及其中的孔隙水压力降低，增加抗滑力，提高边坡的稳定性。其防治办法很多，主要有截水沟、盲沟、集水井、水平钻孔等。

3. 锚固

锚固是用锚杆或锚索将滑动面两侧的岩体联系起来，以增强滑动面的抗滑力，借以稳定边坡，用于防治崩塌和滑坡均有很好的效果。锚索或钢缆可以更好地施加预应力，以提高滑动面上的正应力，对增加抗滑力更为显著。锚固是先进行钻孔，然后将锚杆或锚索（端部散开）插入钻孔，并施以预应力，然后向孔内进行水泥灌浆。可以用若干个平行的锚杆组成锚杆系统（图 3-3）。

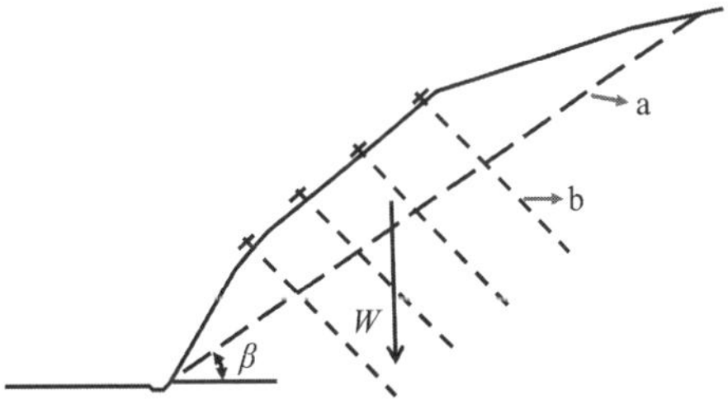

a—岩层面（滑动面）；b—预应力锚杆；
W—滑面以上岩体重量；β—坡角

图 3-3 用预应力锚杆稳定边坡示意图

锚杆加固边坡时，常与挡墙连结起来成为锚杆挡墙，具体由三部分组成，即锚杆、肋柱和挡板，其结构形式如图 3-4 所示。滑坡推力作用在挡板上，由挡板传到肋柱，再由肋柱传到锚杆上，最后通过锚杆传到滑动面以下的稳定地层中，靠锚杆的锚固力来维持整个结构的稳定性。

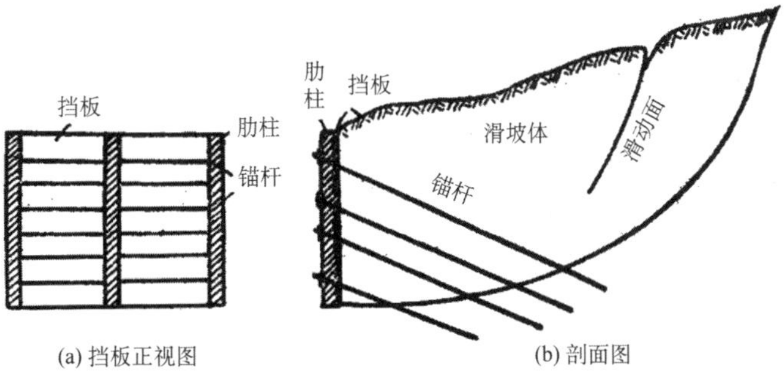

图 3-4 锚杆挡墙结构形式

4. 抗滑工程

（1）抗滑挡墙，也称挡土墙，是目前普遍使用的一种抗滑工程。它位于滑体的前缘，借助自身的重量以支挡滑体的下滑力，且与排水措施联合使用。按建筑材料和结构形式不同，有抗滑片石垛、抗滑片石竹笼、浆砌石抗滑挡墙、混凝土或钢筋混凝土抗滑挡墙等。挡土墙的优点是结构比较简单，可以就地取材，而且能够较快地起到稳定滑坡的作用。但一定要把挡土墙的基础设置于最低滑动面之下的稳固层中，墙体中应预留泄水孔，并与墙后的盲沟连通。

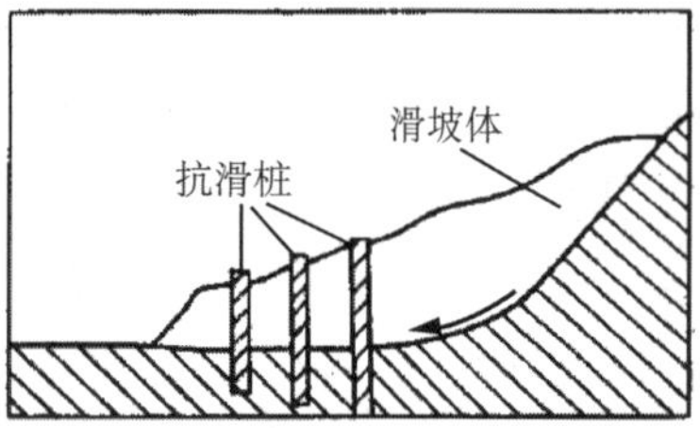

图 3-5　抗滑桩设置位置

(2) 抗滑桩是用以支挡滑体的下滑力，使之固定于滑床的桩柱。它的优点是施工安全、方便、省时、省工、省料，且对坡体的扰动少，因此也是国内外常用的一种抗滑措施。它的材料有木、钢、混凝土及钢筋混凝土等。施工时可灌注，也可锤击贯入。抗滑桩一般集中设置在滑坡的前缘部位，且将桩身全长的 1/4～1/3 埋置于滑坡面以下的稳固层中(图 3-5)。

5. 其他措施

其他措施指护坡、改善岩土性质等措施。

(1) 护坡是为了防止水流对边坡的冲刷或浪蚀，也可以防止坡面的风化。为了防止河水冲刷或海、湖、水库水的波浪冲蚀，一般修筑挡水防护工程(如挡水墙、防波堤、砌石及抛石护坡等)和导水工程(如导流堤、丁坝、导水边墙等)。为了防止易风化岩石所组成的边坡表面的风化剥蚀，可采用喷浆、灰浆抹面和浆砌片石等护坡措施。

(2) 改善岩土性质的目的是提高岩土体的抗滑能力，也是防治边坡变形破坏的有效措施。常用的有化学灌浆法、电渗排水法和焙烧法等。它们主要用于土体性质的改善，也可用于岩体中软弱夹层的加固处理。

第四章　水利工程建筑材料

建筑材料是指用于建造建筑物和构筑物的所有材料，是原材料、半成品和成品的总称。

水利工程由于其建筑物特有的结构特征，一般都需要消耗大量的建筑材料，其材料费占工程直接成本的60%～70%。根据材料在工程费用中所占的比重，分为主要材料和次要材料两类。

（1）主要材料包含水泥、钢材、木材、砂石料、水泥混凝土、砌体、砌体砂浆、管材、沥青及沥青混合料、防水材料、灌浆材料、保温材料、油料、土工合成材料等。其中水泥、钢材、木材、砂石料是水利工程中用量最大的原材料。

（2）次要材料包含电焊条、铁件、铁钉及其他材料。

第一节　水　　泥

一、概述

水泥是水硬性胶凝材料，它在水利、桥梁、铁路、道路、海洋平台以及公共民用建筑等工程中应用极广。目前，以水泥为胶凝材料生产的混凝土是地球上除水之外人类使用最多的材料，常用来建造大坝、高速铁路、高速公路、桥梁、隧道等基础设施，水泥还被用来制备各种不同性能和用途的砂浆和水泥混凝土制品。

现代水泥的品种繁多，按其矿物组成可分为硅酸盐水泥、铝酸盐水泥、硫铝酸盐水泥及少熟料水泥或无熟料水泥等。按其用途又可分为通用水泥、专用水泥及特种水泥三大类，通用水泥主要用于一般土木建筑工程，它包括硅酸盐水泥、普通硅酸盐水泥、矿渣硅酸盐水泥、火山灰质硅酸盐水泥、粉煤灰硅酸盐水泥以及复合硅酸盐水泥；专用水泥是指具有专门用途的水泥，如砌筑水泥、道路水泥、油井水泥等；特种水泥是某种性能比较突出的水泥，如膨胀水泥、快硬水泥、白色水泥、抗硫酸盐水泥、中热硅酸盐水泥和低热矿渣硅酸盐水泥等。

每个品种的水泥又根据其胶结强度的大小分为若干强度等级。当水泥的品种及强度等级不同时，其性能也有较大差异。因此，在使用水泥时必须注意区分水泥的品种及强度等级，掌握其性能特点和使用方法，根据工程的具体情况合理选择与使用水泥，这样既可提高工程质量，又能节约水泥，减少碳排放。

水泥在生产过程中要消耗大量能源和资源，并产生大量 CO_2 及粉尘，会对环境造成影响。因此，在淘汰耗能大、污染严重水泥生产企业的基础上，合理安全使用各种工农业废弃物以减少熟料用量，对于保护环境和资源、节能减排、促进建筑业可持续发展都具有重要意义。硅酸盐系列水泥由于其具有丰富的原料资源、相对较低的生产成本和良好的胶凝性能，已成为最重要的建筑材料。

二、主要技术性质

1. 密度与堆积密度

密度是指单位体积的重量。堆积密度是指颗粒内外孔及颗粒间空隙在内的单位体积质量，分为松散堆积密度和紧密堆积密度。硅酸盐水泥的密度一般为 3.1～3.2 g/cm^3。其松散堆积密度一般为 900～1 300 kg/m^3，紧密堆积密度可达 1 400～1 700 kg/m^3。

2. 细度

细度是指水泥颗粒的粗细程度，是检定水泥品质的主要指标之一。水泥的细度要控制在合理的范围，硅酸盐水泥细度采用透气式比表面积仪检验，要求其比表面积大于 300 m^2/kg。

3. 标准稠度用水量

加水量对水泥的一些技术性质(如凝结时间等)测定值影响很大，因此必须在规定的浆体稠度下进行测定，即为标准稠度。水泥净浆达到标准稠度时，所需的拌和水量(以占水泥质量的百分比表示)称为标准稠度用水量。硅酸盐水泥的标准稠度用水量一般为 24%～30%。水泥熟料矿物成分不同时，其标准稠度用水量亦有差别。此外，水泥磨得越细，标准稠度用水量越大。

4. 凝结时间

水泥的凝结分为初凝与终凝。标准稠度的水泥净浆，自加水时起至水泥浆体塑性开始降低所需的时间称为初凝时间；自加水时起至水泥浆体完全失去塑性所需的时间称为终凝时间。水泥的凝结时间在施工中具有重要意义。一般来说，初凝不宜过快，以便有足够的时间在初凝之前完成混凝土各工序的施工操作；终凝不宜过慢，使混凝土在浇捣完毕后，尽早凝结并开始硬化，以利于下一步施工工序的进行。

5. 体积安定性

水泥的体积安定性是指水泥在凝结硬化过程中体积变化的均匀性。当水泥浆体硬化过程发生不均匀的体积变化时，水泥石会膨胀开裂、翘曲，甚至失去强度，即安定性不良。水泥安定性不良会降低建筑物质量，甚至引起严重事故。

6. 强度

水泥强度是水泥的主要技术性质。水泥强度测定按国家标准《水泥胶砂强度检验方法(ISO 法)》(GB/T 17671—2021)执行，由按质量计的 1 份水泥、3 份 ISO 标准砂，用 0.5 的水灰比拌制的一组 40 mm×40 mm×160 mm 塑性胶砂试件，在(20±1)℃水中养护。强度等级按 3 d 和 28 d 的抗压强度和抗折强度来划分，分为 42.5、42.5R、52.5、52.5R、62.5 和 62.5R 六个等级，有代号 R 的为早强型水泥。

7. 水化热

水泥水化过程中放出的热量称为水泥的水化热(kJ/kg)。水化热过程分为三个阶段：第一阶段，水泥颗粒和水接触并反应，放热率很快，但是由于石膏的存在，在水泥粒子的表面会形成一层钝化膜，使放热率降低；第二阶段，这一阶段水泥水化热释放率最快，水泥颗粒也随之增长很快；第三阶段，水泥的水化产物在水泥粒子的表面堆积的厚度逐渐增厚，水泥的水化放热率逐渐降低，这个时候的反应由扩散控制。

三、通用水泥的用途及性能

1. 硅酸盐水泥与普通硅酸盐水泥

因为水泥凝结硬化较快，抗冻性好，故硅酸盐水泥与普通硅酸盐水泥主要用于要求早期强度高、凝结快的工程，以及有抗冻融要求和冬季施工的工程，如重要结构的高强混凝土和预应力混凝土工程。另外，硅酸盐水泥水化热量大，不宜用于大体积混凝土工程。

2. 矿渣硅酸盐水泥

矿渣硅酸盐水泥用于普通混凝土、高性能混凝土及水泥制品中等量代替水泥用量，以提高混凝土及水泥制品在各种恶劣环境中的耐久性。掺加矿渣超细粉使混凝土及水泥制品密实性提高，其后期强度高，降低了混凝土及水泥制品成本。矿渣硅酸盐水泥可配制高强、高性能混凝土。矿渣超细粉混凝土保水性、可塑性好，泌水少，具有较好的工作性。降低水化热，有利于防止大体积混凝土内部温升引起的裂缝。

3. 火山灰质硅酸盐水泥

火山灰质硅酸盐水泥强度发展与矿渣水泥相似，水化热低，早期发展慢，后期发展较快。养护温度对其强度发展影响显著，环境温度低，硬化显著变慢，因此不宜冬季施工，采用蒸汽养护或湿热处理时，硬化加速。与矿渣硅酸盐水泥相似，火山灰质硅酸盐水泥石 $Ca(OH)_2$ 含量低，也具有较高的抗硫酸盐侵蚀的性能。但在酸性水中，特别是碳酸水中，火山灰质硅酸盐水泥的抗蚀性较差，在大气中的 CO_2 长期作用下，水化产物会分解，从而使水泥石结构遭到破坏，因此这种水泥的抗大气稳定性较差。

4. 粉煤灰硅酸盐水泥

与火山灰质硅酸盐水泥相似，粉煤灰硅酸盐水泥水化硬化较慢，早期强度较低，但后期强度可以赶上甚至超过普通硅酸盐水泥，因此对于后期才承受荷载的工程，使用粉煤灰硅酸盐水泥很合适；同时其水化热较小，适用于大体积混凝土工程。粉煤灰硅酸盐水泥抗硫酸盐侵蚀能力较强，但次于矿渣硅酸盐水泥，适用于水工和海港工程。粉煤灰硅酸盐水泥抗碳化能力差，抗冻性较差。

5. 复合硅酸盐水泥

复合硅酸盐水泥的特性取决于其所掺两种或者两种以上混合材料的种类、掺量及相对比例，它们在水泥中不是每种混合材料作用的简单叠加，而是相互补充。这样可以更好地发挥混合材料各自的优良特性，使水泥性能得到全面改善。

硅酸盐系列水泥的技术要求见表 4-1，性能比较见表 4-2。

表 4-1　硅酸盐系列水泥的技术要求

项目	硅酸盐水泥		普通硅酸盐水泥 P·O	矿渣硅酸盐水泥 P·S	火山灰质硅酸盐水泥 P·P 粉煤灰硅酸盐水泥 P·F 复合硅酸盐水泥 P·C
	P·Ⅰ	P·Ⅱ			
不溶物含量	≤0.75%	≤1.50%	—		
烧失量	≤3.0%	≤3.5%	≤5.0%	—	

（续表）

项目	硅酸盐水泥		普通硅酸盐水泥 P·O	矿渣硅酸盐水泥 P·S	火山灰质硅酸盐水泥 P·P 粉煤灰硅酸盐水泥 P·F 复合硅酸盐水泥 P·C
	P·Ⅰ	P·Ⅱ			
细度	比表面积>300 m^2/kg		80 μm 方孔筛的筛余量<10%		
初凝时间	>45 min				
终凝时间	<390 min		<10 h		
MgO 含量	水泥中，≤5.0%，蒸压安定性试验合格≤6.0%				
	熟料中，≤5.0%，蒸压安定性试验合格≤6.0%				
SO_3 含量	≤3.5%		≤4.0%		≤3.5%
安定性	沸煮法合格				
强度	各强度等级水泥的各龄期强度不得低于各标准规定的数值				
碱含量	≤0.60%或特定要求		特定要求		

表 4-2　硅酸盐系列水泥的性能比较

项目	硅酸盐水泥	普通硅酸盐水泥	矿渣硅酸盐水泥	火山灰质硅酸盐水泥	粉煤灰硅酸盐水泥	复合硅酸盐水泥
组成	熟料、0～5%混合材料、石膏	熟料、5%～20%混合材料、石膏	熟料、20%～70%矿渣、石膏	熟料、20%～40%火山灰、石膏	熟料、20%～40%粉煤灰、石膏	熟料、20%～50%混合材料、石膏
区别	无或很少混合材料	少量混合材料	活性混合材料			混合材料
			矿渣	火山灰	粉煤灰	两种或两种以上
性能	凝结硬化快，早期、后期强度高，水化热大、放热快，抗冻性好，耐磨性好，抗碳化性好，干缩小，耐腐蚀性差，耐热性差	基本同硅酸盐水泥。早期强度、水化热、抗冻性、耐磨性和抗碳化性略有降低，耐腐蚀性、耐热性略有提高	凝结硬化较慢，早期强度低，后期强度高			早期强度较高
			温度敏感性好，水化热低，耐腐蚀性好，抗冻性差，耐磨性差，抗碳化性差			
			耐热性好，泌水性大，抗渗性差，干缩较大	保水性好，抗渗性好，干缩大	干缩小，抗裂性好，泌水性大，抗渗性较好	与掺入种类比例有关

根据水泥的特性、工程特点及所处环境条件，一般可按表 4-3 选用水泥。

表 4-3　水泥的选用

工程特点及所处环境条件		优先选用	可以选用	不宜选用
普通混凝土	一般气候环境	普通硅酸盐水泥	矿渣硅酸盐水泥、火山灰质硅酸盐水泥、粉煤灰硅酸盐水泥、复合硅酸盐水泥	—

（续表）

<table>
<tr><th colspan="2">工程特点及所处环境条件</th><th>优先选用</th><th>可以选用</th><th>不宜选用</th></tr>
<tr><td rowspan="3">普通混凝土</td><td>干燥环境</td><td>普通硅酸盐水泥</td><td>矿渣硅酸盐水泥</td><td>火山灰质硅酸盐水泥、粉煤灰硅酸盐水泥</td></tr>
<tr><td>高温或长期处于水中</td><td rowspan="2">矿渣硅酸盐水泥、火山灰质硅酸盐水泥、粉煤灰硅酸盐水泥、复合硅酸盐水泥</td><td>—</td><td>—</td></tr>
<tr><td>厚大体积</td><td>—</td><td>硅酸盐水泥、普通硅酸盐水泥</td></tr>
<tr><td rowspan="7">有特殊要求的混凝土</td><td>要求快硬、高强（＞C40）、预应力</td><td>硅酸盐水泥</td><td rowspan="2">普通水泥</td><td rowspan="3">矿渣硅酸盐水泥、火山灰质硅酸盐水泥、粉煤灰硅酸盐水泥、复合硅酸盐水泥</td></tr>
<tr><td>严寒地区冻融条件</td><td>硅酸盐水泥</td></tr>
<tr><td>严寒地区水位升降范围</td><td>普通硅酸盐水泥、强度等级＞42.5</td><td>—</td></tr>
<tr><td>蒸汽养护</td><td>矿渣硅酸盐水泥、火山灰质硅酸盐水泥、粉煤灰硅酸盐水泥、复合硅酸盐水泥</td><td>—</td><td>硅酸盐水泥、普通硅酸盐水泥</td></tr>
<tr><td>有耐热要求</td><td>矿渣硅酸盐水泥</td><td>—</td><td>—</td></tr>
<tr><td>有抗渗要求</td><td>火山灰质硅酸盐水泥、普通硅酸盐水泥</td><td>—</td><td>矿渣硅酸盐水泥</td></tr>
<tr><td>受腐蚀作用</td><td>矿渣硅酸盐水泥、火山灰质硅酸盐水泥、粉煤灰硅酸盐水泥、复合硅酸盐水泥</td><td>—</td><td>硅酸盐水泥、普通硅酸盐水泥</td></tr>
</table>

第二节　钢　　材

一、概述

钢铁材料包括生铁和钢材，是应用最广、产量最大的金属材料，也称为黑色金属材料。钢材是工农业和国防工业的重要原料，也是建筑工程中的主要材料之一。

钢的冶炼方法有氧气转炉法、平炉法及电炉法三种。电炉法的质量最好，但成本高，多用来炼制合金钢。我国建筑钢材主要是用氧气转炉法及平炉法冶炼。

建筑钢材具有优良的机械性能，可焊接、铆接和螺栓连接。用型钢制作的厂房、桥梁、闸门及高压管道等安全性强、质量轻，适用于大跨度及多、高层结构。用钢筋和混凝土组成的钢筋混凝土结构强度高、耐久性好、适用范围广。现代大、中型水工建筑物主要是由混凝土、钢筋混凝土及各种钢结构组成的。钢材的生产条件严格、质量均匀、性能可靠，对工程结构的安全起着决定性作用。工程中合理使用钢材，严格检验其质量，对保证工程质量具有重要意义。

二、分类

(1) 按钢液脱氧程度的不同分为沸腾钢、镇静钢、特殊镇静钢。合金钢一般都是镇静钢或特殊镇静钢。

沸腾钢属脱氧不充分的钢，当钢液注入锭模时会有大量一氧化碳(CO)逸出呈沸腾状，故名沸腾钢。沸腾钢的化学成分有偏析、不均匀，钢锭内残留气泡较多，致密程度较差，故抗腐蚀性、冲击韧性、塑性及可焊性均较差，只适用于次要结构。但沸腾钢的钢锭缩孔较小、成品率较高、成本较低。

镇静钢为脱氧完全的钢，注入锭模时的钢液平静地冷却凝固。镇静钢组织致密，化学成分均匀，性能稳定，是质量较好的钢种。但在凝固时，头部会产生收缩孔，加工时必须除去，因而降低了钢的产率，所以成本较高。镇静钢的机械性能较好，多用于重要结构以及承受冲击荷载和焊接的结构，如桥梁、高压容器、水电站压力钢管及高压闸门等。

特殊镇静钢是比镇静钢脱氧程度更充分彻底的钢，故称为特殊镇静钢。特殊镇静钢的质量最好，适用于特别重要的结构工程。

(2) 按钢含碳的多少分为低碳钢($C<0.25\%$)、中碳钢($0.25\%\leqslant C\leqslant 0.6\%$)及高碳钢($C>0.6\%$)。

(3) 按钢的主要性能及使用特性分为结构钢(包括机械制造用钢及工程结构用钢)、工具钢、特殊性能钢等。

结构钢包括碳素结构钢、优质碳素结构钢、低合金高强度结构钢及合金结构钢等。碳素结构钢及低合金高强度结构钢是建筑工程用的主要钢种，大多数型钢、钢板、钢筋等是用这些钢轧制的。

工具钢又可分为刃具钢、冷变形模具钢、热变形模具钢、量具钢等，一般属于高碳、高合金钢。建筑工程中的凿岩钢钎等也是用碳素工具钢或合金工具钢制造的。

特殊性能钢分为抗氧化用钢、不锈钢、无磁钢等，主要用于各种特殊要求的场合，如化工工业的不锈耐酸钢、核电站用的耐热钢等。

专门用途钢主要有桥梁钢、铁道用钢、船舶用钢、压力容器用钢及低温压力容器用钢等。

(4) 按钢材加工工艺分为压钢、锻钢及铸钢。

压钢是指用热轧、冷轧、冷拔等工艺加工所得的各种钢材，是工程中应用最广的钢材。

锻钢是指经锤打或锻压成型的钢材。锻打工艺可改善钢材组织结构，提高钢材质量。重要部件常采用锻钢。

铸钢是用钢液直接浇铸成型的钢。其化学成分可以调节，钢件具有较高的机械性能。铸钢件必须进行热处理，以消除内应力。

三、力学性能与工艺性能

钢材的主要性能包括力学性能和工艺性能。其中，力学性能是钢材最重要的使用性能，包括抗拉性能、冲击性能、硬度、疲劳强度等。工艺性能表示钢材在各种加工过程中的性能，包括冷弯性能和可焊性等。

1. 抗拉性能

抗拉性能是反映建筑钢材拉伸性能的指标，包括抗拉屈服强度、抗拉极限强度和伸长率。

(1) 抗拉屈服强度 σ_s。抗拉屈服强度是指钢材在拉力作用下开始产生塑性变形时的应力。

(2) 抗拉极限强度 σ_b。抗拉极限强度是指试件破坏前，应力-应变曲线上的最大应力值，也称作抗拉强度。

(3) 伸长率 δ。伸长率是指试件拉断后，标距的伸长量（ΔL）与原始标距（L_0）的百分比。伸长率表示钢材断裂前经受塑性变形的能力，伸长率越大，表示钢材塑性越好。

2. 冲击性能

冲击性能是指钢材抵抗冲击荷载作用的能力，用冲断试件所需能量的多少来表示。试验表明，冲击性能随温度的降低而下降。开始时下降缓慢，当达到一定温度范围时，突然下降很快而呈脆性，这种性质称为钢材的冷脆性，这时的温度称为脆性转变温度。因此，在负温下使用的结构，应当选用脆性转变温度低于使用温度的钢材。

3. 硬度

钢材的硬度是指其表面抵抗硬物压入产生局部变形的能力。建筑钢材常用布氏硬度表示，其代号为 HB。

4. 疲劳强度

钢材在交变荷载反复作用下，可在远小于抗拉强度的情况下突然破坏，这种破坏称为疲劳破坏。钢材的疲劳破坏指标用疲劳强度(或称疲劳极限)来表示，指试件在交变应力下，作用 10^7 周次，不发生疲劳破坏的最大应力值。

5. 冷弯性能

冷弯性能是指钢材在常温下承受弯曲变形的能力。钢材的冷弯性能以试验时的弯曲角度(a)和弯心直径(d)表示。钢材的冷弯性能与伸长率一样，反映钢材在静荷作用下的塑性，但冷弯试验更容易暴露钢材的内部组织是否均匀，是否存在内应力、微裂纹、表面未熔合及夹杂物等缺陷。

6. 可焊性

在焊接中，由于高温作用和焊接后急剧冷却作用，焊缝及其附近的过热区将发生晶体组织及结构变化，产生局部变形及内应力，使焊缝周围的钢材产生硬脆倾向，降低了焊接的质量。对于可焊性良好的钢材，焊缝处性质应尽可能与母材相同，焊接才牢固可靠。

四、种类及应用

建筑钢材可分为钢筋混凝土结构用钢、钢结构用钢、钢管混凝土结构用钢等。

(一) 钢筋混凝土结构用钢

钢筋混凝土结构用钢主要有热轧钢筋、冷加工钢筋、预应力混凝土热处理钢筋、预应力混凝土钢丝与钢绞线。

1. 热轧钢筋

热轧钢筋是建筑工程中用量最大的钢材之一，主要用于钢筋混凝土结构和预应力混凝土结构。热轧钢筋的品种及技术要求应符合表 4-4 的规定。

表 4-4　热轧钢筋的技术要求

<table>
<tr><th rowspan="2">表面形状</th><th rowspan="2">牌号</th><th rowspan="2">公称直径/mm</th><th>下屈服强度 R/MPa</th><th>抗拉强度 R_m/MPa</th><th>断后伸长率 A/%</th><th>最大总伸长率 A_g</th><th rowspan="2">冷弯试验 180°</th></tr>
<tr><th colspan="4">≥</th></tr>
<tr><td>光圆</td><td>HPB300</td><td>6.0～22</td><td>300</td><td>420</td><td>25</td><td>10%</td><td>$d=a$</td></tr>
<tr><td rowspan="2">带肋</td><td rowspan="2">HRB400
HRBF400
HRB400E
HRBF400E</td><td rowspan="2">6～25
28～40
>40～50</td><td rowspan="2">400</td><td rowspan="2">540</td><td>16</td><td>7.5%</td><td rowspan="2">$d=4a$
$d=5a$
$d=6a$</td></tr>
<tr><td>—</td><td>9.0%</td></tr>
<tr><td rowspan="3">带肋</td><td rowspan="2">HRB500
HRBF500
HRB500E
HRBF500E</td><td rowspan="2">6～25
28～40
>40～50</td><td rowspan="2">500</td><td rowspan="2">630</td><td>15</td><td>7.5%</td><td rowspan="2">$d=6a$
$d=7a$
$d=8a$</td></tr>
<tr><td></td><td>9.0%</td></tr>
<tr><td>HRB600</td><td>6～25
28～40
>40～50</td><td>600</td><td>730</td><td>14</td><td>7.5%</td><td>$d=6a$
$d=7a$
$d=8a$</td></tr>
</table>

注：d 为弯心直径；a 为公称直径。

热轧光圆钢筋由碳素结构钢或低合金结构钢热轧而成，从表 4-4 中可以看出其强度较低，但具有塑性好、伸长率高、便于弯折成型、容易焊接等特点，可用于中小型混凝土结构的受力钢筋或箍筋，也可作为冷加工（冷拉、冷拔、冷轧）的原料。热轧带肋钢筋采用低合金钢热轧而成，具有较高的强度，塑性和可焊性较好。钢筋表面有纵肋和横肋，从而加强了钢筋与混凝土中间的握裹力，可用于混凝土结构受力筋以及预应力钢筋。

2. 冷加工钢筋

冷加工钢筋是在常温下对热轧钢筋进行机械加工（冷拉、冷拔、冷轧、冷扭、冲压等）而成。常见的品种有冷拉热轧钢筋、冷轧带肋钢筋和冷拔低碳钢丝。

（1）冷拉热轧钢筋。

在常温下将热轧钢筋拉伸至超过屈服点小于抗拉强度的某一应力，然后卸荷，即制成冷拉热轧钢筋。如卸荷后立即重新拉伸，卸荷点成为新的屈服点。因此，冷拉可使屈服点提高，材料变脆，屈服阶段缩短，塑性、韧性降低。若卸荷后不立即重新拉伸，而是保持一定时间后重新拉伸，钢筋的屈服强度、抗拉强度进一步提高，而塑性、韧性继续降低，这种现象称为冷拉时效。实践中，可将冷拉、除锈、调直、切断合并为一道工序，这样可简化流程，提高效率。

（2）冷轧带肋钢筋。

用低碳钢热轧盘圆条直接冷轧或经冷拔后再冷轧，形成三面或两面横肋的钢筋。根据现行国家标准《冷轧带肋钢筋》(GB/T 13788)的规定，冷轧带肋钢筋分为CRB550、CRB650、CRB800、CRB600H、CRB800H五个牌号。CRB550、CRB600H为普通钢筋混凝土用钢筋，CRB650、CRB800、CRB800H为预应力混凝土用钢筋。冷轧带肋钢筋克服了冷拉、冷拔钢筋握裹力低的缺点，具有强度高、握裹力强、节约钢材、质量稳定等优点，但塑性降低，强屈比变小。

(3) 冷拔低碳钢丝。

低碳钢热轧圆盘条或热轧光圆钢筋经一次或多次冷拔制成的光圆钢丝，在使用中应符合现行行业标准《冷拔低碳钢丝应用技术规程》(JGJ 19)的规定。冷拔低碳钢丝宜作为构造钢筋使用，作为结构构件中纵向受力钢筋使用时应采用钢丝焊接网。冷拔低碳钢丝不得作预应力钢筋使用。作为箍筋使用时，冷拔低碳钢丝的直径不宜小于5 mm，间距不应大于200 mm，构造应符合现行国家相关标准的有关规定。冷拔低碳钢丝只有CDW550一个牌号。CDW550级冷拔低碳钢丝的直径可为3 mm、4 mm、5 mm、6 mm、7 mm和8 mm。直径小于5 mm的钢丝焊接网不应作为混凝土结构中的受力钢筋使用；除钢筋混凝土排水管、环形混凝土电杆外，不应使用直径3 mm的冷拔低碳钢丝；除大直径的预应力混凝土桩外，不宜使用直径8 mm的冷拔低碳钢丝。

3. 预应力混凝土热处理钢筋

热处理是指将钢材按一定规则加热、保温和冷却，以改变其组织，从而获得所需要性能的一种工艺措施。热处理的方法有退火、正火、淬火和回火。建筑钢材一般只在生产厂完成热处理工艺。

热处理钢筋是钢厂将热轧的带肋钢筋(中碳低合金钢)经淬火和高温回火调质处理而成的，即以热处理状态交货。热处理钢筋强度高、用材省、锚固性好、预应力稳定，主要用作预应力钢筋混凝土轨枕，也可以用于预应力混凝土板、吊车梁等构件。

4. 预应力混凝土用钢丝与钢绞线

预应力混凝土用钢丝是用优质碳素结构钢经冷加工及时效处理或热处理等工艺制成，具有高强度、安全可靠、便于施工等优点。根据现行国家标准《预应力混凝土用钢丝》(GB/T 5223)的规定，预应力混凝土用钢丝按照加工状态分为冷拉钢丝和消除应力钢丝两类。钢丝按外形分为光圆钢丝(P)、螺旋肋钢丝(H)和刻痕钢丝(I)三种。预应力混凝土用钢绞线的分类与应用应执行现行国家标准《预应力混凝土用钢绞线》(GB/T 5224)的有关规定。

预应力混凝土用钢丝与钢绞线均属于冷加工强化及热处理钢材，拉伸试验时无屈服点，但抗拉强度远远超过热轧钢筋和冷轧钢筋，并具有很好的柔韧性，应力松弛率低，适用于大荷载、大跨度及需要曲线配筋的预应力混凝土结构，如大跨度屋架、薄腹梁、吊车梁等大型构件的预应力结构。

(二) 钢结构用钢

钢结构用钢主要是热轧成型的型钢、钢板等。其中，型钢又分热轧型钢和冷弯薄壁型钢。钢材所用的母材主要是普通碳素结构钢及低合金高强度结构钢。

(1) 热轧型钢。按钢材的外形，钢结构常用热轧型钢有工字钢、H型钢、T型钢、槽钢、等边角钢、不等边角钢等。型钢是钢结构中采用的主要钢材。型钢的规格表示方法：工字钢用“I”与高度值×腿宽度值×腰宽度值表示，如I450×150×11.5（简记为I45a)；槽钢用“[”

与高度值×腿宽度值×腰宽度值表示，如[200×200×24(简记为[20b)；等边角钢用“∠”与边宽度值×边宽度值×边厚宽度值，如∠200×200×24（简记为∠200×24)；不等边角钢用“∠”与长边宽度值×短边宽度值×边厚宽度值表示，如∠160×100×16。

(2) 冷弯薄壁型钢。冷弯薄壁型钢是用薄钢板(通常厚 2～6 mm)冷弯或者模压而成，其界面形状多样，可分为角钢、槽钢等开口薄壁型钢及方形、矩形等空心薄壁型钢。薄壁轻型钢结构中主要采用薄壁型钢、圆钢和小角钢，壁厚一般为 1.5～5 mm，多用于轻型钢结构。

(3) 钢板和压型钢板。用光面轧辊轧制而成的扁平钢材称为钢板。按轧制温度的不同，钢板又可分为热轧和冷轧两类。土木工程用钢板的钢种主要是碳素结构钢，某些重型结构、大跨度桥梁等也采用低合金钢。钢板规格表示方法为“宽度×厚度×长度”(单位为 mm)。按厚度分，热轧钢板可分为厚板(厚度大于 4 mm)和薄板(厚度不大于 4 mm)两种；冷轧钢板只有薄板。厚板可用于型钢的连接与焊接，组成钢结构承力构件，薄板可用作屋面或墙面等围护结构，或作为薄壁型钢的原料。薄钢板经辊轧或冷弯可制成截面呈 V 形、U 形、梯形或类似形状的波纹，并可采用有机涂层、镀锌等表面保护层的钢板，称压型钢板，在建筑上常用作屋面板、楼板、墙板及装饰板等。还可将其与保温材料等复合，制成复合墙板等，用途十分广泛。

(三) 钢管混凝土结构用钢

钢管混凝土结构即采用钢管混凝土构件作为主要受力构件的结构，简称 CFST 结构。钢管混凝土构件是指在钢管内填充混凝土的构件，包括实心和空心钢管混凝土构件，截面可为圆形、矩形及多边形，简称 CFST 构件。

钢管混凝土结构用钢的选用应符合现行国家标准《钢结构设计标准》(GB 50017)的有关规定。承重结构的圆钢管可采用焊接圆钢管、热轧无缝钢管，不宜选用输送流体用的螺旋焊管。矩形钢管可采用焊接钢管，也可采用冷成型矩形钢管。当采用冷成型矩形钢管时，应符合现行行业标准《建筑结构用冷弯矩形钢管》(JG/T 178)中Ⅰ级产品的规定。直接承受动荷载或低温环境下的外露结构，不宜采用冷弯矩形钢管。多边形钢管可采用焊接钢管，也可采用冷成型多边形钢管。

第三节　木　　材

木材是从树木中提取出来的一种建筑材料，具有许多独特的特性，应用领域广泛。建筑工程中，木材作为承重结构、施工用木支撑、木模板等材料，在工程中占有重要而独特的地位。

一、木材的基本特性

(1) 天然性：木材是天然材料，在人类常用的钢、木、水泥、塑料四大主材中只有它能直接取自自然，这使得木材具有生产成本低、耗能小、无毒害、无污染等特点。

(2) 质感好：木材具有易为人接受的良好触觉特性，远远优于金属和玻璃等材料。

(3) 强重比高:木材的某些强度与重量的比值比一般金属的比值都高,是一种质轻而强度高的材料。

(4) 保温性:木材的导热系数很小,同其他材料相比,铝的导热性是它的 2 000 倍,塑料的导热性是它的 30 倍。因此,木材具有良好的保温性能。

(5) 绝缘性:木材的电传导性差,是较好的电绝缘材料。

(6) 可加工性:木材软硬程度适中,容易加工。

(7) 装饰性:木材本身具有天然美丽的花纹,作为家具和装饰材料,具有良好的装饰性。

二、分类

建筑用木材通常用以下三种型材供货。

(1) 原木,为砍伐后经修枝并截成一定长度的木材。

(2) 板材,为宽度为厚度的 3 倍或 3 倍以上的型材。

(3) 枋材,为宽度不及厚度 3 倍的型材。

此外,根据国家对木材材质的标准,按木材缺陷情况,将木材分为一、二、三、四共四等。

三、物理性质

1. 密度

木材的密度是指构成木材细胞壁物质的密度。

2. 吸湿性与含水率

材料在潮湿空气中吸收水分的性质称为吸湿性。木材的含水率是木材中水分质量占干燥木材质量的百分比。

3. 湿胀干缩性

木材具有显著的湿胀干缩性。当木材从潮湿状态干燥至纤维饱和点时,自由水蒸发不改变其尺寸;继续干燥,细胞壁中吸附水蒸发,细胞壁基体相收缩,从而引起木材体积收缩。反之,吸湿膨胀,直到纤维饱和点为止。细胞壁愈厚,则胀缩愈大。

四、力学性质

木材的组织结构决定了它的许多性质为各向异性,在力学性质上尤为突出。木材的抗拉、抗压、抗剪、抗弯四种强度均具有明显的方向性。

(1) 抗拉强度,顺纹方向强度最大,横纹方向强度最小。

(2) 抗压强度,顺纹方向强度最大,横纹方向强度只有顺纹的 10%～20%。

(3) 抗剪强度,顺纹方向强度最小,横纹方向强度达到顺纹方向的 4～5 倍。

(4) 抗弯强度,木材的抗弯性很好,在使用时绝大多数为顺纹抗弯情况,可视为弯曲上方为顺纹抗压,弯曲下方为顺纹抗拉的复合情况。

五、水利工程中的应用

(1) 在水闸、泵站、防汛墙等水利工程施工中,木材主要用作柱桩、模板、支撑等。

(2) 在管理房、厂房等结构施工中,木材主要用于构架、屋顶、梁柱、门窗、地板、护墙板、木花格、木制装饰等。

第四节 砂 石 料

砂石料是指砂、卵石、碎石、块石、条石、毛石等材料,其中黄砂、卵石和碎石统称为骨料。

一、砂

砂主要作为细骨料,粒径为 0.16~5 mm,有天然砂和机制砂之分。大多数天然砂颗粒较圆,比较洁净,粒度较为整齐,而人工砂颗粒多具有棱角,表面粗糙。黄砂与胶凝材料如水泥、石灰或石膏等配制成砂浆或混凝土使用。在基础工程中,砂可作为地基处理的材料,如砂桩、砂井、砂垫层等。

在《建筑用砂》(GB/T 14684—2011)中,将砂按技术要求分为Ⅰ类、Ⅱ类、Ⅲ类。Ⅰ类宜用于强度等级大于 C60 的混凝土;Ⅱ类宜用于强度等级为 C30~C60 及有抗冻、抗渗或其他要求的混凝土;Ⅲ类宜用于强度等级小于 C30 的混凝土。

二、卵石和碎石

卵石和碎石在水利工程中用量很大,其颗粒粒径均大于 5 mm,称为粗骨料。卵石是天然岩石经自然风化后,因受水流的不断冲击,互相摩擦形成,与砂一样因产地和环境不同分为河卵石、海卵石和山卵石。碎石是各种硬质岩石(花岗岩、砂岩、石英岩、玄武岩、辉绿岩、石灰岩等)经人工或机械加工破碎而成。

卵石颗粒坚硬程度不一,片状、针状颗粒较多,杂质含量也较多,因此配制强度等级较高的混凝土宜用碎石,其分类见表 4-5。

表 4-5 卵石和碎石的分类

类别	分类(按粒径大小)	
	名称	粒径/mm
碎石	特细碎石	5~10
	细碎石	10~20
	中碎石	20~40
	粗碎石	40~150

（续表）

类别	分类(按粒径大小)	
	名称	粒径/mm
卵石	特细卵石	5～10
	细卵石	10～20
	中卵石	20～40
	粗卵石	40～150

三、块石

块石是指符合工程要求的岩石，经开采选择所得的形状不规则的、边长一般不小于15 cm的石块。块石分为多种类型，主要有花岗石块石、砂石块石等。块石在开采后通常会进行加工，以满足工程要求。块石可以用于砌筑前提、挡土墙等建筑场景。

四、条石

条石(料石)是由人工或机械开采出的较规则的六面体石块，是用来砌筑建筑物用的石料，一般由致密的砂岩、石灰岩、花岗岩加工而成。按其加工后的外形规则程度可分为毛料石、粗料石、半细料石和细料石四种。按形状可分为条石、方石及拱石。

(1) 毛料石：外观大致方正，一般不加工或者稍加调整。料石的宽度和厚度不宜小于200 mm，长度不宜大于厚度的4倍。叠砌面和接砌面的表面凹入深度不大于25 mm，抗压强度不低于30 MPa。

(2) 粗料石：规格尺寸同上，叠砌面和接砌面的表面凹入深度不大于20 mm；外露面及相接周边的表面凹入深度不大于20 mm。

(3) 半细料石：规格尺寸同上，但叠砌面凹入深度不应大于15 mm。

(4) 细料石：通过细加工，规格尺寸同上，叠砌面和接砌面的表面凹入深度不大于10 mm，外露面及相接周边的表面凹入深度不大于2 mm。

粗料石主要应用于建筑物的基础、勒脚、墙体部位，半细料石和细料石主要用作镶面的材料。

五、毛石

毛石是不成形的石料，处于开采以后的自然状态，形状不规则，通常有两个大致平行面的称为平毛石，没有规则形状的称为乱毛石。主要用于填充墙、挡土墙后的填充、砌石坝内部、堆石坝和护坡等。

第五节 水泥混凝土

一、概述

水泥混凝土(以下简称混凝土)是以水泥(或水泥加适量掺合料)为胶凝材料,与水和骨料等材料按适当比例配合拌制成拌合物,再经浇筑成型硬化后得到的人造石材。新拌制未硬化的混凝土,通常称为混凝土拌合物(或新拌混凝土),经硬化有一定强度的混凝土亦称硬化混凝土。

(一) 混凝土的分类

(1) 按所用胶凝材料可分为水泥混凝土、沥青混凝土、水玻璃混凝土、聚合物混凝土、聚合物水泥混凝土、石膏混凝土和硅酸盐混凝土等。

(2) 按施工工艺可分为泵送混凝土、预拌混凝土(商品混凝土)、喷射混凝土、自密实混凝土、堆石混凝土、热拌混凝土和太阳能养护混凝土等。

(3) 按用途、性能可分为结构混凝土、防水混凝土、防辐射混凝土、耐酸混凝土、装饰混凝土、耐热混凝土、大体积混凝土、膨胀混凝土、道路混凝土、水下不分散混凝土、高强混凝土、高性能混凝土等。

(二) 特点

混凝土是现代土建工程上应用最广、用量极大的建筑材料。其主要优点是具有较高的强度及耐久性;可以通过调整配合成分,使其具有不同的物理力学特性,以满足各种工程的不同要求;混凝土拌合物具有可塑性,便于浇筑成各种形状的构件或整体结构;能与钢筋牢固地结合成坚固、耐久、抗震且经济的钢筋混凝土结构。混凝土的主要缺点是抗拉强度低,一般不用于承受拉力的结构;在温度、湿度变化的影响下,容易产生裂缝。此外,混凝土原材料品质及混凝土配合成分的波动以及混凝土运输、浇筑、养护等施工工艺,对混凝土质量有很大的影响,施工过程中需要严格的质量控制。

(三) 组成

混凝土是由水泥、水、砂及石子四种基本材料所组成。为节约水泥或改善混凝土的某些性能,常掺入一些外加剂及掺合料。水泥和水构成水泥浆,水泥浆包裹在砂颗粒的周围并填充砂子颗粒间的空隙形成砂浆,砂浆包裹石子颗粒并填充石子的空隙组成混凝土。在混凝土拌合物中,水泥浆在砂、石颗粒之间起润滑作用,使拌合物便于浇筑施工。水泥浆硬化后形成水泥石,将砂、石胶结成一个整体。混凝土中的砂称为细骨料(或细集料),石子称为粗骨料(或粗集料)。粗、细骨料一般不与水泥起化学反应,其作用是构成混凝土的骨架,并对水泥石的体积变形起一定的抑制作用。

(四) 基本要求

工程中使用的混凝土，一般必须满足以下四个基本要求。

(1) 混凝土拌合物应具有与施工条件相适应的和易性，便于施工时浇筑振捣密实，并能保证混凝土的均匀性。

(2) 混凝土经养护至规定龄期，应达到设计所要求的强度。

(3) 硬化后的混凝土应具有与工程环境相适应的耐久性，如抗渗、抗冻、抗侵蚀、抗磨损等。

(4) 在满足上述三项要求的前提下，混凝土各种材料的配合应经济合理，尽量降低成本。

此外，对于大体积混凝土(结构物实体最小尺寸不小于 1 m 的混凝土)，还需考虑低热性要求，以避免产生裂缝。

(五) 应用

水泥混凝土是随着硅酸盐水泥的出现而问世的，随着科学技术的进步，混凝土的配制技术从经验逐步发展到理论，施工技术从手工发展到机械化，强度不断提高，性能不断改善，品种不断增多，对混凝土的研究也从宏观到细观甚至微观不断深入。进入 21 世纪以后，适应各种严酷环境的混凝土耐久性设计理论得到发展，并且，抗压强度为 80～100 MPa 的高强混凝土以及 100 MPa 以上的超高强混凝土的应用技术将日趋成熟。具有特殊性能(如高和易性、高密实性、高耐久性、高抗裂性、低脆性、低自身质量等)的混凝土也将逐步得到应用。此外，在配制普通混凝土的原材料方面将更注重利用再生资源及工农业废料。以水泥混凝土为基材的复合材料更加追求轻质、高强、多功能，从而使混凝土产业更加环保、绿色、可持续发展。

二、主要技术性质

(一) 混凝土的强度

(1) 立方体抗压强度。按照标准的制作方法制成边长为 150 mm 的立方体试件，在标准养护条件[温度(20±2)℃、相对湿度 95%以上或在氢氧化钙饱和溶液中]下养护到 28 d，按照标准的测定方法测定其抗压强度值称为混凝土立方体试件抗压强度，简称立方体抗压强度，以 f_{cu} 表示。而立方体抗压强度 f_{cu} 只是一组试件抗压强度的算术平均值，并未涉及数理统计和保证率的概念。立方体抗压强度标准值 $f_{cu,k}$ 是按数理统计方法确定，具有不低于 95%保证率的立方体抗压强度。

混凝土的强度等级是根据立方体抗压强度标准值来确定的。采用符号 C 与立方体抗压强度标准值(单位为 MPa)表示。普通混凝土划分为 C15、C20、C25、C30、C35、C40、C45、C50、C55、C60、C65、C70、C75 和 C80 共 14 个等级，C30 即表示混凝土立方体抗压强度标准值满足 30 MPa $\leqslant f_{cu,k} <$ 35 MPa。混凝土强度等级是混凝土结构设计、施工质量控制和工程验收的重要依据。

(2) 抗拉强度。混凝土在直接受拉时，很小的变形就要开裂。它在断裂前没有残余变形，是一种脆性破坏。混凝土的抗拉强度只有抗压强度的1/20～1/10，且强度等级越高，该比值越小。因此，混凝土在工作时，一般不依靠其抗拉强度。在设计钢筋混凝土结构时，不是由混凝土承受拉力，而是由钢筋承受拉力。但是混凝土的抗拉强度对减少裂缝很重要，有时也用来间接衡量混凝土与钢筋的黏结强度。

混凝土抗拉强度采用劈裂抗拉试验方法间接求得，称为劈裂抗拉强度。

(3) 抗折强度。在道路和机场工程中，混凝土抗折强度是结构设计和质量控制的重要指标，而抗压强度是参考强度指标。道路水泥混凝土的抗折强度检验的标准试件为150 mm×150 mm×550 mm直方体，是对直角棱柱体小梁按三分点加荷方式测定的。

(4) 影响混凝土强度的因素。混凝土的强度主要取决于水泥石强度及其与骨料表面的黏结强度，而水泥石强度及其与骨料的黏结强度又与水泥强度等级、水灰比及骨料性质有密切关系。此外，混凝土的强度还受施工质量、养护条件及龄期的影响。

(二) 混凝土的和易性

(1) 概念

混凝土的和易性指混凝土拌合物在一定的施工条件下，便于各种施工工序的操作，以保证获得均匀密实的混凝土的性能。和易性是一项综合技术指标，包括流动性、黏聚性、保水性三个主要方面。混凝土拌合物流动性通常采用坍落度及坍落扩展度试验和维勃稠度试验进行评定。混凝土拌合物的黏聚性和保水性主要通过目测结合经验进行评定。

(2) 影响因素

影响混凝土拌合物和易性的主要因素包括单位体积用水量、砂率、组成材料的性质、时间和温度等。单位体积用水量决定水泥浆的数量和稠度，它是影响混凝土和易性的最主要因素。砂率是指混凝土中砂的质量占砂、石总质量的百分率。组成材料的性质包括水泥的需水量和泌水性、骨料的特性、外加剂和掺和料的特性等几方面。

(三) 混凝土耐久性

1. 概念

混凝土耐久性是指混凝土在实际使用条件下抵抗各种破坏因素作用，长期保持强度和外观完整性的能力，包括混凝土的抗冻性、抗渗性、抗磨性及抗气蚀性、抗侵蚀性和抗碳化能力等。

(1) 抗冻性

混凝土的抗冻性是指混凝土在水饱和状态下能经受多次冻融作用而不破坏，同时也不严重降低强度的性能。混凝土抗冻性常以抗冻等级表示。混凝土抗冻等级分为F50、F100、F150、F200、F250、F300、F350等。

(2) 抗渗性

混凝土的抗渗性是指其抵抗压力水渗透作用的能力。混凝土抗渗性可用渗透系数或抗渗等级表示。我国目前沿用的表示方法是抗渗等级。混凝土抗渗等级，是以28 d龄期的标准试件在标准试验方法下所能承受的最大水压力来确定的。混凝土抗渗等级分为W2、W4、W6、W8、W10、W12等，即表示混凝土在标准试验条件下能抵抗0.2 MPa、0.4 MPa、

0.6 MPa、0.8 MPa、1.0 MPa、1.2 MPa 的压力水而不渗水。

(3) 抗磨性及抗气蚀性

受磨损、磨耗作用的表层混凝土(如受挟沙高速水流冲刷的混凝土及道路路面混凝土等),要求有较高的抗磨性。混凝土的抗磨性不仅与混凝土强度有关,而且与原材料的特性及配合比有关。选用坚硬耐磨的骨料、高强度等级的硅酸盐水泥,配制成水泥浆含量较少的高强度混凝土,经振捣密实,并使表面平整光滑,混凝土将获得较高的抗磨性。对于有抗磨要求的混凝土,其强度等级应不低于 C35,或者采用真空作业,以提高其耐磨性。

对于结构物可能受磨损特别严重的部位,应采用抗磨性较强的材料加以防护。

(4) 抗侵蚀性

环境介质对混凝土的化学侵蚀有淡水侵蚀、硫酸盐侵蚀、海水侵蚀、酸碱侵蚀等,其侵蚀机理与水泥石化学侵蚀相同。海水中盐分在混凝土内的结晶与聚集,海浪的冲击磨损,海水中氯离子对钢筋的锈蚀作用等,会使混凝土受到侵蚀而破坏,海水的侵蚀还有反复干湿作用。

对以上各类侵蚀难以有共同的防止措施。采取的措施或是设法提高混凝土的密实度,改善混凝土的孔隙结构,以使环境侵蚀介质不易渗入混凝土内部;或采用外部保护措施以隔离侵蚀介质不与混凝土相接触。

(5) 抗碳化

环境中的 CO_2 和水与混凝土内水泥石中的 $Ca(OH)_2$ 发生反应,生成碳酸钙和水,从而使混凝土的碱度降低,减弱了混凝土对钢筋的保护作用。环境中二氧化碳浓度、环境湿度、混凝土密实度、水泥品种与掺和料用量是影响混凝土碳化的主要因素。

2. 提高混凝土耐久性的措施

混凝土耐久性主要取决于组成材料的质量及混凝土密实度。提高混凝土耐久性的主要措施如下。

(1) 根据工程环境及要求,合理选用水泥品种。

(2) 控制水灰比及保证足够的水泥用量。

(3) 选用质量良好、级配合理的骨料和合理的砂率。

(4) 掺用合适的外加剂。

三、混凝土外加剂

在拌制混凝土过程中掺入的不超过水泥质量的 5%(特殊情况除外),且能使混凝土按需要改变性质的物质,称为混凝土外加剂。

混凝土外加剂的种类很多,根据国家标准,混凝土外加剂按主要功能来命名,如普通减水剂、早强剂、引气剂、缓凝剂、高效减水剂、引气减水剂、缓凝减水剂、速凝剂、防水剂、阻锈剂、膨胀剂、防冻剂等。

混凝土外加剂按其主要作用可分为如下五类。

(1) 改善混凝土拌合物流变性能的外加剂,包括各种减水剂、引气剂及泵送剂。

(2) 调节混凝土凝结硬化性能的外加剂,包括缓凝剂、早强剂及速凝剂等。

(3) 调节混凝土含气量的外加剂,包括引气剂、消泡剂、泡沫剂、发泡剂等。

(4) 改善混凝土耐久性的外加剂,包括引气剂、防水剂、阻锈剂等。

(5) 改善混凝土其他特殊性能的外加剂,包括保水剂、膨胀剂、黏结剂、着色剂、防冻剂等。

四、混凝土掺合料

为了节约水泥、改善混凝土的性能,在混凝土拌制时掺入的掺量大于水泥质量5%的矿物粉末称为混凝土的掺合料。常用的掺合料有粉煤灰、硅粉、超细矿渣粉及各种天然的火山灰质材料粉末(如凝灰岩粉、沸石粉等)。

(一) 粉煤灰的掺用

粉煤灰在混凝土中具有火山灰活性作用,它吸收氢氧化钙后生成硅酸钙凝胶,成为胶凝材料的一部分。微珠球状颗粒具有增大砂浆及混凝土流动性、减少泌水、改善混凝土和易性的作用,若保持混凝土流动性不变,则可减少混凝土用水量。粉煤灰的水化反应很慢,它在混凝土中相当长时间内以固体微粒形态存在,具有填充骨料空隙的作用,可提高混凝土密实性。

混凝土中掺入粉煤灰时,常与减水剂或引气剂等外加剂同时掺用,称为双掺技术。减水剂的掺入可以克服某些粉煤灰增大混凝土需水量的缺点;引气剂的掺用,可以解决粉煤灰混凝土抗冻性较低的问题;在低温条件下施工时,宜掺入早强剂或防冻剂。

混凝土中掺入粉煤灰后,将使其抗碳化性能降低,不利于防止钢筋锈蚀。为改善混凝土的抗碳化性能,也应采取双掺措施,或在混凝土中掺入阻锈剂。

(二) 硅粉的掺用

硅粉也称硅灰,是从冶炼硅铁和其他硅金属工厂的废烟气中回收的副产品,其主要成分为二氧化硅,其颗粒极细、活性很高,是一种较好的改善混凝土性能的掺合料。

混凝土中掺入硅粉后,可取得以下效果。

(1) 改善混凝土拌合物和易性。

(2) 配制高强混凝土。

(3) 改善混凝土的孔隙结构,提高耐久性。

(三) 矿渣粉的掺用

硅粉是理想的超细微粒矿物质掺合料,但其资源有限,因此多采用超细粉磨的粒化高炉矿渣(简称超细矿渣)作为超细微粒掺合料,用以配制高强、超高强度混凝土。粒化高炉矿渣经超细粉磨后具有很高的活性和极大的表面能,可以弥补硅粉资源的不足,满足配制不同性能要求的高性能混凝土的需求。

(四) 其他掺合料

除了上述几种掺合料外,可以用作混凝土掺合料的还有天然火山灰质材料和某些工业副产品,如火山灰、凝灰岩、钢渣、磷矿渣、锰矿渣等。此外,碾压混凝土中还可以掺入适量的非活性掺合料(如石灰石粉、尾矿粉等),以改善混凝土的和易性,提高混凝土的密实性及硬化混凝土的某些性能。

五、碾压混凝土

碾压混凝土是一种干硬性贫水泥的混凝土,是由硅酸盐水泥、火山灰质掺和料、水、外加剂、砂和分级控制的粗骨料拌制成无坍落度的干硬性混凝土,采用与土石坝施工相同的运输及铺筑设备,用振动碾分层压实。碾压混凝土坝既具有混凝土体积小、强度高、防渗性能好、坝身可溢流等特点,又具有土石坝施工程序简单、快速、经济、可使用大型通用机械的优点。

碾压混凝土有以下特点。

(1) 胶凝材料用量,包括水泥与掺和料共 120～160 kg/m。

(2) 超干硬性,以维勃仪加压测定,拌合物的稠度值在 20 s 左右。

(3) 大量使用掺和料,如用粉煤灰或天然火山灰,掺量为胶凝材料总量的 30%～60%。

(4) 不设纵横缝,但有的坝在一层碾压完毕后进行横缝切缝,在切缝上游设置止水设施。

(5) 混凝土拌和可用自落式或强制式拌和机,但用自落式拌和机时,受大掺量掺和料的影响,需根据具体情况适当延长拌和时间,相应产量有所下降。

(6) 混凝土运输过程中,需尽量减少倒运次数,以免产生分离。

(7) 混凝土的平仓与摊铺,有的用推土机,有的用摊铺机,摊铺层厚度大体为 15～25 cm,铺料过程尽量要控制水平。

(8) 混凝土的碾压,根据层厚不同,采用不同性能的振动碾,一般铺料两层或三层后进行一次碾压,碾压遍数通过试验确定。

六、生态混凝土

生态混凝土,又称“植被混凝土”。生态混凝土是能够适应绿色植物生长、又具有一定的防护功能的混凝土及其制品,具有一定强度,而其表面又可繁衍花草,它由作为主体的植被与其载体的被面、被床、床絮和床基等有机结合而成。

它可在高陡边坡生态防护以及河道、库区护岸等工程中进行广泛使用。生态混凝土护坡是在基材中加入常规硬性凝结材料水泥,从而使基材强度更高、抗冲刷性更强,适用于坡度介于 50°～80°各类坡面的生态修复。

七、新型混凝土

(一) 塑性混凝土

塑性混凝土是指水泥用量较低,并掺加较多的膨润土、黏土等材料的大流动性混凝土,具有低强度、低弹模和大应变等特性。由于其变形能力强、抗渗性能好、易于施工,因而极适宜应用于防渗墙工程。

（二）高性能混凝土

高性能混凝土是指具有工作性好、匀质性好、早期强度高而且后期强度不倒缩、韧性好、体积稳定性好、在恶劣的使用环境条件下寿命长的混凝土。

高性能混凝土一般既是高强混凝土（C60～C100），也是流态混凝土（坍落度大于200 mm）。高强混凝土强度高、耐久性好、变形小；流态混凝土具有大的流动性，混凝土拌合物不离析，施工方便。高性能混凝土也可以是满足某些特殊性能要求的匀质性混凝土。

高性能混凝土是水泥混凝土的发展方向之一，它将广泛地被用于桥梁工程、高层建筑、工业厂房结构、港口及海洋工程、水工结构等工程。

（三）水下浇筑（灌注）混凝土

在陆上拌制水下浇筑（灌注）和凝结硬化的混凝土，称为水下浇筑混凝土。分为普通水下浇筑混凝土和水下不分散混凝土两种。

普通水下浇筑混凝土是将普通混凝土以水下灌注工艺浇筑混凝土，其施工方法可用导管法、泵压法、开底容器法、装袋叠层法及倾注法等。水下不分散混凝土是一种新型混凝土，其混凝土拌合物具有水下抗分散性。将其直接倾倒于水中，当穿过水层时，很少出现由于水洗作用而出现的材料分离现象。混凝土的浇筑主要用导管法、泵压法或开底容器法。

（四）喷射混凝土

喷射混凝土是用压缩空气喷射施工的混凝土。喷射方法有干式喷射法、湿式喷射法、半湿喷射法及水泥裹砂喷射法等。喷射混凝土施工时，将水泥、砂、石子及速凝剂按比例加入喷射机中，经喷射机拌匀、以一定压力送至喷嘴处加水后喷至受喷射部位形成混凝土。

在喷射过程中，水泥与骨料被剧烈搅拌，在高压下被反复冲击和击实，所采用的水灰比又较小（常为0.40～0.45），因此混凝土较密实，强度也较高。同时，混凝土与岩石、砖、钢材及老混凝土等具有很高的黏结强度，可以在黏结面上传递一定的拉应力和剪应力，使其与被加固材料一起承担荷载。

喷射混凝土广泛应用于地下工程、边坡及基坑的加固、结构物维修、耐热工程、防护工程等。在高空或施工场所狭小的工程中，喷射混凝土更有明显的优越性。

（五）纤维混凝土

纤维混凝土是以混凝土（或砂浆）为基材，掺入纤维而组成的水泥基复合材料。根据所掺纤维的不同，纤维混凝土分为：①纤维增强混凝土，这种混凝土采用高强高弹性模量的纤维，如钢纤维、碳纤维等；②纤维增韧防裂混凝土，这种混凝土采用低弹性模量高塑性纤维，如尼龙纤维、聚丙烯纤维、聚丙烯腈纤维、聚氯乙烯纤维等。纤维在纤维混凝土中的主要作用，在于限制在外力作用下水泥基料中裂缝的扩展。在受荷（拉、弯）初期，当配料合适并掺有适宜的高效减水剂时，水泥基料与纤维共同承受外力，而前者是外力的主要承受者；当基料发生开裂后，横跨裂缝的纤维成为外力的主要承受者。

在水利工程中纤维混凝土广泛应用于抗冲磨结构，如溢洪道、泄洪隧洞等，也常用于结构修复。

（六）防辐射混凝土

随着原子能工业的发展，在国防和国民经济各部门，对射线的防护问题已成为重要课题。

防辐射混凝土也称为防护混凝土、屏蔽混凝土或重混凝土。它能屏蔽X射线和中子流的辐射，是常用的防护材料。

防辐射混凝土要求表观密度大、结合水多、质量均匀、收缩小，不允许存在空洞、裂缝等缺陷，同时要有一定结构强度及耐久性。

（七）耐热混凝土（耐火混凝土）

耐热混凝土是在长期高温下能保持所需物理力学性能的特种混凝土。它是由适当的胶凝材料、耐热粗细骨料和水按一定比例配制而成的。水泥石中的氢氧化钙及骨料中的石灰岩在长期高温作用下会分解，石英晶体受高温后体积膨胀，它们是使混凝土不耐热的根源。因此，耐热混凝土的骨料可采用重矿渣、红砖及耐火砖碎块、安山岩、玄武岩、烧结镁砂、铬铁矿等。根据所用胶凝材料的不同，耐热混凝土可划分为黏土耐热混凝土、硅酸盐水泥耐热混凝土、铝酸盐水泥耐热混凝土、水玻璃耐热混凝土和磷酸盐耐热混凝土等，多用于冶金、化工、建材、发电等工业窑炉及热工设备。

（八）耐酸混凝土

耐酸混凝土是由水玻璃作胶凝材料，氟硅酸钠为固化剂，与耐酸骨料及掺料按一定比例配制而成的。它能抵抗各种酸（如硫酸 H_2SO_4、盐酸 HCl、硝酸 HNO_3、醋酸 CH_2COOH、蚁酸 HCOOH 及草酸 HOOCCOOH 等）和大部分侵蚀气体（氯气 Cl_2、二氧化硫 SO_2、硫化氢 H_2S 等），但不耐氢氟酸、300℃以上的热磷酸、高级脂肪酸和油酸。

常用的水玻璃有钾水玻璃和钠水玻璃。耐酸骨料和掺料有石英砂粉、瓷粉、辉绿岩铸石骨料及铸石粉、安山岩骨料及石粉等。

水玻璃耐酸混凝土一般要在温暖（10℃以上）和干燥环境中硬化（禁止浇水），其3 d抗压强度为11～12 MPa，28 d抗压强度不小于15 MPa。

第六节　砌　　体

一、砖

（一）烧结砖

1. 烧结普通砖

按原材料分为黏土砖（N）、页岩砖（Y）、煤矸石砖（M）、粉煤灰砖（F）等多种。根据《烧结普通砖》（GB/T 5101—1998）的规定，强度和抗风化性能合格的砖，按照尺寸偏差、外观质量、泛霜和石灰爆裂等项指标划分为优等品（A）、一等品（B）和合格品（C）三个质量等级。

（1）基本参数。砖为直角六面体，其标准尺寸为 240 mm×115 mm×53 mm，吸水率为16%～18%。

（2）强度等级。烧结普通砖强度等级是通过取 10 块砖试样进行抗压强度试验，根据抗压强度平均值和强度标准值来划分五个等级：MU30、MU25、MU20、MU15、MU10。

（3）耐久性。包括抗风化性、泛霜和石灰爆裂等指标。烧结普通砖具有较高的强度，良好的绝缘性、耐久性、透气性和稳定性，且原料广泛，生产工艺简单，因而可用作墙体材料，砌筑柱、拱、沟道及基础等。

2. 烧结多孔砖

烧结多孔砖是以黏土、页岩、煤矸石、粉煤灰等为主要原料烧制的主要用于结构承重的多孔砖。多孔砖大面有孔，孔多而小，孔洞垂直于大面（即受压面），孔洞率不小于 28%。

根据现行国家标准《烧结多孔砖和多孔砌块》（GB 13544—2011）的规定，按抗压强度分为 MU30、MU25、MU20、MU15、MU10 五个强度等级，按密度等级分为 1 000、1 100、1 200、1 300 四个等级。烧结多孔砖主要用于六层以下建筑物的承重墙体。

3. 烧结空心砖

烧结空心砖是以黏土、页岩、煤矸石、粉煤灰等为主要原料烧制的主要用于非承重部位的空心砖。其顶面有孔，孔大而少，孔洞为矩形条孔或其他孔形，孔洞率大于 40%。多用于非承重墙，如多层建筑内隔墙或框架结构的填充墙等。

根据现行国家标准《烧结空心砖和空心砌块》（GB 13545—2014）的规定，空心砖有 290 mm×190 mm×90 mm 和 240 mm×180 mm×115 mm 两种规格。按砖的表观密度不同，把空心砖分为 800、900、1 000、1 100 四个等级。

（二）蒸养（压）砖

蒸养（压）砖属于硅酸盐制品，是以石灰和含硅原料（砂、粉煤灰、炉渣、矿渣、煤矸石等）加水拌和，经成型、蒸养（压）而制成的。目前使用的主要有蒸压粉煤灰砖、蒸压灰砂砖和蒸压炉渣砖。按抗压、抗折强度值可划分为 MU25、MU20、MU15、MU10 四个强度等级。MU15 以上者可用于基础及其他建筑部位。MU10 砖可用于防潮层以上的建筑部位。蒸养（压）砖均不得用于长期经受 200℃高温、急冷急热或有酸性介质侵蚀的建筑部位。

二、建筑砌块

砌块是一种比黏土砖体型大的块状建筑制品。其原材料来源广、品种多，可就地取材，价格便宜。按尺寸大小分为大型、中型、小型三类。目前中国以生产中小型砌块为主。块高在 380～940 mm 者为中型；块高小于 380 mm 者为小型。按材料分为混凝土、水泥砂浆、加气混凝土、粉煤灰硅酸盐、煤矸石、人工陶粒、矿渣废料等砌块。按结构构造砌块分为密实的和空心的两种，并都能作承重墙和隔断作用。

混凝土砌块常用于水利工程护坡。混凝土砌块护坡是以人工预制混凝土砌块作为护面层单元的一种铺砌式斜坡保护结构，虽然本质上属散体护坡，但规则的块型和一定的铺砌方式，使相邻砌块可以相互作用共同抵御波浪和水流的作用。砌块形状规则、尺寸统一、施工效率高，工程质量易于控制，施工受天气影响小。

第七节　砌体砂浆

一、材料要求

砌筑砂浆根据组成材料的不同，分为水泥砂浆、石灰砂浆、水泥石灰混合砂浆等。一般砌筑基础采用水泥砂浆；砌筑主体及砖柱常采用水泥石灰混合砂浆；石灰砂浆有时用于砌筑简易工程。水泥砂浆及预拌砂浆的强度等级可分为M5、M7.5、M10、M15、M20、M25、M30；水泥石灰混合砂浆的强度等级可分为M5、M7.5、M10、M15。工程中根据具体强度要求选择使用。

二、预拌砂浆

预拌砂浆是指由专业化厂家生产的，用于建设工程中的各种砂浆拌合物。按生产方式不同，可将预拌砂浆分为湿拌砂浆和干混砂浆两大类。

湿拌砂浆是指将水泥、细骨料、矿物掺和料、外加剂、添加剂和水，按一定比例，在搅拌站经计量、拌制后，运至使用地点，并在规定时间内使用的拌合物。湿拌砂浆按用途可分为湿拌砌筑砂浆、湿拌抹灰砂浆、湿拌地面砂浆和湿拌防水砂浆。因特种用途的砂浆黏度较大，无法采用湿拌的形式生产，因而湿拌砂浆中仅包括普通砂浆。

干混砂浆是将水泥、干燥骨料或粉料、添加剂以及根据性能确定的其他组分，按一定比例，在专业生产厂计量、混合而成的混合物，在使用地点按规定比例加水或配套组分拌和使用。按用途分为干混砌筑砂浆、干混抹灰砂浆、干混地面砂浆、干混普通防水砂浆、干混陶瓷砖黏结砂浆、干混界面砂浆、干混保温板黏结砂浆、干混保温板抹面砂浆、干混聚合物水泥防水砂浆、干混自流平砂浆、干混耐磨地坪砂浆和干混饰面砂浆。干混砂浆包括普通干混砂浆和特种干混砂浆。普通干混砂浆主要用于砌筑、抹灰、地面及普通防水工程。特种干混砂浆是指具有特种性能要求的砂浆。

第八节　管　　材

一、钢管

钢管在输水工程中一般选用螺旋焊缝与直缝焊接钢管。螺旋焊接钢管采用卷板，利用螺旋管焊接生产线一次成型。

二、预应力钢筋混凝土管

预应力钢筋混凝土管按生产加工工艺分成两种：一种分为三步成型，通常称为三阶段预应力钢筋混凝土管(简称三阶段管);另一种是一次成型,通常简称为一阶段管。预应力钢筋混凝土管因加工工艺简单、造价低,较适合我国的经济状况而应用普遍。但管材制作过程中存在弊病,如三阶段管喷浆质量不稳定,易脱落和起鼓;一阶段管在施加预应力时不易控制(特别在插口端部),且因体积、重量大造成运输安装都不方便,使其应用受到了限制。预应力钢筋混凝土管口径一般在 2 000 mm 以下,工压在 0.4～0.8 MPa。口径大、工压高的工程应用时要慎重。

三、预应力钢筒混凝土管

预应力钢筒混凝土管是一种由钢筒与混凝土制作的复合管,管心为混凝土,在其外壁或中部埋入厚 1.5 mm 钢筒,在管芯上缠绕环向预应力,采用机械张拉缠绕高强钢丝,并在其外部喷水泥砂浆保护层。该管的特点是由于钢套筒的作用,抗渗能力非常好。管子的接口采用钢制承插口,尺寸较准确,并设橡胶止水圈(单胶圈或双胶圈),因而止水效果好,安装方便。预应力钢筒混凝土管的管径一般为 DN600～3 600 mm,工作压力为 0.4～2.0 MPa,其中 DN1 200 mm 以下一般为内衬式,DN1 400 mm 以上通常为埋置式。

在输水工程中,管材的选择根据工程的具体情况,要从技术、经济、安全、工期等方面分析比较,综合平衡后再确定。

第九节　沥青及沥青混合料

一、沥青材料

沥青是由不同分子量的碳氢化合物及其非金属衍生物组成的黑褐色复杂混合物,是高黏度有机液体的一种,多会以液体或半固体的石油形态存在,表面呈黑色,可溶于二硫化碳、四氯化碳。沥青是一种防水防潮和防腐的有机胶凝材料。沥青主要可以分为煤焦沥青、石油沥青和天然沥青三种。水利工程中沥青主要用于底板止水、墙体伸缩缝以及铺筑路面等。

(一) 煤焦沥青

煤焦沥青是炼焦的副产品,即焦油蒸馏后残留在蒸馏釜内的黑色物质。它与精制焦油只是物理性质有分别,没有明显的界线,一般的划分方法是规定软化点在 26.7℃(立方块法)以下的为焦油,26.7℃以上的为沥青。煤焦沥青中主要含有难挥发的蒽、菲、芘等,这些物质具有毒性。由于这些成分的含量不同,煤焦沥青的性质也不同。温度的变化对煤焦沥青的影响很大,冬季容易脆裂,夏季容易软化。加热时有特殊气味,加热到 260℃,在 5 h 以后,其所含的蒽、菲、芘等成分就会挥发出来。

(二) 石油沥青

石油沥青是原油蒸馏后的残渣。根据提炼程度的不同,在常温下成液体、半固体或固体。石油沥青色黑而有光泽，具有较高的感温性。由于它在生产过程中曾经蒸馏至 400℃以上，因而所含挥发成分甚少，但仍可能有高分子的碳氢化合物未挥发出来，这些物质或多或少对人体健康是有害的。

石油沥青是将精制加工石油所残余的渣油，经适当的工艺处理后得到的产品。工程中采用的沥青绝大多数是石油沥青，石油沥青通常沥青闪点在 240℃～330℃之间，燃点比闪点高 3℃～6℃，因此施工温度应控制在闪点以下。

(三) 天然沥青

天然沥青储藏在地下，有的形成矿层或在地壳表面堆积。这种沥青大都经过天然蒸发、氧化，一般已不含有任何毒素。天然沥青是石油渗出地表经长期暴露和蒸发后的残留物。

二、沥青混合料

沥青材料一般情况下很少单独使用，多数是与级配合适的矿物质材料拌和均匀，经铺筑、成型后制成沥青混凝土、沥青砂浆、沥青胶(玛瑞脂)等，统称为沥青混合料。沥青混合料主要用于铺路、水工防渗及建筑防水。

沥青混凝土按所用矿料的最大公称粒径分为粗粒式、中粒式、细粒式和砂粒式。粗粒式的矿料最大公称粒径为 35 mm 或 30 mm，中粒式为 25 mm 或 20 mm，细粒式为 15 mm 或 10 mm，砂粒式为 5 mm。水工沥青混凝土矿料的最大粒径主要根据沥青混凝土的性能、施工和易性和均匀性等来考虑，多选择 $D_{mx}=15\sim25$ mm，即细粒式和中粒式。

沥青混凝土按密实程度分为密级配、开级配和沥青碎石。密级配沥青混凝土的孔隙率小于 5%，主要用作防渗层材料；开级配沥青混凝土的孔隙率大于 5%，主要用作整平胶结层材料；沥青碎石的孔隙率大于 15%，渗透性强，主要用作排水层材料。

沥青混合料按施工铺筑方法分为碾压式和浇注式。碾压式沥青混合料须用碾压机械压实；浇注式沥青混合料具有大的流动性，混合料在自重作用下可自行密实。碾压式和浇注式沥青混合料在防渗墙工程中均被采用。

沥青混合料按施工温度不同可分为热铺和冷铺。热铺沥青混合料是将材料加热后，在高温下进行拌和和铺筑；冷铺沥青混合料采用稀释沥青或乳化沥青配制，可在常温下施工。

在水利工程中，沥青混合料主要用作防渗和防护材料，它抗渗性好、变形能力大、工程量小，并能机械化作业，施工进度快，故在堤坝、渠道、储水池等工程中均得到推广应用。在水工防渗工程中，沥青混合料的类型有沥青混凝土面板中的防渗层、整平胶结层与排水层沥青混凝土，封闭层的沥青砂浆和沥青胶(玛瑞脂)；碾压式和浇筑式沥青混凝土心墙；混凝土坝伸缩缝或沉陷缝的沥青胶等。沥青混凝土防渗墙现已用于许多大型水利水电工程。

第十节 防 水 材 料

一、防水涂料

防水涂料是一种流态或半流态物质，可用刷、喷等工艺涂布在基层表面，经溶剂或水分挥发或各组分间的化学反应，形成具有一定弹性和一定厚度的连续薄膜，使基层表面与水隔绝，起到防水、防潮作用。由于防水涂料固化成膜后的防水涂膜具有良好的防水性能，能形成无接缝的完整防水膜。所以，防水涂料广泛适用于工业与民用建筑的屋面防水工程、地下室防水工程和地面防潮、防渗等，特别适用于各种不规则部位的防水。

防水涂料按成膜物质的主要成分可分为高聚物改性沥青防水涂料和合成高分子防水涂料两类。

(1) 高聚物改性沥青防水涂料，指以沥青为基料，用合成高分子聚合物进行改性制成的水乳型或溶剂型防水涂料。这类涂料在柔韧性、抗裂性、拉伸强度、耐高低温性能、使用寿命等方面比沥青基涂料有很大改善。品种有再生橡胶改性防水涂料、氯丁橡胶改性沥青防水涂料、SBS 橡胶改性沥青防水涂料、聚氯乙烯改性沥青防水涂料等。

(2) 合成高分子防水涂料，指以合成橡胶或合成树脂为主要成膜物质制成的单组分或多组分的防水涂料。这类涂料具有高弹性、高耐久性及优良的耐高低温性能，品种有聚氨酯防水涂料、丙烯酸酯防水涂料、环氧树脂防水涂料和有机硅防水涂料等。

二、防水卷材

防水卷材有聚合物改性沥青防水卷材和合成高分子防水卷材等系列。

(一) 聚合物改性沥青防水卷材

聚合物改性沥青防水卷材是以合成高分子聚合物改性沥青为涂盖层，纤维织物或纤维毡为胎体，粉状、粒状、片状或薄膜材料为覆面材料制成的可卷曲片状防水材料。由于在沥青中加入了高聚物改性剂，它克服了传统沥青防水卷材温度稳定性差、延伸率小的不足，具有高温不流淌、低温不脆裂、拉伸强度高、延伸率较大等优异性能，且价格适中。常见的有 SBS 改性沥青防水卷材、APP 改性沥青防水卷材、PVC 改性焦油沥青防水卷材等。此类防水卷材一般单层铺设，也可复层使用，根据不同卷材可采用热熔法、冷粘法、自粘法施工。

(二) 合成高分子防水卷材

合成高分子防水卷材是以合成橡胶、合成树脂或两者的共混体为基料，加入适量的化学助剂和填充料等，经混炼、压延或挤出等工序加工而制成的可卷曲的片状防水材料。其中又可分为加筋增强型与非加筋增强型两种。合成高分子防水卷材具有拉伸强度和抗撕裂强度高、断裂伸长率大、耐热性和低温柔性好、耐腐蚀、耐老化等一系列优异的性能，是新型高档防水卷材。常用的有再生胶防水卷材、三元乙丙橡胶防水卷材、三元丁橡胶防水卷材、聚氯乙烯防水卷材、氯化聚乙烯防水卷材、氯化聚乙烯-橡胶共混防水卷材等。一般单层铺设，可采用冷粘法或自粘法施工。

三、建筑物缝面止水材料

水工建筑物的缝面保护和缝面止水是增强水工建筑物面板牢固度和不渗水性，发挥其使用功能的一项重要工程措施。水工建筑物封缝止水材料要求不透水、不透气、耐久性好，而且要具有隔热、抗冻、抗裂、防震等性能。在水利工程中，诸如大坝、水闸、各种引水交叉建筑物、水工隧洞等，均设置伸缩缝、沉陷缝，通常采用砂浆、沥青、砂柱、铜片、铁片、铝片、塑料片、橡皮、环氧树脂玻璃布以及沥青油毛毡、沥青等止水材料。近年来，沥青类缝面止水材料、聚氯乙烯胶泥和其他缝面止水材料获得了长足的发展。

1. 金属止水片材料

采用金属板止水带，可改变水的渗透路径，延长水的渗透路线。在渗漏水可能含有腐蚀成分的施工环境中，金属板止水带能起到一定的抗腐蚀作用。其材质包括铜片、铁片、铝片等。

2. 沥青类缝面止水材料

沥青类缝面止水材料除沥青类砂浆和沥青混凝土外，还有沥青油膏、沥青橡胶油膏、沥青树脂油膏、沥青密封膏和非油膏类沥青等。

3. 聚氯乙烯塑料止水带

这种材料具有较好的弹性、黏结性和耐热性，低温时延伸率大、容重小、防水性能好、抗老化性能好，在－25℃～80℃时均能正常工作，施工也较为方便，因而在水利工程中得到广泛应用。

4. 橡胶止水带

橡胶止水带是采用天然橡胶与各种合成橡胶为主要原料，掺加各种助剂及填充料，经塑炼、混炼、压制成型，其品种规格较多，有桥型、山型、P 型、R 型、U 型、Z 型、T 型、H 型、E 型、Q 型等。该止水材料具有良好的弹性、耐磨性、耐老化性和抗撕裂性能，适应变形能力强，防水性能好，温度使用范围为－45℃～＋60℃。

5. 其他填缝止水材料

填缝止水材料除了上述几种外，还有木屑水泥、石棉水泥、嵌缝油膏等。

第十一节　灌浆材料

为减少基础渗漏，改善裂隙岩体的物理力学性质，修补病险建筑物，增加建筑物和地基的整体稳定性，提高其抗渗性、强度、耐久性，在水利工程中广泛应用了各种形式的压力灌浆。按其使用目的不同可分为帷幕灌浆、固结灌浆、接触灌浆、回填灌浆、接缝灌浆及各种建筑物的补强灌浆。按灌浆材料不同可分为以下三类。

一、水泥、石灰、黏土类灌浆

分为纯水泥灌浆、水泥砂浆灌浆、黏土灌浆、石灰灌浆、水泥黏土灌浆等。

二、沥青灌浆

适用于半岩性黏土、胶结性较差的砂岩或岩性不坚有集中渗漏裂隙之处。

三、化学灌浆

我国水利工程中多使用水泥、黏土和各种高分子化学灌浆，一般情况下 0.5 mm 以上的缝隙可用水泥、黏土类灌浆；当裂缝很小，同时地下水流速较大，水泥浆灌入困难时，可采用化学灌浆。化学灌浆材料能成功地灌入缝宽 0.15 mm 以下的细裂缝，具有较高的黏结强度，并能灵活调节凝结时间，我国早已研究推广使用。化学灌浆材料有以下三种类型。

1. 水玻璃灌浆

多用于地基加固和水流速度较大的止水灌浆，缺点是性质较脆，价格较贵，为改善性能和降低成本，可在水玻璃中掺入水泥、水泥砂浆、矿渣粉，并掺加少量缓凝剂、掺合剂等。

2. 铬木质素灌浆

铬木质素灌浆是利用亚硫酸盐纸浆废液（木素液）和重铬酸钾为主要聚合材料的一种单液灌浆。它可提高被灌体的抗变形和抗破坏能力，起到加固基础和防渗堵漏的作用。

3. 环氧灌浆

环氧灌浆黏结强度高，稳定性好，施工不复杂，但灌入性差，同时施工受水和温度影响较大，因此适用于具有较宽和较干燥裂缝的混凝土及岩石的补强和固结灌浆、混凝土坝的纵缝或接缝灌浆、混凝土结构物的补强或黏结。

第十二节　保温材料

保温材料一般是指热系数小于或等于 0.12 的材料。保温材料发展速度很快，在工业和建筑中采用良好的保温技术与材料，往往可以起到事半功倍的效果。

保温材料工业设备和管道的保温采用绝热措施和材料气凝胶，其最早应用于美国国家航天局研制的太空服隔热衬里，具有导热系数低、密度小、柔韧性高、防火防水等特性。

一、有机隔热保温材料

有机类保温材料主要有聚氨酯泡沫、聚苯板、EPS、XPS、酚醛泡沫等。它具有质量轻、可加工性好、致密性高、保温隔热效果好等优点，但也有不耐老化、变形系数大、稳定性差、安全性差、易燃烧、生态环保性很差、施工难度大、工程成本较高、资源有限且难以循环再利用等缺点。

传统的聚苯板具有优异的保温效果，在我国墙体保温材料市场中被广泛使用。但是它不具备安全的防火性能，尤其是燃烧时会产生毒气。此类材料在发达国家早已被限制在极小的应用领域内。中国建筑物因大面积使用聚苯板保温材料所引起的火灾事故频发，造成了巨大的经济损失和人身伤亡。

二、无机隔热保温材料

无机保温材料主要集中在陶瓷纤维毯、硅酸铝毡、氧化铝、碳化硅纤维、气凝胶毡、玻璃棉、岩棉、膨胀珍珠岩、微纳隔热板、发泡水泥中。无机活性墙体保温材料等具有一定保温效果的材料，根据配方能够达到 B1～A 级防火。其中，岩棉的生产对人体有害，还会有工人不愿施工的情况出现，而且岩棉建厂的周期长，从建厂到可生产大约需要 2 年的时间，同时国内市场岩棉的供应量也达不到使用要求；膨胀珍珠岩的重量大、吸水率高；微纳隔热板的保温性能是传统保温材料的 3～5 倍，常用于高温环境下，但价格较贵。

三、玻璃棉保温材料

玻璃棉是用独有的离心技术，将熔融玻璃纤维化并加以热固性树脂为主的环保型配方胶粘剂加工而成的制品，是一种由直径只有几微米的玻璃纤维制作而成的有弹性的玻璃纤维制品，并可根据客户不同的使用要求选择防潮贴面在线复合。因其具有大量微小的空气间隙，使其起到保温隔热、吸声降噪及安全防护等作用，是建筑保温隔热、吸声降噪的材料。

四、岩棉保温毡

岩棉保温毡是以玄武岩及其他天然矿石等为主要原料，经高温熔融成纤，加入适量胶粘剂加工而成的。适用于贮罐容器和大口径管道的保温。岩棉保温毡具有优良的保温隔热性能，其施工及安装便利，节能效果显著，具有很高的性能价格比。

岩棉保温毡是一种导热系数低的优质保温隔热材料，适用于大、中口径管道，以及中、小型储罐及表面曲率半径较小的弧面或表面不规则的设备、建筑空调管道保温防露和墙体的吸音保温。

第十三节 油　　料

油料大致分为四类：液体燃料（汽油、煤油、柴油等）、润滑油（发动机润滑油、工业用润滑油等）、润滑脂（减摩用脂、防护用脂等）以及特种油（液压油、传动油等）。水利工程建设中的工程机械、运输设备所需油料主要为液体燃料，即汽油和柴油，有时也用到润滑油及特种油，这里重点介绍汽油和柴油。

一、汽油

为保证汽油的正常使用，对汽油的质量主要有下列要求。

（1）适当的蒸发性。燃料应有足够的轻质馏分，保证发动机在各种使用温度下能顺利启动，加速性能良好，燃烧完全，且不产生气阻。

（2）良好的抗爆性。即汽油应具有与发动机压缩比相适应的高辛烷值，从而保证发动机发出最大的功率而不会由于爆震而损害机械。

（3）良好的安定性。汽油应该性质安定，在贮存和运输过程中不易氧化变质而生产胶质及其他有害物质。

（4）无腐蚀性。

（5）良好的洁净性。

二、柴油

为保证柴油的正常使用，对柴油的质量有下列要求。

（1）燃料应在各种使用温度下具有良好的流动性，以保证发动机燃料不断供应，工作可靠。为此，柴油应具有适当低的凝点和浊点，黏度要适当，在低温下能顺利流动，并雾化良好。

（2）燃料应具有良好的发火性能。为此，柴油应具有适当高的十六烷值和良好的蒸发性，喷入燃烧室后能迅速着火，燃烧完全，不产生粗暴现象，而且燃烧后不冒黑烟，使柴油能发出最大的功率，同时消耗量又不至于过大。

（3）燃料应性质安全。

（4）燃料本身及其燃烧后的产物不具有腐蚀性。

（5）燃料应具有清洁性。

（6）燃料应具有较高的闪点，以保证贮存和运用中的安全。

水利工程中常用的自卸汽车、水下疏浚船舶以及工程机械多属高速柴油机，均采用轻柴油。

第十四节　土工合成材料

一、概念及用途

土工合成材料是土木工程应用的合成材料的总称。作为一种土木工程材料，它是以人工合成的聚合物（如塑料、化纤、合成橡胶等）为原料，制成各种类型的产品，置于土体内部、表面或各种土体之间，发挥加强或保护土体的作用。例如土工格栅、土工网和土工模袋、土工网垫、土工带、复合土工膜、膨润土防水毯、复合排水网等。土工合成材料具有反滤功能、排水功能、隔离功能、防渗功能、防护功能以及加筋和加固等多方面的功能，因而在水利工程中获得广泛应用，如用于水闸和堤防工程的防渗、排渗和加固工程，堤岸护坡及防汛抢险工程等。

二、种类

土工合成材料分为四类：土工织物、土工膜、特种土工合成材料、复合型土工合成材料。

土工织物又称“土工布”，是把聚合物原料加工成丝、短纤维、纱或条带，然后再制成平面结构的土工织物。土工织物按制造方法可分为有纺（织造）土工织物和无纺（非织造）土工织物。有纺土工织物由两组平行的呈正交或斜交的经线和纬线交织而成。无纺土工织物是把纤维作定向的或随意的排列，再经过加工而成。按照纤维结合的方法不同，可分为化学（胶粘剂）粘结、热粘结和机械结合三种联结方式。

土工织物突出的优点是重量轻、整体连续性好（可做成较大面积的整体）、施工方便、抗拉强度较高、耐腐蚀和抗微生物侵蚀性好。缺点是未经特殊处理，抗紫外线能力低，如暴露在外，受紫外线直接照射容易老化，但如不直接暴露，则抗老化及耐久性能仍较高。

土工膜一般可分为沥青土工膜和聚合物（合成高聚物）土工膜两类。沥青土工膜主要为复合型的（含编织型或无纺型的土工织物）土工膜，沥青作为浸润胶粘剂。聚合物土工膜根据不同的主材料分为塑性土工膜、弹性土工膜和组合型土工膜。

大量工程实践表明，土工膜的不透水性很好，弹性和适应变形的能力很强，能适用于不同的施工条件和工作应力，具有良好的耐老化能力，处于水下和土中的土工膜的耐久性尤为突出。土工膜具有突出的防渗和防水性能。

三、水力学特性

土工合成材料的水力学特性是指土工合成材料的透水与导水能力以及阻止颗粒流失的能力，包括土工合成材料的孔隙率、孔径大小与分布、渗透性能等。

四、耐久性

土工合成材料的耐久性主要是指对紫外线辐射、温度变化、化学与生物侵蚀、干湿变化、机械磨损等外界因素变化的抵御能力。其耐久性主要与聚合物的类型及添加剂的性质有关。

五、工程中的应用

土工合成材料在工程上主要有过滤、排水、隔离、加筋、防渗以及防护六种功能。

第五章　主要机电和金属结构设备

水利工程的机电及金属结构设备指水力机械设备、电气设备和金属结构设备。水力机械设备包括水轮机、水轮发电机、调速系统、水泵、阀门、水力机械辅助设备和通风空调等。电气设备包括一次设备和二次设备。金属结构设备包括起重设备、闸门、启闭机、拦污栅和压力钢管等。

第一节　水力机械设备

一、水轮机

水轮机是将水体机械能转换为旋转机械能的水力机械，根据转轮区内水流的流动特征和转轮转换水流能量形式的不同，可分为反击式和冲击式两大类。

(一) 反击式水轮机

反击式水轮机是同时利用水流的位能、压能和动能做功的水轮机。

反击式水轮机转轮区内的水流在通过转轮叶片流道时，始终是连续地充满整个转轮的有压流动，并在转轮空间曲面形叶片的约束下，连续不断地改变流速的大小和方向，从而对转轮叶片产生一个反作用力，驱动转轮旋转。

反击式水轮机按水流在转轮内运动方向和特征及转轮构造特点可分为混流式、轴流式、斜流式和贯流式。根据转轮叶片能否转动，将轴流式、斜流式和贯流式又分别分为定桨式和转桨式。

1. 混流式水轮机

混流式水轮机的水流从四周沿径向进入转轮，然后近似以轴向流出转轮。混流式水轮机的特点是适用水头范围广，为 20～700 m，且结构简单，运行稳定，效率高，是现代应用最广泛的一种水轮机。

2. 轴流式水轮机

轴流式水轮机水流在导叶与转轮之间由径向流动转变为轴向流动，而在转轮区内水流保持轴向流动。轴流式水轮机的适用水头范围为 3～80 m。轴流式水轮机适用于中低水头、大流量水电站。

3. 斜流式水轮机

斜流式水轮机水流在转轮区内沿着与主轴成某一角度的方向流动。斜流式水轮机的转轮叶片大多做成可转动的形式，具有较宽的高效率区，适用水头范围为 40～200 m。由于斜流式水轮机的倾斜桨叶操作机构的结构特别复杂，加工工艺要求和造价均较高，一般较少使用。

4. 贯流式水轮机

贯流式水轮机是一种流道近似直筒状的卧轴式水轮机，水流在流道内基本上沿轴向运动，提高了过流能力和水力效率。按照其发电机装置形式的不同，可分为全贯流式和半贯流式。

贯流式水轮机的适用水头范围为 1～25 m，专门适用于低水头、大流量水电站。由于其卧轴式布置及流道形式简单，所以土建工程量少，施工简便，适用于开发平原地区河道和沿海潮汐等地区。

(二) 冲击式水轮机

冲击式水轮机在转轮进口处把水流的位能和压能通过喷嘴转换为射流的动能，是仅利用水流动能做功的水轮机。

冲击式水轮机的转轮始终处于大气中，来自压力钢管的高压水流在进入水轮机之前已转变成高速自由射流，该射流冲击转轮的部分轮叶，并在轮叶的约束下发生流速大小和方向的改变，从而将其动能大部分传递给轮叶来驱动转轮旋转。

冲击式水轮机按射流冲击转轮的方式不同可分为水斗式、斜击式和双击式三种。

1. 水斗式水轮机

水斗式水轮机也称切击式水轮机，从喷嘴出来的高速自由射流沿转轮圆周切线方向垂直冲击轮叶。这种水轮机适用于高水头、小流量水电站。大型水斗式水轮机的适用水头范围为 300～1 700 m，小型水斗式水轮机的适用水头范围为 40～250 m。

2. 斜击式水轮机

斜击式水轮机从喷嘴出来的自由射流沿着与转轮旋转平面成一角度的方向，从转轮的一侧进入轮叶，再从另一侧流出轮叶。与水斗式水轮机相比，其过流量较大，但效率较低，因此这种水轮机一般多用于中小型水电站，适用水头范围一般为 20～300 m。

3. 双击式水轮机

双击式水轮机从喷嘴出来的射流先后两次冲击转轮叶片。它的特点是结构简单、制作方便，但效率低、转轮叶片强度差，仅适用于单机出力不超过 1 000 kW 的小型水电站。适用水头范围一般为 5～100 m。

二、水轮发电机

由水轮机驱动、将机械能转换成电能的交流同步电机称为水轮发电机。它发出的电能通过变压器升压输送到电力系统中。水轮机和水轮发电机合称为水轮发电机组(或机组)。

(一) 水轮发电机的分类

按照其转轴的布置方式可分为卧式与立式。卧式水轮发电机一般适用于小型混流机组、冲击式机组和贯流式机组；立式水轮发电机适用于大、中型混流及冲击式机组和轴流式机组。

根据推力轴承位置不同,立式水轮发电机可分为悬式和伞式。悬式水轮发电机结构的特点是推力轴承位于转子上方,把整个转动部分悬吊起来。伞式水轮发电机的结构特点是推力轴承位于转子下方。

按冷却方式不同,水轮发电机可分为空气冷却式和内冷却式。空气冷却式水轮发电机是将发电机内部产生的热量通过循环空气冷却。内冷却式水轮发电机的特点是将经过水质处理的冷却水或冷却介质直接通入定子绕组进行冷却或蒸发冷却。

(二) 水轮发电机的基础参数

(1) 水头。水头是指水轮发电机进口断面和出口断面的单位重量水流的能量之差,即单位重量的液体通过水轮机后能量减少的数量,以 H 表示,单位为 m。

(2) 流量。流量是指单位时间内通过水轮机的液体数量。以 Q 表示,工程中常用容积表示,单位为 m^3/s。

(3) 转速。转速是指水轮机转轮单位时间内旋转的转数,以 n 表示,单位为 r/min。

(4) 出力。水轮机出力是指水轮机轴端所输出的功率,以 N 表示,单位为 kW。

(5) 效率。水轮机不可能将从水流得到的能量全部转变为机械能,因为将水能转变成旋转机械能的过程中总会存在一定的能量损耗,因此水轮机的出力总是小于水流的出力。

三、调速系统

水轮机调速器的主要功能是检测机组转速偏差,并将它按一定的特性转换成接力器的行程差,借以调整机组功率,使机组在给定的负荷下以给定的转速稳定运行。

水轮机调速器的分类方法较多,按调节规律可分为 PI 和 PID 调速器;按系统构成可分为机械式调速器(机械飞摆式)、电气液压式调速器和微机调速器。

四、水泵

水泵是输送液体或使液体增压的机械。它将原动机的机械能或其他外部能量传送给液体,使液体能量增加,主要用来输送的液体包括水、油、酸碱液、乳化液、悬乳液和液态金属等,也可输送液体、气体混合物以及含悬浮固体物的液体。水泵性能的技术参数有流量、吸程、扬程、轴功率、水功率、效率等。

(一) 泵的分类

水泵按工作原理主要分为容积泵、叶片泵。

(1) 容积泵。它对液体的压送是靠泵体工作容积周期性的变化完成的,此类泵型常用于小流量、高扬程场合。

(2) 叶片泵。它对液体的压送是靠装有叶片的叶轮高速旋转而完成的,包括离心泵、混流泵和轴流泵。

水泵的基本结构是由吸水室、转轮和压水室三部分组成。其中,转轮是泵的核心构件,水泵通过转轮对水体做功,使能量增加。压水室的功能是收集从转轮流出来的水体并把它送入压水管道，且要求完成这两项功能时，其能量损失最小。

（二）工程中常用类型

泵站工程中常用的水泵类型是叶片泵，属于这类的有离心泵、轴流泵、贯流泵和混流泵。

1. 离心泵

（1）离心泵的工作原理

水泵开动前，先将泵和进水管灌满水。水泵运转后，在叶轮高速旋转而产生的离心力的作用下，叶轮流道里的水被甩向四周，压入蜗壳，叶轮入口形成真空，水池的水在外界大气压力下沿吸水管被吸入，补充了这个空间。之后，吸入的水又被叶轮甩出，经蜗壳进入出水管。由此可见，若离心泵叶轮不断旋转，则可连续吸水、压水，水便可源源不断地从低处扬到高处或远方。综上所述，离心泵是由于在叶轮的高速旋转所产生的离心力的作用下，将水提向高处的，故称离心泵，如图 5-1 所示。

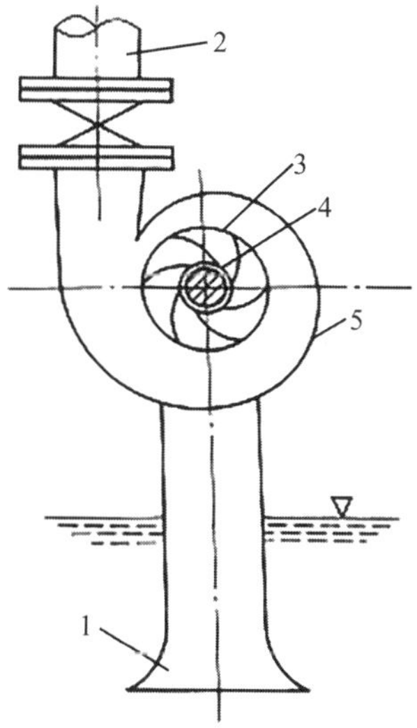

1—喇叭状吸水管；2—出水管；3—叶轮；2~4—叶轮入口；5—泵壳

图 5-1　离心泵工作原理示意图

（2）离心泵的一般特点

水沿离心泵的流经方向是沿叶轮的轴向吸入，垂直于轴向流出，即进出水流方向互成 90°。

由于离心泵靠叶轮进口形成真空吸水，所以在启动前必须向泵内和吸水管内灌注引水，或用真空泵抽气，以排出空气形成真空。而且，泵壳和吸水管路必须严格密封，不得漏气；否则，不形成真空，就无法吸水。

由于叶轮进口不可能形成绝对真空，所以离心泵吸水高度不能超过 10 m，加上水流经吸水管路带来的沿程损失，实际允许安装高度（水泵轴线距吸入水面的高度）远小于 10 m。若安装过高，则不吸水。此外，由于山区比平原大气压力低，所以同一台水泵在山区，特别是在高山区安装时，其安装高度应降低，否则也不能吸上水来。

2. 轴流泵

（1）轴流泵的工作原理

轴流泵与离心泵的工作原理不同，它主要是利用叶轮的高速旋转所产生的推力提水。轴流泵叶片旋转时对水所产生的升力可把水从下方推到上方。轴流泵的叶片一般浸没在被吸水源的水池中。由于叶轮高速旋转，在叶片产生的升力作用下，连续不断地将水向上推压，使水沿出水管流出。叶轮不断地旋转，水也就被连续压送到高处，如图 5-2 所示。

（2）轴流泵的一般特点

水在轴流泵的流经方向是沿叶轮的轴向吸入、轴向流出，因此称轴流泵。其扬程低（1～13 m）、流量大、效益高，适于平原、湖区、河区排灌。启动前不须灌水，操作简单。

3. 贯流泵

（1）贯流泵的工作原理

根据结构形式不同，贯流泵可分为灯泡贯流式、竖井贯流式和轴伸贯流式三种，其中又以灯泡贯流式泵应用最广泛。按叶轮上的叶片是否可调节可分为叶片全调节和叶片不调节

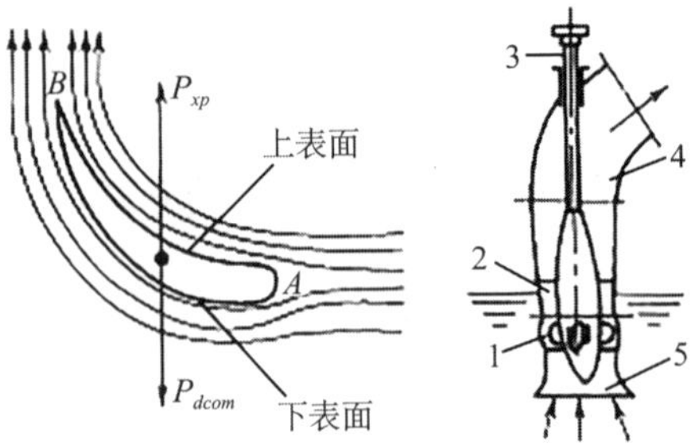

1—叶轮；2—导叶；3—泵轴；
2~4—出水弯管；5—吸水喇叭管

图 5-2　轴流泵工作原理示意图

两种型式。

贯流泵的工作原理与轴流泵相同，只是工作时叶轮和原动机的轴是水平的，其扬程一般在 5 m 以下，流量可达到 $Q=8\sim30\ m^3/s$。

(2) 贯流泵的一般特点

贯流泵的特点有流道顺直、水力效率高、过流能力大、机组结构紧凑、水工布置简单、土建投资少等。因此，其成为低扬程、大流量泵站的首选泵型。在同等规模下，采用贯流泵的泵站，其土建投资比采用轴流泵低 10%左右，水力效率较轴流泵高 6%左右。

4. 混流泵

(1) 混流泵的工作原理

混流泵的叶轮形状介于离心泵叶轮和轴流泵叶轮之间，因此，混流泵的工作既有离心力又有升力。靠两者的综合作用，水会以与轴组成的一定角度流出叶轮，通过蜗壳室和管路把水提向高处。

(2) 混流泵的一般特点

混流泵与离心泵相比，扬程较低，流量较大；与轴流泵相比，扬程较高、流量较低。适用于平原、湖区。排灌水混流泵的流经方向与叶轮轴成一定角度而吸入和流出，故其又称斜流泵。

(三) 水泵的基础参数

(1) 转速。水泵的转速是指水泵叶轮和主轴单位时间内旋转的转数，以 n 表示，单位为 r/min。

(2) 流量。水泵的流量是指单位时间内由水泵抽送液体的数量，以 Q 表示，单位为 m^3/s、m^3/h、L/s、kg/s。

(3) 扬程。水泵的扬程是指单位重量的液体通过泵所增加的能量，即水泵出口处和进口处单位重量水体的能量之差，以 H 表示，单位为 m。

(4) 功率。水泵的功率是指水泵在单位时间内做功的大小，也称为水泵的输入功率，以 N 表示，单位为 kW。

单位时间内通过水泵的水体从水泵得到的能量称为有效功率，又称为水泵的输出功率，以 Ne 表示，单位为 kW。

水泵不可能将从原动机输入的能量完全传递给水体。在水泵内有损失，通常用水泵的效率 η 来衡量水泵进行能量转换的效果。

五、阀门

阀门一般由阀体、阀瓣、阀盖、阀杆及手轮等部件组成。水利工程中常见的阀门种类有蝶阀、球阀、闸阀、锥形阀、截止阀等。

1. 蝶阀

蝶阀操作方式包括手动、电动及液压操作。蝶阀的优点是启闭力小、体积小、质量轻、操作方便迅速、维护简单。缺点为阀全开时水头损失大、全关时易漏水。

2. 球阀

球阀的操作方式有手动操作、手动电动两用操作和液压操作，分立轴和卧轴两种。立式球阀因结构复杂，运行中存在积沙、易卡等缺点，基本上已被淘汰。卧轴球阀有单面密封和双面密封两种。双面密封可在不放空压力钢管的情况下对球阀的工作密封等进行检修。

3. 闸阀

闸阀又称闸门阀或闸板阀，它是利用闸板升降控制开闭的阀门，流体通过阀门时流向不变，因此阻力小。闸阀密封性能好，流体阻力小，开启、关闭力较小，也有调节流量的作用，并且能从阀杆的升降高低看出阀的开度大小，主要用在一些大口径管道上。

4. 锥形阀

锥形阀通过执行机构驱动外套筒来实现开启或关闭。锥形阀安装于压力管道出口处，通过调节开度来控制泄水流量。出口方式有空中泄流与淹没出流两种形式。

固定锥形阀是水利工程中重要的管道控制设备，在高水头、大流量、高流速的工况下使用，常用于水库、拦河坝的蓄水排放，农田灌溉及水轮机的旁通排水系统。固定锥形阀可安装在管道中部，起截止、减压、调节流量等作用，也可安装在管道末端，起排放、泄压、水位控制等作用。

六、水力机械辅助设备

此处主要介绍油系统设备、压气系统设备、水系统设备以及相应的管路（含管子、附件、阀门等）及其安装。

1. 油系统设备

油系统设备由一整套设备、管路、控制元件等组成，用来完成用油设备的给油、排油、添油及净化处理等工作。

油系统的任务是用油罐来接收新油、储备净油，用油泵给设备充油、添油、排出污油，用滤油机烘箱来净化油、处理污油。

2. 压气系统设备

水力发电工程所用的压缩空气通常有两个压力等级：一个是低压气系统，用于发电机制动系统、风动工具、吹扫等，压力等级为 0.8 MPa；另一个是高压系统，用于给传统油压装置供气，常用的有 4 MPa（对应于油压装置压力 4 MPa）和 6.3 MPa（对应于油压装置压力 6.3 MPa）。

低压气系统的空气压缩机一般采用螺杆式压缩机，适用于大产气量的系统，但是压力不能高于 2 MPa；高压气系统的空气压缩机一般采用活塞式压缩机。

3. 水系统设备

水系统包括技术供水系统、消防供水系统、渗漏排水系统、检修排水系统、室外排水系统。

4. 管路

水系统管路多用镀锌钢管，DN15 以下的管道一般采用不锈钢无缝管。

油系统、压气系统管路采用无缝钢管或者不锈钢无缝管。

油、水、气管件的耐压试验：所有油、水、气管路及附件，在安装完成后均应进行耐压和严密性试验，耐压试验压力为 1.5 倍额定工作压力，保持 10 min 无渗漏及裂纹等异常现象发生。

七、通风空调

（一）空气调节系统

空气调节系统保证室内空气的温度、湿度、风速及洁净度保持在一定范围内，并且不因室外气候条件和室内各种条件的变化而受影响。

空调机组设备的种类很多，大致可分为整体式空调器（窗式空调器、冷风机、恒温恒湿空调器、除湿机）和冷源集中而可分散安装的风机——盘管空调器。

（二）通风机

通风机按气体进入叶轮后的流动方向可分为离心式风机、轴流式风机、混流式（又称斜流式）风机和贯流式（又称横流式）风机等类型；按使用材质可分为铁壳风机、铝风机、不锈钢风机、玻璃钢风机、塑料风机等类型；按照加压的形式也可以分单级风机、双级风机或者多级加压风机；按压力大小可分为低压风机、中压风机、高压风机；按用途可分为防、排烟通风机，射流通风机，防腐通风机，防爆通风机等类型。

（三）风管

风管是通风空调系统的重要构件，是连接各种设备的管道。水利工程中常用的有镀锌钢板风管、不锈钢板风管、玻璃钢风管等。

1. 镀锌钢板风管

常用于制作不含酸、碱气体以及运送潮湿空气的风管，在送风、排气、空调净化系统中大量使用。

2. 不锈钢板风管

采用氩弧焊焊接不锈钢板，加热集中，热影响区域小，局部变形小。同时，氩气保护了熔化的金属，因而焊缝具有较高的强度和耐腐蚀性。

3. 玻璃钢风管

有机玻璃钢风管一般适用于预埋敷设，无机玻璃钢风管一般适用于明敷。

第二节　电气设备

水电站电气设备主要布置于发电厂厂房和升压变电站内，它的作用如下。

(1) 生产、输送和分配电能。

(2) 根据负荷变化的要求，启动、调整和停止机组，对电路进行必要的切换。

(3) 监测和控制主要机电设备的工作。

(4) 设备故障时及时切除故障或尽可能缩小故障范围等。

发电厂厂房和升压变电站内主要装设有如下电气设备。

(1) 一次设备。直接生产和分配电能的设备称为一次设备，包括发电机、变压器、变频启动装置、断路器、隔离开关、电压互感器、电流互感器、避雷器、电抗器、熔断器、自动空气开关、接触器等。

(2) 二次设备。对一次设备的工作进行测量、检查、控制、监视、保护及操作的设备称为二次设备，包括继电器、仪表、元器件、自动控制设备、各种保护屏(柜、盘)等。

(3) 其他电气设备。其他电气设备包括厂用电系统设备、直流系统设备、通信系统及自动化控制设备、电气试验设备、接地系统及其他设备等。

第三节　金属结构设备

水利水电工程金属结构设备主要包括起重设备、闸门、启闭机、拦污栅、清污机、压力钢管等。

一、起重设备

起重设备是安装、运行和检修各种设备的起吊工具。主厂房内机电设备安装和检修时的起吊工作是由桥式、门式或半门式起重机来完成的。

桥式起重机的外形像一座桥，故称为桥式起重机。在主厂房内的起重设备一般均采用桥式起重机。桥式起重机大车架靠两端的两排轮子沿厂房牛腿大梁上的轨道来回移动，只能在同厂房平行移动。小车架上有起重设备，包括主钩和副钩。有些还有小电动葫芦(10 t左右的起重量)，固定在桥式起重机大梁下面。桥式起重机的起重量是指主钩的起重量。

桥式起重机按其结构特点与操作方式的不同，分为三种形式(表5-1)。

表 5-1 桥式起重机形式

形式	起重量(t)	跨度(m)
电动单梁式	5～50	8～17
电动双梁桥式	10～450	10～25
电动双梁双小车式	2×50～2×300	14～25

二、闸门

闸门是水工建筑物的孔口上用来调节流量、控制上下游水位的活动结构。由封闭或开放的门叶和预埋在闸墩、底板、胸墙内的埋件组成。

(一) 闸门的分类

(1) 闸门按制作材料划分,主要有木质闸门、木面板钢构架闸门、铸铁闸门、钢筋混凝土闸门以及钢闸门。

(2) 按闸门门顶与水平面相对位置划分,主要有露顶式闸门和潜没式闸门。

(3) 按工作性质划分,主要有工作闸门、事故闸门和检修闸门。

(4) 按闸门启闭方法划分,主要有用机械操作启闭的闸门和利用水位涨落时闸门所受水压力的变化控制启闭的水力自动闸门。

(5) 按结构形式划分,主要有平面闸门(按行走支承方式和运行轨迹不同可分为平面定轮闸门、平面滑动闸门、平面链轮闸门、升卧式平面闸门、横拉式闸门和反钩式闸门等)、弧形闸门(又分为竖轴弧形闸门、反向弧形闸门、偏心铰弧形闸门、充压式弧形闸门)、人字闸门、一字闸门、圆筒闸门、环形闸门、浮箱闸门等。

(二) 闸门主要组成

闸门主要由三部分组成:①主体活动部分,用以封闭或开放孔口,通称闸门,亦称门叶;②埋件部分;③启闭机械。

主体活动部分包括面板梁系等称重结构、支承行走部件、导向及止水装置和吊耳等。埋件部分包括主轨、导轨、铰座、门楣、底槛、止水座等,它们埋设在孔口周边,用锚筋与水工建筑物的混凝土牢固连接,分别形成门叶上支承行走部件及止水面,以便将门叶结构所承受的水压力等荷载传递给水工建筑物,并获得良好的闸门止水性能。启闭机械与门叶吊耳连接,以操作控制活动部分的位置,但也有少数闸门借助水力自动控制操作启闭。

(三) 闸门的形式选择

进行闸门形式选择时,需要根据闸门工作性质、设置位置、运行条件、闸孔跨度、启闭力和工程造价等,结合闸门的特点,参照已有的运行实践经验,通过技术经济比较确定。其中平面闸门和弧形闸门是最常采用的门形。大、中型露顶式和潜没式的工作闸门大多采用弧形闸门,高水头深孔工作闸门尤为常用弧形闸门。当用作事故闸门和检修闸门时,大多采用平面闸门。工作闸门前常设置检修闸门和事故闸门。

三、启闭机

启闭机是用于水工闸门静水或动水状态下启闭操作的专用机械设备。其常用启闭机按结构形式分为液压启闭机、螺杆式启闭机、卷扬式启闭机三种。

1. 液压启闭机

液压启闭机是利用液压装置启闭闸门的机械，由动力机、高压油泵、供油和回油管路、油缸、活动塞杆等组成。

2. 螺杆式启闭机

螺杆式启闭机是中小型平面闸门普遍采用的启闭机。它由摇柄、主机和螺栓组成。螺杆的下端与闸门的吊头连接，上端利用螺杆与承重螺母相扣合。当承重螺母通过与其连接的齿轮被外力（电动机或手摇）驱动而旋转时，它驱动螺杆作垂直升降运动，从而启闭闸门。

3. 卷扬式启闭机

卷扬式启闭机由电动机、减速箱、传动轴和绳鼓所组成。卷扬式启闭机是由电力或人力驱动减速齿轮，从而驱动缠绕钢丝绳的绳鼓，借助绳鼓的转动，收放钢丝绳使闸门升降。

四、拦污栅

拦污栅用以阻拦水流所挟带的漂浮物、沉木、浮冰、杂草、树枝、白色污染物和其他固体杂物，使其不易进入水道，以确保阀门、水轮机等不受损害，确保有关设备的正常运行。

拦污栅由栅体和栅槽组成。栅体用来拦截水中杂物，它可以固定在水工建筑物上，也可以是活动的结构，如同闸门的门叶一样。栅槽则和平板闸门的门槽结构一致。

拦污栅可分为以下三种。

1. 固定式

它的支承梁两端埋设在混凝土墩墙中，或用锚栓固定于混凝土墩墙中。固定式拦污栅结构简单，不需要起吊设备；但检修维护困难，留在栅上的杂物清理困难。

2. 移动式

它设有支承行走装置，可将拦污栅体提出栅槽外，便于维护检修和清理，应用较为普遍。

3. 回转式

它是一种有旋转结构的新型拦污栅，它既能拦污又能清污，适于小流量的浅式进水口。

五、清污机

清污机是清除附着在拦污栅上杂物（一般称污物）的机械设备。在污物较多的水库或河道上，为保证水电站或泵站得以安全、正常地运行，常需设置清污机，以便在不停机和不放空水库的条件下进行清污。清污机包括耙斗式清污机和回转齿耙式清污机。

1. 耙斗式清污机

耙斗式清污机按安装方式分为固定式和移动式，耙斗的开闭方式分为绳索式和液压驱动式。耙斗式清污机较适应于过栅流速较高（2 m 以上）的深孔式（20 m 以上）取水口水电站，单个工作周期较长，单位清污量大，清污效率高。

2. 回转齿耙式清污机

回转齿耙式清污机一般与拦污栅做成整体，动力装置分为液压马达驱动和电动机驱动。回转齿耙式清污机的清污刮板传动装置宜采用回转式输送链。回转式清污机较适用于过栅流速较低（2 m 以下）取水口的泵站或水电站，清污效率较高，但集中清污能力较低，抗过载能力一般。

六、压力钢管

压力钢管是水电站的主要组成部分，它从水库的进水口、压力前池或调压室将水流直接引入水轮机的蜗壳。压力钢管需要承受较大的内水压力，并且是在不稳定的水流下工作，所以它要求有一定的强度、刚性和严密性，通常用优质钢板制成。

压力钢管的主要构件有主管、叉管、渐变管、伸缩节、支承座、支承环、加劲环、灌浆补强板、丝堵、进入孔、钢管锚固装置等。

根据电站形式的不同，钢管的布置形式可分为露天式、隧洞（地下）式和坝内式。

第六章 常用施工机械类型及应用

水利工程施工机械化水平随着时代的进步而不断发展，新技术、新工艺得到广泛应用，合理有效地进行机械设备的选型、使用管理，充分发挥机械设备的效能，可使得水利工程项目取得较好的经济效益。

主要的水利工程施工机械可分为土（石）方机械、起重和运输机械、疏浚和吹填机械、混凝土施工机械、钻孔灌浆机械和打桩机械等。

第一节 土(石)方机械

在水利水电工程建设中，大部分情况下土方工程量巨大、工作繁重，如水工建筑物基坑的开挖、土坝的填筑以及农业灌排渠道的修建和河道的疏浚等。上海市为平原地区，水利工程中石方开采工程较少，因此本文着重介绍土方机械。

土方机械可以分为四种类型：①挖运机械，如推土机、铲运机以及作为辅助设备的松土机等；②挖掘机械，如单斗挖掘机和多斗挖掘机等；③水下挖掘机械，如吸泥船等；④压实机械，如碾压机、夯实机和振动压实机等。

一、挖掘机

挖掘机按行走方式可分为履带式和轮胎式，按工作装置可分为正铲式、反铲式和拉铲，按挖土斗的数量可分为单斗挖掘机和多斗挖掘机。

（一）正铲式挖掘机

正铲式挖掘机的特点是"前进向上，强制切土"。其挖掘力大，能开挖停机面以上的土。宜用于开挖高度大于 2 m 的干燥基坑，但须设置上下坡道。正铲的挖斗比同当量的反铲的挖掘机的斗要大一些，可开挖含水量不大于27%的Ⅰ～Ⅲ类土，且与自卸汽车配合完成整个挖掘运输作业，还可以挖掘大型干燥基坑和土丘等。正铲挖土机工作面宽，适用于挖掘路堑进口处。

（二）反铲式挖掘机

反铲式挖掘机是最常见的，其特点是"向后向下，强制切土"。它可以用于停机作业面以下的挖掘，铲斗向下强制切土，摩阻力大，挖掘力、效率比正铲低。其适用于开挖沟、槽、坑的作业，其挖掘深度大、工作面宽度小等。

(三) 拉铲挖掘机

拉铲挖掘机也叫索铲挖土机。其挖土特点是“向后向下，自重切土”。宜用于开挖停机面以下的Ⅰ、Ⅱ类土。工作时，利用惯性力将铲斗甩出去，挖得比较远，挖土半径和挖土深度较大，尤其适用于开挖大而深的基坑或水下挖土，但不如反铲灵活准确。

(四) 单斗挖掘机

单斗挖掘机是挖掘和装载土石的一种主要施工机械。它是用一个刚性或挠性连接的铲斗，以间歇重复的循环进行周期作业的自行式土(石)方机械。一般与自卸汽车配合作业。

单斗挖掘机具有挖掘能力强、构造通用性好、能适应不同作业要求的特点。在水利水电工程施工中，可以承担围堰的开挖和回填，水工建筑物的基础开挖，土料挖掘，采石和采矿场的覆盖层剥离，在料场、隧洞等处进行装载作业，沟渠、运河和疏浚水道挖掘等任务。更换工作装置后，可进行起重、浇筑、安装、打桩、夯土等作业。主要型式如图 6-1 所示。

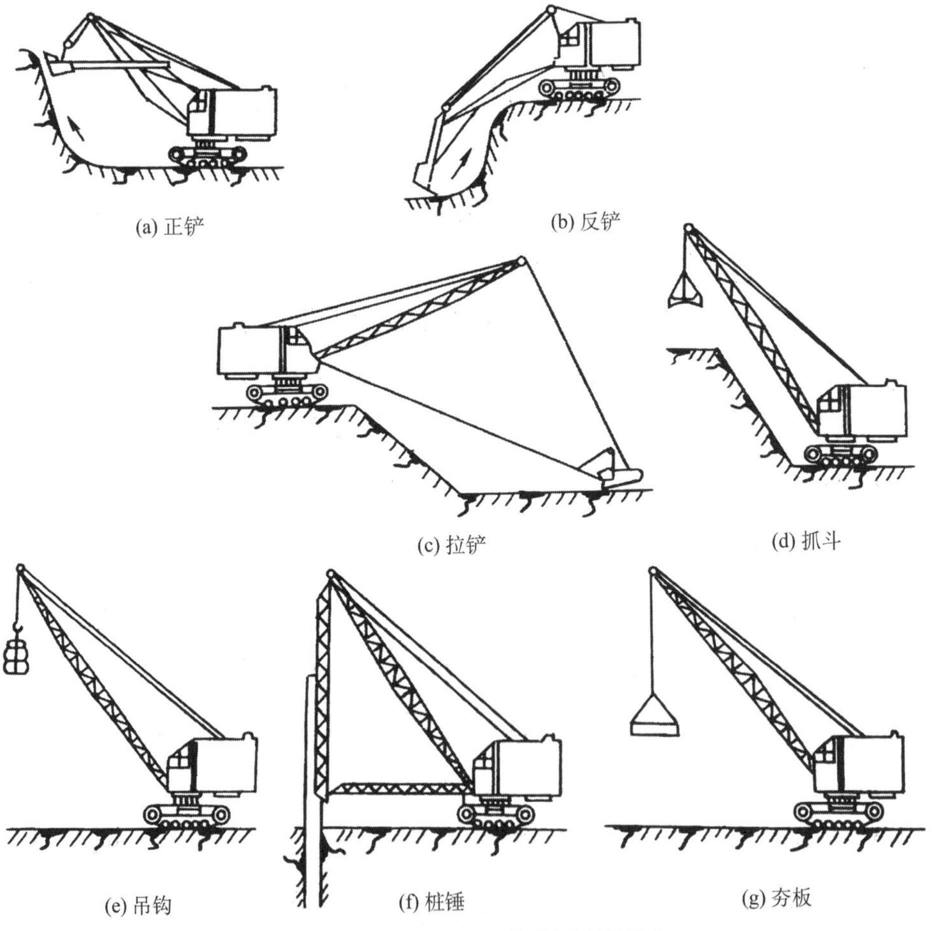

(a) 正铲　(b) 反铲　(c) 拉铲　(d) 抓斗　(e) 吊钩　(f) 桩锤　(g) 夯板

图 6-1　单斗挖掘机工作装置主要型式

（五）多斗挖掘机

多斗挖掘机是有多个铲土斗的挖掘机械，它能够连续地挖土，是一种连续工作的挖掘机械，按其工作方式不同，分为链斗式、斗轮式和滚切式三种。

（1）链斗式挖掘机最常用的就是采砂船。它是一种构造简单、生产率高、适用于规模较大工程的机械。

（2）斗轮式挖掘机，主要特点是挖斗固定在刚性构件（斗轮）上，通过斗轮带动挖斗，把挖掘的土壤带出掌子面。适用于大体积的土方开挖工程，且具有较高的掌子面。

二、推土机

推土机是土（石）方施工中的主要机械之一。它以拖拉机或专用牵引车为主机，利用前端推土板（通称铲刀）推土，主要进行短距离的推运土方、石渣等作业，如图 6-2 所示。

图 6-2　推土机

推土机有如下三种分类方式。

（1）按行走装置不同可分为履带式和轮胎式两类，履带式在工程中应用更为广泛。

（2）按传动方式不同可分为机械式、液力机械式、全液压式三种，新型的大功率推土机多采用后两种。

（3）按铲土铲安装方式不同可分为回转式、固定式两种。固定式推土铲仅能升降；而回转式推土铲不仅能升降，还可以在三个方向调整一定的角度。固定式推土铲结构简单，使用相对广泛。

推土机的一个工作循环由铲土、运土、卸土和空回四道工序组成。推土机适于浅层挖土和近距离运土，操作灵活方便，所需工作面较小，易于转移。推土机的经济运距在 100 m 以内。

三、铲运机

铲运属于一种铲土、运土一体化的机械，是利用装在轮轴之间的铲运斗，在行驶中顺序进行铲削、装载、运输和铺卸土作业的铲土运输机械。它适用于Ⅳ级以下土的铲运，要求作业地区的土壤不含树根、大石块和过多的杂草。

铲运机的经济运距与行驶道路、地面条件、坡度等有关。一般拖式铲运机的经济运距以不超过 800 m 为宜，运距在 300 m 左右时为最佳；自行式轮胎铲运机的经济运距为 800～1 500 m。

铲运机的分类有如下三种。

（1）按行走方式可分为拖式和自行式两种。

（2）按铲运机的卸土方式又可分为强制式、半强制式和自由式三种。

（3）按铲斗容量可分为小、中、大三种。铲斗少于 6 m^3 为小型，6～15 m^3 为中型，15 m^3 以上为大型。斗容量是按堆装几何容量计量，尖装时可多装约 1/3 以上。

四、装载机

装载机是一种以铲装和短距离转运松散料为主的机械。它可配有多种工作装置，可铲取散粒物料，装车或自行装运，还能进行硬土等轻度铲挖作业、平整场地、牵引车辆、起重、抓举等作业。

装载机的分类方式有如下三种。

(1) 按工作装置的作业形式不同，可分为单斗式、挖掘装载式和多斗式三种，通常我们所称的装载机多指单斗式。

(2) 按铲斗的额定载重量不同，又分为小型(<1 t)、轻型(1～3 t)、中型(4～8 t)和重型(>8 t)。

(3) 按行走装置的不同又可分为轮胎式和履带式两种，如图 6-3 所示。

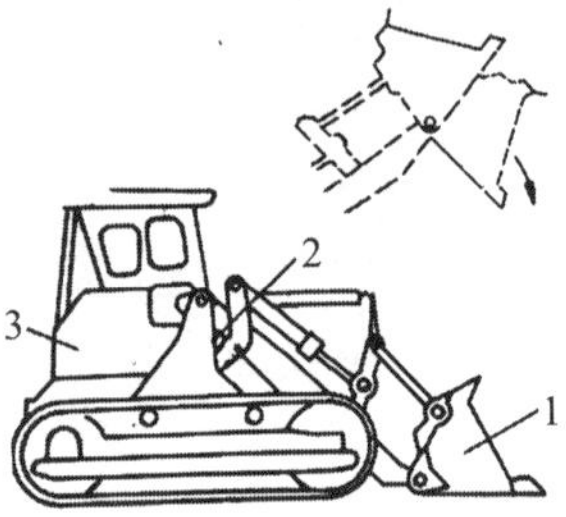

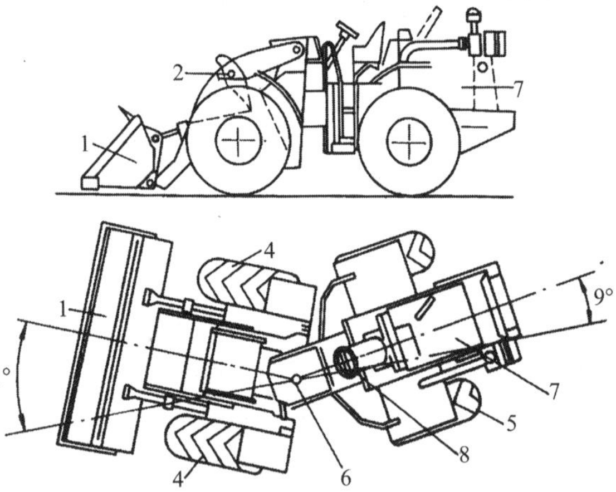

图 6-3　行走装置不同的装载机

五、平地机

平地机是一种以刮刀为主，配以其他多种可换作业装置进行土地平整和整形作业的土方工程施工机械，如图 6-4 所示。它主要从事平土、平整路基面、修整斜坡、边坡、填筑路堤等工作。在水利水电工程中，可用于修筑道路、渠道及平整场地和土坝施工中的平土作业。此外，平地机还可用来松土、扫雪、拌和以及耙平材料等。

图 6-4　平地机

目前常用的是液压操纵的自行式平地机。自行式平地机按铲刀长度和发动机功率大小不同，可分为轻型、中型和重型。

六、各类压实机械

图 6-5　压实机械

压实机械主要用于对土石坝、河堤、围堰、建筑物基础和路基的土壤、堆石、砂砾石、石渣等进行压实，并用于碾压干硬性混凝土坝、干硬性混凝土道路和道路的沥青铺装层，以提高建筑物的强度、不透水性和稳定性，防止因受雨水风雪侵蚀引起软化和膨胀，产生沉陷破坏，如图 6-5 所示。

(一) 压实机械的分类

压实机械按其压实力原理的不同，可分为静作用碾压机械、振动碾压机械、振荡碾压机械、组合碾压机械和夯实机械五类。

(二) 压实机械的应用条件

(1) 光轮压路机。主要用于筑路工程，一般还用来压实干容重设计要求较低的黏性土，高含水量黏土、砂砾料、风化料、冲积砾质土等。

(2) 轮胎压路机(简称轮胎碾)。轮胎碾适用于压实黏性土壤和非黏性土壤，如壤土、砂壤土、砂土、砂砾料等。

(3) 振动压路机(简称振动碾)。光轮振动碾适宜于压实无坍落度混凝土(干硬性混凝土)坝、土石坝的非黏性土壤(砂土、砂砾石)、碎石、块石、堆石和沥青混凝土，其效果远非上述的碾压机械所能相比。但光轮振动碾对黏性土壤和黏性较强的土壤压实效果不好。

摆振式振动碾还可用于大体积干硬性混凝土的捣实作业。

羊脚振动碾既可以压实非黏性土壤，又可压实含水量不大的黏性土壤和细颗粒砂砾石，以及碎石与土壤的混合料。

(4) 组合式压路机(简称组合碾)。组合碾既具有振动碾的优点，使被压层深处密实，又具有轮胎碾的优点，使表层密实、密封性改善。

(5) 夯实机械。夯实机械主要用于黏土、砂质土和灰土的夯实。

第二节　起重和运输机械

一、起重机械

水利水电工程中常用的起重机械有以下几种。

(一) 缆索起重机

缆索起重机(简称缆机)在水利水电工程混凝土大坝施工中常被用作主要的施工设备。此外，在渡槽架设桥梁建筑、码头施工、森林工业、堆料场装卸、码头搬运等方面也有广泛的用途，还可配用抓斗进行水下开挖。

缆机的基本机型有固定式缆机、摆塔式（摇摆式）缆机、平移式缆机、辐射式（单弧移式）缆机、索轨式缆机、拉索式缆机，如图 6-6 所示。

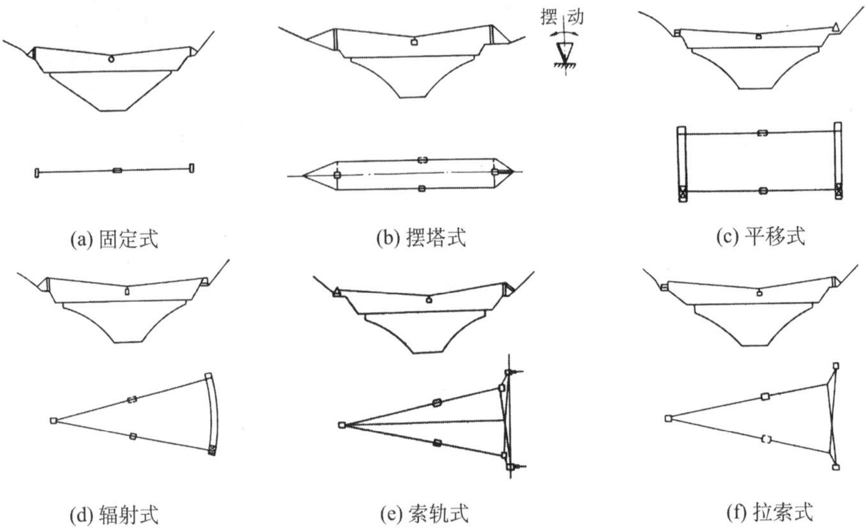

图 6-6　缆机基本机型示意图

(二) 门座式起重机

门座式起重机是一种全回转臂起重机，如图 6-7 所示。其桥架通过两侧支腿支承在地面轨道或地基上。作为水利水电工程混凝土大坝施工用的主力设备，针对性很强。

图 6-7　门座式起重机

图 6-8　塔式起重机

(三) 塔式起重机

塔式起重机是指臂架安置在垂直的塔身顶部的可回转臂架型起重机，如图 6-8 所示。

(四) 门式起重机(龙门式起重机)

门式起重机是指桥架通过两侧支腿支承在地面轨道或地基上的桥架型起重机，如图 6-9 所示。

图 6-9 门式起重机

图 6-10 桥式起重机

大型工程施工中所用的门式起重机主要用于露天组装场和仓库的吊装运卸作业。

(五) 桥式起重机

桥式起重机俗称天车、行车、桥吊，横架于厂房车间内或室外吊车梁上，桥架沿厂房墙壁立柱上的轨道运行，是用作短距离起重运输货物的桥式类型起重机，如图 6-10 所示。由于它的两端坐落在高大的水泥柱或者金属支架上，形状似桥，故此得名。它一般广泛用于室内外仓库、厂房、码头和露天贮料场等处。在水电站中，主厂房内的桥式起重机用于厂内机电设备的安装和检修等起吊工作。

(六) 履带式起重机

履带式起重机的上车部分装在履带底盘上，其行走轮在自带的无端循环履带链板上行走，履带与地面接触面积大，平均接地比压小，故可在松软、泥泞的路面上行走，适用于在地面情况恶劣的场所进行装卸和安装作业，如图 6-11 所示。

图 6-11 履带式起重机

(七) 汽车式起重机和轮胎式起重机

汽车式起重机和轮胎式起重机又统称轮式起重机，系指起重工作装置安装在轮胎底盘上的自行回转式起重机械，如图 6-12 所示。汽车式起重机行驶速度高，多在 60 km/h 以上，可迅速转移作业场地，轮胎式起重机能在坚实平坦的地面吊重行走，一般行驶速度不高。

汽车式起重机和轮胎式起重机按起重量大小分类：起重量 3～12 t 为小型；16～50 t 为中型；65～125 t 为大型；125 t 以上为特大型。常用轮式起重机的起重量在 16～40 t 之间。

(a) 汽车式起重机　　(b) 轮胎式起重机

图 6-12　汽车式起重机和轮胎式起重机

(八) 叉式起重机

叉式起重机又称叉车或铲车。叉式起重机能把水平运输和垂直起升有效地结合起来，有装卸、起重及运输方面的综合功能，具有工作效率高，操作、使用方便，机动灵活等优点。它被广泛地用于车站、码头、货栈、仓库、车间和建筑施工现场，对成件、成箱或散装货物进行装卸、堆垛，以及短途搬运、牵引和吊装等工作。

(九) 张拉千斤顶

张拉千斤顶是用于张拉钢绞线等预应力筋的专用千斤顶。根据结构的不同又分为前卡式千斤顶和穿心式千斤顶。

(十) 卷扬机

卷扬机又称绞车，按驱动方式分为手动、气动、液压传动和电动四种，按绳速不同分为快速、慢速和多速。

(十一) 电动葫芦

图 6-13　电动葫芦

电动葫芦(图 6-13)又称电葫芦，是一种轻小型起重设备，具有体积小、自重轻、操作简单、使用方便的特点，其起重重量一般为 0.1～80 t，起升高度为 3～30 m，分为钢丝绳电动葫芦和环链电动葫芦。

二、运输机械

(一) 载重汽车

载重汽车是用于装卸货物的专用汽车，又称货车。在水利水电工程施工中，施工物资运输用车的载重量一般为 4 t 以上，而 4 t 以下的载重汽车大多只用于生活及后勤服务。载重汽车分类见表 6-1。

表 6-1　载重汽车分类

类型	分类				
	小载重量		中载重量	大载重量	
	超轻型	轻型	中型	重型	超重型
吨位/t	<0.75	0.75～2.5	3～8	8～15	>15

(二) 自卸汽车

自卸汽车是具有自动卸料功能的载重汽车。按总质量可分为轻型自卸汽车(总质量在10 t以下),重型自卸汽车(总质量 10～30 t)和超重型自卸汽车(总质量 30 t 以上)。

自卸汽车的装载容积是以与之配套的装载机或挖掘机工作容积的 3～6 倍最适宜。运距超过 250 m 则应采用挖掘机(或装载机)与汽车配套使用;运距不足 1 000 m 最好选用铰接式自卸汽车;运距较远且部位工作量大时,则应选用刚性自卸汽车作为运输手段。

(三) 挂车

挂车俗称拖板,由牵引汽车拖带行驶,实现大吨位、长距离的公路运输。

挂车结构型式有半挂车和全挂车。全挂车的载重量一般为 20～600 t。半挂车(图 6-14)的载重量一般为 10～200 t。

图 6-14　半挂车

图 6-15　沥青洒布车

(四) 沥青洒布车

沥青洒布车(图 6-15)主要用于沥青贯入法表面处置、透层、黏层、混合料就地拌和、沥青稳定土等施工和养护工程。

(五) 散装水泥车

散装水泥车是指专为运输散装水泥而设计制造或改造的专用汽车,如图 6-16 所示。在工程施工中采用散装水泥汽车运送水泥,具有工效高、防潮性好、防飞扬、经济效益明显等优点。

(六) 高空作业车

高空作业车是用来运送工作人员和器材到指定高度进行作业的特种工程车辆,如图 6-17 所示。

图 6-16　散装水泥车

图 6-17　高空作业车

(七) 动力翻斗车

动力翻斗车是短距离输送物料且料斗可倾翻的搬运车辆,如图 6-18 所示。行驶速度一般不超过 20 km/h。在建筑工地常用来运输砂石、灰浆、砖块、混凝土等建筑材料。

图 6-18　动力翻斗车

图 6-19　皮带机

(八) 皮带机

皮带机(图 6-19)是带式输送机的简称,有固定式和移动式,结构简单,效率高,是以挠性输送带作物料承载和牵引构件的连续输送机械,适用于水平和倾斜方向输送散粒物料和成件物品,也可用于进行一定工艺操作的流水作业线。皮带机输送平稳,物料与输送带没有相对运动,能够避免对输送物的损坏;噪声较小,适合于工作环境要求比较安静的场合;结构简单,便于维护;能耗较小,使用成本低。

皮带机有槽型皮带机、平型皮带机、爬坡皮带机、转弯皮带机、伸缩皮带机等多种结构形式,输送带上还可增设提升挡板、裙边等附件,能满足各种工艺要求。

皮带机驱动方式有减速电机驱动、电动滚筒驱动。

第三节　疏浚和吹填机械

一、挖泥船

（一）挖泥船分类

1. 机械式挖泥船

机械式挖泥船是通过机械周期切割挖掘、机械提升来完成挖泥任务的作业船。一般是用各种斗或铲挖取疏浚物并将其从水下提升卸入专用驳船，再自航或用拖轮拖带送至预定排放地点卸空。

常用机械式挖泥船有链斗式、抓斗式、铲扬式、反铲式。其中，链斗式挖泥船略加改进即可成为采掘砂石料的采砂船或采矿船。机械式挖泥船已各自成系列设计、建造、施工，应用较为广泛。

2. 水力式挖泥船

水力式挖泥船是以水力或机械连续切泥，水力输送来完成挖泥任务的作业船。它用高压喷嘴以高速水流冲刷疏浚物，或由绞刀（包括斗轮、刀轮）或耙头切割、扰动疏浚物，使其与水混合，形成泥浆，然后由离心式或射流式泥泵，经吸排管排放到挖泥船自备的泥舱或挖槽外侧，也可排放到远离挖槽的其他区域。由于该类挖泥船均具有吸入或扬出作用，故又称吸扬式挖泥船。

常用水力式挖泥船有绞吸式、耙吸式、斗轮式、吸盘式、射流式等，但以绞吸式挖泥船应用最为普遍。

各种挖泥船类型、施工特点及适用条件见表 6-2。

表 6-2　挖泥船类型、施工特点及适用条件

基本类型	挖泥船类型及名称	施工特点	适用范围	适用土质	不宜施工情况
机械式	链斗式挖泥船	多斗连续作业，效率高；挖泥能力强，适用规模较大工程；挖槽规整、平坦；抗风浪能力强	港口、码头泊位，航道滩地及水工建筑物基槽等规格要求较严的工程	松散砂壤土、砂质黏土、卵石夹砾、淤积土；可用于挖掘水下砂石料	狭长河道内、泥驳及拖轮不宜靠泊、掉头；内河水域弃土困难；开挖黏性土、稀泥、粉尘
	铲扬式挖泥船	挖掘坚硬土（石）方能力最强；抗风浪能力较好；可装置碎石设备，改作起重船；单斗挖掘效率低、挖槽不平整	河底清障、拆毁坝基、打捞沉物、排除水下障碍物等工程	珊瑚礁、砾石、卵石、块石、重黏土和胶结紧密的泥土	开挖稀泥、细砂、粉砂

（续表）

基本类型	挖泥船类型及名称	施工特点	适用范围	适用土质	不宜施工情况
机械式	反铲式挖泥船	泥斗重量轻，切削力大；操作灵活，适合水下开挖作业	同链斗式、铲扬式	泥土、黏土、砂土、密实砂、碎石、砾石、板砂及风化岩	同铲扬式
	抓斗式挖泥船	易调节挖深；抓斗型式、结构可据土类选择，可抓取较大石块；可改作碎石船、起重船，开挖平整度差、易漏挖	水下基础开挖，码头、泊位、河道疏浚；深水打捞、清障	黏土、砾石、卵石、块石、混凝土块等	同铲扬式
水力式	绞吸式挖泥船	泥水混合、管道输送；挖泥、运泥、卸泥一次连续完成，效率高	内河、湖泊、沿海、航道、水库、港口、泊位、清淤、疏浚、开挖工程、吹填工程	松散细砂、砂壤土、黏土、淤泥等	超过挖泥船抗风浪等级；排距、排高超过挖泥船允许值；土中有砾石块石及固体障碍物
	耙吸式挖泥船	抗风浪能力强，挖深大，施工时对其他船干扰小；挖槽底部平整度差，易漏挖、超挖、重挖	沿海、港口航道及海口段清淤、疏浚施工	砂土、砂壤土、淤泥等	狭窄水域、浅水域
	斗轮式挖泥船	挖掘效果好、泄漏少、产量高、切削力较绞刀大	同绞吸式	硬质土、密实砂矿	同绞吸式
	吸盘式挖泥船	泥土强迫进入，泥浆浓度高，纵向开挖			
	射流式挖泥船	射流泵无运动件，寿命长，以水为介质，具有稀释作用，取砂效果好；施工效率低	港口、码头、水工建筑物前水下清淤；水下挖砂	砂、砂壤土、淤积土	
气动式	气动泵式挖泥船	挖深大，泥浆浓度高，适用范围广，施工效率低，功耗大	深水作业；港口、水库清淤	各种土质；土颗粒径小于排管直径1/3	浅水域（水深小于5 m）；杂物多、排距长

（二）常用的挖泥船简介

1. 绞吸式挖泥船

绞吸式挖泥船是吸扬式挖泥船的一种，它适应性最强，应用最为广泛。

柴油电动绞吸式挖泥船、全液压绞吸式挖泥船和新型绞吸式挖泥船船型是常见的绞吸式挖泥船，如图 6-20～图 6-22 所示。

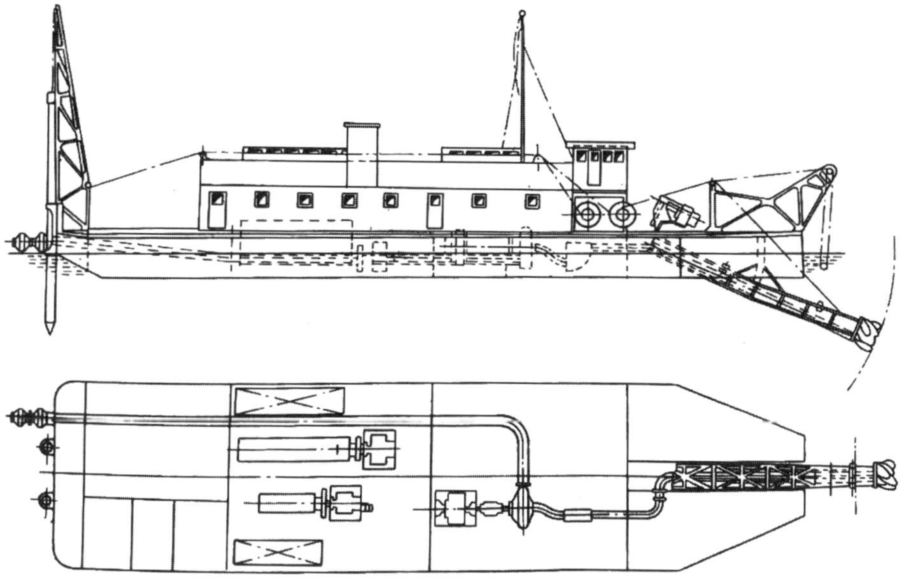

图 6-20　柴油电动绞吸式挖泥船

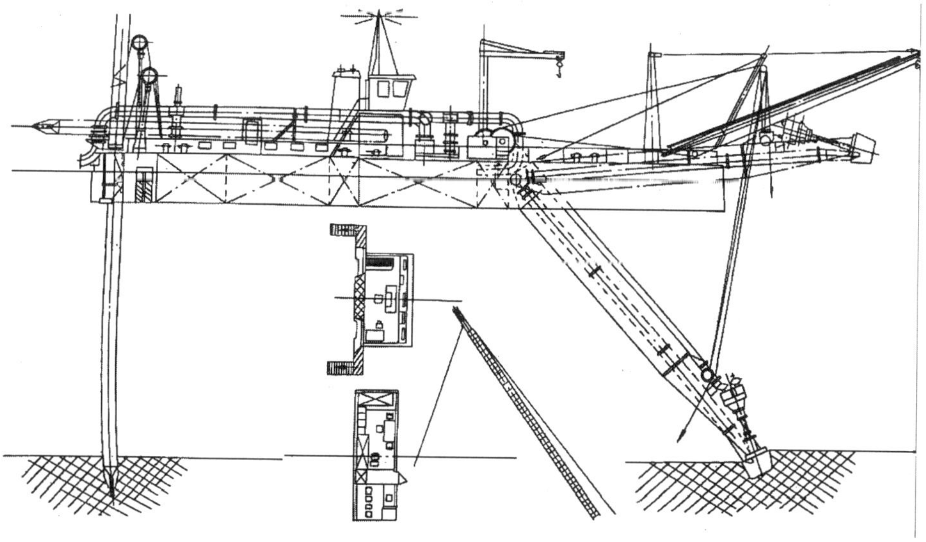

图 6-21　全液压绞吸式挖泥船

绞吸式挖泥船按其设计小时生产率一般分为小型(小时生产率 80 m^3/h 以下)、中型(小时生产率 200～500 m^3/h)和大型(小时生产率 500 m^3/h 以上)。

2. 链斗式挖泥船

链斗式挖泥船是各类挖泥船中较早使用的一种,是机械式挖泥船中较典型的船型。链斗式挖泥船如图 6-23 所示。

链斗式挖泥船可用于开挖各类土壤,较适合开挖黏性、砂性壤土,也可挖掘经碎石、爆破后的岩石,挖取建筑用砂石料或用于采矿,但对细、粉砂和淤质土挖取的工效较差。

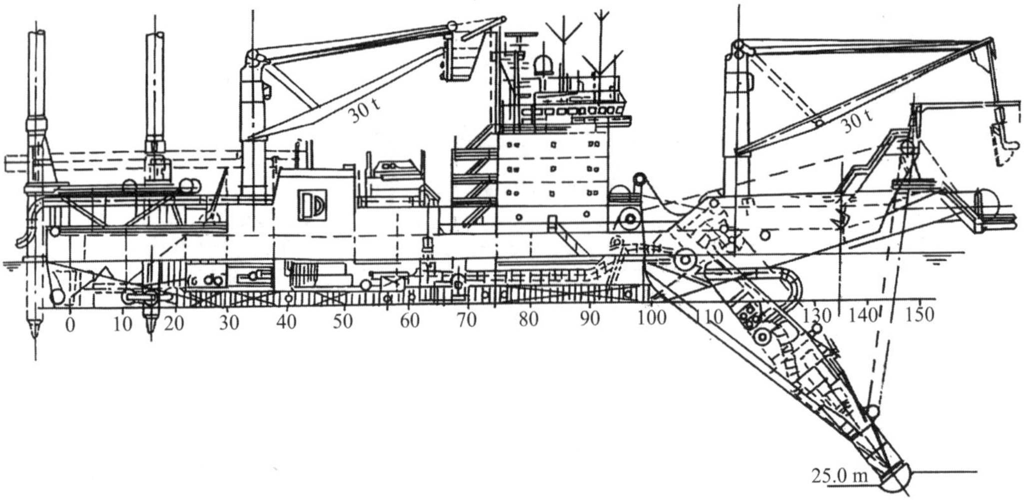

图 6-22 新型绞吸式挖泥船

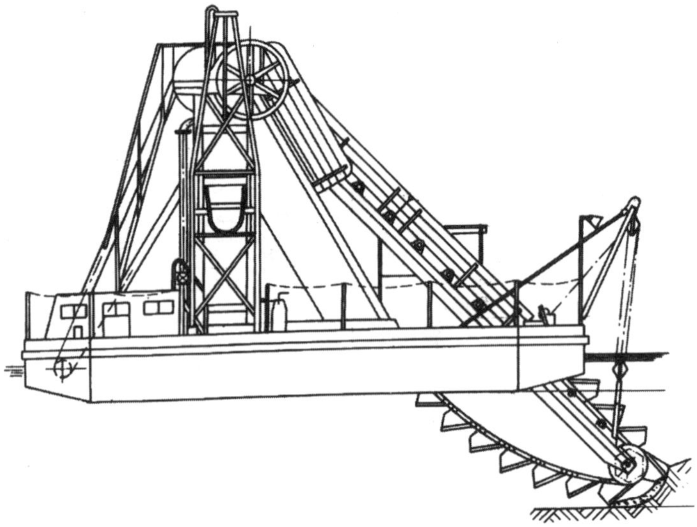

图 6-23 链斗式挖泥船(采砂船)

链斗式挖泥船一般按生产率划分船型大小,生产率在 120 m^3/h 以下的为小型,200～500 m^3/h 为中型,超过 500 m^3/h 为大型。

3. 抓斗式挖泥船

抓斗式挖泥船是应用较为普遍的机械式挖泥船,如图 6-24 所示。

抓斗式挖泥船多为非自航式,船配一台或多台挖掘机,均设置在船首或船中部,能独立完成自装、自运、自卸等配套设备。少数自航抓斗式挖泥船船体设有泥舱。

抓斗式挖泥船主要用于抓取黏土、砾石、卵石和挖掘较大石块以及水下打捞等特殊工程,但挖取细砂、粉砂、淤泥时,由于抓斗提升时泄漏较大,故一般不宜采用。

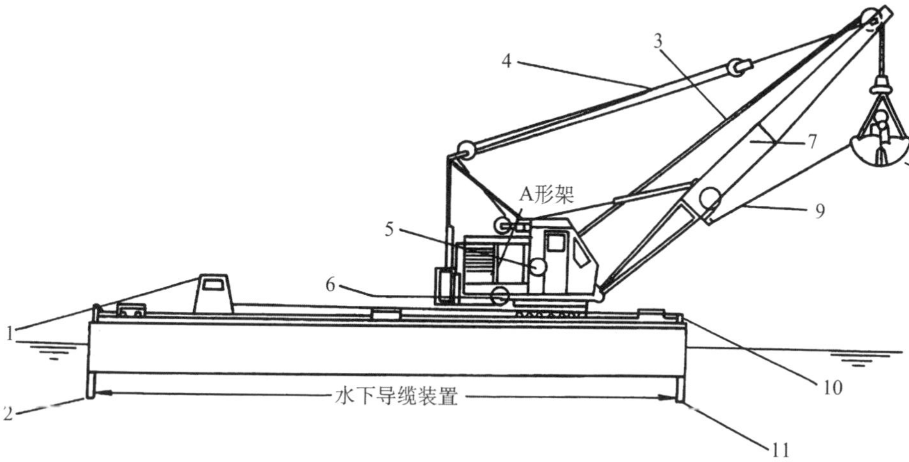

1—艉缆；2—边缆；3—抓斗升降启闭钢缆；4—吊杆俯仰钢缆；5—抓斗升降、启闭钢缆滚筒绞车；6—吊杆俯仰钢缆滚筒；7—吊杆；8—抓斗；9—抓斗稳定索；10—艏缆；11—边缆

图 6-24　抓斗式挖泥船

4. 铲扬式挖泥船

铲扬式挖泥船(图 6-25)是一种单斗挖泥船。

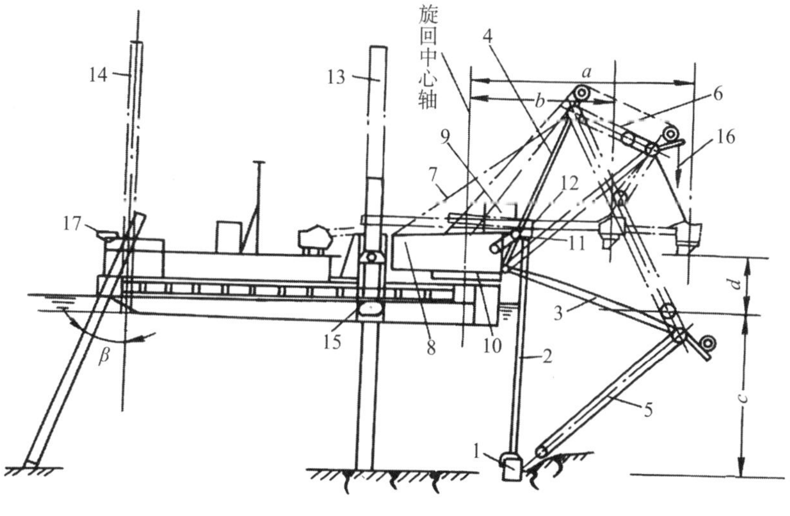

1—铲斗；2—斗柄；3—吊杆；4—人字架；5—主起升钢缆；6—变幅钢缆；7—后牵钢缆；8—旋回机械室；9—操纵室；10—转台；11—象鼻梁(人字架托架)；12—斗柄套架；13—前桩；14—后桩；15—前桩桩塔；16—碎石设备；17—工作艇；a—最大回转半径；b—最小回转半径；c—挖深；d—扬起高度；β—后桩倾角

图 6-25　铲扬式挖泥船

铲扬式挖泥船一般为非自航，但可利用抛锚或利用铲斗与后桩配合来移动船位，铲扬式挖泥船的吊杆顶端装有碎石装置，供破碎岩石挖掘层之用，亦可改作起重用。

铲扬式挖泥船铲斗容积较大，适合直接挖掘胶结紧密的卵石、砾石、重黏土、砂质土，挖掘大石块及其他混合土。在水利水电工程施工中用于完成清理围堰、拆除旧堤、开挖底质坚硬的航道、打捞大型沉物、清理水下障碍物等施工项目，也适用于在沿海、港湾、河湖和航道等处施工。

5. 耙吸式挖泥船

耙吸式挖泥船为自航式挖泥船，如图 6-26 所示。

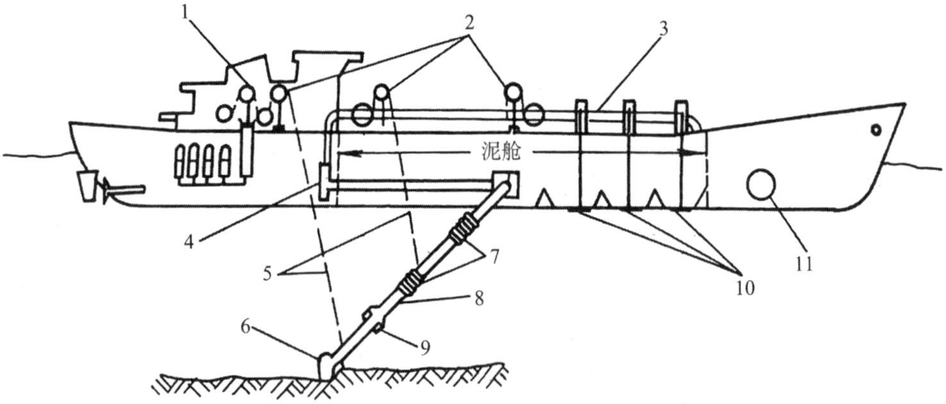

1—波浪补偿器；2—耙头提升吊架；3—接岸排泥管；4—泵；5—耙头起落钢缆；6—耙头；7—橡胶软管；8—吸泥管；9—万向节；10—泥门；11—舟首横向推进器

图 6-26　自航耙吸式挖泥船

二、吹泥船

吹泥船属于挖泥船范围，但它不具备对水下土层挖掘的能力，只有对疏浚泥浆进行吸入和吹出的功能，是一种简单的吹扬式船舶，故属于吸扬挖泥船的类型。

它基本上具有吸扬挖泥船的一些设备，如吸泥头、吸泥管、泥泵和排泥管等。它依靠泥泵的吸、排能力，将泥驳载运来的疏浚泥沙，经稀释后以泥浆的形式吹送上岸，或用以进行其他的吹填工程。因此，吹泥船是机械式非自航挖泥船进行疏浚吹填和输泥上岸施工作业中的配套船舶之一。

图 6-27　泥驳

三、泥驳

泥驳（或开底泥驳，图 6-27）用于将各类疏浚物料从挖泥船，主要是从非自航挖泥船运输到排泥点，其容量范围为 50～3 000 m^3。按时完成一个项目所需泥驳的数量通常取决于项目进度计划的安排、需要运输吹填物料的总方量、泥驳的容量和泥驳运输周期的时间。泥驳运输周期的时间是由泥驳装载所需时间（取决于挖泥船的生产率）、满载航行时间（满载泥驳的运距和平均航速）、卸载所需时间和空载航行时间（空载泥驳的航行距离和平均速度）组成。泥驳通常是使用为绞吸挖泥船或非自航吸扬挖泥船专门建造的装驳设备来进行装载，或由反铲式挖泥船、抓斗式挖泥船或链斗式挖泥船直接从其斗中卸载到舱内。但是，泥驳也可以用自航耙吸挖泥船来装舱。泥驳时常配备有溢流设施，用于去除细颗粒泥沙。

四、拖轮

拖轮又称为拖船（图 6-28），是用来拖曳没有自航能力的船舶、木排或协助大型船舶进出港口、靠离码头，或作救助海洋遇难船只的船舶。拖船没有装载货物的货舱，船身不大，但装有大功率的推进主机和拖曳设备，具有“个子小、力气大”的特点。拖船分海洋拖船、港作拖船和内河拖船。

图 6-28　拖轮

拖轮具有以下特点。

一是拖轮船身小，船上没有装载货物的船舱，构造坚固。

二是拖轮上的动力装置功率大，所以，具有较大的拖带能力。

三是船上备有拖带设备，利用拖带运输方式，拖带没有动力的船舶。

按照使用水域不同，拖轮可分为远洋拖轮、沿海拖轮、港作拖轮和内河拖轮。不同的拖轮特点不同，远洋拖轮、沿海拖轮在海上航行，船首翘得高高的，构造坚固，以防止海上波浪冲击；港作拖轮在港湾内使用，船身短，操纵灵活；内河拖轮在江河中航行，吃水浅。

拖轮拖带船舶的方式可以像火车头拖带列车车厢一样，呈一列式拖带驳船；也可以从两旁舷侧拖带驳船。拖轮还可以拖大船，几艘小拖轮可以同时拖带一艘万吨级大船，使大船顺利地进出港，调动船位，或进出船坞。

五、其他辅助船舶

1. 油驳

油驳是货驳的一种，系指无动力推进装置的，专门用于运输散装油类货物的船舶。

2. 锚艇

锚艇也叫起锚艇或叫抛锚艇，主要用于大型工程船舶起抛锚、吊装吹砂管及船舶短途拖带。其船身较小，而功率较大，自身并不载运货物或旅客。起抛设施包括拖钩、巴杆、系缆绞车等。锚艇有A型杆和无巴杆之分。锚艇又可分为内河和沿海，可在相应的航区进行起抛锚作业，并可执行救援任务。小型锚艇主要是大型工程船自配船舶的。大型锚艇主要在疏浚工程作业，如协助大型工程船舶起抛锚移位、短途拖带等。

3. 交通艇

交通艇主要类型包括海上交通艇、沿海交通艇、引航艇、内河交通艇。

第四节　混凝土施工机械

一、砂石料加工机械

1. 破碎机

破碎机是将开采出来的岩石或天然砾石按照需要的粒径进行破碎加工的机械，在水利工程中，破碎机通常用来加工各种粒径的砂石料，以作为混凝土骨料之用。破碎机可分为颚式破碎机、旋加破碎机、圆锥破碎机、锤式破碎机、反击式破碎机、悬辊式磨机、球磨机。

2. 筛分机

筛分机是将破碎或天然的砂砾石及其他松散物料通过筛面上具有一定尺寸和形状的网孔分成各种粒径的筛选机械，水利水电工程的砂石料筛选主要有预先筛分、检查筛分、分级筛分三种。

按其工作特点与作用不同，筛分机可分为固定筛和活动筛两类。固定筛的筛面是静止的，活动筛的筛面是活动的。

二、混凝土施工机械

(一) 混凝土搅拌机

混凝土搅拌机是搅拌楼(站)的主要机械设备，它的任务是将一定配合比的水泥、砂、骨料、水、掺和料和外加剂等搅拌成混凝土。它与人工搅拌的混凝土相比，既能大大提高生产率，加快工程进度，提高混凝土的质量，又能大大减轻工人的劳动强度。

混凝土搅拌机，一般是由搅拌筒、装料机构、出料机构、配水设备、原动机、传动机构、机架与行走机构等组成。

混凝土搅拌机的动力主要有电动机、汽油机、柴油机，柴油机用得极少。

混凝土搅拌机选择与使用是否合理妥当，直接影响到工程的造价、进度和质量。因此，必须根据工程量的大小、混凝土搅拌机的使用期限、施工条件以及设计的混凝土组成特性(如骨料的最大粒径等)、坍落度大小、稠度要求等具体情况，来正确选择和合理使用。

(二) 混凝土振捣器

混凝土振捣器是一种借助动力并通过一定装置作为振源，产生频繁的振动，并把这种振动传给混凝土，使混凝土得到振动捣实的设备。

混凝土振捣器频率范围选择见表 6-3。

表 6-3　混凝土振捣器频率范围选择

振捣频率/(次/min)	7 000～12 000	6 000～12 000	6 000～7 000	7 000～9 000
实际应用	一般的普通混凝土振捣	大坝混凝土振捣器的平均振幅不应小于 0.5～1 mm	一般的水工建筑物混凝土，其坍落度在 3～6 cm，骨料最大粒径在 80～150 mm	小骨料低塑性的混凝土

在实际应用中，振捣器使用频率范围为 3 000～21 000 次/min，在钢筋稠密或仓面狭窄的浇筑部位需用小型轻便的振捣器，宜选用直径较小的插入式振捣器或使用附着式振捣器；对于机械化施工的大面积混凝土浇筑，需要生产率高、重量较大、机械化操作的振捣器，或采用大型现代化的振捣设备(如振捣群组、平仓机、振动碾等机载式振捣设备)。

混凝土振捣器一般按传播振动的方式可分为内部式(也称插入式)、外部式(也称附着式)、表面式、平台式等；按工作部分结构表征可分为锥形、柱形、片形、条形、平台形等；按振动频率的不同可分为高频、中频、低频振捣器。一般来讲，频率范围在 8 000～20 000 次/min 的振捣器属于高频振捣器，适用于干硬性混凝土和塑性混凝土的振捣；频率在 2 000～5 000 次/min 的振捣器属于低频振捣器，一般作为外部振捣器。

(三) 混凝土输送泵

混凝土输送泵也称混凝土泵，由泵体和输送管组成，是利用压力将混凝土拌合物沿管道连续输送的机械，适合于大体积混凝土和高层建筑混凝土的运输和浇筑。

按其型式可分为以下三种。

(1) 固定式混凝土泵(HBG)：安装在固定机座上的混凝土泵。

(2) 拖式混凝土泵(HBT)：安装在可以拖行的底盘上的混凝土泵。

(3) 车载式混凝土泵(HBC)：安装在机动车辆底盘的混凝土泵。

(四) 混凝土喷射机

混凝土喷射机是指利用压缩空气，将按一定配比的混凝土形成悬浮状态的气流，并喷射到被敷表面形成密实的混凝土层，以达到支护目的的机械设备，如图 6-29 所示。

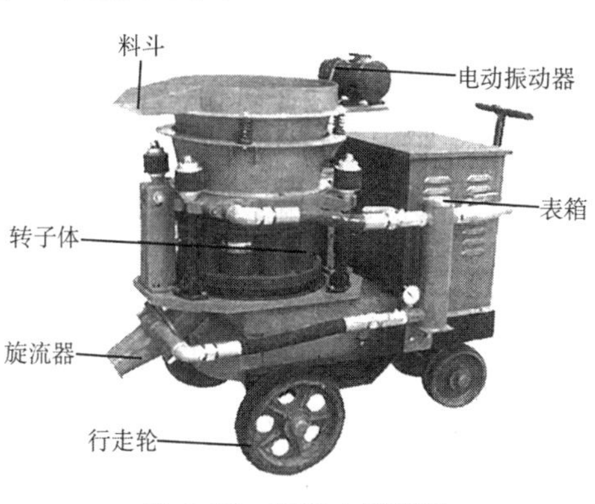

图 6-29　混凝土喷射机

按混凝土拌合物的加水方法不同，可分为干式、湿式和介于两者之间的半湿式三种。

(1) 干式：按一定比例的水泥及骨料，搅拌均匀后，经压缩空气吹送到喷嘴，与来自压力水箱的压力水混合后喷出。

(2) 湿式：进入喷射机的是已加水的混凝土拌合料。因此，喷射中粉尘含量低，回弹量减少，是理想的喷射方式。但是湿料易于在料罐、管路中凝结，造成堵塞和清洗的麻烦，因而未能推广使用。

(3) 半湿式：也称潮式，即混凝土拌合物为含水率 5%～8%的潮料(按体积计)，这种料喷射时粉尘少，且由于比湿料黏接性小，不粘罐，是干式和湿式的改良方式。

混凝土喷射机的选用是否合理，直接影响着施工进度和工程质量。

(五) 钢模台车

图 6-30　钢模台车

钢模台车是一种为提高隧道衬砌表面光洁度和衬砌速度，并降低劳动强度而设计、制造的专用设备，如图 6-30 所示。有边顶拱式、直墙变截面顶拱式、全圆针梁式、全圆穿行式等。全断面针梁式混凝土衬砌钢模台车适应于引水洞、导流洞等为全圆或椭圆的地下洞室的混凝土衬砌施工。

其结构部分组成有模板部分、门架体部分、行走系统、支撑机构、平移系统及其他附属装置。

在水利工程中，钢模台车常用于隧洞衬砌，台车洞内安装的总体顺序是由内到外的分层安装，安装的具体顺序为底模→门形架→两边侧模及其支撑(斜支撑及水平支撑)→顶模及其支撑→其他附件。

使用钢模台车不仅可以避免施工干扰、提高施工效率，更重要的是大大提高了隧道内的衬砌施工质量，同时也提高了隧道施工的机械化程度。

第五节　钻孔灌浆机械和打桩机械

一、钻机

钻探和地基处理使用的钻机，按其破碎岩石方法的不同分为冲击式钻机、回转式钻机。

1. 冲击式钻机

冲击式钻机是属于大口径型钻机，是利用钢丝绳将钻具提升到一定高度，然后自由落下，冲击地层，使孔底岩石破碎而进行钻进。其钻头多为十字形，不能采取完整岩心，如图 6-31 所示。

冲击式钻机是基础灌浆施工的一种主要钻孔机械，它能适应各种不同的地质情况，尤其适用于疏散性岩石、软岩石和硬地层中钻凿与地面垂直的孔。

2. 冲击反循环钻机

冲击反循环钻机是在冲击钻机的基础上研制出的新机型，适用于各种复杂地质条件（土层、砂层、漂卵石层、岩石层）的钻进。

3. 回转式钻机

回转式钻机是利用钻机的回转器带动钻具旋转，通过磨削孔底岩石进行钻进。其钻具多为筒状，能取出完整柱状岩心。这种钻机的钻进速度较高，适用于各种硬度级别的岩石钻进，可钻直孔、斜孔、深孔。回转式钻机由于结构和性能的不同，一般可分为立轴式钻机、转盘式钻机和动力头式钻机等。

4. 回转斗式钻机

回转斗式钻机使用特制的斗式回转钻头，在钻头旋转时切土进入土斗，装满土斗后，回转停止旋转并提出孔外，打开土斗弃土，并再次进入孔中旋转切土，重复进行直至成孔。

回转斗式钻机适用于除岩层以外的各种地质条件，排渣设备简单，对泥浆排放较严的地区比较有利。缺点是对桩长、桩径有一定限制，在某些地质条件下，回转斗式钻机施工的速度不理想，对泥浆的要求质量较高，施工选用时要加以综合考虑选用。

5. 水平多轴回转钻机

水平多轴回转钻机也称为双轮铣槽机，其特点是对地层适应性强，淤泥、砂、砾石、卵石、砂岩、石灰岩均可掘削，配用特制滚轮铣刀还可钻进抗压强度为 200 MPa 左右的坚硬岩石，被广泛应用于地下连续墙的施工。

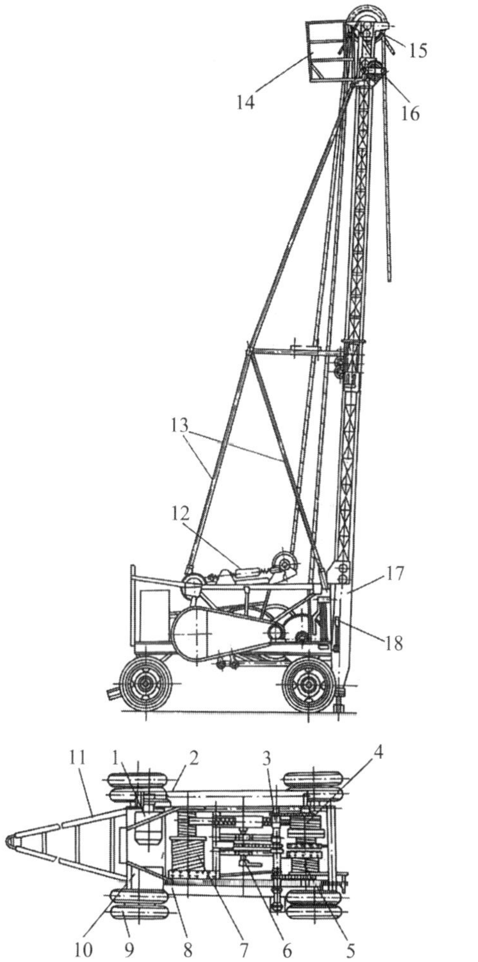

1—电动机；2—三角皮带；3—主轴；
4—抽筒卷筒及其大齿轮；5—滑车卷筒及其大齿轮；
6—冲击轴；7—工具卷筒及其大齿轮；8—机架；
9—轮台；10—控制箱；11—托架；12—冲击机构；
13—桅杆拉杆；14—工作台；15—工具滑轮和抽筒滑轮；
16—滑车滑轮；17—桅杆；18—操纵手把

图 6-31　CZ-22 型冲击钻机

6. 潜水钻机

潜水钻机尤其适用于地下水位较高的土层中成孔，但不宜用于碎石土层。

二、基础灌浆机械

把既有流动性又有胶凝性的浆液压送到地基岩石或砂砾石层中，称为基础灌浆。这些浆液在岩石层的裂隙中或砂砾层的孔隙中填实空隙，经过硬化、胶结，形成结石，防止基础渗漏，增强地基承载能力，以改善地基地质条件，满足地基设计要求。

基础灌浆所用的机械主要有泥浆泵、灰浆泵、化学灌浆泵、高压清水泵、全液压灌浆泵等不同形式的灌浆泵以及泥浆搅拌机。

1. 泥浆泵

灌浆所用的泥浆泵，一般多为往复式活塞泵。活塞在缸套内每往返 1 次者(即曲轴旋转 1 周，泵只进行吸、排浆液 1 次)，称单作用泥浆泵；活塞在缸套内每往返 1 次，泵进行吸、排浆液 2 次者，称双作用泥浆泵。

选择泥浆泵时应注意的事项：应能满足压力要求，一般泥浆泵的额定压力是灌浆使用压力的 1.2～1.5 倍；能满足岩石层裂隙或砂砾石孔隙吸浆量的要求；结构简单、轻便，易于拆卸、搬迁；压力稳定，安全可靠。

2. 灰浆泵

灰浆泵具有体积小、重量轻、灵活便捷的特点，被用于垂直及水平输送灰浆，广泛应用于水利工程的灌浆注浆作业及介质输送，主要部件有叶轮、泵壳和轴封装置。灰浆泵的叶轮安装在泵壳内，并紧固在泵轴上，泵轴由电机直接带动。

3. 化学灌浆泵

化学灌浆泵多为计量泵。如 JD 型计量泵，适用于输送温度－30℃～100℃、黏度 0.3～800 cst，不含固体颗粒的腐蚀性或非腐蚀性的液体。主要被用于进行化学灌浆，因此称化学灌浆泵(简称化灌泵)。该泵在最大相对行程长度、最高排出压力和公称往复次数下，手动调节时流量复现性精度为±1%，计量准确，故称计量泵。该泵由传动部分和水力部分组成。传动部分使柱塞作往复运动，水力部分靠吸入和排出输送浆液。

4. 高压清水泵

高压清水泵，结构紧凑、体积小、质量轻、效率高，可输送 0℃～50℃清水、乳化物和化学性质类似清水的液体。它适于作断续作业的高压水动力装置，尤其适用于作移动式高压水清洗设备的动力装置。它被广泛应用于能源、化工、造船、交通、市政、水利水电等行业。在基础灌浆之前，可用它清(冲)洗孔内夹层的淤泥、积砂等杂质，因此称高喷泵。

5. 全液压灌浆泵

全液压灌浆泵是水泥浆压力灌注的专用泵，主要用于大坝、矿井、隧道、桥梁等各种工程的基础处理。由于它结构紧凑，尤其适用于廊道内高压灌浆作业。

6. 泥浆搅拌机

泥浆搅拌机一般多由使用单位在工地自行制造，容量通常为 200～1 000 L，其形式有立式和卧式两种。

常用的有 200 L 双筒立式搅拌机(也称为搅拌槽)。这种搅拌机上下两个搅拌筒共用一根立轴，每个筒内立轴上都装有搅拌叶片。上筒将浆液搅拌到合适使用要求后，放到下筒，供灌浆使用。下筒搅拌防止浆液的沉淀。下筒下部有出浆口，与泥浆泵的吸浆口相连。

三、打桩机

打桩机是利用冲击力将桩贯入地层的桩工机械。

按动力源和作业方式不同可分为柴油打桩机、电动打桩机、汽油打桩机。柴油打桩机以柴油机为动力源，水利工程中常用轨道式柴油打桩机(图 6-32)、履带式柴油打桩机(图 6-33)等。电动打桩机以电动机为动力源，适用于较小型的工程。汽油打桩机以汽油机为动力源，适用于中型地基工程。

图 6-32　轨道式柴油打桩机

图 6-33　履带式柴油打桩机

按施工方式不同可分为锤击打桩机、振动打桩机、静力压桩机。锤击打桩机通过重锤下落对桩基进行冲击，将桩基打入地下。振动打桩机通过振动器产生振动效应，使桩基与土壤之间产生摩擦力，将桩基打入地下。静力压桩机通过静压力将桩基压入地下。

按桩基类型不同可分为预制桩打桩机、灌注桩打桩机。预制桩打桩机用于将预制好的桩基打入地下，包括混凝土桩、钢桩等。灌注桩打桩机用于在现场灌注桩基，包括旋挖钻机、冲击钻机等。

其他常见分类有落锤打桩机、汽锤打桩机、柴油锤打桩机、液压锤打桩机、螺旋打桩机、正反循环钻机、冲击钻机、插板机、夯扩桩机等。

第七章 水利工程施工技术

第一节 导流工程

在河流上修建水工建筑物，施工期间往往与通航、筏运、渔业、灌溉或水电站运行等水资源综合利用的要求发生矛盾。为了使水工建筑物能在干地上进行施工，需要用围堰维护基坑，并将水流引向预定的泄水通道往下游宣泄，即施工导流。

水利水电工程整个施工过程中的施工导流，广义上说可以概括为采取"导、截、拦、蓄、泄"等工程措施来解决施工和水流蓄泄之间的矛盾，避免水流对水工建筑物施工的不利影响，把河水流量全部或部分地导向下游或拦蓄起来，以保证干地施工和施工期不影响或尽可能少影响水资源的综合利用。正确合理的施工导流，可以加快施工进度，降低工程造价，否则会使工程施工遇到意外的障碍，拖延工期，增加投资，甚至会引起工程失事。

一、施工导流方式与泄水建筑物

施工导流方式大体上可分为分段围堰法导流、全段围堰法导流。

(一) 分段围堰法导流

分段围堰法导流亦称分期围堰法，就是用围堰将水工建筑物分段、分期维护起来进行施工的方法。如图 7-1 所示，首先在右岸进行第一期工程的施工，水流由左岸的束窄河床宣泄。然后到第二期工程施工时，水流就通过船闸、预留底孔或缺口等下泄。

分段围堰法导流一般适用于河床宽、流量大、工期较长的工程，尤其适用于通航河流和冰凌严重的河流。这种导流方法的导流费用较低，国内外一些大、中型水利水电工程采用较广。分段围堰法导流的前期都利用被束窄的原河道导流，后期要通过事先修建的泄水道导流，其泄水道类型通常有以下几种。

1. 底孔导流

底孔导流时，应事先在混凝土坝体内修建临时或永久底孔，导流时让全部或部分导流流量通过底孔宣泄到下游，保证工程继续施工。

2. 坝体缺口导流

在混凝土坝施工过程中，当汛期河水暴涨暴落，其他导流建筑物又不足以宣泄全部流量时，可以在未建成的坝体上预留缺口，以配合其他导流建筑物宣泄洪峰流量，待洪峰过后，上游水位回落，再继续修筑缺口。在修建混凝土坝（特别是大体积混凝土坝）时，由于这种导流方法比较简单，常被采用。

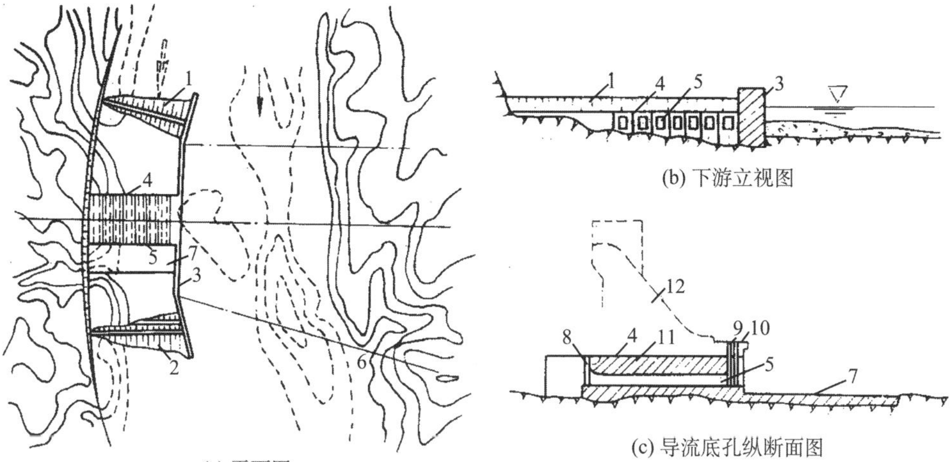

(a) 平面图　(b) 下游立视图　(c) 导流底孔纵断面图

1—一期上游横向断面；2—一期下游横向围堰；3—一、二期纵向围堰；4—预留缺口；5—导流底孔；6—二期上下游围堰轴线；7—护坦；8—封堵闸门槽；9—工作闸门槽；10—事故闸门槽；11—已浇筑的混凝土坝体；12—未浇筑的混凝土坝体

图 7-1　分段围堰法导流

3. 束窄河床导流和明渠导流

当河水较深或河床覆盖层较厚时，纵向围堰的修筑常常十分困难。若河床一侧的河滩基岩较高且岸坡稳定又不太高陡时，采用束窄河床导流是较为合适的。有的工程，将河床适当扩宽，形成导流明渠(图 7-2)，就是在第一期围堰维护下先修建导流明渠，河水由束窄河床下泄，导流明渠河床侧的边墙常用作第二期的纵向围堰；到第二期工程施工时，水流经由导流明渠下泄。

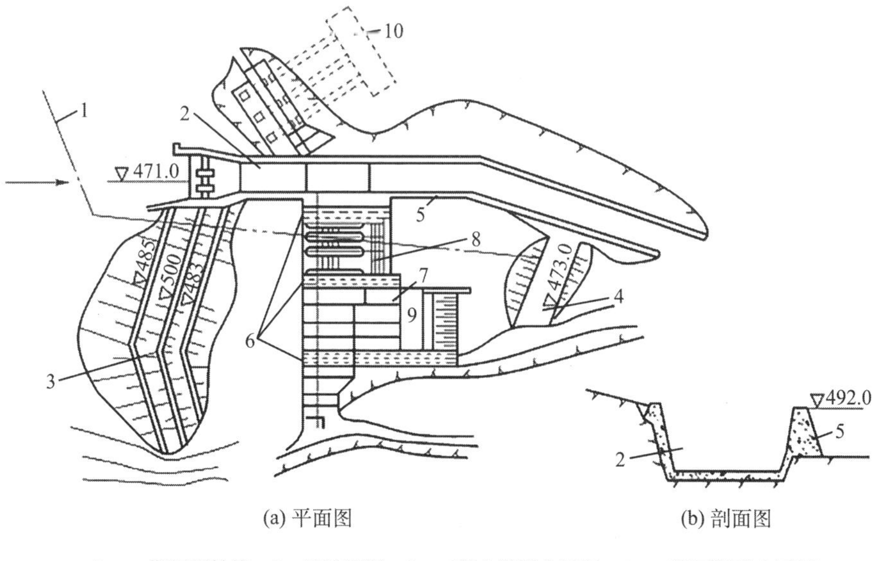

(a) 平面图　(b) 剖面图

1—一期围堰轴线；2—导流明渠；3—二期上游横向围堰；4—二期下游横向围堰；5—二期纵向围堰；6—导流底孔；7—非溢流坝段；8—溢流坝段；9—坝后式厂房；10—地下厂房

图 7-2　四川龚嘴水电站明渠导流(高程单位：m)

(二) 全段围堰法导流

在河床主体工程的上下游各建一道断流围堰，使水流经河床以外的临时或永久泄水道下泄。主体工程建成或接近建成时，再将临时泄水道封堵。

全段围堰法导流，其泄水道类型通常有以下几种。

1. 隧洞导流

隧洞导流是在河岸山体中开挖隧洞，在基坑上下游修筑围堰，水流经由隧洞下泄的导流方法。

2. 明渠导流

明渠导流(图 7-3)是在河岸上开挖渠道，在基坑上下游修筑围堰，水流经渠道下泄的导流方法。一般适用于岸坡平缓的平原河道。如利用当地老河道，或利用裁弯取直开挖明渠，或与永久建筑物相结合。

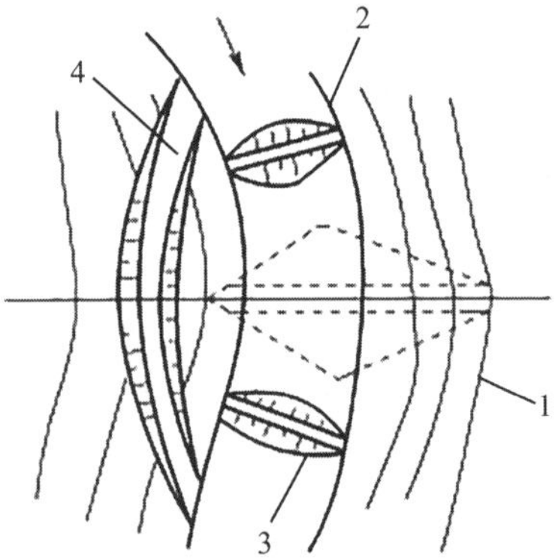

1—坝体；2—上游围堰；3—下游围堰；4—导流明渠

图 7-3　明渠导流

3. 涵管导流

涵管导流一般在修筑土坝、堆石坝工程中采用。涵管通常布置在河岸岩滩上，其位置常在枯水位以上，可在枯水期不修围堰或只修小围堰，先将涵管筑好，然后再修上、下游全段围堰，将水流导入涵管下泄，如图 7-4 所示。

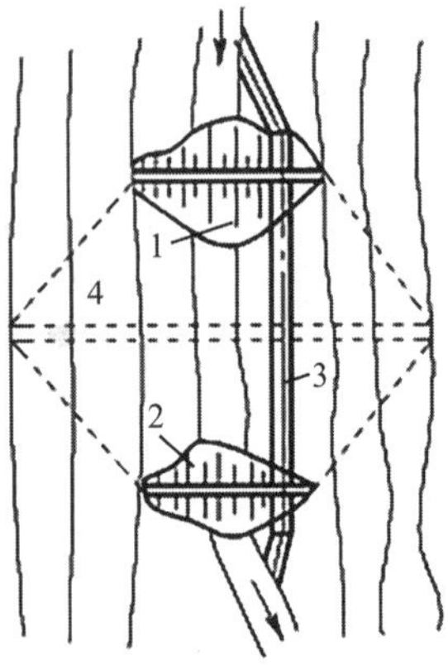

(a) 平面图

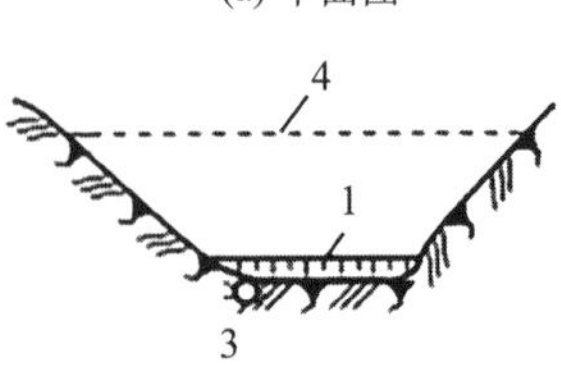

(b) 上游立视图

1—上游围堰；2—下游围堰；3—涵管；4—坝体

图 7-4　涵管导流

二、导流方案

水利枢纽工程施工，从开工到完建往往不是采用单一的导流方法，而是几种导流方式组合起来配合运用，以取得最佳的技术经济效果。这种不同导流时段、不同导流方式的组合，通常称为导流方案。

导流方案的选择受多种因素的影响。一个合理的导流方案，必须在周密研究各种影响因素的基础上，拟定几个可能的方案进行技术经济比较，从中选择技术经济指标优越的方案。

三、围堰工程

围堰是导流工程中的临时挡水建筑物，用来围护基坑，保证水工建筑物能在干地施工。导流任务完成以后，一般应予以拆除。

水利工程施工中经常采用的围堰，按其所使用的材料可以分为土石围堰、草土围堰、钢板桩格型围堰、混凝土围堰等。

按围堰与水流方向的相对位置，可以分为横向围堰、纵向围堰。

按导流期间基坑淹没条件，可以分为过水围堰、不过水围堰。过水围堰除需要满足一般围堰的基本要求外，还要满足堰顶过水的专门要求。

(一) 围堰的基本型式及构造

1. 土石围堰

(1) 不过水土石围堰。不过水土石围堰是水利工程中应用最广泛的一种围堰型式，如图 7-5 所示。它能充分利用当地材料或废弃的土石方，构造简单，施工方便，可以在动水中、深水中、岩基上或有覆盖层的河床上修建。除非采取特殊措施，土石围堰一般不允许堰顶过水，所以汛期应有防护措施。

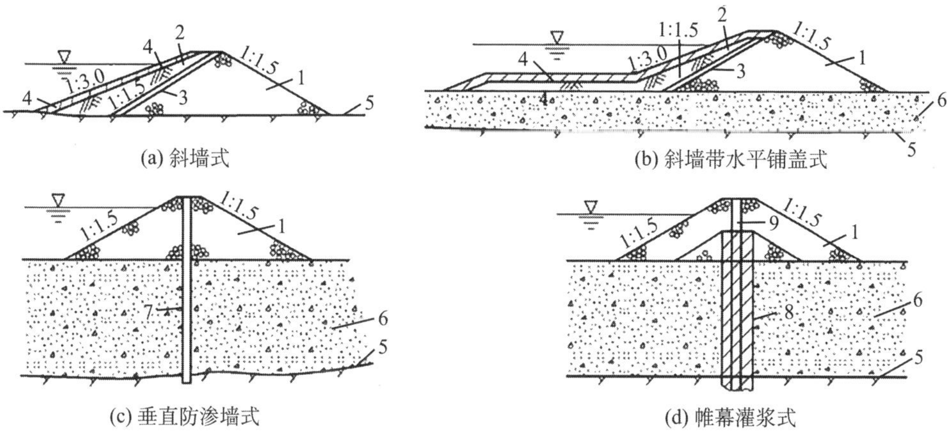

1—堆石体；2—黏土斜墙、铺盖；3—反滤层；4—护面；5—隔水层；6—覆盖层；7—垂直防渗墙；8—帷幕灌浆；9—黏土心墙

图 7-5　不过水土石围堰

(2) 过水土石围堰。当采用允许基坑淹没的导流方式时，围堰堰体必须允许过水。如前所述，土石围堰是散粒体结构，不允许堰体溢流。在过水土石围堰的下游坡面及堰脚应采取可靠的加固保护措施。

2. 混凝土围堰

混凝土围堰的抗冲与防渗能力强，挡水水头高，底宽小，易于与永久建筑物相连接，必要时还可以过水，因此应用比较广泛，常见的有拱型混凝土围堰、重力式混凝土围堰等。

(1) 拱型混凝土围堰。一般适用于岸坡陡峻、岩石坚实的山区河流。此时常采用隧洞及允许基坑淹没的导流方案。通常，围堰的拱座设在枯水位以上(图 7-6)。对围堰的基础处理，当河床的覆盖层较薄时，常进行水下清基；若覆盖层较厚，则可灌注水泥浆防渗加固。堰身的部分混凝土要进行水下施工，因此难度较高。

由于拱型混凝土围堰利用了混凝土抗压强度较高的特点，与重力式混凝土围堰相比，其断面较小，可节省混凝土工程量。

(2) 重力式混凝土围堰。采用分段围堰法导流时，重力式混凝土围堰往往可兼作第一期和第二期纵向围堰，两侧均能挡水，同时还能作为永久建筑物的一部分，如隔墙、导墙等。

重力式混凝土围堰一般需修建在基岩上，断面可做成实体式，与非溢流重力坝类似，也可做成空心式(图 7-7)。为了保证混凝土的施工质量，通常需在土石低水围堰围护下进行干地施工。

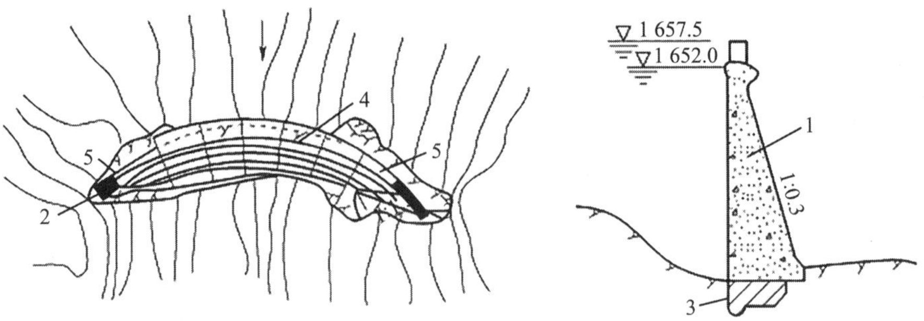

(a) 平面图　　(b) 横截面图

1—拱身；2—拱座；3—灌浆加固；4—溢流段；5—非溢流段

图 7-6　甘肃刘家峡水电站上游混凝土拱形围堰(高程:m)

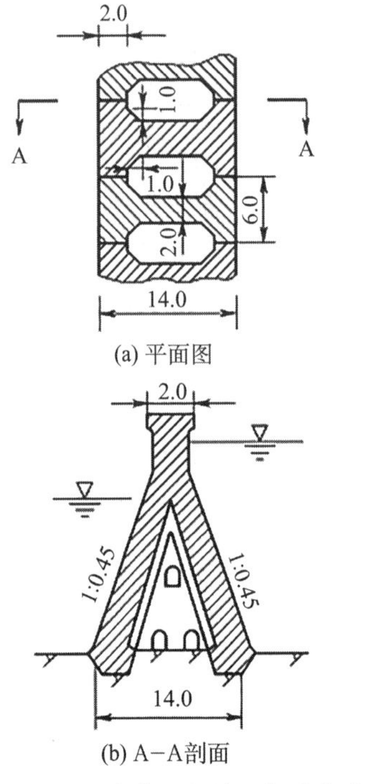

(a) 平面图

(b) A—A剖面

图 7-7　河南省三门峡工程重力式混凝土纵向围岩(单位:m)

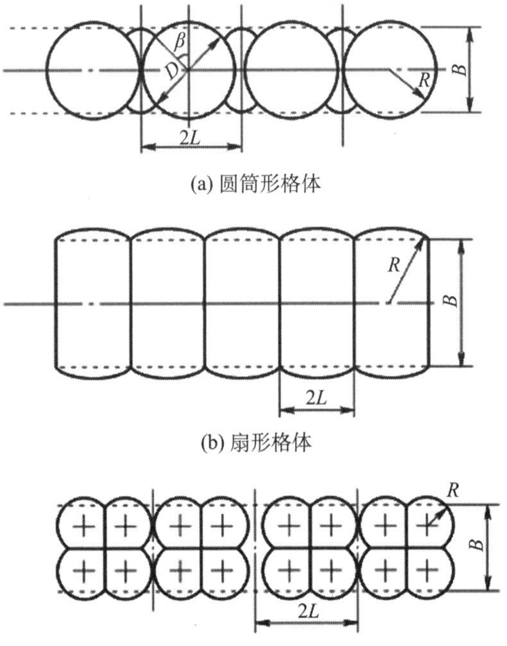

(a) 圆筒形格体

(b) 扇形格体

(c) 花瓣形格体

图 7-8　钢板桩格型围堰平面型式

3. 钢板桩格型围堰

钢板桩格型围堰按挡水高度不同，其平面型式有圆筒形格体、扇形格体及花瓣形格体等（图 7-8），应用较多的是圆筒形格体。

(二) 围堰的平面布置及堰顶高程

1. 围堰的平面布置

如果围堰的平面布置不当，围护基坑的面积过大，会增加排水设备容量；围护基坑的面积过小则会妨碍主体工程施工，影响工期；更有甚者，会造成水流宣泄不顺畅，冲刷围堰及其基础，影响主体工程安全施工。

围堰的平面布置一般应按导流方案、主体工程轮廓和对围堰提出的要求而定。

当采用全段围堰法导流时，基坑是由上、下游横向围堰和两岸围成的。当采用分段围堰法导流时，围护基坑的还有纵向围堰。

用分段围堰法导流时，上、下游横向围堰一般不与河床中心线垂直，其平面布置常呈梯形，以保证水流顺畅，同时也便于运输道路的布置和衔接。采用全段围堰法导流时，为了减少工程量，围堰多与主河道垂直。

2. 堰顶高程

堰顶高程取决于导流设计流量及围堰的工作条件(表 7-1)。

表 7-1　不过水围堰堰顶安全超高下限值

围堰型式	围堰级别	
	Ⅲ	Ⅳ～Ⅴ
土石围堰	0.7	0.5
混凝土围堰	0.4	0.3

下游围堰的堰顶高程为下游水位高程、波浪爬高、围堰的安全超高相加之和。

上游围堰的堰顶高程除下游水位高程、波浪爬高、围堰的安全超高相加之和，还需加上上、下游水位差。

必须指出，当围堰要拦蓄一部分水流时，堰顶高程应通过调洪计算来确定。

纵向围堰的堰顶高程，要与束窄河段宣泄导流设计流量时的水面曲线相适应。因此，纵向围堰的顶面往往做成阶梯形或倾斜状，其上游和下游分别与上游围堰和下游围堰顶同高。

（三）围堰的防渗、接头和防冲

围堰的防渗、接头和防冲是保证围堰正常工作的关键部分，对土石围堰来说尤为突出。

1. 围堰的防渗

围堰防渗的基本要求和一般挡水建筑物无大差异。土石围堰的防渗一般采取斜墙、斜墙接水平铺盖、垂直防渗墙或帷幕灌浆等措施。

2. 围堰的接头

围堰的接头是指围堰与围堰、围堰与其他建筑物及围堰与岸坡等的连接。围堰的接头处理与其他水工建筑物接头处理的要求并无多大区别，不同处仅在于围堰是临时建筑物，使用期不长，因此接头处理措施可适当简便。

3. 围堰的防冲

围堰遭受冲刷在很大程度上与其平面布置有关，尤其在采用分段围堰法导流时，水流入围堰区束窄，流出围堰区又突然扩大，流态的剧烈变化及螺旋状的底层涡流会淘刷堰脚及基础。为避免局部淘刷导致溃堰的严重后果，必须采取相应的保护措施。

一般多采用抛石护底、铅丝笼护底、柴排护底等措施来保护堰脚及其基础的局部冲刷。

(四) 围堰的拆除

围堰是临时建筑物,导流任务完成以后,应按设计要求进行拆除,以免影响永久建筑物的施工及运行。

土石围堰相对来说断面较大,有可能在施工期最后一次汛期过后,上游水位下降时,从围堰的背水坡开始分层拆除。但必须保证依次拆除后所残留的断面能继续挡水和维持稳定,以免发生安全事故,使基坑过早淹没,影响施工。土石围堰一般可用挖土机或爆破等方法拆除。

草土围堰的拆除比较容易,一般水上部分用人工拆除,水下部分可在堰体挖一缺口,让其过水冲毁或用爆破法炸除。

钢板桩格型围堰的拆除,首先要用抓斗或吸石器将填料清除,然后用拔桩机起拔钢板桩。

混凝土围堰的拆除,一般只能用爆破法炸除,但应注意,必须使主体建筑物或其他设施不受爆破危害。

四、截流工程

在施工导流中,只有截断原河床水流,才能把河水引向导流泄水建筑物下泄,然后在河床中全面开展主体建筑物的施工,这个过程就是截流。截流戗堤一般与围堰相结合,因此截流实际上是在河床中修筑横向围堰工作的一部分(图 7-9)。

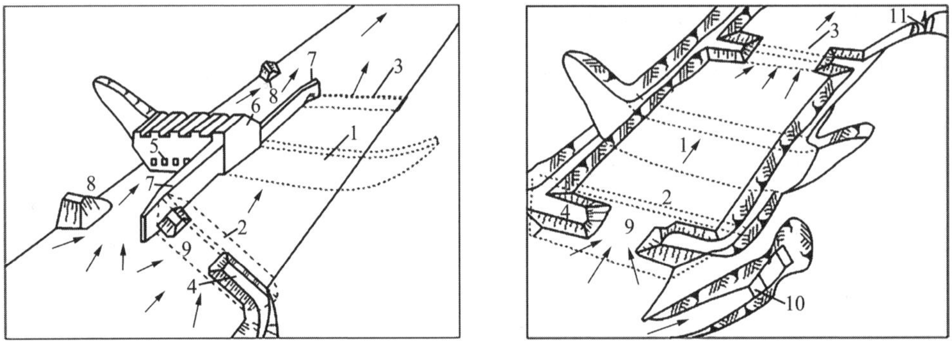

(a) 采用分段围堰底孔导流的布置　　(b) 采用全段围堰隧洞导流时的布置

1—大坝基坑;2—上游围堰;3—下游围堰;4—戗堤;5—底孔;6—已浇混凝土坝体;7—二期纵向围堰;8—一期围堰的残留部分;9—龙口;10—导流隧洞进口;11—导流隧洞出口

图 7-9　截流布置示意图

一般来说截流施工的过程为:先在河床的一侧或两侧向河床中填筑截流戗堤,这种向水中筑堤的工作称为进占。当戗堤将河床束窄到一定程度时,就形成了流速较大的龙口。封堵龙口的工作称为合龙。

(一) 截流的基本方法

河道截流有立堵法、平堵法、立平堵法、平立堵法、下闸截流以及定向爆破截流等多种方法，但常用方法为立堵法和平堵法两种。

1. 立堵法截流

立堵法截流是将截流材料从龙口一端向另一端或从两端向中间抛投进占，逐渐束窄龙口，直至全部拦断(图 7-10)。截流材料通常用自卸汽车在进占戗堤的端部直接卸入水中，或先在堤头卸料，再用推土机推入水中。

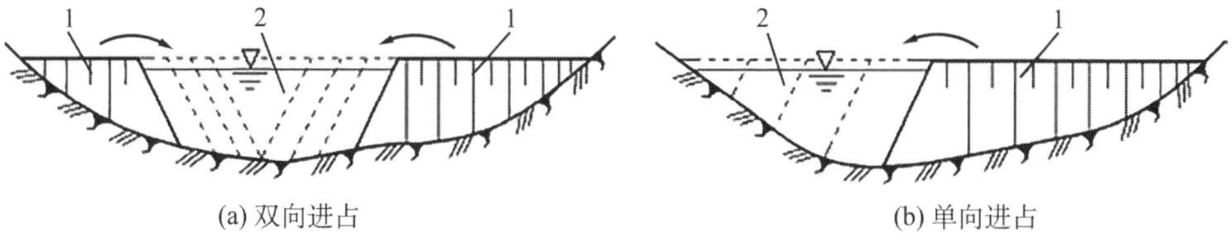

1—截流戗堤；2—龙口

图 7-10　立堵法截流

立堵法截流不需要在龙口架设浮桥或栈桥，其准备工作比较简单，费用较低。但截流时龙口的单宽流量较大，出现的最大流速较高，而且流速分布很不均匀，需用单个重量较大的截流材料。截流时工作前线狭窄，抛投强度受到限制，施工进度受到影响。立堵法截流一般适用于大流量、岩基或覆盖层较薄的岩基河床。在大、中型截流工程中，一般都采用立堵法截流，如著名的三峡工程大江截流和三峡工程三期导流明渠截流。

2. 平堵法截流

平堵法截流事先要在龙口架设浮桥或栈桥，用自卸汽车沿龙口全线从浮桥或栈桥上均匀、逐层抛填截流材料，直至戗堤高出水面为止(图 7-11)。因此，平堵法截流时，龙口的单宽流量较小，出现的最大流速较低，且流速分布比较均匀，截流材料单个重量也较小，截流时工作前线长，抛投强度较大，施工进度较快。平堵法截流通常适用于软基河床。

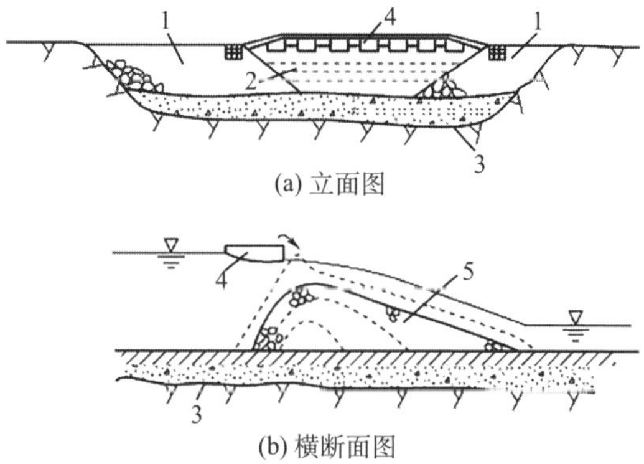

1—截流戗堤；2—龙口；3—覆盖层；
4—浮桥；5—截流体

图 7-11　平堵法截流

截流设计首先应根据施工条件，充分研究各种方法对截流工作的影响，然后再通过试验研究和分析比较来选定。有的工程先用立堵法进占，而后在小范围龙口内用平堵法截流。

(二) 龙口位置和宽度

龙口位置的选择与截流工作顺利与否有密切关系。原则上龙口宽度应尽可能窄些，这样合龙的工程量就小些，截流的延续时间也短些，但以不引起龙口及其下游河床的冲刷为限。为了提高龙口的抗冲能力，减少合龙的工程量，须对龙口加以保护。龙口的保护包括护底和裹头。护底一般采用抛石、沉排、竹笼、柴石枕等。裹头就是用石块、钢筋石笼、黏土麻袋包或草包、竹笼、柴石枕等把戗堤的端部保护起来，以防被水流冲坍。裹头多用于平堵戗堤两端或立堵进占端对面的戗堤。龙口宽度及其防护措施，可根据相应的流量及龙口的抗冲流速来确定。在通航河道上，当截流准备期通航设施尚未投入运用时，船只仍需在截流前由龙口通过。这时龙口宽度便不能太窄，流速也不能太大，以免影响航运。如葛洲坝工程的龙口，由于考虑通航流速不能大于 3.0 m/s，所以龙口宽度达 220 m。

（三）截流材料和备料量

1. 截流材料尺寸

在截流中，合理选择截流材料的尺寸或重量，对于截流的成败和截流费用的节省具有重大意义。截流材料的尺寸或重量主要取决于龙口的流速。各种不同材料的适用流速，即抵抗水流冲动的经验流速见表 7-2。

表 7-2　截流材料的适用流速（单位：m/s）

截流材料	适用流速	截流材料	适用流速
土料	0.5～0.7	3 t 重大块石或钢筋石笼	3.5
20～30 kg 重石块	0.8～1.0	4.5 t 重混凝土六面体	4.5
50～70 kg 重石块	1.2～1.3	5 t 重大块石、大石串或钢筋石笼	4.5～5.5
麻袋装土（0.7 m×0.4 m×0.2 m）	1.5		
90.5×2 m 装石竹笼	2.0	12～15 t 重混凝土四面体	7.2
90.6×4 m 装石竹笼	2.5～3.0	20 t 重混凝土四面体	7.5
90.8×6 m 装石竹笼	3.5～4.0	p1.0×15 m 柴石枕	7.0～8.0

2. 截流材料类型

截流材料类型的选择，主要取决于截流时可能发生的流速及开挖、起重、运输设备的能力，一般应尽可能就地取材。块石是截流的最基本材料。此外，当截流水力条件较差时，还必须使用人工块体，如混凝土六面体、四面体、四脚体、钢筋混凝土构架（图 7-12）以及钢筋笼、合金网兜等。

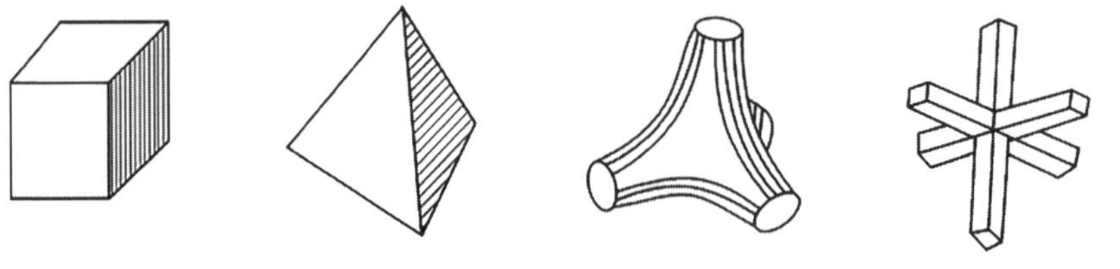

(a) 混凝土六面体　(b) 混凝土四面体　(c) 混凝土四脚体　(d) 钢筋混凝土构架

图 7-12　截流材料

3. 备料量

为确保截流既安全顺利又经济合理，正确计算截流材料的备料量是十分必要的。备料量通常按设计的戗堤体积再增加一定裕度。这主要是考虑到堆存、运输中的损失、水流冲失，戗堤沉陷以及可能发生比设计更坏的水力条件而预留的备用量等。

五、拦洪度汛

水利枢纽施工过程中,中后期的施工导流往往需要由坝体挡水或拦洪。坝体能否可靠拦洪与安全度汛,将关系到工程的进度与成败。

(一) 坝体拦洪标准

在主体工程为混凝土坝的枢纽中,若采用两段两期围堰法导流,当第二期围堰放弃以后,未完建的混凝土建筑物不仅要承担宣泄导流设计流量的任务,而且还要起一定的挡水作用。在主体工程为土坝或堆石坝的枢纽中,若采用全段围堰隧洞或明渠导流,则需要在河床断流以后,常常要求在汛期到来以前将坝体填筑到拦蓄相应洪水流量的高程,也就是拦洪高程,以保证坝身能安全度汛。此时,主体建筑物开始投入运用,已不需要围堰保护,水库亦拦蓄了一定水量。显然,其导流标准与初期应有所不同。坝体施工期临时度汛的导流标准,应视坝型和拦洪库容的大小,根据水利水电工程施工组织设计规范确定。

(二) 度汛措施

根据施工进度安排,如果汛期到来之前坝身能如期修到拦洪高程以上,则安全度汛基本得到保证;否则,若不能修筑到拦洪高程,则必须采取一定工程措施,确保安全度汛。

1. 混凝土坝的度汛措施

一般混凝土坝的度汛措施为在坝面上预留缺口度汛,待洪水过后,水位回落,再封堵缺口,全面上升坝体。如果根据混凝土浇筑进度安排,虽然在汛前坝身可以浇筑到拦洪高程,但一些纵向施工缝尚未灌浆封闭时,可考虑用临时断面挡水(图 7-13)。

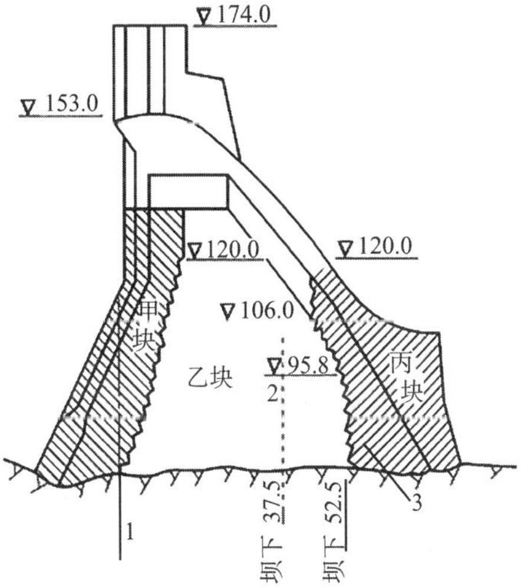

1—坝轴线;2—原设计纵缝;3—修改后的纵缝

图 7-13　混凝土坝拦洪的临时断面图(高程:m)

2. 土坝、堆石坝的度汛措施

土坝、堆石坝一般不允许过水。若坝身在汛前不能填筑到拦洪高程,可以考虑降低溢洪道高程、设置临时溢洪道、用临时断面挡水,或经过论证采用临时坝面保护措施过水。土石坝的临时断面型式与坝型有关。比如图 7-14 是浙江青田工程心墙式土坝的两个临时断面度汛方案,其中图(a)是拦河坝施工度汛临时斜墙挡水

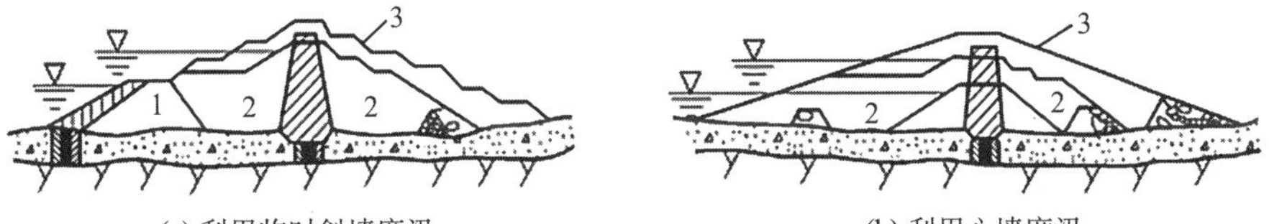

(a) 利用临时斜墙度汛　　(b) 利用心墙度汛

1—施工度汛断面;2—初期发电临时挡水断面;3—完建坝体断面

图 7-14　心墙式土坝临时度汛断面示意图

方案，图(b)是修筑永久心墙度汛挡水方案。

六、封堵蓄水

在施工后期，当坝体已修筑到拦洪高程以上，能够发挥挡水作用时，其他工程项目如混凝土坝已完成了基础灌浆和坝体纵缝灌浆，且库区清理、水库塌岸和渗漏处理均已完成，建筑物质量和闸门设施等也都检查合格，这时，整个工程就进入了完建期。根据发电、灌溉及航运等各相关部门所提出的综合要求，应确定竣工运用日期，有计划地进行导流临时泄水建筑物的封堵和水库的蓄水工作。

七、基坑排水

在截流戗堤合龙闭气以后，就要排除基坑的积水和渗水，以利开展基坑施工工作。

基坑排水工作按排水时间及性质，一般可分为初期排水和经常性排水。

(一) 初期排水

初期排水包括基坑积水、基坑积水排除过程中围堰及基坑的渗水和降水的排除。戗堤合龙闭气后，基坑内的积水应有计划地组织排除。排除积水时，基坑内外产生水位差，将同时引起通过围堰和基坑的渗水。

根据初期排水量即可确定所需的排水设备容量。排水设备一般采用离心式水泵。为方便运行，宜选择容量不同的离心式水泵，以便组合运用。

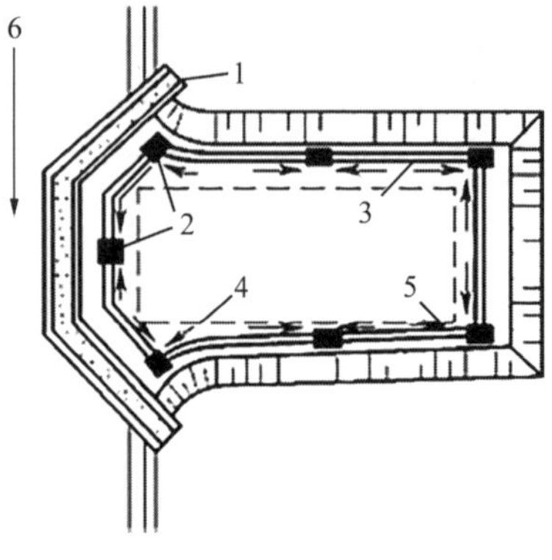

1—围堰；2—集水井；3—排水沟；
4—建筑物轮廓；5—水流方向；6—河流

图 7-15　修建建筑物时基坑排水系统布置图

(二) 经常性排水

经常性排水包括围堰和基坑的渗水、降水、基岩冲洗及混凝土养护用废水的排除等。基坑内积水排干后，围堰内外的水位差增大，此时渗透流量相应增大，对围堰内坡、基坑边坡和底部的动水压力加大，容易引起管涌或流土，造成塌坡和基坑底隆起的严重后果。因此在经常性排水期间，应周密地进行排水系统的布置、渗透流量的计算和排水设备的选择，并注意观察围堰的内坡、基坑边坡和基坑底面的变化，保证基坑工作顺利进行。

修建建筑物时的排水系统，通常都布置在基坑的四周，如图 7-15 所示。水经排水沟流入集水井，在井边设置水泵站，将水从集水井中抽出。

在经常性排水过程中，为保持基坑开挖始终在干地进行，常常要多次降低排水沟和集水井的高程，变换水泵站的位置，这影响开挖工作的正常运行。此外，在开挖细砂土、砂壤土一类地基时，随着基坑底面的下降，坑底与地下水位的高差越来越大，在地下水渗透压力作用下，容易产生边坡脱滑、坑底隆起等事故，对开挖工作带来不利影响，这时应采用人工降低地下水位。

人工降低地下水位的方法分管井法和井点法。管井法是纯重力作用排水，井点法还附有真空或电渗排水的作用。

1. 管井法降低地下水位

管井法降低地下水位时，在基坑周围布置一系列管井，管井中放入水泵的吸水管，地下水在重力作用下流入井中，被水泵抽走。管井中抽水可应用各种抽水设备，但主要是用离心式水泵、深井水泵或潜水泵等。

2. 井点法降低地下水位

井点法把井管和水泵的吸水管合二为一，简化了井的构造，便于施工。

井点法降低地下水位的设备，根据其降深能力分轻型井点(浅井点)系统和深井点系统等。

轻型井点系统(图 7-16)是由井管、集水总管、普通离心式水泵、真空泵和集水箱等设备所组成的一个排水系统。轻型井点系统的井管直径为 38～50 mm，间距为 0.6～1.8 m，最大可达 3.0 m。地下水从井管下端的滤水管借真空泵和水泵的抽吸作用流入管内，沿井管上升汇入集水总管，经集水箱，由水泵排出。

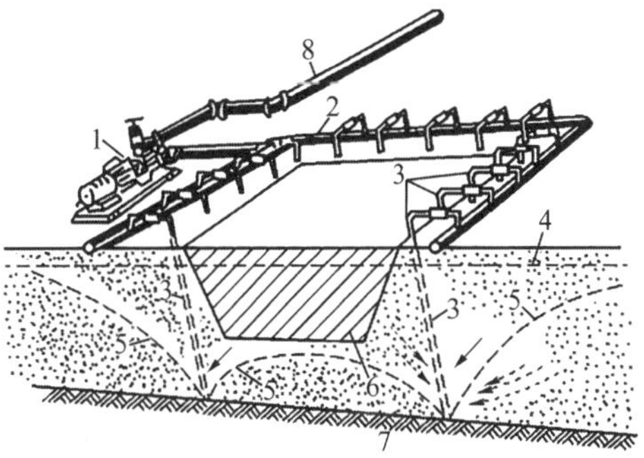

1—带真空泵和集水箱的离心式水泵；2—集水总管；3—井管；4—原地下水位；5—排水后水面降落图线；6—基坑；7—不透水层；8—排水管

图 7-16 轻型井点系统

深井点系统和轻型井点系统不同，它的每一根井管上都装有扬水器(水力扬水器或压气扬水器)，因此它不受吸水高度的限制，有较大的降深能力。

深井点系统有喷射井点和压气扬水井点(图 7-17)两种。喷射井点由集水池、高压水泵、输水干管和喷射井管(图 7-18)组成。

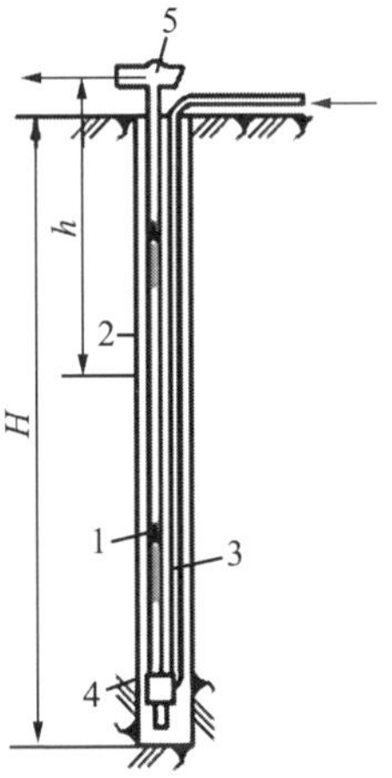

1—扬水管；2—井；3—输气管；4—喷气装置；5—管口

图 7-17 压气扬水井点装置示意图

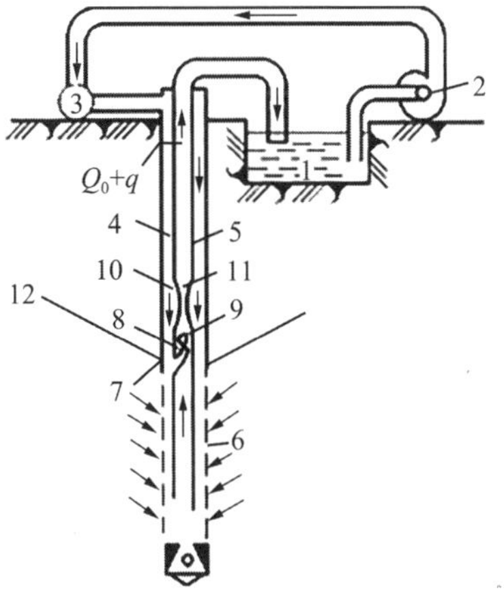

1—集水井；2—高压水泵；3—输水干管；4—外管；5—内管；6—滤水管；7—进水孔；8—喷嘴；9—混合室；10—喉管；11—扩散管；12—水面降落曲线

图 7-18 喷射井点装置示意图

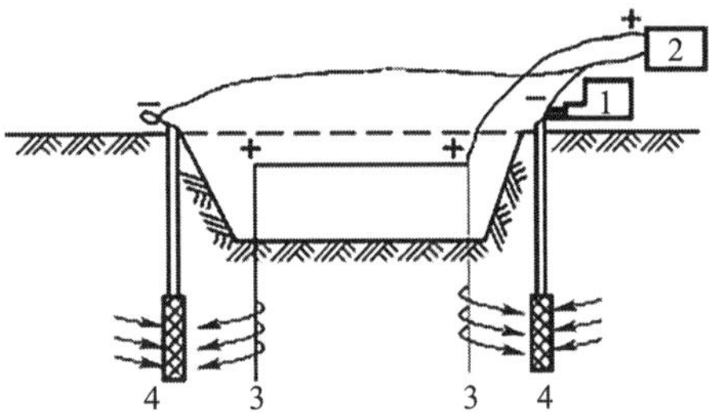

1—水泵；2—直流发电机；3—钢管；4—井点

图 7-19　电渗井点排水示意图

通常一台高压水泵能为 30～35 个井点服务，其最适宜的降低水位范围为 5～18 m。

喷射井点的排水效率不高，一般用于渗透系数为 3～50 m/d，渗流量不大的场合。在渗透系数小于 0.1 m/d 的黏土或淤泥中降低地下水位时，比较有效的方法是电渗井点排水(图 7-19)。电渗井点排水时，沿基坑四周布置两列正负电极。正极通常用金属管做成，负极就是井点的排水井。

第二节　土石方工程

一、分类

土石方工程是建设工程施工的主要工程之一。它包括土石方的开挖、运输、填筑、平整与压实等主要施工过程，以及场地清理、测量放线、排水、降水、土壁支护等准备工作和辅助工作。常见的土石方工程有以下几种。

(1) 场地平整。场地平整前必须确定场地设计标高，计算挖方和填方的工程量，确定挖方、填方的平衡调配，选择土方施工机械，拟定施工方案。

(2) 基坑(槽)开挖。开挖深度在 5 m 以内的称为浅基坑(槽)，挖深超过 5 m(含 5 m)的称为深基坑(槽)。应根据建筑物、构筑物的基础形式以及坑(槽)底标高及边坡坡度要求开挖基坑(槽)。

(3) 基坑(槽)回填。为了确保填方的强度和稳定性，必须正确选择填方土料与填筑方法。填土必须具有一定的密实度，以避免建筑物产生不均匀沉陷。填方应分层进行，并尽量采用同类土填筑。

(4) 地下工程大型土石方开挖。对人防工程、大型建筑物的地下室、深基础施工等进行的地下大型土石方开挖涉及降水、排水、边坡稳定与支护地面沉降与位移等问题。

(5) 路基修筑。建设工程所在地的场内外道路，以及公路、铁路专用线，均需修筑路基，路基挖方称为路堑，填方称为路堤。路基施工涉及面广、影响因素多，是施工中的重点与难点。

二、准备和辅助工作

(一) 准备工作

(1) 场地清理。包括清理地面及地下各种障碍。

(2) 排除地面水。地面水的排除一般采用排水沟、截水沟、挡水土坝等措施。

(3) 修筑好临时道路及供水、供电等临时设施。

(4) 做好材料、机具及土方机械的进场工作。

(5) 做好土方工程测量、放线工作。

(二) 辅助工作

1. 土方边坡及其稳定

土方边坡坡度用其高度(*H*)与底宽度(*B*)之比表示。边坡可做成直线形、折线形或踏步形。边坡坡度应根据土质、开挖深度、开挖方法、施工工期、地下水位、坡顶荷载及气候条件等因素确定。

施工中除应正确确定边坡,还要进行护坡,以防边坡发生滑动。因此,在土方施工中,要预估各种可能出现的情况,采取必要的措施护坡防坍,特别要注意及时排除雨水、地面水,防止坡顶集中堆载及振动。必要时可采用钢丝网细石混凝土(或砂浆)护坡面层加固。如果是永久性土方边坡,则应做好永久性加固措施。

2. 基坑(槽)支护

开挖基坑(槽)时,如地质条件及周围环境许可,采用放坡开挖是较经济的。但在建筑稠密地区施工,或有地下水渗入基坑(槽)时,往往不可能按要求的坡度放坡开挖,这时就需要进行基坑(槽)支护,以保证施工的顺利和安全,并减少对相邻建筑、管线等的不利影响。

基坑(槽)支护结构的主要作用是支撑土壁。此外,钢板桩、混凝土板桩及水泥土搅拌桩等围护结构还兼有不同程度的隔水作用。基坑(槽)支护结构的形式有多种,根据受力状态可分为横撑式支撑、重力式支护结构、板式支护结构等,其中,板式支护结构又分为悬臂式和支撑式。

三、填筑与压实

(一) 填筑压实的施工要求

(1) 填方的边坡坡度应根据填方高度、土的类别、使用期限及其重要性确定。永久性填方的边坡坡度如表 7-3 所示。

表 7-3 永久性填方的边坡坡度

土的种类	填方高度/m	边坡坡度
黏土	6	1∶1.50
亚黏土、泥灰岩土	6～7	1∶1.50
轻亚黏土、细砂	6～8	1∶1.50
黄土、类黄土	6	1∶1.50
中砂、粗砂	10	1∶1.50
碎石土	10～12	1∶1.50
易风化的岩石	12	

(2) 填方宜采用同类土填筑,如采用不同透水性的土分层填筑时,下层宜填筑透水性较大的填料,上层宜填筑透水性较小的填料,或将透水性较小的土层表面做成适当坡度,以免

形成水囊。

(3) 基坑(槽)回填前,应清除沟槽内积水和有机物,检查基础的结构混凝土达到一定的强度后方可回填。

(4) 填方应按设计要求预留沉降量,如无设计要求时,可根据工程性质、填方高度、填料类别、压实机械及压实方法等,同有关部门共同确定。

(5) 填方压实工程应由下至上分层铺填,分层压(夯)实,分层厚度及压(夯)实遍数根据压(夯)实机械、密实度要求、填料种类及含水量确定,填土施工时的分层厚度及压(夯)实遍数如表 7-4 所示。

表 7-4 填土施工时的分层厚度及压(夯)实遍数

压实机具	分层厚度/mm	每层压(夯)实遍数/次
平碾	250～300	6～8
振动压实机	250～350	3～4
柴油打夯机	200～250	3～4
人工打夯	＜200	3～4

(二) 土料选择与填筑方法

为了保证填土工程的质量,必须正确选择土料和填筑方法。

碎石类土、砂土、爆破石渣及含水量符合压实要求的黏性土可作为填方土料。淤泥、冻土、膨胀土及有机物含量大于 5%的土,以及硫酸盐含量大于 5%的土均不能作填土。填方土料为黏性土时,填土前应检验其含水量是否在控制范围以内,含水量大的黏土不宜作填土用。

填方施工应接近水平地分层填土、分层压实,每层的厚度根据土的种类及选用的压实机械而定。应分层检查填土压实质量,符合设计要求后,才能填筑上层。当填方位于倾斜的地面时,应先将斜坡挖成阶梯状,然后分层填筑,以防填土横向移动。

(三) 填土压实方法

填土压实方法有碾压法、夯实法及振动压实法。

平整场地等大面积填土多采用碾压法,小面积的填土工程多用夯实法,而振动压实法主要用于压实非黏性土。

(1) 碾压法。碾压法是利用机械滚轮的压力压实土壤,使之达到所需的密实度。碾压适用于大面积填土工程。碾压机械有平碾、羊足碾和气胎碾。平碾(光碾压路机)是一种以内燃机为动力的自行式压路机,重量 6～15 t。羊足碾一般都没有动力,靠拖拉机牵引,有单筒、双筒两种。根据碾压要求,又可分为空筒、装砂、注水等三种。羊足碾虽与土接触面积小,但单位面积的压力比较大,土壤压实的效果好。羊足碾一般用于碾压黏性土,不适于砂性土,因在砂土中碾压时,土的颗粒受到羊足碾较大的单位压力后会向四面移动而使土的结构破坏。此外,松土不宜用重型碾压机械直接滚压,否则土层有强烈起伏现象,效率不高。如果先用轻碾压实,再用重碾压实就会取得较好效果。

(2) 夯实法。夯实法是利用夯锤自由下落的冲击力来夯实土壤,主要用于小面积回填土,可以夯实黏性土或非黏性土。夯实法分人工夯实和机械夯实两种。人工夯实所用的工具有木夯、石夯等;常用的夯实机械有夯锤、内燃夯土机和蛙式打夯机等。

(3) 振动压实法。振动压实法是将振动压实机放在土层表面,借助振动机构使压实机振动,土颗粒发生相对位移而达到紧密状态。振动碾是一种振动和碾压同时作用的高效能压实机械,比一般平碾功效提高1~2倍,可节省30%动力。这种方法对于振实填料为爆破石渣、碎石类土、杂填土和粉土等非黏性土效果较好。

第三节 疏浚与吹填工程

疏浚工程是利用机械设备进行水下开挖,达到行洪、通航、引水、排涝、清污及扩大蓄水容量、改善生态环境等目的的一种施工作业,其内容涉及以下方面:挖深、拓宽、清理水道,以提高河道的行洪能力或改善河道的通航条件;新的水道、港池、排灌沟渠、跨河、过海管道沟槽的开挖;码头、船闸、船坞、堤坝等水工建筑物基槽的开挖或地基软弱土层的清除;清除湖泊、水库、排灌沟渠内淤积的泥沙;水底矿藏覆盖层、水域内受污染底泥的清除。

吹填工程是由疏浚土的处理发展而来的,是利用机械设备自水下开挖取土,通过泥泵、排泥管线输送以达到填筑海滩、坑塘,加高地面或加固、加高堤防等目的的一种施工作业。吹填工程的内容有填塘固基、淤临淤背、堵口复堤、整治险工、加固堤防、农田改良、建设造地、备料及积肥等。

一、分类

疏浚和吹填工程分类见表7-5。

表7-5 疏浚和吹填工程分类

名称	分类	含义
疏浚工程	基建性	为提高防洪标准、航道等级或为新辟水道、港口、码头等而进行的具有新建、扩建、改建性质的疏浚
	维护性	为保持或恢复某一水域原有的尺度而进行的经常性的或周期性的疏浚
	临时性	为清除突发性的某一水域的淤塞而进行的具有临时性质的疏浚,如处理滑坡、崩岩等造成的水道堵塞
	环保性	为清除湖泊、河道内沉积的污物以及受污染的底泥,到达减轻水质污染、改善生态环境等目的而进行的具有环保性质的疏浚
吹填工程	基建性	为加固修复堤防、建设造地、建筑物边侧回填等目的而进行的带有基建性质的吹填。这类工程对吹填土的质量、吹填区的高程与平整度一般都有明确和较高的要求
	弃土性	充分利用疏浚弃土、提高工程的综合效益,将疏浚土吹填到一些荒废的山涧、沼泽、洼地,从而使这些土地得到重新利用。弃土性吹填由于受到疏浚弃土质量与数量的限制,吹填质量一般要求较低

二、挖泥船疏浚

水下疏浚一般采用挖、运、吹的施工工艺流程，此处介绍抓斗式挖泥船施工方法：抓斗挖泥船水下土方浚挖，疏浚弃土装舱入自航满底泥驳，泥驳运泥至吹泥船，吹泥船稀释疏浚弃土成泥浆，泥浆经泵由排泥管道排入泥塘内。

施工顺序为船只调遣→清障→测量放样→土方开挖→泥土运输→泥土弃置。

（一）船只调遣

施工设备选型除技术性能满足河道开挖的要求外，还要达到环保（如噪声、废气污染等）规范要求。抓斗、泥驳等水上施工船舶由水路调遣。

（二）清障

开挖前期用抓斗船进行老河床的扫床工作，将河道内的杂物、块石、沉船等挖出，用泥驳运至指定地点。

（三）测量放样

施工放样严格按照断面桩及断面方向进行放样，放样时用全站仪放出分条的中心线、边线、边坡阶梯开挖线等，并做好放样记录。放样标志采用标杆，浮标夜间施工采用灯标。

（四）土方开挖

抓斗挖泥船采用分段、分条、分层施工。

1. 分段施工

根据工程实际情况，分成若干段进行开挖，每个分段区布置挖泥船。

2. 分条施工

抓斗挖泥船采用分条施工，每分条宽度为 8 m，以河道中心线为界限半河施工，分条与分条间重叠宽度为 1.0 m，以确保不产生未施工分条的原始泥层因相邻边条抓斗垂直开挖后自然坍塌而形成分条间的纵向浅梗。挖泥船在施工时按实测施工水尺调整斗臂挖深，两艘挖泥船安排在同一半河施工。

3. 分层施工

施工中每层的开挖深度为 1.0 m。（护岸前沿线外 8 m 与护岸前沿线之间标高 1.5 m 以下范围分层厚度 0.5 m）

（1）首先由测量人员按趟次放样，根据抓斗船工作性能和施工工况以 20 m 作一放样段，每 5 m 设一组样标精确测量设放边线标旗；每个开挖断面前至少有两组标旗。齿槽开挖时要放出开挖断面的楷底标旗和边坡开挖起点标旗，以便于开挖控制。

（2）开挖每区段或每趟次开挖前均由测量人员指挥就位。

（3）抓斗每趟挖宽 8 m。采用分层开挖和留埂错位相结合的办法。边坡开挖时“稍欠勿超”（欠挖部分由修坡处理），按测量边线标旗，用定位仪控制开挖，分层挖成敞口阶梯状；主体塌成自然坡，最后由修坡机修整至设计坡度。

(4) 抓斗船每次收缆移位时,严格按规范操作。控制移距,根据水位变化及时测量开挖断面,每个断面达到设计要求后,再移位进行下一断面的开挖。

施工中随水位变化及时调整开挖深度;用回旋角度和测量放标,控制每层开挖深度和宽度。及时测量完工断面,检测合格后方能起桩前移,开挖下一个断面。

边坡开挖采用矩形断面平衡超欠开挖法施工,台阶划分,每个阶梯的高度为 1.0 m。并掌握上欠下超、超欠平衡的原则,一般超欠比控制为 1～1.5。对有护砌要求的岸坡,严格按设计边坡进行开挖,以防危及构筑物的安全。

(五) 泥土运输

抓斗船将泥土放至泥驳,泥驳运泥至吹泥船,吹泥船将泥驳中的疏浚弃土稀释成泥浆,泥浆经泵由排泥管道排入排泥场内。

在吹泥船一侧系泊一艘垃圾驳,便于堆放垃圾、石块、废钢缆等各种难以吹填的杂物,以加快施工进度。

1. 泥驳运驳作业方法

每艘挖泥船配备自航满底泥驳,挖泥船外侧单面泊驳,由挖泥船将泥土装舱,泥驳运泥至吹泥船等待吹泥上岸。

2. 排泥管线布置

岸上排泥管线沿河岸铺设至泥塘,管道架设平坦顺直、弯度平缓,接头处坚固严密,不漏浆、漏水,出泥口伸出围堰内坡脚以外的长度大于 5 m。

(六) 泥土弃置

1. 泥塘围堰施工

围堰修筑采用挖掘机、推土机结合人工修筑。筑堰施工由低处开始,按水平方向向高处逐层铺平夯实。为防止围堰出现冲刷和漏水,用编织袋、薄膜等材料填土护坡加固。对围堰的安全要足够重视,做到万无一失。在施工中确保做到下述工序:将堰基上的杂草、树根、腐殖土层等清除干净;围堰填筑前,将堰基上表层土翻松,然后填覆新土予以压实;为保护围堰的稳定,筑堰土料采用陆上开挖的土方构筑。吹填区内取土,土坑不得连续贯通,每隔适当距离留一土埂,以防止泥浆串流冲刷堰基,在修筑过程中要逐层夯实。

2. 退水口施工

采用人工修筑,严把质量关,其基础经原土夯实,后浇筑混凝土和闸墩、边墙砌筑;边墙后回填土必须夯实。退水口修筑完毕,其强度达到设计的 80%后,投入过水使用,使用过程中加强监护和维护,发现问题及时处理;每次加放闸板高度不大于 20 cm;退水口施工完毕后,对其进行拆除并恢复原貌。

3. 泥土弃置

(1) 吹填时合理布置排泥口。排泥口距退水口相对较远位置,以增长泥浆流程,延长沉降时间,保证退水质量。

(2) 排泥管口上仰伸出围堰应大于 5.0 m,以防止吹填泥浆回流冲刷围堰造成塌方,排泥管口处围堰内坡需用砂袋防护。排泥口轮流使用,可使吹填完工面趋于平整。

(3) 进行第二、三层土吹填时,在排泥口附近的碎石、砂石过滤层上铺设过滤土工布,并在泥浆直接冲击处再铺放苇席，以分散泥浆冲击力，确保排泥口处的过滤层不被冲走。

(4) 吹填时按分区采用多级沉积、检测的方法，各吹填区交替使用，使泥土有足够的时间沉淀，提高退水质量，方便过滤层铺设。

(5) 退水口前设置拦污网，拦截水中漂浮物并及时清理。

三、水力冲挖机组施工

水力冲挖机组是由高压泵冲水系统、泥浆泵输泥系统和配电系统等三部分组成，其工作原理是借助水力的作用来进行挖土、输土和填土，水流经过高压水泵产生压力，通过水枪喷出一股密实的高压、高速水柱，切割、粉碎土体，使之湿化、崩解，形成泥浆和泥块的混合物，再由泥浆泵及输泥管道吸送到吹填区，泥浆脱水固结成形。

上海市水力冲挖机组施工工作内容包括开工展布、水力冲挖、吸排泥、作业面转移及收工集合等。常用 ϕ100 泥浆泵和 ϕ150 泥浆泵进行施工，动力来源一般采用电网电力，如现场不具备供电条件，可采用柴油发电机供电。

四、排泥区及吹填施工

(一) 吹填施工方法分类(表 7-6)

表 7-6 吹填施工方法分类

施工方法		方法要点	方法特点	适用范围
管道直输型	单船直输型	吹填土的开挖和输送由绞吸式挖泥船直接完成	开挖、输送、填筑三道工序连接进行，生产效率高、成本低	土源距吹填区较近，运距在绞吸船的正常有效排距之内的工程
	船泵直输型	在排泥管线上装设接力泵，由绞吸船开挖取土，输送则由接力泵辅助完成		土源距吹填区较远，运距超过了绞吸船的正常有效排距，且水上运跑不太长(小于 2 km)的工程
组合输送型		先由斗式挖泥船开挖取土，再由驳船运送到集砂池，最后由绞吸船(或吹泥船、泵站)输送到吹填区	开挖、输送、填筑三道工序由多套设备组合完成，工序重复，生产效率低，成本较高	土源距吹填区较远，且水上运距较长的工程

(二) 施工顺序

吹填工程一般设有多个吹填区，故需要对吹填顺序进行合理安排。吹填顺序一般可参考表 7-7 进行。

表 7-7 吹填顺序选择

施工方法	吹填顺序	透用范围	目的
多区吹填	从最远的区开始、依次退管吹填	吹填区相互独立的工程，在现场条件许可时	充分发挥设备的功率
	先从离退水口最远的区开始，依次进行管吹填	多个吹填区共同用一个退水口的工程	增加泥浆流程，减少细颗粒土的流失
	2 个或 2 个以上排泥区轮流交替吹填	吹填细粒土且在排泥主管道上安装带闸阀的三通时	加速沉淀固结，减少流失
单区吹填	从离退水口较远的一侧开始	工程量较小；吹填土料为粗颗粒	减少流失

(三) 围内吹填施工方法(表 7-8)

表 7-8 造地吹填施工方法

吹填方式	适用范围	技术要求
一次性吹填到设计高程	围堰高度够且在非超软地基上吹填的一般性工程	按常规要求进行
分层吹填	(1) 围堰不够高，需要分期修筑时 (2) 在淤泥等超软地基上吹填	分层不宜过厚，施工时应根据设计或试验确定，第一层高度宜高出最高水位 0.5～1.0 m，其后逐层加高，每层厚度宜控制在 1.0 m 左右，以避免地基出现较大沉陷或隆起，使其能够均匀沉降、逐步密实

(四) 堤防吹填施工方法

堤防工程吹填分堤身两侧盖重、平台吹填和吹填筑堤工程等，其施工方法为以下几种。

(1) 吹填区一般都较狭窄、吹填厚度也较薄，应采用敷设支管及分段、分层吹填的方法，分层厚度一般不宜超过 1.0 m。

(2) 水面以上部分应分区、分层间歇交替进行，分层厚度应根据吹填土质确定，一般宜为 0.3～0.5 m，对黏土团块可适当加大，但不宜超过 1.8 m。

(3) 每层吹填完成后应间歇一定时间，待吹填土初步排水固结后，才可继续进行上层吹填。

(五) 水工建筑物边侧吹填施工方法

水工建筑物边侧吹填分船闸两侧吹填、码头后侧吹填、挡土墙后侧吹填。其施工方法为：一般情况下应在建筑物的反滤层、排水等完成后方可进行。具体施工技术措施要求是：采用分区、分层交替间歇的吹填方式，分区应以建筑物分缝处为界，分层厚度宜控制在 0.3～0.5 m；应从靠近建筑物的一侧开始，以便使粗粒土沉淀在靠近建筑物处。排泥管口距反滤层坡脚的距离一般应不小于 5 m，并需对反滤层的砂面作防冲刷处理；施工中应对填土高度、内外水位，以及建筑物的位移、沉降、变形等进行观测，建筑物内外水位差应控制在设计允许范围之内，必要时可采用降水措施。当发现建筑物有危险迹象时，应立即停止吹填，并及时采取有效措施进行处理。

(六) 充泥管袋施工方法

1. 铺排船水上铺袋充填

采用大型铺排船充灌施工，运砂船直接靠泊铺排船，通过铺排船上的泥浆泵将砂充灌入砂袋，铺排船边移位边铺放砂袋袋体。

如果受运砂船吃水影响，运砂船可以靠泊吹砂船，通过吹砂管线将砂充灌入砂袋，铺排船和吹砂船同步边移位边铺放砂袋袋体。

首先铺排船进点，施工时利用GPS定位系统进行施工船舶的定位，启动滚筒电动装置开始卷袋，将加工好的砂袋卷于滚筒，袋体前部平展摊铺于甲板上，当袋头第一排充填袖口处于船舷时，停止卷袋；吹砂船或泥浆泵将砂充灌入砂袋后，开启翻板及滚筒，在砂袋及砂的自重作用下，将袋体沉放至水底；启动滚筒刹车，施工船在GPS系统软件动态显示的指导下沿事先所设计的轴线，移船至第二排袖口位于翻板边位置，将充砂管从第一排袖口中拔出并插入第二排袖口内，继续充砂，如此循环进行，直至将砂袋全部沉放于水底。

为尽量减少水流对施工的影响，砂袋铺设开始时间尽量选在平潮时候，垂直于堤轴线方向进行，船位平行于堤轴线布置。

2. 对拉平台充灌袋装砂

本工艺是利用两条具有锚泊系统、定位系统等施工能力的工程船舶，分别布置在大堤轴线的两侧，能够将砂袋展开、充灌并下沉铺设至设计断面部位的施工方法。

一般推荐采用抗风浪流能力强、性能良好、具有完善锚泊系统的大型铺排船作为主船，在其船身一侧靠泊砂船进行供砂。选择另外一艘铺排船或者同样抗风浪流能力、具有完善锚泊系统的平板驳船作为辅助对拉船舶。通过预先布设的充灌系统，经分流器进行袋装砂袋充灌。

水深条件不允许时，可以将吹砂船布设在距离对拉船组200～300 m(具体距离视现场水深情况确定)，方便运砂船靠泊。再通过充灌系统，经分流器进行袋装砂袋充灌。充灌系统由具备一定吹砂能力的吹砂船和输砂管路组成。

3. 人工趁潮铺袋充填

(1) 低潮露滩时，施工测量人员采用移动式GPS现场测量放样，标识出充填砂袋体的外边线和内边线。

(2) 施工前加工好的袋体装运至施工现场临时出运平台，由交通船驳运至具体施工点，待低潮时人工铺设袋体。

(3) 充填袋供砂采用吸运吹工艺，即吸砂船在指定区域取砂，运砂驳运输靠泊吹砂船，再由吹砂船供砂。

(4) 充填砂袋施工时，采取上下袋体错缝堆叠，阶梯式推进方式。铺填完成后，轮廓线要满足设计要求；同层相邻袋体接缝处预留收缩量，充填后的袋体不得形成水平通缝；充填袋在制作、运输、堆放、铺设和填充等施工过程中，应注意保护，不得出现破损和老化现象，如有其他原因造成的破损，及时采取补袋措施，避免水流淘刷。

第四节　砌体工程

一、石砌体工程

石砌体按石块的不同规格可分为毛石砌体、块石砌体和料石砌体等。按砌体缝隙是否填充胶结材料可分为干砌和浆砌。砌体的胶结材料有水泥砂浆、混合砂浆和细骨料混凝土等。水泥砂浆强度高，防水性能好，多用于重要建筑物及建筑物的水下部位。混合砂浆是在水泥砂浆中掺入一定数量的石灰膏、黏土或壳灰（蛎贝壳烧制），适用于强度要求不同的小型工程或次要建筑物的水上部位。细骨料混凝土是用水泥、砂、水和 40 mm 以下的骨料按规定级配配合而成，可节省水泥，提高砌体强度。

（一）浆砌块石施工

1. 施工顺序

浆砌块石施工程序如图 7-20 所示。

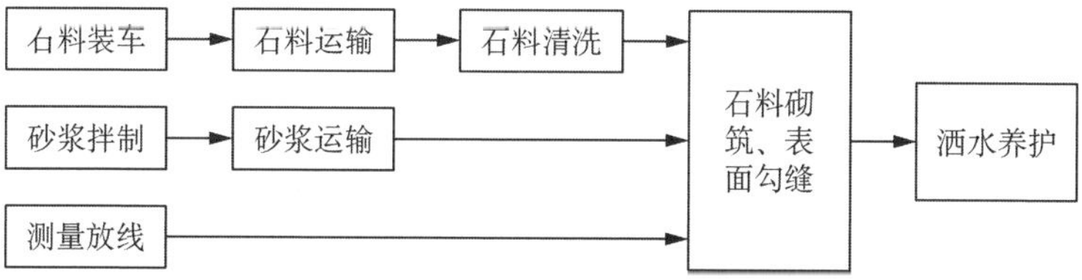

图 7-20　浆砌石施工程序

2. 施工方法

对开挖后的建基面进行彻底的清理，清除基础面杂物、排除仓面积水、压实垫层，基础和坡面经监理工程师验收合格后，方可进行砌筑。

块石砌体成行铺砌，并砌成大致水平层次。镶面石按一丁顺或一丁二顺砌筑。任何层次石块与邻层石块搭接至少 80 mm。砂浆砌筑缝宽不大于 30 mm。

衬石及腹石的竖缝相互错开，砂浆砌筑平缝宽度不大于 30 mm，竖缝宽度不大于 40 mm。

勾缝：砌体完成后，顺块石砌石的自然接缝进行勾缝，勾缝宽度须一致，使其美观大方。

抹面：砌体顶部须采用高于砌体砂浆一个标号的砂浆抹面，抹面的宽度、厚度均满足设计要求，表面光滑。

养护：砌体外露面在砌筑完成后 12～18 h 及时养护，经常保持外露面湿润，并避免碰撞和振动。水泥砂浆砌体的养护时间一般为 14 d。

3. 勾缝防渗

采用料石水泥砂浆勾缝作为防渗体时，防渗用的勾缝砂浆采用细砂和较小的水灰比，灰砂比控制在 1∶1～1∶2。

防渗用砂浆采用强度等级 42.5 的普通硅酸盐水泥。

清缝在料石砌筑 24 h 后进行，缝宽不小于砌缝宽度，缝深不小于缝宽的 2 倍，勾缝前将槽缝冲洗干净，不残留灰渣和积水，并保持缝面湿润。

勾缝砂浆单独拌制，杜绝与砌体砂浆混用的情况发生。

当勾缝完成和砂浆初凝后，砌体表面刷洗干净，至少用浸湿物覆盖保持 21 d，在养护期间经常洒水，使砌体保持湿润，避免碰撞和振动。

（二）干砌块石施工

干砌块石使用材料按照施工图纸要求，采用毛石砌筑，石料必须选用质地坚硬、不易风化、没有裂缝的岩石，其抗水性、抗冻性、抗压强度等均应符合设计要求，无尖角、薄边。上、下两面基本平行且大致平整，石料最小边尺寸不宜小于 20 cm。石料使用前要先清除表面泥土和水锈杂质。

（三）灌砌块石施工

灌砌块石施工顺序为材料进场检测→测量放样→块石摆砌→混凝土灌注→预留伸缩缝→养护。

施工放样后，砌石按照大面朝下、小面朝上的原则砌筑，形成上大下小的缝隙。砌筑时，先铺一层 6 cm 厚的细石混凝土，再砌石，块石要错缝搭接，不能产生通缝，块石应单层砌筑，不能叠砌，块石与块石之间的缝隙为 5～10 cm，砌体的孔隙为 30%～40%，使灌砌石的容重满足大于 20 KN/m^3 的要求。

块石砌好后，即开始灌细石混凝土，混凝土采用商品混凝土，混凝土灌注要密实，并要用手提式振动棒振捣勾平缝。浇筑结束后，应及时进行洒水养护，经常保持外露面的湿润状态，刚灌砌好的块石在 24 h 内严禁踩压。

二、砖和砌块工程

（一）砌砖施工

1. 砖基础的砌筑

一般砌体基础必须采用烧结普通砖和水泥砂浆砌成，砖基础由墙基和大放脚两部分组成。墙基与墙身同厚。大放脚即墙基下面的扩大部分。大放脚的底宽应根据设计而定。

在墙基顶面应设防潮层，地下水位较深或无地下水时，防潮层一般用 20 mm 厚、1∶2.5 的防水砂浆，位置在底层室内地面以下一皮砖处；地下水位较浅时，防潮层一般用 60 mm 厚的配筋混凝土带，宽度与墙身同宽。为增加基础及上部结构刚度，砌体结构中防潮层与地圈梁合二为一，地圈梁高度为 180～300 mm。

2. 砌砖工艺

砌砖施工通常包括找平、放线、摆砖、立皮数杆、盘角、挂线、铺灰砌筑、勾缝、清理等工序。若是清水墙，则还要进行勾缝。

（1）找平

砌砖墙前，先在基础面或楼面上按标准的水准点定出各层标高，并用水泥砂浆或细石混凝土找平，使各段砖墙底部标高符合设计要求。

(2) 放线

建筑物底层墙身，可以龙门板上轴线定位钉为标志拉线，沿线吊挂垂球，将墙身中心轴线放到基础面上，并以此墙身中心轴线为准弹出纵横墙身边线，并定出门窗洞口位置。

(3) 摆砖

摆砖即撂底，在弹好线的基础面上，按选定的组砌方法，先用干砖块试摆，以使门洞、窗口和墙垛等处的砖符合模数，满足上下错缝要求。借助灰缝的调整，使墙面竖缝宽度均匀，尽量减少砍砖。

(4) 立皮数杆

皮数杆是在其上划有每皮砖和砖缝厚度以及门窗洞口、过梁、楼板、梁底等标高位置的木制标杆，在砌筑时控制砖砌体竖向尺寸，并使铺灰、砌砖的厚度均匀，保证砖皮水平(图 7-21)。皮数杆一般立于房屋的四大角、内外墙交接处、楼梯间及洞口多的地方。

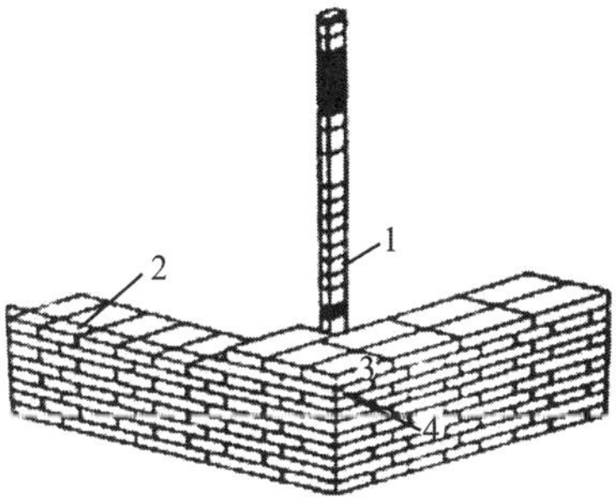

1—皮数杆；2—准线；3—守片；4—圆铁钉

图 7-21　皮数杆

(5) 盘角、挂线

砌筑时，应先在墙角砌 4～5 皮砖，称为盘角。然后，将皮数杆和已砌的角挂线作为砌筑中间墙体的依据，以保证墙面平整。砖厚的墙单面挂线，外墙挂外边，内墙可挂任何一边，一砖半及以上厚的墙都要双面挂线。

(6) 铺灰砌筑

砌砖的操作方法很多，可采用铺浆法或"三一"砌砖法，依各地习惯而定。"三一"砌砖法，即一铲灰、一块砖、一挤揉，并随手将挤出的砂浆刮去的砌筑方法。其优点是灰缝容易饱满，黏结力好，墙面整洁。

(7) 勾缝、清理

当该层砖砌体砌筑完毕后，应进行墙面(柱面)及落地灰的清理。对清水砖墙，在清理前需进行勾缝，具有保护墙面并增加墙面美观的作用。墙较薄时，可利用砌筑砂浆随砌随勾缝，称为原浆勾缝；墙较厚时，待墙体砌筑完毕后，用 1∶1 水泥填砂浆勾缝，称为加浆勾缝。

(二) 砌块施工

砌块代替黏土砖作为墙体材料，是墙体改革的一个重要途径。中小型砌块用于建筑物墙体结构，施工方法简便，减轻了工人的劳动强度，提高了劳动生产率。

1. 砌块的排列

用砌块砌筑墙体时，应根据施工图纸的平面、立面尺寸，绘出砌块排列图。在立面图上按比例绘出纵横墙，标出楼板、大梁、过梁、楼梯孔洞等位置，在纵横墙上绘出水平灰缝线，然后以主规格为主、其他型号为辅的，按墙体错缝搭砌的原则和竖缝大小进行排列。除整块砌块外，还有 1/4、1/2、3/4 块砌组合，个别地方用黏土砖补齐。

2. 砌块的吊装顺序

砌块的吊装一般按施工段依次进行，其次序为先外后内、先远后近、先下后上，在相邻施工段之间留阶梯形斜槎。

砌块砌筑时应从转角处或定位砌块处开始的外墙同时面筑，砌筑应满足错缝搭接、横平竖直、表面清洁的要求。

3. *砌块砌筑的主要工序*

(1) 铺灰

采用稠度良好(5～7 cm)的水泥砂浆，铺 3～5 m 长的水平缝，夏季及寒冷季节应适当缩短，铺灰应均匀平整。

(2) 砌块安装就位

采用摩擦式夹具，按砌块排列图将所需砌块吊装就位。砌块就位应对准位置徐徐下落，使夹具中心尽可能与墙中心线在同一垂直面上，砌块光面在同一侧，垂直落于砂浆层上，待砌块安放稳妥后，才可松开夹具。

(3) 校正

用线坠和托线板检查垂直度，用拉准线的方法检查水平度。用撬棍、木槌调整偏差。

(4) 灌缝

采用砂浆灌竖缝，两侧用夹板夹住砌块，超过 3 cm 宽的竖缝采用不低于 C20 的细石混凝土灌缝，收水后进行嵌缝，即原浆勾缝。此后，一般不应再撬动砌块，以防破坏砂浆的黏结力。

(5) 镶砖

当砌块间出现较大竖缝或过梁找平时，应镶砖。采用 MU10 级以上的红砖，最后一皮用丁砖镶砌。镶砖工作必须在砌块校正后即刻进行，镶砖时应注意使砖的紧缝灌密实。

第五节　地基与基础工程

一、基础防渗墙工程

防渗墙是一种修建在松散透水的地层或土石坝(堰)中起防渗作用的地下连续墙。因其结构可靠、防渗效果好、适应各类地层条件、施工简便以及造价低等优点，在国内外得到了广泛的应用。近年来防渗墙已成为我国水利水电工程覆盖层及土石围堰防渗处理的首选方案。

(一) 防渗墙的作用

防渗墙是一种防渗结构，但其实际的应用已远远超出了防渗的范围，可用来解决防渗、防冲、加固、承重及地下截流等工程问题。具体的运用主要有如下几个方面。

(1) 控制闸、坝基础的渗流。

(2) 控制土石围堰及其基础的渗流。

(3) 防止泄水建筑物下游基础的冲刷。

(4) 加固一些有病害的土石坝及堤防工程。

(5) 作为一般水工建筑物基础的承重结构。

(6) 拦截地下潜流,抬高地下水位,形成地下水库。

(二) 防渗墙的凝结体型式

防渗墙的类型较多,但从其构造特点来说,主要是槽孔(板)型防渗墙和桩柱型防渗墙两类。前者是我国水利水电工程中混凝土防渗墙的主要型式。

防渗墙是垂直防渗措施,其立面布置有两种型式:封闭式与悬挂式。封闭式防渗墙是指墙体插入基岩或相对不透水层一定深度,以实现全面截断渗流目的的防渗措施。而悬挂式防渗墙,墙体只深入地层一定深度,仅能加长渗径,无法完全封闭渗流。

对于高水头的坝体或重要的围堰,有时设置两道防渗墙,共同作用,按一定比例分担水头。这时应注意水头的合理分配,避免造成单道墙因承受水头过大而破坏,这对另一道墙也是很危险的。

(三) 泥浆固壁

在松散透水的地层和坝(堰)体内进行造孔成墙,泥浆固壁可维持槽孔孔壁的稳定,是防渗墙施工的关键技术之一。

泥浆的制浆材料主要有膨润土、黏土、水以及改善泥浆性能的掺合料,如加重剂、增黏剂、分散剂和堵漏剂等。制浆材料通过搅拌机进行拌制,经筛网过滤后,放入专用储浆池备用。

造孔成槽工序约占防渗墙整个施工工期的一半。槽孔的精度直接影响防渗墙的质量,选择合适的造孔机具与挖槽方法对于提高施工质量、加快施工速度至关重要。混凝土防渗墙的发展和广泛应用也是与造孔机具的发展和造孔挖槽技术的改进密切相关的。

用于防渗墙开挖槽孔的机具,主要有冲击钻机、回转钻机、钢绳抓斗及液压铣槽机等。它们的工作原理、适用的地层条件及工作效率有一定差别。对于复杂多样的地层,一般要多种机具配套使用。

二、振冲地基

采用振冲机具加密地基土或在地基中建造碎(卵)石桩柱并和周围土体组成复合地基,以提高地基的强度和抗滑及抗震稳定性的地基处理技术称振冲法。振冲地基的施工机具包括以下两种。

(1) 振冲器。振冲器是一种通过自激振动并辅以压力水冲贯入土中,对土体进行加固(密实)的机具。振冲器的振动方式有水平振动、水平振动加垂直振动,目前国内外振冲器均以单向水平振动为主。

(2) 施工辅助机具。振冲法施工主要的辅助机具和设施有起吊机械、填料机械、电气控制设备、供水设备、排泥设备及其他配套的电缆、水管等。

三、桩基础

桩基础是由若干根桩和桩顶的承台组成的一种常用的深基础。它具有承载能力大、抗震性能好、沉降量小等特点。采用桩基施工可省去大量土方、排水、支撑、降水设施,而且施工简便，可以节约劳动力和压缩工期。

根据桩在土中受力情况的不同，可以分为端承桩和摩擦桩。端承桩是穿过软弱土层而达到硬土层或岩层的一种桩，上部结构荷载主要依靠桩端反力支撑；摩擦桩是完全设置在软弱土层一定深度的一种桩，上部结构荷载主要由桩侧的摩阻力承担，而桩端反力承担的荷载只占很小的部分。

按施工方法的不同，桩身可以分为预制桩和灌注桩两大类。预制桩是在工厂或施工现场制成各种材料和形式的桩（如钢筋混凝土桩、钢桩、木桩等），然后用沉桩设备将桩打入、压入、旋入或振入土中。灌注桩是在施工现场的桩位上先成孔，然后在孔内灌注混凝土，也可加入钢筋后灌注混凝土。根据成孔方法的不同可分为钻孔灌注桩、挖孔灌注桩、冲孔灌注桩、沉管灌注桩和爆扩桩等。

（一）钢筋混凝土预制桩施工

钢筋混凝土桩坚固耐久，不受地下水和潮湿变化的影响，可做成各种需要的断面和长度，而且能承受较大的荷载，在建筑工程中被广泛应用。

常用的钢筋混凝土预制桩断面有实心方桩与预应力混凝土空心管桩两种。方形桩边长通常为 200～550 mm，桩内设纵向钢筋或预应力钢筋和横向钢筋，在尖端设置桩靴。预应力混凝土管桩直径为 400～600 mm，在工厂内用离心法制成。

1. 桩的制作、起吊、运输和堆放

（1）桩的制作。长度在 10 m 以下的短桩，一般多在工厂预制；较长的桩，因不便于运输，通常就在打桩现场附近露天预制。

制作预制桩有并列法、间隔法、重叠法、翻模法等。现场预制桩多用重叠法预制，重叠层数不宜超过 4 层，层与层之间应涂刷隔离剂，上层桩或邻近桩的灌注，应在下层桩或邻近桩混凝土达到设计强度等级的 30%以后方可进行。

（2）起吊和运输。钢筋混凝土预制桩应在混凝土达到设计强度的 70%时方可起吊，达到 100%时方可运输和打桩。如提前吊运，应采取措施并经验算合格后方可进行。桩在起吊和搬运时，吊点应符合设计要求，满足吊桩弯矩最小的原则。

（3）堆放。桩堆放时，地面必须平整、坚实，不得产生不均匀沉陷。桩堆放时应设置垫木，垫木的位置与吊点位置相同，各层垫木应上下对齐，堆放层数不宜超过 4 层。不同规格的桩应分别堆放。

2. 沉桩

沉桩的施工方法为将各种预先制作好的桩（主要是钢筋混凝土或预应力混凝土实心桩或管桩）以不同的沉入方式沉至地基内达到所需要的深度。

沉桩的方式主要有锤击沉桩（打入桩）、静力压桩（压入桩）、射水沉桩（旋入桩）和振动沉桩（振入桩）。

3. 接桩与拔桩

钢筋混凝土预制长桩受运输条件和打桩架的高度限制，一般分成数节制作，分节打入，在现场接桩。常用接桩方式有焊接、法兰接及硫黄胶泥锚接等几种形式，其中焊接接桩应用最多，前两种接桩方法适用于各种土层；后者只适用于软弱土层。焊接接桩钢板宜用低碳钢，焊条宜用 E50，焊接时应先将四角点焊固定，然后对称焊接，并应确保焊缝质量和设计尺寸。法兰接桩时钢板和螺栓也宜用低碳钢并紧固牢靠。硫黄胶泥锚接桩使用的硫黄胶泥配合比应通过试验确定。

当已打入的混凝土预制桩由于某种原因拔出时，长桩可用拔桩机进行，一般桩可用人字桅杆借卷扬机或用钢丝绳捆紧桩头部，借横梁用液压千斤顶抬起，采用气锤打桩可直接用蒸汽锤拔桩。

4. 桩头处理

各种预制桩在施工完毕后，按设计要求的桩顶标高将桩头多余的部分截去。截桩头时不能破坏桩身，要保证桩身的主筋伸入承台，长度应符合设计要求。当桩顶标高在设计标高以下时，在桩位上挖成喇叭口，凿掉桩头混凝土，剥出主筋并焊接接长至设计要求长度，与承台钢筋绑扎在一起，用桩身同强度等级的混凝土与承台一起浇筑接长桩身。

（二）钢管桩

在我国沿海及内陆冲积平原地区，土质常为很厚（深达 50～60 m）的软土层，用常规钢筋混凝土和预应力混凝土桩难以适应时，多选用钢管桩来加固地基。

钢管桩的优点是重量轻，刚性好，承载力高，桩长易于调节，排土量小，对邻近建筑物影响小，接头连接简单，工程质量可靠，施工速度快。但钢管桩也存在一些缺点，如钢材用量大，工程造价较高；打桩机具设备较复杂，振动和噪声较大；桩材保护不善、易腐蚀等。

钢管桩的施工顺序：桩机安装→桩机移动就位→吊桩→插桩→锤击下沉→接桩→锤击至设计深度→内切钢管桩→精割→焊桩盖→浇筑垫层混凝土→绑钢筋→支模板→浇筑混凝土基础承台。

（三）混凝土灌注桩施工

灌注桩是直接在桩位上就地成孔，然后在孔内安放钢筋笼（也有直接插筋或省却钢筋的），再灌注混凝土而成。根据成孔工艺不同，分为泥浆护壁成孔、干作业成孔、人工挖孔、套管成孔和爆扩成孔等。

灌注桩能适应地层的变化，无须接桩，施工时无振动、无挤土和噪声小，适宜在建筑物密集地区使用。但其操作要求严格，施工后需一定的养护期方可承受荷载，成孔时有大量土基或泥浆排出。

（1）泥浆护壁成孔灌注桩。泥浆护壁成孔灌注桩按成孔工艺和成孔机械不同，分为正循环钻孔灌注桩、反循环钻孔灌注桩、钻孔扩底灌注桩和冲击成孔灌注桩。灌注桩的桩顶标高至少要比设计标高高出 1.0 m，桩底清孔质量按不同成桩工艺有不同的要求，应按规范要求执行。泥浆护壁成孔灌注桩的施工流程如图 7-22 所示。

（2）干作业成孔灌注桩。干作业成孔灌注桩指在地下水位以上地层可采用机械或人工成孔并灌注混凝土的成桩工艺。目前干作业成孔的灌注桩常用的有螺旋钻孔灌注桩、螺旋钻孔扩孔灌注桩、机动洛阳铲挖孔灌注桩及人工挖孔灌注桩四种。螺旋钻孔灌注桩的施工机械形式有长螺旋钻孔机和短螺旋钻孔机两种。但施工工艺除长螺旋钻孔机为一次成孔，短螺旋钻孔机为分段多次成孔外，其他都相同。

（3）人工挖孔灌注桩。人工挖孔灌注桩采用人工挖土成孔，浇筑混凝土成桩。

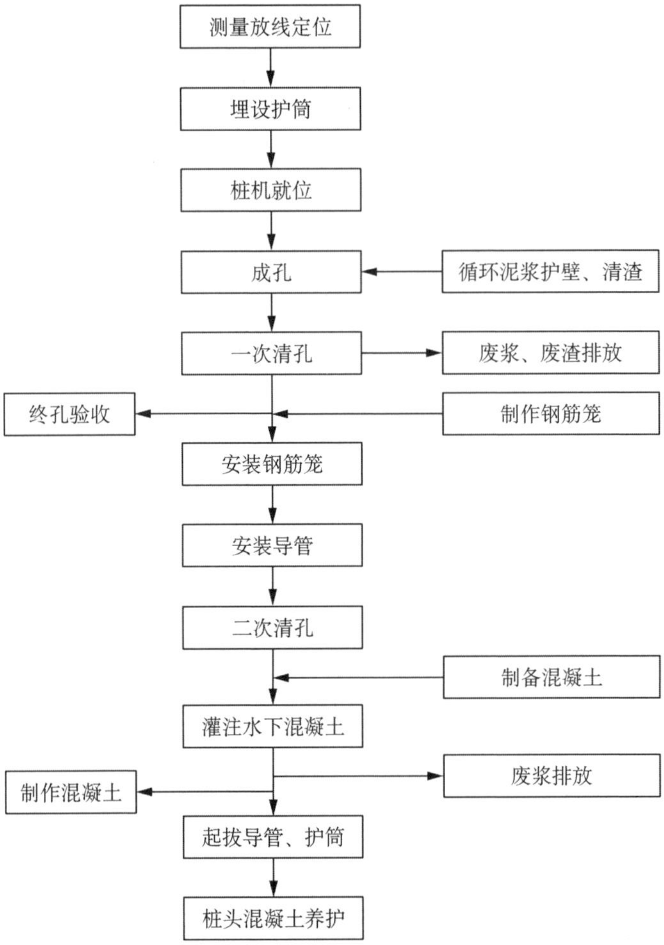

图 7-22　泥浆护壁成孔灌注桩施工流程

（4）套管成孔灌注桩。套管成孔灌注桩有锤击沉管灌注桩、振动沉管灌注桩等。利用锤击沉桩设备沉管、拔管时，称为锤击沉管灌注桩；利用激振器振动沉管、拔管时，称为振动沉管灌注桩。套管成孔灌注桩施工可选用单打法、复打法或反插法。单打法适用于含水量较小的土层，复打法或反插法适用于饱和土层。

（5）爆扩成孔灌注桩。爆扩成孔灌注桩又称爆扩桩，是由桩柱和扩大头两部分组成。爆扩桩的一般施工过程：采用简易的麻花钻（手工或机动）在地基上钻出细而长的小孔，然后在孔内安放适量的炸药，利用爆炸的力量挤土成孔；接着在孔底安放炸药，利用爆炸的力量在底部形成扩大头；最后灌注混凝土或钢筋混凝土。爆扩桩成孔方法有两种，即一次爆扩法和两次爆扩法。

（四）钻孔压浆桩

1. 施工方法

钻孔压浆桩施工法是利用长螺旋钻孔机钻孔至设计深度，在提升钻杆的同时通过设在钻头上的喷嘴向孔内高压灌注制备好的以水泥浆为主剂的浆液，至浆液达到没有塌孔危险的位置或地下水位以上 0.5～1.0 m 处；起钻后向孔内放入钢筋笼，并放入至少 1 根直通孔底的高压注浆管，然后投放粗骨料至孔口设计标高以上 0.3 m 处；最后通过高压注浆管，在水泥浆终凝之前多次重复地向孔内补浆，直至孔口冒浆为止。

2. 优缺点

钻孔压浆桩的优点：振动小，噪声低；由于高压注浆对周围的地层有明显的渗透、加固挤密作用，可解决断桩、缩颈、桩底虚土等问题，还有局部膨胀扩径现象，提高承载力；施工速度快、工期短；单桩承载力较高。钻孔压浆桩的缺点：因为桩身用无砂混凝土，故水泥消耗量较普通钢筋混凝土灌注桩多，其脆性比普通钢筋混凝土桩要大；桩身上部的混凝土密实度比桩身下部差，静载试验时有发生桩顶压裂现象；注浆结束后，地面上水泥浆流失较多；遇到厚流砂层，成桩较难。

3. 适用范围

钻孔压浆桩适应性较广，几乎可用于各种地质土层条件施工，既能在地下水位以上干作业成孔成桩，也能在地下水位以下成孔成桩；既能在常温下施工，也能在低温条件下施工；采用特制钻头可在风化岩层、盐渍土层及砂卵石层中成孔；采用特殊措施可在厚流砂层中成孔；还能在紧邻持续振动源的困难环境下施工。

（五）灌注桩后压浆

1. 施工方法

灌注桩后压浆是指钻孔灌注桩在成桩后，由预埋的注浆通道用高压注浆泵将一定压力的水泥浆压入桩端土层和桩侧土层，通过浆液对桩端沉渣和桩端持力层及桩周泥皮起到渗透、填充、压密、劈裂、固结等作用来增强桩侧土和桩端土的强度，从而达到提高桩基极限承载力，减少群桩沉降量的一项技术措施。钻孔灌注桩后压浆施工技术主要有桩底后压浆、桩侧后压浆、复式压浆（桩底和桩侧同时后压浆）三类。

2. 施工流程

灌注桩后压浆的施工流程：准备工作→管阀制作→灌注桩施工（后压浆管埋设）→压浆设备选型及加筋软管与桩身压浆管连接安装→打开排气阀并开泵放气调试→关闭排气阀压清水开塞→按设计水灰比拌制水泥浆液→水泥浆经过滤至储浆桶（不断搅拌）→待压浆管道通畅后压注水泥浆液→桩检测。

四、软体排铺设

（一）软体排船舶铺设

1. 铺排船定位

每艘专业铺排船舶上均配有计算机、GPS 及相应的定位软件，根据设计要求输入有关铺排参数，操作人员根据定位软件显示铺排位置，将铺排船移动到起始位置，当电脑显示偏差值和位移值在允许误差范围内时，表示施工船舶已经到达设计位置，开始铺设。

2. 卷排布

用吊机将排布吊至甲板上，由工人将铺排排布展开，排尾拉环和滚筒上钢缆相系，启动滚筒开关将排布自动卷入滚筒，直到排头平展在翻板前沿，关闭滚筒开关。在卷排期间，操作人员站在滚筒及排体两边，用人力绷紧排布，使滚筒上排布无皱折，平铺在甲板和翻板上的排布，用人力拉平、拉直，防止排布皱折、收缩。

3. 软体排铺放

(1) 砂肋软体排铺放

当排体第一排砂肋处于船舷时，停止卷动，将甲板上的排体砂肋套内穿入砂肋袋，皮龙软管供砂充填。翻板及甲板上的砂肋充填完成后，缓慢放下翻板，利用软体排及所充砂的砂肋自重将软体排沉放至水下，直至排体到达原滩面，并放排一边，逐渐向后移船，使排体摊铺于水下滩面。砂肋充填、移船铺排形成循环作业，使整个过程不间断，船体移动速度也与之相适应，直至整个排体沉放结束。

(2) 混凝土联锁片排铺放

混凝土联锁片运输船靠泊专业铺排船船边后，由吊机或者桁车将联锁片吊放平铺在甲板(含翻板)的排布上，用丙纶绳将联锁片联结并与排布上的加筋环绑扎在一起，使其与排布连成整体，然后将水下信标与排体连接好；此时启动翻板控制电机，使翻板至与水平面成35°，此时在翻板上的排体在联锁片自重作用下，排体沿翻板徐徐下沉使排体紧绷。启动滚筒控制电机放排，放排过程中逐排将联锁片吊到相应位置，并和排布绑扎好。当排体入水到达河床泥面并有一定富余长度时，根据电脑显示的排体位置缓慢移动船位，软体排缓慢铺放。重复以上步骤，直至混凝土联锁片排铺放结束。移船时，移船速度应与排体下水同步，如发现排体偏位，应适时动态调整船位保证搭接质量。在软体排铺设过程中及时回收固定在软体排上的水下信标，以重复循环使用。

(二) 人工铺设软体排

(1) 人工将已经加工好的软体排和砂肋条搬运至通过测量放样准确的铺设位置。

(2) 将加工好的软体排垂直于大堤轴线进行铺设，铺设时用人工绷紧排布，使排布顺平无褶皱。

(3) 排布铺平无褶皱后，将砂肋条穿进设计好的套环内，每根砂肋必须穿过同一砂肋轴线上的所有套环，不得遗漏。

(4) 砂肋条穿好后立即开始砂肋充灌，砂肋充灌施工工艺为吸砂船采砂，用运砂船运至施工区域附近，然后采用泥浆泵机组进行砂肋充灌施工。

(5) 充灌砂肋从砂肋一侧开口处充灌，保证砂肋袋充盈率在80%左右方能扎紧袋口，充分保证砂肋能满足压载要求。

五、沉井

沉井是在预制好的钢筋混凝土井筒内挖土，依靠井筒自重克服井壁与地层的摩擦阻力逐步沉入地下，以实现工程目标的一项施工技术。沉井技术具有结构可靠、所需机械设备简单、施工安全等优点。沉井是钢筋混凝土结构，主要由井筒(井壁)、隔墙和刃脚等组成。

六、基础灌浆

(一) 分类

1. 按灌浆材料分类

按浆液材料主要分为水泥灌浆、黏土灌浆和化学灌浆等。水泥灌浆是指以水泥浆液为灌注材料的灌浆，通常也包括水泥黏土灌浆、水泥粉煤灰灌浆、水泥水玻璃灌浆等。

2. 按灌浆目的分类

按灌浆目的分为帷幕灌浆、固结灌浆、接触灌浆、接缝灌浆、回填灌浆、预应力灌浆和补强灌浆等。

(1) 帷幕灌浆，是用浆液灌入岩体或土层的裂隙、孔隙，形成防水幕，以减小渗流量或降低扬压力的灌浆。

(2) 固结灌浆，是用浆液灌入岩体裂隙或破碎带，以提高岩体的完整性和抗变形能力的灌浆。

(3) 接触灌浆，是通过浆液灌入混凝土与基岩或混凝土与钢板之间的缝隙，以增加接触面结合能力的灌浆。

(4) 接缝灌浆，是通过埋设管路或其他方式将浆液灌入混凝土坝体的接缝，以改善传力条件，增强坝体整体性的灌浆。

(5) 回填灌浆，是用浆液填充混凝土与围岩或混凝土与钢板之间的空隙和孔洞，以增强围岩或结构的密实性的灌浆。

3. 按灌浆地层分类

按灌浆地层不同可分为岩石地基灌浆、砂砾石地层灌浆、土层灌浆等。

4. 按灌浆压力分类

按灌浆压力可分为常压灌浆和高压灌浆。灌浆压力在 3 MPa 以上的灌浆为高压灌浆。

(二) 水泥灌浆

1. 钻孔

帷幕灌浆的钻孔宜采用回转式钻机和金刚石钻头或硬质合金钻头，其钻进效率较高，不受孔深、孔向、孔径和岩石硬度的限制，还可钻取岩芯。钻孔的孔径一般为 75～91 mm。固结灌浆则可采用各式适宜的钻机与钻头。

2. 钻孔(裂隙)冲洗

钻孔后，进入冲洗阶段。冲洗工作通常分为以下两个步骤。

(1) 钻孔冲洗，将残存在钻孔底和黏滞在孔壁的岩粉铁屑等冲洗出来。

(2) 岩层裂隙冲洗，将岩层裂隙中的充填物冲洗出孔外，以便浆液进入到腾出的空间，使浆液结石与基岩胶结成整体。在断层、破碎带和细微裂隙等复杂地层中灌浆，冲洗的质量对灌浆效果影响极大。

3. 压水试验

压水试验的主要目的是确定地层的渗透特性，为岩基处理的设计和施工提供基本技术资料。

压水试验是在一定的压力之下，通过钻孔将水压入孔壁四周的缝隙中，根据压入的水量和压水的时间，计算出代表岩层渗透特性的技术参数。

4. 灌浆的方法与工艺

(1) 钻孔灌浆的次序

地基灌浆一般按照先固结、后帷幕的顺序。这是因为深层帷幕的灌浆压力远高于浅层固结灌浆的压力。按照上述顺序，可以保证在浅层地基已经得到加固的情况下，进行深层高压灌浆，防止发生地表抬动。

固结灌浆宜在混凝土覆盖的情况下进行，这样，可以抑制地表抬动和地面冒浆。覆盖的混凝土一般应达到 50%设计强度后，才能进行施灌。

帷幕灌浆应分序逐渐加密，这样，一方面可以提高浆液结石的密实性；另一方面，通过后灌序孔单位吸水量和单位吸浆量的分析，可以推断先灌序孔的灌浆效果。

(2) 灌浆方式

按照灌浆时浆液灌注和流动的特点，灌浆方式有纯压式和循环式两种。

(3) 钻灌方法

按同一钻孔内的钻灌顺序分为全孔一次灌浆法和分段钻灌法。分段钻灌法又可分为自上而下分段灌浆法、自下而上分段灌浆法、综合灌浆法和孔口封闭灌浆法。

① 全孔一次灌浆法。全孔一次灌浆法是将孔一次钻完，全孔段一次灌浆。这种方法施工简便，多用于孔深不深，地质条件比较良好，基岩比较完整的情况。

② 自下而上分段灌浆法。自下而上分段灌浆法是将灌浆孔一次钻进到底，然后从钻孔的底部往上，逐段安装灌浆塞进行灌浆直至孔口的灌浆方法，如图 7-23 所示。

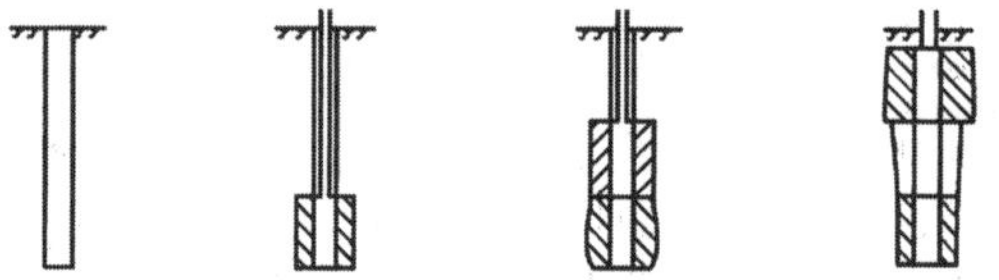

(a) 钻孔 (b) 第三段灌浆 (c) 第二段灌浆 (d) 第一段灌浆

图 7-23 自下而上分段灌浆法

③ 自上而下分段灌浆法。自上而下分段灌浆法是从上向下逐段进行钻孔，逐段安装灌浆塞进行灌浆直至孔底的灌浆方法，如图 7-24 所示。

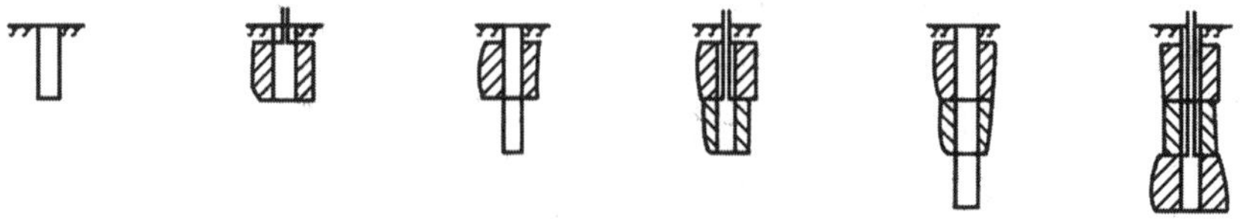

(a) 第一段钻孔 (b) 第一段灌浆 (c) 第二段钻孔 (d) 第二段灌浆 (e) 第三段钻孔 (f) 第三段灌浆

图 7-24 自上而下分段灌浆法

④ 综合灌浆法。综合灌浆法是在钻孔的某些段采用自上而下分段灌浆，另一些段采用自下而上分段灌浆的方法。

(4) 灌浆压力

灌浆压力是控制灌浆质量的一个主要指标。确定灌浆压力的原则是在不致破坏基础和坝体的前提下,尽可能采用比较高的压力。高压灌浆可以使浆液更好地压入细小缝隙内,增大浆液扩散半径,析出多余的水分,提高灌注材料的密实度。当然,灌浆压力也不能过高,以致使裂隙扩大,引起岩层或坝体的抬动变形。

(5) 灌浆压力和浆液稠度的控制

在灌浆过程中,合理地控制灌浆压力和浆液稠度,是提高灌浆质量的重要因素。

灌浆过程中灌浆压力的控制基本上有两种类型,即一次升压法和分级升压法。

(6) 灌浆的结束条件和封孔

灌浆的结束条件一般用两个指标来控制:一个是残余吸浆量,又称最终吸浆量,即灌到最后的限定吸浆量;另一个是闭浆时间,即在残余吸浆量的情况下保持设计规定压力的延续时间。

国内帷幕灌浆工程中,大多规定在设计规定的压力之下,灌浆孔段的单位吸浆量小于0.4 L/min时,延续30～60 min以后,就可结束灌浆;固结灌浆的结束标准是单位浆量小于0.4 L/min,延续时间30 min。

灌浆结束以后,应随即将灌浆孔清理干净,用水泥砂浆填充密实。对于已经蓄水的帷幕孔,更应及时封闭堵死。否则时间一久,孔壁产生水锈,就不再容易封堵密实,影响帷幕的工作效能。

(7) 灌浆的质量检查

基础灌浆是隐蔽性工程,必须加强灌浆质量的检查和控制。为此,一方面要认真做好灌浆施工的原始记录,严格灌浆施工的工艺控制,防止违程操作;另一方面要在一个灌浆区灌浆结束以后,进行专门性的质量检查,以作出灌浆质量的最后鉴定。灌浆质量检查的结果是工程验收的重要依据。

(三) 化学灌浆

化学灌浆是在水泥灌浆基础上发展起来的新型灌浆方法。将有机高分子材料配制成的浆液灌入地基或建筑物的裂缝中,经胶凝固化后,达到防渗、堵漏、补强、加固的目的。

化学灌浆在基岩处理中是作为水泥灌浆辅助手段的。它主要用于裂隙与空隙细小(0.1 mm以下)、颗粒材料不能灌入;对基础的防渗或强度有较高要求;渗透水流的速度较大,其他灌浆材料不能封堵等情况。

七、高压旋喷注浆桩

高压旋喷注浆桩是以高压旋喷的喷嘴将水泥浆喷入土层与土体混合,形成连续搭接的水泥加固体。高压旋喷注浆法适用于处理淤泥、淤泥质土、流塑、软塑或可塑黏性土、粉土、砂土、黄土、素填土和碎石土等地基。高压旋喷注浆法分旋喷、定喷和摆喷三种类别。根据工程需要和土质要求,施工时可分别采用单管法、二重管法、三重管法和多重管法。高压旋喷注浆法固结体形状可分为垂直墙状、水平板状、柱列状和群状。

单管法、二重管法、三重管法和多重管法的施工程序基本一致，都是先把钻杆插入或打进预定土层中，自下而上进行喷射作业。

第六节　混凝土工程

一、模板和钢筋作业

(一) 模板

1. 模板的类型

根据制作材料，模板可分为木模板、钢模板、混凝土和钢筋混凝土预制模板；根据架立和工作特征，模板可分为固定式、拆移式、移动式和滑动式。固定式模板多用于起伏的基础部位或特殊的异形结构，如蜗壳或扭曲面，其因大小不等、形状各异，难以重复使用。拆移式、移动式和滑动式可重复或连续在形状一致或变化不大的结构上使用，有利于实现标准化和系列化。

2. 模板安装

安装模板前，应按设计图纸测量放样，重要结构应多设控制点，以利检查校正。模板的安装包括放样、立模、支撑加固、吊正找平、尺寸校核、堵设缝隙及清仓去污等工序。模板安装好后，需进行质量检查，合格后方可进入下一道工序。

3. 模板拆除

拆除模板的期限，应遵守下列规定：

(1) 不承重的侧面模板，混凝土强度达到 2.5 MPa 以上，保证其表面及棱角不因拆模而损坏时，方可拆除。

(2) 钢筋混凝土结构的承重模板，混凝土达到下列强度后(按混凝土设计强度标准值的百分率计)，方可拆除，具体标准见表 7-9。

表 7-9　钢筋混凝土结构的承重模板拆除标准

结构名称	跨度	混凝土设计强度标准值
悬臂板、梁	≤2 m	75%
	>2 m	100%
其他梁、板、拱	≤2 m	50%
	2～8 m(含 8 m)	75%
	>8 m	100%

(二) 钢筋

在水利工程钢筋混凝土中常用的钢筋为热轧钢筋。从外形可分为光圆钢筋和带肋钢筋。与光圆钢筋相比，带肋钢筋与混凝土之间的握裹力大，共同工作的性能较好。

钢筋的加工包括清污除锈、调直、下料剪切、接头加工及弯折、连接等内容。

1. 钢筋去污除锈

钢筋表面应洁净，使用前应将表面油渍、漆污、锈皮、鳞锈等清除干净，但对钢筋表面浮锈可不作专门处理。钢筋表面有严重锈蚀、麻坑、斑点等现象时，应经鉴定后视损伤情况确定降级使用或剔除不用。钢筋可在调直或冷拉过程中除锈，可采用手工除锈、机械除锈、喷砂除锈和酸洗除锈等方法。

2. 钢筋调直

钢筋应平直，无局部弯折。成盘的钢筋或弯曲的钢筋应调直后，才允许使用。钢筋调直后如发现钢筋有劈裂现象，应作为废品处理，并应鉴定该批钢筋质量。钢筋的调直宜采用机械调直和冷拉方法调直，严禁采用氧气、乙炔焰烘烤取直。

3. 钢筋下料剪切

钢筋下料长度应根据结构尺寸、混凝土保护层厚度、钢筋弯曲调整值和弯钩增加长度等要求确定。同直径、同钢号且不同长度的各种钢筋编号(设计编号)应先按顺序编制配料表，再根据调直后的钢筋长度和混凝土结构对钢筋接头的要求，统一配料。钢筋切断应根据配料表中编号、直径、长度和数量，长短搭配。

4. 钢筋接头加工及弯折

钢筋的弯折宜采用钢筋弯曲机加工，弯曲形状复杂的钢筋应画线、放样后进行。

5. 钢筋连接

现场施工钢筋连接宜采用绑扎搭接、手工电弧焊、气压焊、竖向钢筋接触电渣焊和机械连接等。

钢筋机械连接接头的类型包括套筒挤压连接、锥螺纹连接和直螺纹连接。其中直螺纹连接分为镦粗直螺纹连接和滚压直螺纹连接(包括直接滚压直螺纹连接、挤肋滚压直螺纹连接、剥肋滚压直螺纹连接)。钢筋接头应分散布置，宜设置在受力较小处，同一构件中的纵向受力钢筋接头宜相互错开，结构构件中纵向受力钢筋的接头应相互错开 $35d$(d 为纵向受力钢筋的较大直径)，且不小于 500 mm。

二、脚手架

(一) 脚手架的分类

(1) 脚手架是为建筑施工或安装施工而搭设的上料、堆料以及施工作业用的临时结构架。按所用的材料，分为木脚手架、钢脚手架和软梯；按是否可移动，分为移动脚手架和固定脚手架；按施工的性质，分为建筑脚手架和安装脚手架。

(2) 按搭接形式和使用用途分为单排脚手架、双排脚手架、结构脚手架、装修脚手架、悬挑脚手架和模板支架。

(3) 按遮挡面积大小分为敞开式脚手架、局部封闭脚手架、半封闭脚手架、全封闭脚手架、开口型脚手架和封圈型脚手架。

(4) 其他脚手架类型有移动挂梯、挂篮和软梯等。

（二）脚手架的技术要求

钢管脚手架所用材料须符合下列要求：

（1）钢管外径应为 48～51 mm，壁厚 3～3.5 mm，长度以 2.1～2.8 m 和 4～6.5 m 为宜，有严重锈蚀、弯曲、裂纹、损坏的不得使用。

（2）扣件应有出厂合格证明，凡脆裂、变形、滑丝的不得使用。

（3）钢制脚手板应采用厚 2～3 mm 的 3 号钢板，以长度 1.4～3.6 m、宽度 23～25 cm、肋高 5 cm 为宜，两端应有连接装置，板面有防滑孔；凡有裂纹、扭曲的不得使用。

（4）脚手架的立杆、大小横杆的间距根据脚手架的使用情况具体确定。

（5）斜道板、跳板的坡度不得大于 1∶3，宽度不得小于 1.5 m。

（三）脚手架的搭设与拆除

（1）脚手架应按顺序搭设，并应符合下列规定。

① 落地作业脚手架、悬挑脚手架的搭设应与工程施工同步，一次搭设高度不应超过最上层连墙件两步，且自由高度不应大于 4 m。

② 支撑脚手架应逐排、逐层进行搭设。

③ 剪刀撑、斜撑杆等加固杆件应随架体同步搭设，不得滞后安装。

④ 构件组装类脚手架的搭设应自一端向另一端延伸，自下而上按步架设，并应逐层改变搭设方向。

⑤ 每搭设完一步架体后，应按规定校正立杆间距、步距、垂直度及水平杆的水平度。

（2）脚手架的拆除作业必须符合下列规定。

① 架体的拆除应从上而下逐层进行，严禁上下同时作业。

② 同层杆件和构配件必须按先外后内的顺序拆除；剪刀撑、斜撑杆等加固杆件必须在拆卸至该杆件所在部位时再拆除。

③ 作业脚手架连墙件必须随架体逐层拆除，严禁先将连墙件整层或数层拆除后再拆架体。拆除作业过程中，当架体的自由端高度超过 2 个步距时，必须采取临时拉结措施。

三、普通混凝土

（一）制备

（1）混凝土配料

混凝土制备的过程包括贮料、供料、配料和拌和，其中配料是按混凝土配合比要求，称准每次拌和的各种材料用量。

混凝土配料要求采用重量配料法，即将砂、石、水泥、掺和料按重量计量，水和外加剂溶液按重量折算成体积计量。

（2）拌合机投料

采用一次投料法时，先将外加剂溶入拌合水，再按砂、水泥、石子的顺序投料，并在投料的同时加入全部拌合水进行搅拌。

采用二次投料法时，先将外加剂溶入拌合水中，再将骨料与水泥分二次投料，第一次投料时加入部分拌合水后搅拌，第二次投料时再加入剩余的拌合水一并搅拌。

（二）运输

混凝土运输是连接拌和与浇筑的中间环节。运输过程包括水平和垂直运输，其设备应配合协调：在运输过程中要求混凝土不初凝、不分离、不漏浆，无严重泌水，无过大的度变化，能保证混凝土入仓温度的要求。所以，装、运、卸不仅应合理安排，而且应满足生产流程各环节的质量要求。

（三）浇筑

混凝土浇筑的施工过程包括浇筑前的准备作业、浇筑时入仓铺料、平仓振捣以及浇筑后的养护。

（1）浇筑前的准备作业

浇筑前的准备作业包括基础面的处理、施工缝的处理、立模、钢筋及预埋件安设等。

（2）入仓铺料

混凝土入仓铺料多用平浇法。它是沿仓面某一边逐条逐层有序连续铺填，如图 7-25 所示。铺料层厚与振动设备性能、混凝土稠度、来料强度和气温高低有关。

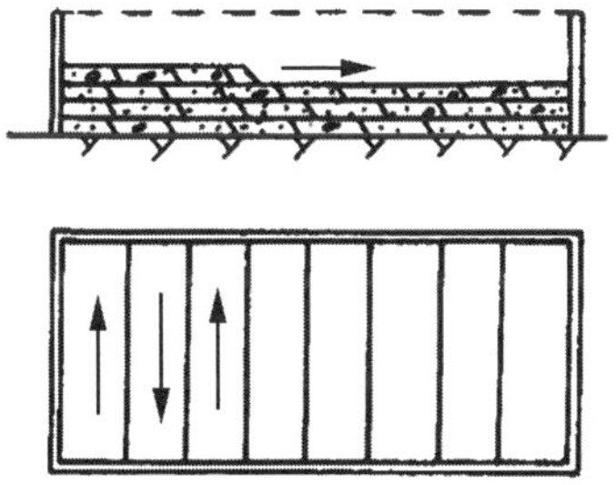
图 7-25　平浇法示意图

（3）平仓振捣

卸入仓内成堆的混凝土料，按规定要求均匀铺平称为平仓。平仓可用插入式振捣器插入料堆顶部振动，使混凝土液化后自行摊平，也可用平仓振捣机进行。

（4）浇筑后的养护

浇筑后的养护是保证混凝土强度增长、不发生开裂的必要措施。通常采用洒水养护或安管喷雾，效果更好。模板对混凝土表面有保护作用，故确定拆模时间应考虑养护的要求。

四、沥青混凝土

（一）制备

1. 制备工艺

水工沥青混合料制备工艺流程目前主要有循环作业式和综合作业式。循环作业式多用于中小型工程和浇筑式沥青混凝土，综合作业式多用于大中型工程。拌合厂设备的选择主要取决于工程规模、工期和坝址气候条件。

2. 拌制

（1）搅拌机。一般采用双轴强制式搅拌机，其额定生产率见表 7-10。细料比例较大时，拌合时间需相应延长，生产率将降低。

表 7-10 沥青混合料搅拌机生产率

搅拌机容量/kg	500	750	1 000	2 000
生产率/(t/h)	30～35	40～50	60～70	120～140

(2) 搅拌时间。先加入骨料、填料干拌约 15 s,然后喷入沥青拌和 30～45 s,以拌合均匀、不出花白料为原则。

(3) 拌合温度。沥青混合料的拌合温度可在沥青运动黏度为 1×10^4～2×10^4 m^2/s 的温度范围内选定。不同针入度的沥青适宜拌合温度见表 7-11。拌合温度的允许误差为 ±10℃,夏季取下限,冬季取上限。最高温度不宜超过 190℃。

表 7-11 不同针入度的沥青的拌合温度

针入度/(1/10 mm)	40～60	60～80	80～100	100～120
拌合温度/℃	160～175	150～165	140～160	135～150

(二) 运输

热拌沥青混合料应采用自卸汽车或保温料罐运输。自卸汽车运输时应防止沥青与车厢黏结。从拌合机向自卸汽车上装料时,应防止粗细骨料离析。

(三) 摊铺

(1) 铺筑沥青混合料之前,必须检查下层的质量,当基层质量不符合要求或未按规定洒布透层、粘层时,不得铺筑沥青面层。

(2) 采用 2LTL245 型沥青摊铺机进行摊铺,摊铺前,必须检查并确定好刮平板宽度、高度,摊铺中应据检查厚度结果调整刮平板高度。沥青设的摊铺温度根据气温变化进行调节。

(3) 摊铺厚度严格按生产性试验确定的松铺厚度控制。面层采用摊铺前后保持相同高差的雪撬式摊铺厚度控制方式进行控制。

(4) 边摊铺边用刮板整平,摊铺不得中途停顿,摊铺好的沥青混合料必须紧接碾压,如果因故不能及时碾压或遇雨时,停止摊铺并对卸下来的料覆盖保温。

(5) 摊铺机一定要保持摊铺的连续性,摊铺过程中不得随意变换速度,避免中途停顿,影响施工质量。

(四) 碾压密实成型

(1) 在混合料完成摊铺和刮平后立即对路面进行检查,对不规则面及时用人工进行修整,随后进行充分均匀地压实。

(2) 沥青混合料的压实按初压、复压、终压成型三个阶段进行。

(五) 接缝处理

施工缝处操作应仔细,接缝应紧密、平顺。横缝处理各层采用斜接缝。铺筑接缝时,可在已压实部分上面铺设一些热混合料并使接缝预热软化,碾压前将预热用的混合料铲除。

五、大体积混凝土的温度控制与防裂

（一）混凝土温度控制的基本任务

混凝土在凝固过程中，由于水泥水化，释放大量水化热，使混凝土内部温度逐步上升。对于尺寸小的结构，由于散热较快，温升不高，不致引起严重后果。但对于大体积混凝土，最小尺寸也常在 3～5 m 以上，而混凝土导热性能随热传导距离呈线性衰减，大部分水化热将积蓄在浇筑块内，使块内温度升至 30℃～50℃，甚至更高。大体积混凝土的温度变化必然引起温度变形，温度变形若受到约束，势必产生温度应力。由于混凝土的抗强度远高于抗拉强度，在温度压应力作用下不致破坏的混凝土，当受到温度拉应力作用时，常因抗拉强度不足而产生裂缝。随着约束情况的不同，大体积混凝土温度裂缝有如下两种。

1. 表面裂缝

混凝土浇筑后，其内部由于水化热温升，体积膨胀，如遇寒潮，气温骤降，表层降温收缩。内胀外缩，在混凝土内部产生压应力，表层产生拉应力。混凝土的抗拉强度远小于抗压强度。当表层温度拉应力超过混凝土的允许抗拉强度时，将产生裂缝，形成表面裂缝。这种裂缝多发生在注块侧壁，方向不定，数量较多。由于初浇的混凝土塑性大，弹模小，限制了拉应力的增长，故这种裂缝短而浅。随着混凝土内部温度下降，外部气温回升，有重新闭合的可能。

2. 贯穿裂缝和深层裂缝

变形和约束是产生应力的两个必要条件。由温度变化引起温度变形是普遍存在的，有无温度应力关键在于有无约束。人们不仅把基岩视为刚性基础，也把已凝固、弹模较大的下部老混凝土视为刚性基础。这种基础对新浇不久的混凝土产生温度变形所施加的约束作用，称为基础约束。这种约束在混凝土升温膨胀期引起压应力，在降温收缩时引起拉应力。当此拉应力超过混凝土的允许抗拉强度时，就会产生裂缝，称为基础约束裂缝。由于这种裂缝自基础面向上开展，严重时可能贯穿整个坝段，故又称为贯穿裂缝。

大体积混凝土温度控制的首要任务是通过控制混凝土的拌合温度来控制混凝土的入仓温度。通过一期冷却降低混凝土内部的水化热温升，从而降低混凝土内部的最高温升，使温差降低到允许范围。其次，大体积混凝土温控的另一任务是通过二期冷却，使坝体温度从最高温度降到接近稳定温度，以便在达到灌浆温度后及时进行纵缝灌浆。

（二）大体积混凝土的温度控制措施

温度控制的具体措施通常有混凝土的减热和散热两方面。

1. 减少混凝土的发热量

（1）减少每立方米混凝土的水泥用量，主要有以下措施。

① 根据坝体的应力场对坝体进行分区，对于不同分区采用不同标号的混凝土。

② 采用低流态或无坍落度的干硬性贫混凝土。

③ 改善骨料级配，增大骨料粒径，对少筋混凝土可埋放大块石，以减少每立方米水泥用量。

④ 大量掺粉煤灰，掺和料的用量可达水泥用量的 25%～40%。

采用高效外加减水剂不仅能节约水泥用量约 20%，使 28 d 龄期混凝土的发热量减少 25%～30%，且能提高混凝土早期强度和极限拉伸值。常用的减水剂有酪木素、糖蜜、MF 复合剂等。

(2) 采用低发热量的水泥。近年已开始生产低热微膨胀水泥，它不仅水化热低，且有微膨胀作用，对降温收缩还可以起到补偿作用，可减小收缩引起的拉应力，有利于防止裂缝的发生。

2. 降低混凝土的入仓温度

(1) 合理安排浇筑时间。在施工组织上安排春、秋季多浇，夏季早晚浇，正午不浇，这是最经济有效的降低入仓温度的措施。

(2) 采用加冰或加冰水拌和。混凝土拌和时，将部分拌和水改为冰屑，利用冰的低温和冰融解时吸收潜热的作用，这样可最大限度地将混凝土温度降低约 20℃。

(3) 对骨料进行预冷。当加冰拌和不能满足要求时，通常采取骨料预冷的办法。骨料预冷的方法有以下几种。

① 水冷。使粗骨料浸入循环冷却水中 30～45 min，或在通入拌合站料仓的皮带机廊道、地垄或隧洞中装设喷洒冷却水的水管。喷洒冷却水皮带段的长度，由降温要求和皮带机运行速度而定。

② 风冷。可在拌合站料仓下部通入冷气，冷风经粗骨料的空隙，由风管返回制冷厂再冷却。

③ 真空气化冷却。利用真空气化吸热原理，将放入密闭容器的骨料利用真空装置抽气，并保持真空状态约半小时，使骨料气化降温冷却。

以上预冷措施需要设备多、费用高。不具备预冷设备的工地，宜采用一些简易的预冷措施，例如在浇筑仓面上搭凉棚，料堆顶上搭凉棚，限制堆料高度，由底层经地垄取低温料，采用地下水拌和，北方地区尚可利用冰窖储冰，以备夏季混凝土拌和使用等。

3. 加速混凝土散热

(1) 采用自然散热冷却降温。采用低块薄层浇筑可增加散热面，并适当延长散热时间，即适当增长间歇时间。在高温季节已采用预冷措施时，则应采用厚块浇筑，缩短间歇时间，防止因气温过高而热量倒流，以保持预冷效果。

(2) 在混凝土内预埋水管通水冷却。在混凝土内预埋蛇形冷却水管，通循环冷水进行降温冷却。水管通常采用直径 20～25 mm 的薄钢管或薄铝管，每盘管长约 200 mm。

第七节　金属结构、机电及设备安装

一、金属结构及设备安装

(一) 闸门

1. 平板闸门安装

(1) 门槽安装。在二期混凝土预留槽内安装门槽。顺序为底坎→主轨→反轨→侧轨→

顶楣→顶楣上部轨道→锁定梁轨道。大多数门槽往往不能一次安装到顶，而要随着建筑物升高而不断升高，此时，土建单位和安装单位应共同协商使用一套脚手架，既节约搭、拆的直线工期，又节约搭拆费用。

孔口中心线和门槽中心线一定要测量准确无误，在门槽安装过程中一定要注意保护好中心线。门槽所有构件安装均以它为准，调整构件相对尺寸、位置合格后，反复检查没有问题后，将构件和土建预留的钢筋头焊牢。一定要确保门槽浇筑二期混凝土时不位移、不变形。

(2) 门叶安装。如门叶尺寸较小，则在工厂制成整体运至现场，经复测检查合格，装上止水橡皮等附件后，直接吊入门槽。如门叶尺寸较大，由工厂分节制造，运到工地后，再现场组装，然后吊入门槽。

(3) 闸门启闭试验。闸门安装完毕后，需做全行程启闭试验，要求门叶启闭灵活无卡阻现象，闸门关闭严密，漏水量不超过允许值。

2. 弧形闸门安装

(1) 门槽安装。弧形闸门门槽由于和门叶配合较紧密，故安装要求误差要小。安装前首先以孔口中心线和支铰中心的高程为准，定出各埋件的测量控制点。门槽部件安装即以相应点为准，调整合格后进行加固，然后浇筑二期混凝土。

(2) 门叶安装。先做好安装前的准备工作，再开始门叶吊装。吊装前先将侧轮装好，然后将门叶由底至顶逐块吊入门槽，再将分块门叶焊成整体，焊接时要对称、均匀、控制变形。门叶焊成整体后即可在迎水面上焊上护面板。待弧形门全部安装完成，并启闭数次后，处于自由状态时才能安装水封。

(3) 支铰安装。基础板二期混凝土强度已达要求后，按图纸将支铰组成整体，整体吊装定位，坚固螺栓。

(4) 支臂安装。支臂安装属关键工序，其质量直接影响门叶启闭是否灵活，双臂受力是否均衡。支臂制作时在与门叶连接端留出了余量，安装时根据实际需要进行修割，使支臂端面与门叶主梁后翼缘等于连接板厚度，然后插入连接板进行焊接。

3. 铸铁闸门安装

铸铁闸门是一种直升直降式闸门，主要靠螺杆启闭机来开启和关闭。铸铁闸门的闸框和闸门是一个整体，必须整体安装。

铸铁闸门安装分为一期混凝土安装方式和二期混凝土安装方式，宜采用二期混凝土方式。二期混凝土安装方式：在一期混凝土中设置闸门安装槽口，槽口尺寸应满足闸门安装调整和二期混凝土浇筑要求；条状钢板在一期混凝土中埋设，埋设位置应与门框和导轨安装位置相对应，且与导轨等高；条状钢板锚筋应与一期混凝土中的钢筋连接牢固；闸门地脚螺栓应与条状钢板埋件焊接牢固。二期混凝土应采用膨胀混凝土，浇筑前应对结合面凿毛处理。采用一期混凝土安装方式时，混凝土浇筑前闸门地脚螺栓应与混凝土中的钢筋连接。

4. 翻板闸门安装

翻板闸门能够实现自动控制水位，主要用于在水库、河流、蓄水池等处拦截或排泄水流。最常用的翻板闸门是水力自控翻板闸门（简称翻板闸门），此类闸门是借助水力和闸门自重等条件，自主完成闸门的启门、全开、回关动作的闸门。

翻板闸门安装包括支墩、钢构件、支腿、面板、止水埋件等安装内容。支墩和止水埋件安装前，应对止水埋件进行复查；二期混凝土的结合面应凿毛，并清除预留槽中杂物。支墩和止水埋件应定位防止偏移，检查合格后宜立即浇筑二期混凝土。面板拼装完毕，安装止水橡胶的部位应找平抹浆，养护后方可安装止水橡胶。止水橡胶安装后应进行闭门自检，每扇闸门应人工启闭一次，门顶的迎水面应成一条直线。闸门间隙应均匀，止水橡胶应不透光。分阶段安装的翻板闸门应对已安装闸门拉到全开锁定。

5. 闸门埋件安装

埋件安装前，应对埋件各项尺寸进行复验，门槽中的模板等杂物及有油污的地方应清除干净。一、二期混凝土的结合面应凿毛，并冲洗干净。二期混凝土门槽的断面尺寸及预埋锚栓或锚板的位置应复验。埋件安装完并经检查合格后，应在 5 d 内浇筑二期混凝土，如过期或有碰撞，应予复测，复测合格，方可浇筑二期混凝土。二期混凝土一次浇筑高度不宜超过 5 m，浇筑时，应注意防止撞击埋件和模板，并采取措施捣实混凝土，应防止二期混凝土离析、跑模和漏浆。埋件的二期混凝土强度达到 70%以后方可拆模，拆模后应对埋件进行复测，并做好记录，同时检查混凝土尺寸，清除遗留的外露钢筋头和模板等杂物，以免影响闸门启闭。工程挡水前，应对全部检修门槽和共用门槽进行试槽。

6. 闸门启闭试验

闸门安装好后，应在无水情况下做全行程启闭试验。试验前应检查挂钩脱钩是否灵活可靠；充水阀在行程范围内的升降是否自如，在最低位置时止水是否严密，同时还须清除门叶上和门槽内所有杂物并检查吊杆的连接情况。启闭时，应在橡胶水封处浇水润滑。有条件时，工作闸门应做动水启闭试验，事故闸门应做动水关闭试验。

（二）启闭机

1. 固定式启闭机安装

固定式启闭机的特点是一机只吊一个门。主要包括固定卷扬式启闭机、液压启闭机、螺杆式启闭机、链式启闭机、曲柄连杆式启闭机。

固定式启闭机的一般安装程序如下。

（1）埋设基础螺栓及支撑垫板。

（2）安装机架。

（3）浇筑基础二期混凝土。

（4）在机架上安装提升机构。

（5）安装电气设备和保护元件。

（6）连接闸门做启闭机操作试验，使各项技术参数和继电保护值达到设计要求。

2. 移动式启闭机安装

移动式启闭机是一机可吊多扇、多种闸门的启闭机，主要包括门式起重机、台车式启闭机、滑车式起重机（又称葫芦）。

移动式启闭机的一般安装程序如下。

（1）轨道安装。

（2）门架安装。

（3）调试与负荷试验。

(三) 拦污栅

拦污栅栅体吊入栅槽后,应做升降试验,检查栅槽有无卡滞情况,检查栅体动作和各节的连接是否可靠。使用清污机清污的拦污栅,其栅体结构与栅槽埋件应满足清污机的运行要求。

(四) 清污机

清污机主要用于清除电站进水口拦污栅上的水库飘浮物。一般由抓斗、液压驱动装置和压重框(导向框)组成。抓斗由固定叶片和活动叶片组成,液压驱动装置控制活动叶片的转动完成抓污动作。

清污机安装安排在拦污栅安装完毕且试槽合格后进行。清污机安装程序如图 7-26 所示。

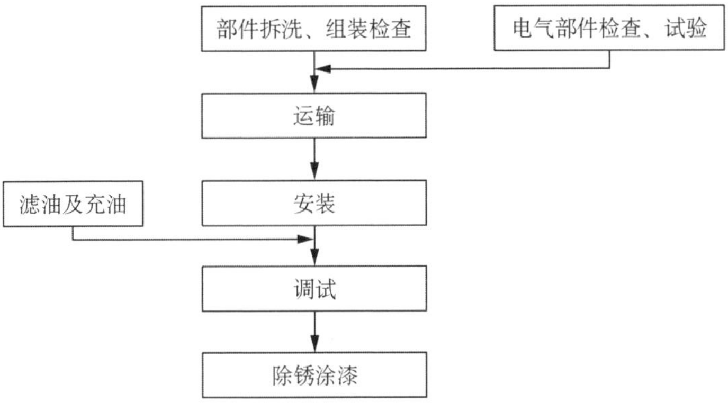

图 7-26　清污机安装程序

(五) 压力钢管

压力钢管是水电站引水发电系统的主要组成部分,它是水轮发电机组的高压流道,因此国内外对压力钢管的技术要求与压力容器相同。

1. 压力钢管的组成

压力钢管的布置形式虽有不同,但在结构上一般都是由上弯管、斜管(或竖井钢管)、下弯管、下水平管等几部分组成。

2. 压力钢管的安装

压力钢管安装包括钢管的运输、始装节(或单元)安装、钢管安装的外支撑与加固、焊缝的装配、凑合节安装、穿越厂房上游墙的管节安装等。

二、机电设备安装

(一) 水轮机

1. 埋设部分

(1) 尾水管安装。潮湿部位应使用不大于 24 V 的照明设备和灯具,尾水管里衬内应使用不大于 12 V 的照明设备和灯具，不应将行灯变压器带入尾水管内使用。尾水管里衬防腐涂漆时，应使用不大于 12 V 的照明设备和灯具，现场严禁有明火作业。

（2）基础环。

① 清扫组合。设备清扫时，应根据设备特点，选择合适的清扫工具及清洗溶剂。清扫现场应进行隔离，15 m 范围内不得动火（及打磨）作业；清扫现场应配备足够数量的灭火器。

② 与座环组合（与座环整体安装）。组合分瓣大件时，应先将一瓣调平垫稳，支点不得少于 3 点。组合第二瓣时，应防止碰撞。应对称拧紧组合螺栓，位置均匀对称分布且不得少于 4 只，设备垫稳后，方可松开吊钩。设备翻身时，设备下方应设置方木或软质垫层予以保护，翻身副钩起吊能力不低于设备本身重量的 1.2 倍。

（3）座环。

① 清扫、组合、点弧形板。

② 焊接。需要进行焊接作业时，应有防止焊接电流通过钢丝绳的措施。

③ 安装。分瓣座环组装时，组装支墩应稳定。首瓣座环就位调平后，应采取防倾覆措施。第二瓣就位后应先调平、固定。其余瓣应按照同样方法就位。采用双机台吊或土法等非常规手段吊装座环时，应编制起重专项方案。专项方案应按程序经审批后实施。

（4）凑合节安装（指基础环与尾水管之间的连接）。

（5）蜗壳安装。

① 挂装。安装蜗壳时，焊在蜗壳环节上的吊环位置应合适，吊环应采用双面焊接且强度满足起吊要求。

② 焊接。蜗壳各焊缝的压板等调整工具，应焊接牢固。

③ 蝶形边及筋板焊接，装排水槽钢。

（6）机坑里衬与接力器里衬安装。机坑里衬焊后应按设计要求进行无损探伤。机坑里衬内支撑应固定牢靠，防止浇混凝土时里衬发生变形或位移。

2. 本体部分

（1）导水机构预拼。

① 底环组合预装。机坑清扫、测定和导水机构预装时，机坑内应搭设牢固的工作平台。

② 导叶安装。导叶吊装时，作业人员注意力应集中，严禁站在固定导叶与活动导叶之间，防止挤伤。

③ 顶盖组合吊装。吊装顶盖等大件前，组合面应清扫干净、磨平高点，吊至安装位置 0.4～0.5 m 处，再次检查清扫安装面。

④ 轴套安装。

⑤ 拐臂安装。导叶轴套、拐臂安装时，头、手严禁伸入轴套、拐臂下方。调整导叶端部间隙时，导叶处与水轮机室应有可靠的信号联系。转轮四周应设置防护网，人员通道应规范畅通。

⑥ 端盖安装（打分瓣键）整体吊出。

⑦ 研磨导叶间隙。导叶工作高度超过 2 m 时，研磨立面间隙和安装导叶密封应在牢固的工作平台上进行。

（2）下固定迷宫环组合安装。

（3）水轮机导轴瓦研刮。导轴瓦进行研刮时，导轴承、轴颈摩擦面应用无水酒精擦拭干净。

(4) 转轮组合焊接。

① 清扫、组合。分瓣转轮组装时,应预先将支墩调平固定。

② 刚度试验。分瓣转轮刚度试验时,应有专门的通风排烟及消防措施。

③ 焊接准备。

④ 焊接(包括裂纹处理)。在专用临时棚内焊接分瓣转轮时,应有专门的通风排烟及消防措施。当连续焊接超过 8 h 时,作业人员应轮流休息。

⑤ 大轴与转轮连接。转轮与主轴连接前,转轮应固定并处于水平位置。连接时,转轮应设置可靠支撑。

⑥ 装、拆车圆架并车圆、磨圆。

(5) 水轮机大件吊装。

① 转轮吊装。大型水轮机转轮在机坑内调整,宜采用桥机辅助和专用工具进行调整的方法,应避免强制顶靠或锤击造成设备的损伤,甚至损坏。

② 导水机构整体吊装。

③ 密封装置安装,轴承装置吊装。导轴承油槽做煤油渗漏试验时,应有防漏、防火的安全措施。轴瓦吊装方法应稳妥可靠,单块瓦重 40 kg 以上应采用手拉葫芦等机械方法吊运。

④ 调速环吊装。

(6) 接力器安装。接力器安装时,吊装应平衡,不得碰撞。

(7) 调速系统安装(包括调速器、油压装置及事故配压阀、回复机构)。

(8) 调速系统调速试验。调速器无水调试完成后,应投入机械锁定,关闭系统主供油阀,并悬挂“禁止操作,有人工作”标志牌。

(9) 大轴连接。

(二) 水轮发电机

水轮发电机的安装程序随机组形式、土建工程进度、设备到货情况、场地布置及起吊设备的能力不同而有所变化,但基本原则是一致的。在一般施工组织设计中,应尽量考虑到同土建工程及水轮机安装进度的平行交叉作业,尽量做到少占直线工期,充分利用现有场地及施工设备进行大件预组装。把已组装好的大件,按顺序分别吊入机坑进行总装,从而保证质量,加快施工进度。

1. 悬式水轮发电机的安装程序

(1) 预埋下部风洞盖板、下部机架及定子的基础垫板。

(2) 在定子机坑内组装定子并下线、安装空气冷却器。为了减少同土建工程及水轮机安装的相互干扰,也可以在安装间进行定子组装、下线;待下机架吊装后,将定子整体吊入找正。

(3) 等水轮机大件吊入机坑后,吊装下部风洞盖板,根据水轮机主轴中心进行找正固定。

(4) 把已组装好的下部机架吊入就位,根据水轮机的主轴中心找正固定,浇捣基础混凝土,并按组装要求调整制动器(风闸)顶部高程。

(5) 将上机架按图纸要求吊入预装,以主轴中心为准,找正机架中心和标高、水平,同定子机座一起钻铰销钉孔，再将上机架吊出。

(6) 在安装间装配转子，将装配好的转子吊入定子内，按水轮机主轴中心、标高、水平进行调整。

(7) 检查发电机定、转子之间的间隙。必要时以转子为基准，校核定子中心，然后浇捣基础混凝土。

(8) 将已预装好的上部机架吊放于定子的基座上面，按定位销孔位置将机架固定。

(9) 装配推力轴承，将转子落到推力轴承上，进行发电机轴线调整。

(10) 连接发电机与水轮机主轴，进行机组总轴线的测量和调整。

(11) 调整推力瓦受力，并按水轮机迷宫环间隙确定转动部分中心。

(12) 安装导轴承、油槽等，配装油、水、气管路。

(13) 安装励磁机和永磁机。

(14) 安装其他零部件。

(15) 进行全面清理检查、喷漆、干燥、耐压。

(16) 启动试运转。

2. 伞式水轮发电机的安装程序

(1) 带轴组装转子

① 预埋下机架及定子基础垫板。

② 在机坑内进行定子的组装和下线，安装空气冷却器。若场地允许，也可以在机坑外进行定子的组装和下线，然后把它整体吊入找正。

③ 把已组装好的下部机架吊入机坑，按水轮机主轴找正固定。浇筑基础混凝土。

④ 将装配好的转子吊入定子内，直接放在下部机架的推力轴承上，并按水轮机主轴调整转子中心、水平、标高，然后与水轮机主轴连接。

⑤ 检查发电机定子、转子之间的空气间隙。必要时调整定子的中心，然后浇筑定子基础混凝土。

⑥ 把组装好的上部机架吊放于定子上机座的上面，按发电机的主轴找正固定。

⑦ 安装上导瓦、下导瓦，盘车测量液压推力轴承镜板的轴向波动，必要时刮推力头绝缘垫。同时测量液压推力轴承弹性箱的弹缩值，并作必要的调整。

⑧ 根据水轮机迷宫环的间隙，调整转动部分的中心。

⑨ 调整导轴瓦间隙，装推力轴承及导轴承的油槽，配内部油、水、气管路。

⑩ 安装励磁机及永磁机。

⑪ 安装其他零部件。

⑫ 全面清扫、喷漆、干燥。

⑬ 启动试运转。

(2) 不带轴组装转子

① 预埋下机架及定子基础垫板。

② 在机坑内进行定子的组装和下线，安装空气冷却器。若场地允许，也可以在机坑外进行定子的组装和下线，然后把它整体吊入找正。

③ 把已组装好的下部机架及推力轴吊入机坑找正固定。

④ 在装配场上进行轮毂烧嵌，然后把主轴吊入机坑，落于下部机架推力轴承上，按水轮

机主轴找正发电机主轴。

⑤ 连接发电机与水轮机主轴，盘车测量并调整总轴线。

⑥ 吊入已装好的发电机转子，并与主轴轮毂连接。

⑦ 检查发电机的空气间隙，并做定子中心的校核，浇捣基础混凝土。

⑧ 吊装上部机架，测量并调整液压推力轴承弹性箱的弹缩值。

⑨ 以水轮机迷宫环为准，调整转动部分中心。

⑩ 调整导轴瓦间隙，装推力油槽及导轴承油槽。

⑪ 安装励磁机及永磁发电机。

⑫ 安装其他零部件。

⑬ 全面清扫、喷漆、干燥。

⑭ 启动试运转。

3. 卧式水轮发电机的安装程序

（1）大型分瓣定子

① 基础埋设。

② 轴瓦研刮后，将轴承座吊入基础。

③ 在安装间进行分瓣定子下线。

④ 把已下线的下瓣定子吊入基础。

⑤ 用钢琴线法同时测量并调整轴承座及下瓣定子的中心。

⑥ 将上瓣定子吊入和下瓣定子组合，进行绕组接头的连接。

⑦ 在安装间组装转子或对整体转子进行检查试验，然后将整体转子吊放在轴承座上。

⑧ 以水轮机主轴法兰为基准，进一步调整轴承座，使发电机主轴法兰同心及平行，并以盘车方式检查和精刮轴瓦。

⑨ 盘车测量和调整机组轴线，并进行主轴连接。

⑩ 测量发电机空气间隙，校核定子中心，固定基础螺栓。

⑪ 轴承间隙调整。

⑫ 定子端盖安装。

⑬ 励磁机、永磁机及其他零部件安装。

（2）小型整体定子

① 基础埋设。

② 轴瓦研刮后，将轴承座吊入基础找正。

③ 在安装间把定子套入转子后，一齐吊入基础找正。

其他程序同分瓣定子的安装。机组带额定负荷连续运行时间为 72 h。

（三）水泵

1. 立式水泵安装

安装前对叶轮叶片外缘的圆度（球度）进行检查，应符合设计要求。叶轮外壳内圆圆度，在叶片进水边和出水边位置所测半径与平均半径之差，不应超过叶片间隙设计值的±10％。

立式电动机转子安装前，应对定子、转子进行全面清理，防止杂物落入电动机内部。立式机组安装时，其转动部件与固定部件的轴向间距应符合设计要求；当设计无要求时，应大于机组顶车的高度。

2. 卧式与斜式水泵安装

安装前应对水泵各部件进行检查，各组合面应无毛刺、伤痕，加工面应光洁，各部件无缺陷，并配合正确。

卧式水泵与斜式水泵的组装应符合下列规定。

(1) 叶轮与泵轴组装后，叶轮密封环处和轴套外圆的允许跳动值应符合相关规定，泵轴摆度值不应大于 0.05 mm。

(2) 叶轮与轴套的端面应与轴线垂直。

(3) 密封环与泵壳间的单侧径向间隙，宜为 0～0.03 mm。

(4) 密封环处的轴向间隙应大于 1.0 mm，并大于转动部件的轴向窜动量。

(5) 斜式与卧式水泵安装时，上、下叶片间隙应将机组运行时因滑动导轴承的油楔作用产生的叶轮上浮量计算在内，下叶片间隙应小于上叶片间隙，具体数值应由制造商提供。

当电动机出厂时间超过 1 年时，安装前应进行抽芯检查。卧式电动机与斜式电动机安装时，不应将钢丝绳直接绑扎在轴颈、集电环和换向器上起吊转子，不应碰伤定子、转子绕组和铁芯。

3. 灯泡贯流水泵安装

叶轮与主轴连接后，组合面应无间隙，用 0.05 mm 塞尺检查，应不能塞入。泵体与流道进口与出口之间的伸缩节安装应有足够的伸缩距离，插入管(套管)与底座应同心，四周间隙应均匀，密封填料压紧程度应适当，不应漏水。

灯泡贯流泵机组电动机顶罩与定子组合面应配合良好，并应测量及记录由于灯泡质量引起定子进水侧的下沉值。总体安装完毕后，灯泡体应按设计要求进行严密性耐压试验。

4. 潜水泵安装

潜水泵安装前应对外观进行检查。若表面防腐涂层受到损坏和锈蚀，应按规定进行修补处理。立式潜水泵泵座圆度偏差不应大于 1.5 mm，平面度偏差不应大于 0.5 mm，中心偏差不应大于 3 mm，高程偏差不应超过±3 mm，水平偏差不应大于 0.2 mm/m。井筒座与泵座垂直同轴度偏差不应大于 2 mm，井筒座水平偏差不应大于 0.5 mm/m。潜水泵吊装就位，与底座之间宜采用 0 形橡胶圈密封，且应配合密封良好。

电缆应随同潜水泵移动，并保护电缆，不得将电缆用作起重绳索或用力拉拽。安装后应将电缆理直并用软绳将其捆绑在起重绳索上，捆绑间距应为 300～500 mm。

5. 机组试运行

泵站每台机组投入运行前，应进行机组启动验收。机组启动验收或首(末)台机组启动验收前，应进行机组启动试运行。单台机组试运行时间应在 7 d 内累计运行 48 h 或连续运行 24 h(均含全站机组联合运行小时数)。全站机组联合运行时间宜为 6 h，且机组无故障停机 3 次，每次无故障停机时间不宜超过 1 h。

(四) 水力机械辅助设备

1. 油系统的安装

(1) 透平油系统

主要安装内容如下。

① 油泵、压力滤油机、离心滤油机、真空滤油机、移动式滤油设备等。

② 透平油桶、油罐、油箱及油池。

③ 烘箱、油再生设备。

④ 管路(明设、暗设)及其附件(弯头、三通、渐变管、管路的支吊架等)。油系统管路焊接宜采用氩弧焊封底,手工电弧焊盖面。

⑤ 阀门。

⑥ 设备、油桶、油罐、油箱的基础,设备安装吊环和设备支架。

⑦ 管网测量控制元件(温度计、液位信号、示流信号器、油混水信号器等)。

(2) 绝缘油系统

主要安装内容如下。

① 油泵、滤油机等设备。

② 绝缘油桶、油罐。

③ 阀门。

④ 管路(明设、暗设),管路附件,管路支吊架。油系统管路焊接宜采用氩弧焊封底,手工电弧焊盖面。

⑤ 设备、绝缘油桶基础、设备安装吊环等。

2. 压气系统的安装

主要安装内容如下。

(1) 压气机(空冷、水冷)等设备。

(2) 储气罐。

(3) 各种阀门。

(4) 管路(明设、暗设)、管路附件、管路的支吊架。

(5) 设备、储气罐的基础,设备安装用吊环。

(6) 单机调试、压气系统的调试等。

3. 水系统的安装

(1) 供水系统

供水系统主要安装内容如下。

① 水泵、射流泵、滤水器等设备。

② 阀门。

③ 管路吸、排水口(明设、暗设),管路附件,管路的支吊架。

④ 自动化元件。

⑤ 设备基础、设备安装用吊环等。

⑥ 单机调试、供水系统的调试。

(2) 排水系统

排水系统主要安装内容如下。

① 离心水泵、深井泵、射流泵、泥浆泵、潜水泵等设备。

② 阀门。

③ 管路吸、排水口(明设、暗设),管路附件,管路的支吊架。

④ 自动化元件。

⑤ 设备基础、设备安装用吊环等。

⑥ 单机调试、排水系统的调试。

4. 管路安装

水电站管路安装包括管件及支架的制作、管架及管路的安装、阀门及表计的试压校验安装、系统管路压力试验、管路油漆等。

(五) 通风消防系统设备

1. 风机安装

按照图纸要求安装风机，经检查无误后浇筑二期混凝土。

2. 风管安装

风管安装在与风管连接的设备安装就绪后进行。其安装顺序为安装前的检查→支、吊架安装→风管安装→风管的检测→保温。

(六) 发电机电压配电设备

发电机电压配电设备安装包括发电机断路器、消弧线圈、电压互感器、电流互感器、厂用变压器和母线等。

(七) 二次设备

二次设备安装归纳起来有以下内容：立盘、配线、继电器和元器件的整定、调试。

(1) 盘用基础槽钢埋设、二期混凝土浇筑、抹平。

(2) 立盘(屏、柜)。垂直、水平、屏间的距离、边屏、基础接地等均应按相关规范和设计要求施工。

(3) 盘上所有器具、元件、继电器全部由试验人员校验、整定及率定合格。主要包含各种继电器元件、信号灯、按钮、光字牌、电阻、熔丝、盘顶小母线等。

(4) 端子排安装，应注意安装单位的编号和标志。

(5) 将电缆头做好，注意芯线预留的长度要同盘顶一样高，对线及编号应按图纸配线，电缆与屏内设备连接必须通过端子排。

(6) 按原理图对线、盘内少量改线(3～5 级)器具或单元进行试验、调试、整个回路调试、整体调试。

(八) 自动化控制工程

自动化控制工程施工包括线缆敷设、自动化仪表及取源部件安装、可编程控制器 PLC 安装、视频系统安装、计算机监控及信息系统安装、自动化系统模拟调试等。

1. 线缆敷设

线缆敷设包括线缆、光缆敷设。

(1) 线缆敷设应符合以下规定。

① 线缆进场应进行检查验收，产品规格、型号、性能应符合设计要求；外包装和外护套应完整无损，出厂质检报告、合格证、出厂测试记录应齐全，外包装应有型号和规格。

② 线缆的布放应自然平直，不得产生扭绞、打圈等现象；敷设时，不应使电缆在支架上

及地面摩擦、拖拉。

③ 敷设电缆应合理安排，不宜交叉，不应受外力的挤压和损伤。当仪表电缆与电力电缆交叉敷设时，宜成直角；当平行敷设时，其相互间的距离应符合设计文件规定。

④ 电缆敷设后，两端应做电缆头。当制作电缆头时，绝缘带应干燥、清洁、无折皱、层间无空隙；当抽出屏蔽接地线时，不应损坏绝缘；在潮湿或有油污的位置，应采取防潮、防油措施。

⑤ 线缆应有余量以适应成端、终接、检测和变更。

(2) 光缆敷设应符合下列规定。

① 光缆敷设前应进行外观检查和光纤导通检查。

② 光缆线路中间不宜有接头，光缆的弯曲半径不应小于光缆外径的 15 倍。

③ 光缆敷设时，光缆应由绕盘上方放出，并应保持松弛弧形，光缆敷设过程中应无扭结现象发生。在线路的拐弯处、电缆井内以及终端处，应预留适当的长度，并应有标识。

④ 光缆敷设完毕，光缆端头应作密封防潮处理，不得浸水。

2. 自动化仪表及取源部件安装

自动化仪表包括温度检测仪表、压力检测仪表、流量检测仪表、物位检测仪表、机械量检测仪表等。

仪表及取源部件等设备到达现场后，应进行开箱检查。仪表设备和材料应按保管条件分区、分类保管。仪表安装后应牢固、平正。仪表铭牌和仪表位号标识应齐全、牢固、清晰。仪表接线箱(盒)应采取密封措施，引入口不宜朝上。当不可避免时，应采取密封措施。对仪表和仪表电源设备进行绝缘电阻测量时，应有防止弱电设备及电子元件被损坏的措施。

设备上的取源部件应在设备制造的同时安装，管道上的取源部件应在管道预制、安装的同时安装。在设备或管道上安装取源部件不应在焊缝及其边缘上开孔及焊接；开孔和焊接工作应在设备或管道的防腐、衬里和压力试验前进行。在砌体和混凝土浇筑体上安装的取源部件，应在砌筑或浇筑的同时埋入，埋设深度、露出长度应符合设计和工艺要求。当无法同时安装时，应预留安装孔。安装孔周围应按设计文件规定的材料填充密实、封堵严密。

3. 可编程控制器 PLC 安装

PLC 选用应具有高可靠性的主控制器，配有显示运行状态的液晶显示屏，IO 模块应具有热插拔功能，每个信号回路独立隔离，输入输出光电隔离。PLC 及各模块单元的配置，宜考虑以后的改造、扩展需要，I/O 点数应留有 20%以上的余量。固定和接线用的紧固件、接线端子应完好无损，且应无污物和锈蚀。柜内设备的电气绝缘性能、电气性能应根据 PLC 柜负荷选择并满足扩充的要求。提供给 PLC 电源与输入输出设备的电源分开，并在 PLC 电源导入部的附件安装噪声滤波器。PLC 柜内应有明显的接地标志，接地系统的连接方式和接地电阻值应符合设计要求。PLC 柜保护接地应接到低压电气设备的保护接地网上，连接应可靠，不应串联接地；在 PLC 柜内应分类设置保护接地汇流排、信号及屏蔽接地汇流排(工作接地汇流排)。

人机界面中各项功能、控制、参数、显示和设置、泵闸运行画面图像显示满足设计和运行管理的要求。设备控制具备远程控制、本地自动控制和现场手动控制三种方式时，现场手动控制优先级应最高，各项控制功能(开机、停机和事故停机)及控制响应时间应符合设计要求。设备控制应配备紧急停止按钮,能及时有效切断设备动力电源。

4. 视频系统安装

摄像机镜头的立杆应与基础固定牢靠,应确保在最大风荷载的情况下,立杆不倾斜。如在路边(绿化带)无基础时,应另设混凝土基础,基础尺寸通过稳定计算确定。摄像机所有线路必须全程穿管或走线槽,不便于穿管或走线槽的部位应采取适当的保护措施。所布线路上存在局部有干扰源时,应采用钢管,管内应无毛刺,管口应平整;如埋地安装时,管接头处应作密封处理。视频电缆到摄像机的预留长度不应小于 30 cm。

5. 计算机监控及信息系统安装

计算机监控系统应具有完善的测量、控制、保护和监视功能,满足泵闸控制与调节、安全监视及生产运行管理等多方面的要求。计算机监控系统分为远程调度层、泵闸监控层、现地控制层,各单元应相对独立、智能化程度高、通用性好、支持多种标准化协议。系统应具备可靠的通信网络,远程调度层、泵站监控层、现地控制层的通信方式应符合设计文件的规定。通信应采用成熟、开放、通用的标准协议与接口。系统控制权宜分为远程调度层、泵闸监控层与现地控制层,控制权限应按照实际运行与调度需求由设计或行业主管部门确定。

6. 自动化系统模拟调试

自动化系统调试应在系统安装完成验收合格后,根据有关标准和技术文件进行系统模拟调试,系统调试前应编制调试大纲。重要设备应有制造厂调试人员参与调试。系统模拟调试包括模拟量数据采集、联锁报警、顺序控制等各项功能的模拟测试,测试结果应符合设计要求。

自动化系统模拟调试条件应满足下列要求。

(1) 调试应在设备安装完成,验收合格后进行。

(2) 模拟量数据采集、联锁报警、顺序控制等各项功能的模拟测试,测试结果应符合设计要求。

造价构成篇

第八章　水利工程造价管理概论

第一节　水利工程造价概述

一、水利工程造价的发展历程

水利设施的功能分为：①通过各类水害预防措施来建立、保持和强化水安全；②通过建设和管理各种水工设施来调控、利用和保护水资源；③通过截污治污、疏通水系、生态治理等措施来治理、维护和美化水环境。随着科技的进步和社会的发展，水利工程的设计、建设和管理逐渐变得更加复杂、精细和智能。

我国工程造价早在唐朝就有记载，但发展缓慢。20 世纪 50—70 年代，我国的建设工程造价管理制度是政府计划主导的指令化计价模式。工程造价是在计划分配建设工程任务的管理模式下，根据量价合一的概预算定额合计形成的工程建造的计划价格。

90 年代中后期，《建筑法》《合同法》《招标投标法》相继出台。2001 年以后，国有施工企业改制，成为独立市场主体。随后，多数省市陆续取消量价合一的概预算定额，通过"量价分离、单项报价、市场定价"等改革，逐步演化形成市场化计价模式。

21 世纪初，随着市场化计价模式和施工企业的不断成熟，住房和城乡建设部、水利部和部分东部沿海省市开始试点以清单报价为核心的计价模式。2003 年 2 月，住房和城乡建设部颁布第一版《建设工程工程量清单计价规范》(GB 50500)。2007 年 4 月，水利部颁布第一版《水利工程工程量清单计价规范》(GB 50501)。

21 世纪 20 年代，随着中国式现代化进程的不断深化，以数字革命为主要特征的新质生产力对水利工程造价管理产生了深远的影响。一是建立在 BIM 模型基础上的算量工具，显著提升了工程计量的效率和精准度；二是建立在通用项目指标库基础上的概估算指标工具，显著提升了概估算的精准度；三是适用于全过程造价管理的各类应用软件平台，提升了水利工程造价管理的生产力水平。

二、水利工程造价的基本概念

工程造价(Project Costs，PC)即工程的建造价格，是工程项目在建设期预计或实际支出的建设费用。水利工程造价即水利工程的建造价格，是水利工程项目在建设期预计或实际支出的建设费用。

水利工程造价管理(Cost Management of Hydraulic Engineering，CM of HE)是综合运

用管理学、经济学和工程技术等方面的知识与技能，对水利工程造价进行预测、计划、控制、核算、分析和评价等的工作过程。

水利工程计价（Pricing or Estimating of Hydraulic Engineering, PE of HE）是按照法律法规和标准等规定的程序、方法和依据，对水利工程造价及其构成内容进行的预测或确定。

水利工程造价管理是水利工程建设的投资控制手段，贯穿水利工程项目建设的全过程，运用最新的信息技术和智能手段，通过定额组价、清单报价、市场询价、平台估价等多种计价渠道，对水利工程项目造价进行全方位、全过程的科学管理，实现水利工程项目经济效益和社会效益的最大化。

三、水利工程的主要特点

水利工程建设作为土木工程建设的特殊一类，具有以下特点。

(1) 工程差异大、制约因素多。水利建设项目有特定的目的和用途，须单独设计和建设，即使是相同规模的同类项目，由于工程地点、地区条件和自然条件（如水文、气候）等不同，其设计和施工也有一定的差异。

(2) 水利工程投资大、建设周期长。水利建设项目施工中需要消耗大量的人力、物力和财力，且受地理环境和地质条件影响，工程复杂、工期长。大型水利工程工期甚至长达十几年，如长江三峡工程、小浪底水利枢纽工程、南水北调工程等。

(3) 环节多、涉及的专业和部门多。由于水利工程建设项目的特殊性，建设地点须经多方案选择和比较，要经过规划、可行性研究、设计和施工等建设程序。且水利枢纽工程除主体工程外，还包含房屋建筑工程、交通工程、给排水工程、通信工程等，需同各专业部门协调配合完成。

(4) 涉及面广、关系错综复杂。水利建设项目一般为多目标综合开发利用工程，如水库、大坝、溢洪道、泄水建筑物、引水建筑物、电厂、船闸等，具有防洪、发电、灌溉、供水、航运等综合效益，需要科学组织和编写施工组织设计，并采用现代施工技术和科学的施工管理，才能确保优质、高效完成预期目标。

四、水利工程造价的主要特点

水利工程的上述诸多特点也必然决定了水利工程造价具有复杂性、独特性、动态性、多次性等显著特点。

1. 复杂性

水利工程造价的复杂性主要体现在功能领域多、方案比选难、施工技术偏、风险因素多等方面。

水利设施的功能涉及防洪、灌溉、供水、排水、水电等多个领域，大中型水利枢纽工程一般兼具多项功能，每个领域的结构形式、项目特点、工艺要求和计量计价规定各不相同。

水利工程的社会效益和环境效益显著，不同设计方案的工程造价差异较大，但工程效益又往往难以用经济指标直接量化，要运用多目标分析法综合评估，选择合适的设计方案。

水利工程涉及多项特有施工技术，如坝工混凝土施工、地下隧洞和岩土施工、导流和围堰施工、现场风水电自供、混凝土及骨料加工、水力机械和金属结构制作和安装等。

水利工程具有较强的系统性和流域性，受气候、地质、水文等自然条件和环境因素的影响较大，水库、供水、防洪等工程的地域分布较大，影响水利工程造价的风险因素较多。

2. 独特性

由于每个水利工程都有特定的功能组合，而且水利工程的边界条件复杂，影响因素和制约条件多，不同水利工程设计方案的差异较大，进而导致水利工程造价的独特性。

水利工程功能组合的独特性导致水利工程平面布置和项目划分的独特性，一般需要先按功能领域分为若干个单项工程，再进一步划分为单位工程、分类工程、分项工程。

水利工程边界条件的复杂独特性导致水利工程的结构形式、尺寸空间、构造做法等的独特性。不同水利工程的项目子项内容和项目特征描述差异较大，难以做到标准化套用。

水利工程中涉及水流的一些部位或构件，空间设计和外形尺寸比较复杂，属于造型独特的空间形态，需要运用特定软件程序或专用算量工具，才能精准计算该项目的工程量。

3. 动态性

水利工程造价的动态性主要体现在决策实施周期长、设计方案不确定、实施过程变数多等方面。

水利工程的规模大、涉及广、复杂性、独特性、风险大等特点，导致决策和实施周期较长，进而导致水利工程从规划立项到竣工交付期间的政策、价格存在诸多变数。

水利工程的项目周期长、地域范围广、刚性约束强、环境变量多等特点，导致设计方案具有较大的不确定性，需要随着项目建设的逐步推进不断修正和持续深化。

进入施工实施阶段后，边界约束和环境变量依然存在不确定性。由于施工技术的独特性，要通过现场试验确定技术参数。这些都导致水利工程的实施过程变数较多。

4. 多次性

水利工程造价在工程建设的不同阶段需要进行多次计价。从可行性研究阶段的投资估算到初步设计阶段的设计概算，再到施工图阶段的施工图预算、工程招标阶段的标底和报价、施工阶段的工程结算以及竣工阶段的竣工决算，每个阶段都需要进行造价的确定工作。

第二节　工程造价文件分类

水利工程基本建设程序是由水行政主管部门和项目法人单位根据水利工程建设规划和年度计划安排，开展水利基础设施建设和其他水利固定资产投资建设项目时，需要遵循的一系列规范化、标准化的操作步骤和管理流程。这些步骤和流程确保了项目的科学性、合理性、有效性和安全性，从而保证了投资的经济效益和社会效益。

水利工程基本建设程序可以分为项目决策和设计、建设准备和实施、项目验收和评估等三个板块。各参建单位根据水利工程建设程序的职能分工，在每个板块的不同阶段、不同环节，形成各自功能的水利工程造价文件。

一、项目决策和设计的造价文件

项目策划决策和设计深化分为两阶段设计和三阶段设计。两阶段设计即初步设计和施工图设计,适用于一般建设项目;三阶段设计即初步设计、技术设计和施工图设计,适用于技术复杂、基础资料缺乏和不足的建设项目。

设计阶段与造价文件对应关系:①项目建议书和可行性研究(方案设计)对应工程造价文件的投资估算;②初步设计和技术设计对应工程造价文件的设计概算(修正概算);③施工图设计对应工程造价文件的施工图预算。

(一)项目建议书和可行性研究以及投资估算

1. 项目建议书

(1)水利工程的项目建议书是对拟建水利工程项目提出框架性总体设想的项目建议文件,其中包括编制相应的投资估算(也称为"投资匡算")。项目建议书可以由项目发起单位或项目筹建单位自行编制,也可以委托专业机构编制。

(2)水利工程的项目建议书必须依据国家和地区经济社会发展规划、国土空间规划、流域综合规划、区域规划、专业规划,并遵循国家产业政策和基本建设投资指引要求编制。

(3)项目建议书应概略描述项目意图、建设方案、主要内容和建设条件,重点论证项目建设的依据和必要性、规模和方案、投资和效益、资金筹措方案。论证建设该工程项目的必要性,提出工程任务,对工程的建设方案和规模进行分析论证,评价项目建设的合理性。

2. 可行性研究

(1)可行性研究(Feasibility Study)是对项目进行方案比较,对项目在技术上是否可行和经济上是否合理进行科学的分析和论证。它主要包括论证工程建设的必要性、确定主要水文参数和成果、初步选定工程规模、工程总体布置、主要建筑物的基本形式、初定工程管理方案、评价工程建设对环境和水土保持设施的影响、估算工程投资、明确工程效益、分析主要指标、评价工程的经济合理性和财务可行性等。

(2)水利工程建设项目的可行性研究应以批准的项目建议书为依据,并符合国家和地区经济社会发展规划、国土空间规划、江河流域(河段)规划、区域综合规划或专业规划,遵循国家产业政策和基本建设投资指引要求。直接开展可行性研究的水利工程建设项目,应以批准的江河流域(河段)规划、区域综合规划或专业规划为依据。

(3)对于技术和环境特别复杂的大型和特大型水利水电工程,为了降低项目投资风险,减少不必要的试错损失,可以先开展"预可行性研究",为后续的调查勘测和深入论证创造条件。

(4)可行性研究报告按国家现行规定的审批权限报批。申报项目可行性研究报告,必须同时提出项目法人组建方案及运行机制、资金筹措方案、资金结构及回收资金的办法,并依照有关规定附具有管辖权的水行政主管部门或流域机构签署的规划同意书,以及对取水许可预申请的书面审查意见。审批部门要委托有项目相应资格的工程咨询机构对可行性报告进行评估,并综合行业归口主管部门、投资机构(公司)、项目法人(或项目法人筹备机构)等方面的意见进行审批。可行性研究报告经批准后,不得随意修改和变更,在主要内容上有重要变动，应经原批准机关复审同意；应正式成立项目法人，并按项目法人责任制实行项目管理。经过批准的可行性研究报告，是项目决策和进行初步设计的依据。

3. 投资估算

（1）投资估算文件是在简述工程概况的基础上，说明工程静态总投资、总投资、工程部分投资、建设征地移民补偿投资、环境保护工程投资、水土保持工程投资、价差预备费以及建设期融资利息等投资估算主要指标，包括正文和附件（环境保护工程和水土保持工程的投资估算仅介绍正文部分）。

（2）投资估算报告正文包括：①编制说明；②投资对比分析说明；③工程估算总表；④工程部分估算表；⑤工程部分估算附表。

（3）编制说明的主要内容包括：工程概况、投资主要指标、编制原则和依据、基础单价、工程单价、工程各部分估算、总估算、其他说明等。

（4）工程部分投资估算应包括：①工程部分总估算表；②建筑工程估算表；③机电设备及安装工程估算表；④金属结构设备及安装工程估算表；⑤输水管线设备及安装工程估算表；⑥施工临时工程估算表；⑦独立费用估算表；⑧分年度投资表；⑨资金流量表（枢纽工程附该表）。

（5）建设征地移民补偿费用估算应包括：①建设征地移民补偿费用总估算表；②主要补偿补助单价分析表；③建设征地补偿费用分项估算表；④分年度资金计划表。

（6）环境保护工程投资估算应包括：①环境保护工程总估算表；②环境保护措施估算表；③独立费用估算表；④分年度投资表；⑤其他单项工程估算表。

（7）水土保持工程投资估算应包括：①水土保持工程总估算表；②工程措施估算表；③植物措施估算表；④临时工程估算表；⑤独立费用估算表；⑥分年度投资表；⑦主要工程单价汇总表；⑧主要材料单价汇总表；⑨机械台班（时）费汇总表。

（二）初步设计和技术设计以及设计概算

1. 初步设计和技术设计

（1）初步设计（Draft Design）是以批准的可行性研究报告、相关技术标准、深化调查及详细勘测结果为基础，对项目的工程规模、总体布置、建筑物型式、主要设备、实施计划等进行技术设计和经济分析的设计过程，其中包括编制相应的设计概算，为施工图设计提供可靠依据，为项目实施提供详细规划和技术指导。

（2）对于技术和环境特别复杂的大型和特大型水利水电工程，针对“特殊工艺流程、某些关键部位的结构形式、特殊的工程措施、新型设备的深化设计”等主要技术问题，必要时可以在初步设计的基础上开展科学研究和深化设计，称为“技术深化设计”。

2. 设计概算

（1）水利工程设计概算是指在初步设计阶段，依据批准的投资估算和设计概算编制的相关规定，根据初步设计或扩大初步设计文件、相关定额和相关价格市场信息，由设计单位或造价咨询机构编制的，包括项目建设全过程所有费用的静态投资工程造价。

（2）对于技术和环境特别复杂，需要开展技术深化设计的大型和特大型水利水电工程，应在技术深化设计完成后编制“修正概算”。

（3）初步设计阶段的工程造价文件（设计概算、修正概算）是在简述工程概况的基础上，说明工程静态总投资、总投资、工程部分投资、建设征地移民补偿投资、环境保护工程投资、水土保持工程投资、价差预备费以及建设期融资利息等投资估算主要指标。设计概算(修正概算)文件包括正文和附件。

(4) 初步设计阶段设计概算(修正概算)报告正文包括:①编制说明;②投资对比分析说明;③工程概算总表;④工程部分设计概算表;⑤工程部分概算附表。

(5) 初步设计阶段设计概算报告附件包括:①人工预算单价计算表;②主要材料运输费用计算表;③主要材料预算价格计算表;④施工用电价格计算书;⑤施工用水价格计算书;⑥施工用风价格计算书;⑦补充定额计算书;⑧补充施工机械台时费计算书;⑨砂石料单价计算书;⑩混凝土材料单价计算表;⑪建筑工程单价表;⑫安装工程单价表;⑬主要设备运杂费率计算书;⑭施工房屋建筑工程投资计算书;⑮独立费用计算书(按独立项目分项计算);⑯分年度投资计算表;⑰资金流量计算表;⑱价差预备费计算表;⑲确定人工、材料、设备价格和相关费用依据的有关文件、询价报价资料及其他相关材料。

(三) 施工图设计和施工图预算

1. 施工图设计

(1) 施工图设计(Construction Design)是为满足相关采购、制作、施工的需要,以批准的初步设计、技术设计、相关技术标准为依据,深入了解相关的材料、设备、工艺、技术,综合考虑各专业设计的交叉衔接,完成结构深化设计和细部构造设计,绘制完整的设计详图的设计过程,其中包括编制相应的施工图预算。

(2) 水闸、泵站等水利枢纽建筑物工程的施工图纸一般包括:①施工图设计总说明;②地质平面图及剖面图;③主体工程土建施工图;④金属结构施工图;⑤电气及自动化工程施工图;⑥水力机械及辅助设备工程施工图;⑦管理楼等附属建筑物房建施工图;⑧水土保持施工图;⑨景观图;等等。

(3) 防汛墙、海塘、堤防工程的施工图纸一般包括:①施工图设计总说明;②总平面布置图;③平面布置图;④典型断面图;⑤套绘图;⑥结构详图;⑦钢筋图等。如果涉及涵闸、泵站等穿堤建筑物时,穿堤建筑物的施工图纸参照水利枢纽建筑物工程的施工图纸组成。

(4) 农田水利工程的施工图纸一般包括:①施工图设计总说明;②总平面布置图;③灌溉工程图纸;④排涝工程图纸;⑤水系沟通工程图纸;等等。

灌溉工程一般包括:①灌溉泵站;②渠系工程;③渠(沟)系建筑物;④喷灌微灌工程;⑤排水降渍工程;⑥田间交通工程;等等。

排涝工程一般包括:①排涝泵站;②圩堤;③自动化系统;等等。

水系沟通工程一般包括:①河道上的坝基或其他挡水建筑物拆除工程;②河道疏拓及沟通工程;③河道沟通时的新建桥梁(箱涵)及泵闸工程;等等。

(5) 清洁小流域治理工程的施工图纸一般包括:①施工图设计总说明;②总平面布置图;③生态修复施工图;④河道工程施工图;⑤河道绿化施工图;⑥慢性步道施工图;等等。

河道工程的施工图纸参照堤防工程的施工图纸组成。

(6) 滩涂保护和促淤圈围工程施工图一般包括:①施工图设计总说明;②工程地质平面图及剖面图;③工程总体布置图;④平面图及分幅索引图;⑤围堤(促淤坝、保滩坝)纵、横断面图；⑥套绘图；⑦度汛断面图；⑧地基处理图；⑨防浪墙结构配筋图；⑩护坡护面结构图；⑪龙口（口门封堵）图；⑫观测设施平、断面图；⑬验收高程断面图；等等。

（7）农村生活污水处理工程施工图一般包括：①工艺及管道图纸；②结构图纸；③电气图图纸；等等。

工艺及管道图纸一般包括：①施工图设计总说明；②曝气生物滤池工艺图；③人工湿地设计图；④污水管道图；⑤提升井设计图；等等。

结构图纸一般包括：①施工图设计总说明；②滤池结构及配筋图；③设备房结构图及配筋；④污水排放口结构图；⑤提升井结构配筋图；等等。

电气图纸一般包括：①施工图设计总说明；②配电控制箱接线图；③防雷接地布置图；④电缆敷设、照明及插座平面布置图；等等。

2. 施工图预算

施工图预算（Construction Documents Estimate）是在施工图设计阶段，以批准的设计概算为依据，根据施工图纸、施工组织设计等施工图设计文件，按照主管部门颁布的工程量计算规则、预算定额和其他计费规则，选用指定地区、指定时点的人材机信息价或市场询价或测算价，适用合适的税费和利润标准而测算的工程费用。

施工图预算文件应包括预算编制说明、总预算书、单项工程综合预算书、单位工程预算书、主要材料表及补充单位估价表等。

二、建设准备和实施的造价文件

建设准备和现场实施可以分为建设准备、采购招标、施工过程等多个环节。涉及的工程造价文件主要包括项目管理预算、工程量清单、标底、最高投标限价或招标控制价、投标报价、施工预算、询价文件、签证文件、工程计量和支付文件等。

（一）建设准备和项目管理预算

1. 建设准备

建设准备（Construction Preparation）是工程建设项目在正式立项后、现场实施前，由建设单位牵头组织实施的各项准备工作。其中关于项目策划和设计的相关内容，在前一板块已经介绍，本条不再赘述。

建设准备主要包括：①组建或确定项目法人单位、项目管理团队；②建立健全项目管理的制度、流程和管理体系；③编制项目建设实施的总体方案和项目管理预算；④完成勘察、设计、施工、材料设备供应、监理、检测、监测等各类参建单位的遴选和招标；⑤完成规划、用地、环评、节水、节能、水保、施工许可证等审批或报备程序；⑥完成施工现场的“四通一平”，即给水、排水、通电、通路、土地平整。

2. 项目管理预算

项目管理预算又称为项目法人预算（业主预算），是以批准的初步设计概算为依据，根据项目建设总体实施方案确定的项目管理架构、资金来源及构成比例、总体计划和进度安排、标的划分及招采方案，结合施工图预算和各专项预算的测算结果，按照“总量控制、合理调整”的原则，调整、细化、测算的包括项目建设全过程所有费用静态投资的工程造价。

如果采用勘察设计施工一体化（Engineering，Procurement，Construction，EPC）承发包模式或在施工总承包委托后才完成施工图设计的，招标阶段一般采用模拟清单编制工程预估价格。施工图设计完成后，应在施工图预算基础上，按照双方一致确认的最终工程量，套用投标时确定的综合单价，汇总形成施工图固定总价，完成预估价格转固定价格（清标）等相关工作。如果最终工程量与模拟清单工程量的差额超出合同约定，或者出现重大缺项、漏项，由合同双方协商确定新的综合单价。

（二）采购招标和相应造价文件

（1）项目采购（Project Purchasing），是指项目投资人或建设单位，根据项目建设要求和相关任务需要，从外部市场遴选设计、施工、设备供应商、相关服务提供商等各类参建单位，或从外部市场直接获取项目建设所需材料、设备和其他相关产品的市场交易行为。

（2）项目招标（Project Bidding），是在一定范围内公开货物、工程或服务采购的条件和要求，邀请众多投标人参加投标，并按照规定程序从中选择合适的投标人，作为设计、施工、设备供应商、相关服务提供商等各类参建单位的交易对象的一种市场交易行为。

（3）工程量清单（Bills of Quantities），是清单计价模式中招标投标文件的必要组成部分，是载明建设工程分部分项工程项目、措施项目、其他项目的名称和相应数量以及规费、税金项目等内容的明细清单。

工程量清单具有比建设工程合同约定内容更为优先的效力，如果建设工程施工合同中关于工程范围的约定与招标投标文件不一致，应以招标投标文件等作为结算的依据。

（4）标底（Base Bid Price），是招标人或其代理人针对招标项目的工程造价测算的合理的基本价格。标底价格既不是项目概预算价格，也不是承发包合同价格，是招标人对招标项目的期望价格，是招标人衡量投标人报价的评价基准。

《招标投标法》没有规定招标必须设有标底，但也没有禁止设置标底。如果招标设有标底，必须做好相关保密工作，应当在开标时公布，并在投标报价评审中参考标底价格。需要注意，不能以投标报价超过标底上下浮动范围作为否决投标的条件。

（5）最高投标限价或招标控制价（Tender Sum Limit），是招标人或其代理人根据项目的具体情况、相关规定、法律法规限制，参考行业标准、市场价格等，考虑预期利润、竞争状况、技术要求和质量标准等因素，针对招标项目的工程造价测算的价格上限。

招标控制价是在招标文件中明确的最高投标限价，是招标人能够接受的最高报价。投标人的报价高于招标控制价的投标文件将被判定为废标。

（6）投标报价（Tender Sum），是指投标人在投标时响应招标文件要求所报出的总价，以及构成总价的分项报价、单价和基础价格。

投标人在测算投标报价时，应以招标人在招标文件中提供并经投标人复核的工程量清单为基础，根据法律法规、标准规范、相关规定和招标文件的相关要求，充分考虑项目重难特点、企业实际成本、市场竞争状况、预期利润、价格策略等因素。

（三）施工过程和相应造价文件

1. 施工过程

施工过程是根据设计文件、图纸图集、标准规范和相关要求，按照一定的步骤和流程顺序，采用合适的工艺和方法，组织施工和安装作业，按期、保质、保量完成工程建设任务的过程。施工过程不仅包括施工的具体步骤和操作流程，还涉及施工材料、设备的选择和使用，施工人员的配备和管理等方面。

2. 施工预算

施工预算是施工企业为了加强企业内部经济核算，在施工图预算和投标价格的控制下，依据施工图纸、标准图集、施工组织设计（施工方案）、企业内部施工定额，测算工程施工所需要的人工、材料、机械台班用量，进而汇总形成该工程的内控成本预算。施工总承包预算是施工总承包企业的内部文件，是企业内部成本分析和控制、劳动调配、物资调度、班组核算的重要依据。

3. 询价和签证文件

工程造价领域的询价是在工程造价测算过程中，针对工程所需的材料、设备、施工机械等，向有关供应商发出询价单，获取准确价格信息的过程。询价的渠道和途径包括造价信息刊物、电话询价、上网查询、市场调查、厂家报价等。

询价也是一种政府采购手段，即询价采购，是询价小组根据采购人需求，从符合资格条件的供应商中确定不少于 3 家的供应商并向其发出询价单，由供应商一次报出不得更改的报价，然后询价小组在报价的基础上进行比较，并确定成交供应商的一种采购方式。

工程现场签证，也叫做“技术核定单、业务联系单”，是在施工过程中，针对涉及合同价款之外的责任事件、超出约定或没有详细约定的不可抗力事件、合同中没有约定或约定不明确的其他事项，由承发包双方代表在相关参建单位的共同见证下，根据现场实际情况所做的关于事实详情的确认证明。

工程造价文件的最终签证，是在工程现场签证确认事实的基础上，针对合同价款、约定工期的调整和补偿，由承发包双方代表在相关参建单位的共同见证下，根据法律法规、规范标准、合同约定、行业惯例协商形成的一致意见。工程造价文件的最终签证可视为原合同的补充协议，与原合同具有同等法律效力。

4. 计量和支付文件

计量（Measurement），是根据法律法规、规范标准、合同约定、行业惯例，对符合要求的已完工程的实际数量进行测量、计算、核查和确认的过程。计量是投资监理和造价控制的基本环节，也是监理工程师和造价咨询师的基本职责和基本权力。

工程量分为预估工程量和实际工程量。工程量清单的工程量属于估算工程量，只能作为投标报价的基础，而不能作为结算和支付的依据。结算和支付依据的工程量必须是通过计量确认的实际工程量，计量必须准确、真实、合法和及时。

支付（Payment），是根据法律法规、规范标准、合同约定、行业惯例，针对已经计量确认的实际工程量和已经确认的其他应付款项，逐一对照工程价款和其他应付款的上期累计已付款明细，计算出本期应付款金额并向承包人付款。

按结算支付的时间分类，支付可分为预先支付（预付款）、期中支付、交工支付和最终支付；按结算支付的内容分类，可分为基本支付、附加支付、额外支付。附加支付和额外支付应根据设计变更、补充协议、签证的商定结果确认计量。

三、项目验收和评估的造价文件

水利工程建设项目验收按验收主持单位性质不同分为法人验收和政府验收两类。法人验收是指在项目建设过程中由项目法人组织进行的验收。政府验收是指由有关人民政府、水行政主管部门或者其他有关部门组织进行的验收，包括专项验收、阶段验收和竣工验收。项目法人单位应当在项目立项批准文件中明确，竣工验收主持单位应当在工程初步设计的批准文件中明确。专项验收主要包括征收移民和环评水保等工程的验收，相关造价文件编制和支付一般包含在专项工程中，在此不作详细介绍。

（一）阶段验收和阶段结算

水利工程阶段验收是根据水利工程建设和运行管理的需要，建设完成进度达到关键阶段，由竣工验收主持单位或其委托单位组织的阶段性政府验收。阶段验收的验收委员会由验收主持单位、该项目的质量监督机构和安全监督机构、运行管理单位的代表以及有关专家组成；必要时，应当邀请项目所在地的地方人民政府以及有关部门参加。

阶段验收包括枢纽工程导（截）流验收、基础处理验收、水下结构通水验收、水库下闸蓄水验收、引（调）排水工程通水验收、水电站（泵站）首（末）台机组启动验收、部分工程投入使用验收以及竣工验收主持单位根据工程建设需要增加的其他验收。

水利工程阶段结算是施工完成进度达到合同约定的付款条件（约定条件通常是通过阶段验收），可以对约定范围内符合要求的已完工程的实际数量进行测量、计算、核查、确认并完成支付的过程。

（二）完工验收和完工结算

水利工程完工验收，是合同范围内的工程项目已按合同约定完成后，由项目法人组织的单项合同工程法人验收。验收工作组由项目法人、设计、施工、监理等单位的代表组成；必要时可以邀请工程运行管理单位等参建单位以外的代表及专家参加。

当合同工程仅包含一个单位工程（分部工程）时，宜将单位工程（分部工程）验收与合同工程完工验收一并进行，但应同时满足相应的验收条件。合同中有多个单位工程时，也可将最后一个单位工程验收与合同工程完工验收一并进行。

水利工程完工结算，是合同范围内的工程项目已按合同约定完成并通过完工验收后，对合同约定、补充协议、最终签证范围内的符合要求的全部已完工程的实际数量进行测量、计算、核查、确认，并按合同、协议的付款约定完成支付的过程。

（三）竣工交付和竣工决算

水利工程竣工验收，是在工程建设项目全部完成并满足一定运行条件后 1 年内，由竣工验收主持单位或其委托单位组织的对整体项目的政府最终验收。竣工验收的验收委员会由竣工验收主持单位、有关水行政主管部门和流域管理机构、有关地方人民政府和部门、该项目的质量监督机构和安全监督机构、工程运行管理单位的代表以及有关专家组成。工程投资方代表可以参加竣工验收委员会。

竣工验收原则上按照经批准的初步设计所确定的标准和内容进行。项目有总体初步设计又有单项工程初步设计的,原则上按照总体初步设计的标准和内容进行,也可以先进行单项工程竣工验收,最后按照总体初步设计进行总体竣工验收。项目有总体可行性研究但没有总体初步设计而有单项工程初步设计的,原则上按照单项工程初步设计的标准和内容进行竣工验收。

水利工程竣工验收分为竣工技术预验收和竣工验收两个阶段。竣工技术预验收由竣工验收主持单位以及有关专家组成的技术预验收专家组负责。大型水利工程在竣工技术预验收前,项目法人应当按照有关规定对工程建设情况进行竣工验收技术鉴定。中型水利工程在竣工技术预验收前,竣工验收主持单位可以根据需要决定是否进行竣工验收技术鉴定。

水利工程竣工决算,是指在水利工程竣工验收交付使用阶段,由项目法人单位或建设单位编制的从项目筹建到竣工验收、交付使用全过程中实际支付的全部建设费用。竣工决算是整个建设工程的最终价格,是水利工程建设项目固定资产价值核定的依据。

竣工决算的内容包括竣工财务决算说明书、竣工财务决算报表、工程竣工图和工程造价对比分析等四个部分。其中竣工财务决算说明书和竣工财务决算报表又合称为"竣工财务决算",它是竣工决算的核心内容。竣工财务决算应当由竣工验收主持单位组织审查和审计。竣工财务决算审计通过 15 d 后,方可进行竣工验收。

第三节 计价方法和计价依据

一、水利工程计价的常用方法

水利工程计价的常用方法包括综合指标法、定额法、实物量法和工程量清单计价法四种,各种工程计价方法各有其特点和适用条件。例如水利工程项目在工程招标设计之前的计价行为属于计划行为,一般采用综合指标法和定额法;而在招标设计之后的工程招投标阶段的计价采用工程量清单计价。

(一) 综合指标法

1. 定义

综合指标法是指运用各种统计综合指标来反映社会经济现象总体的一般数量特征和数量关系的研究方法,即对大量的原始资料进行整理汇总,计算各种综合指标。

2. 计价程序

(1) 收集资料,包括已建成或在建的有代表性的工程设计图纸、设计预算等资料。

(2) 编制阶段,将整理后的数据资料按项目划分栏目加以归类,确定指标的内容及表现形式,按编制年度的现行定额、费用标准和价格确定造价。

(3) 调整阶段,将新编的指标和选定工程的概预算在同一价格条件下进行比较,检验偏差并进行修正。

3. 特点

综合指标法大多用于项目建议书、可行性研究阶段编制投资估算，它的特点是概括性强，不需作具体分析，直接采用。

4. 应用

对于水利工程来说，在项目建议书、可行性研究阶段，由于设计深度不足，提不出具体的项目内容和工程量，只能提出概括性的项目。在这种条件下，编制投资估算时常常采用综合指标法。例如大坝混凝土综合指标，包括坝体、溢流面、闸墩、胸墙、导水墙、工作桥、消力池、护坦、海漫等；地面厂房混凝土，包括上部结构（梁板柱、墙）及下部结构等。综合指标包括人工费、材料费、机械使用费及其他费用（包括其他直接费、间接费、利润、税金）并考虑一定的扩大系数。在编制初步设计概算时，水利工程中的其他永久性专业工程，如铁路、公路、桥梁、供电线路、房屋建筑等，也可采用综合指标法编制概算。

(二) 定额法

1. 定义

定额法是以事先制定的产品定额成本为标准，在生产费用发生时，及时提供实际发生的费用脱离定额耗费的差异额，让管理者及时采取措施，控制生产费用的发生额，并且根据定额和差异额计算产品实际成本的一种成本计算和控制的方法。通俗地讲，定额法是指直接根据有关技术经济定额来计算确定计划指标的一种方法，故又称“直接计算法”。

对于工程来讲，定额法又称定额单价法，是由统一的定额和费率计算出工程单价，然后按工程量计算出总价的方法。单价法的基本原理是：价×量＝费。

2. 计价程序

（1）收集资料。

（2）熟悉图纸和现场。

（3）计算工程量。有条件的尽量分层、分段、分部位计算，再将同类项加以合并，编制工程量汇总表。

（4）套定额单价。注意分项工程名称、规格和计算单位的一致性，按规定进行定额换算；如设计要求与定额项目特征不符，可编制补充定额编制。

（5）编制工料分析表。根据各分部分项工程的实物工程量及和相应定额中项目所列的用工工日及材料数量，计算出各分部分项工程所需的人工及材料费数量，相加汇总得出该单位工程所需各类的人工和材料的数量。

（6）费用计算。将所列项工程实物量全部计算出来后，就可以计算工程实物量直接工程费直接费、间接费、利润及税金等各种费用，并汇总得出工程造价。

（7）复核。

（8）编制说明。

3. 计算方法

定额法计算水利工程的造价一般以单位工程为核算对象，由单位工程的概算或预算造价逐步汇总成单项工程的综合概算或预算造价，进而计算建设项目的总造价。具体操作时，将各个单项工程按工程性质、部位划分为若干个分部分项工程，各分部分项工程造价由各分部分项工程单价乘以相应的工程量求得。工程单价由所需的人工、材料、机械台时的数量乘以相应的人、材、机价格求得，再按规定加上有关的费用和税费后构成。工程单价所需的人、材、机数量，按工程的性质、部位和施工方法由有关定额确定。

具体公式如下：

人工费＝人工预算单价×定额中的人工消耗量

材料费＝材料预算单价×定额材料消耗量

机械使用费＝机械台时单价×定额机械台时消耗量

单位工程定额直接费(基本直接费)＝消耗在该单位工程上的人工费＋材料费＋机械使用费

单位工程直接费＝$\sum$建安工程量×相应工程的定额直接费×(1＋其他直接费率)

单位工程造价(建筑工程)＝单位工程的直接费×(1＋间接费率)×(1＋利润率)×(1＋税率)

单位工程造价(安装工程)＝[单位工程的直接费＋(人工费×间接费率)]×(1＋利润率)×(1＋税率)

单项工程造价＝$\sum$各单位工程造价

建设项目总造价＝$\sum$各单项工程造价

4. 特点

定额法的主要优点是计算简单方便。但由于我国的单价法确定人、材、机数量的定额是按一定的时期、 定的范围(如国务院某部或某省、自治区、直辖市)由行政部门编制颁发的，反映了这个时期行业或地区范围的“共性”，与某个具体工程项目“个性”之间必然有差异，有时这种差异会相当大。水利水电工程与自然条件(地形、地质、水文、气象)密切相关，具有突出的“个性”，因此与全国(或全省)通用定额“共性”差异的矛盾较其他行业更为突出。这就是用统一定额计算单价，预测工程造价的主要弊端。因此，定额法是传统编制工程投资的方法，现在多应用于招标阶段之前的工程概(估)算编制。

5. 应用

定额法编制水利工程造价所使用的定额根据应用范围不同有水利部颁发的定额和地方定额。水利部颁发的定额中现行使用的有《水利建筑工程概算定额》《水利建筑工程预算定额》《水利设备安装工程概算定额》《水利设备安装工程预算定额》《水利工程施工机械台时费定额》等，一般适用于大中型工程。而地方定额多适用于中小型水利工程定额，比如《广东省水利水电建筑工程概算定额》《上海市水利工程概算定额》等。

(三) 实物量法

1. 定义

实物量法是把项目分成若干施工工序，按完成该项目所需的时间，配备劳动力和施工设备，根据分析计算的基础价格计算直接费单价，最后分摊间接费的工程造价计算方法。

2. 计价程序

(1) 项目研究，制定施工组织设计或施工规划。

(2) 收集各个工序需要的人员和设备的规格、数量、时间资料。

(3) 计算人工预算单价和机械台时(班)单价。

(4) 计算直接费单价，不包括工地管理费、公司管理费和利润等附加费。

(5) 计算并分摊间接费。

(6) 计算其他项目与费用。

(7) 造价汇总、分析与调整。

采用实物量法预测工程造价在我国还处于积极探索阶段。水利工程中对工程量清单影响较大的主要工程单价，在设计深度满足需求，施工方法详细具体、符合实际，资料较齐全的条件下，应采用实物量法进行编制，提高计价准确性。

3. 计算方法

根据制定的施工组织设计或施工规划，确定各个工序需要的人员及设备的规格、数量和时间，按现行人工、材料、机械单价计算人工费、施工设备费、材料费，再计算直接费并分摊间接费。即用实物工程量乘以各种资源预算价格计算直接费，再计算其他费用的过程。

具体公式如下：

$$
\begin{aligned}
\text{单位工程直接费} = [& \sum(\text{工程量} \times \text{材料预算定额用量} \times \text{当时当地材料预算价格}) + \\
& \sum(\text{工程量} \times \text{人工预算定额用量} \times \text{当时当地人工工资单价}) + \\
& \sum(\text{工程量} \times \text{施工机械台时预算定额用量} \times \text{当时当地机械台时单价})] \times \\
& (1 + \text{其他直接费率})
\end{aligned}
$$

4. 特点

实物量法是针对每个工程的具体情况来计算工程造价，计算准确、合理，能充分体现工程量的大小、工期的长短、施工条件的优劣、施工设备闲置时间、特殊施工设备的使用和施工技术水平等因素对工程单价的影响。其要求造价编制人员有较高的业务水平和较丰富的经验，还要掌握翔实的基础资料和经验数据。其缺点是计算比较麻烦、复杂，在编制时间相对紧张的阶段，不具备全面推广应用的条件。

(四) 工程量清单计价法

1. 定义

(1) 工程量清单。工程量清单是建设工程的分部分项工程项目、措施项目、其他项目、规费项目和税金项目的名称和相应数量等的明细清单。工程量清单是建设工程计价的依据，是工程付款和结算的依据，是调整工程量、进行工程索赔的依据，是招标文件的组成部分。

水利部工程量清单则由分类分项工程量清单、措施项目清单、其他项目清单和零星工作项目清单组成。住建部工程量清单由分部分项工程量清单、措施项目清单、其他项目清单和规费税金清单组成。两者略有不同。

（2）工程量清单计价。工程量清单计价是指在建设工程招投标中，招标人自行或委托具有资质的中介机构编制反映工程实体消耗和措施性消耗的工程量清单，并作为招标文件的一部分提供给投标人，由投标人依据工程量清单自主报价的计价行为。在工程招标中采用工程量清单计价是国际上较为通行的做法。就投标单位而言，工程量清单计价可称为工程量清单报价。

2. 计价程序

（1）复核或计算工程量

一般情况下，投标人必须按招标人提供的工程量清单进行组价，并按照综合单价的形式进行报价。但投标人在以招标人提供的工程量清单为依据来组价时，必须把施工方案施工工艺造成的工程增量以价格的形式包括在单价内。工程量清单中的各分类分项工程量并不十分准确，若设计深度不够则可能有较大的误差，而工程量的多少是选择施工方法、安排人力和机械、准备材料必须考虑的因素，自然也影响分类分项工程的单价，因此一定要对工程量进行复核。

另外，在实行工程量清单计价时，水利工程项目分为四部分进行计价：分类分项工程项目计价、措施项目计价、其他项目计价及零星工作项目计价。招标人提供的工程量清单是分类分项工程项目清单中的工程量，但措施项目计价、其他项目计价及零星工作项目招标人不提供，必须由投标人在投标时按设计文件、合同技术条款、施工组织设计、施工方案进行二次计算。投标人由于考虑不全面而造成低价中标亏损，招标人不予承担。因此这部分用价格的形式分摊到报价内的量必须要认真计算和全面考虑。

（2）确定单价，计算合价

在投标报价中，复核或计算各个分类分项工程的工程量后，就需要确定每一个分类分项工程的单价，并按照工程量清单报价的格式填写，计算出合价。按照工程量清单报价的要求，单价应是包含人工费、材料费、机械费、企业管理费、利润、税金及风险费的综合单价。人工、材料、机械费用应该是根据分类分项工程的人工、材料、机械消耗量及其相应的市场价格计算而得。企业管理费是投标人组织工程施工的全部管理费用，以费率形式计算。利润是投标人的预期利润，应根据市场竞争情况确定在该工程上的利润率。风险费对投标人来说是个未知数，如果预计的风险没有全部发生，则可能预计的风险费有剩余，这部分剩余和利润加在一起就是盈余；如果风险费估计不足，则由利润来补贴。

（3）确定分包工程费

分包工程费是投标价格的一个重要组成部分，有时总承包人投标价格中的相当部分来自分包工程费。因此，在编制投标价格时需要有一个合适的价格来衡量分包人的价格，需要熟悉分包工程的范围，对分包人的能力进行评估。

（4）确定投标价格

将分类分项工程的合价、措施项目费等汇总后就可以得到工程的总价，但计算出来的工程总价还不能作为投标价格。因为计算出来的价格可能存在重复计算或漏算，也有可能某些费用的预估有偏差，因此需要对计算出来的工程总价作某些必要的调整。在对工程进行盈亏分析的基础上，找出计算中的问题并分析降低成本的措施，结合企业的投标决策最后确定投标报价。

3. 计价方法

(1) 分类分项工程量清单计价

分类分项工程量清单计价采用综合单价计价。综合单价是指完成工程量清单中一个质量合格的规定计量单位项目所需的直接费(包括人工费、材料费、机械使用费和季节、夜间、高原、风沙等原因增加的直接费)、施工管理费、企业利润和税金,并考虑风险因素。一般情况下投标人应按照招标文件的规定,根据招标项目涵盖的内容,编制分部分项工程综合单价。

具体公式如下:

$$综合单价=\frac{\sum(组价项目工程量\times组价项目单价)+施工管理费+企业利润+税金}{清单项目工程量}$$

式中,组价项目是指完成清单项目过程中消耗资源的工作分项。

如果采用定额法计价,一个清单项目可能包括几个定额项目的工作内容,其中每一个定额项目就是一个组价项目。例如,一个河道船舶疏浚的清单项目,包括挖泥船挖泥、排泥管拆卸安装、开工展布和收工集合 4 个定额项目的工作,同样,其工程单价也包含上述 4 个组价项目。将按定额的资源消耗量计算出的 4 个组价项目的直接费、按定额的工程量计算规则计算出的 4 个组价项目的施工工程量,以及施工管理费率、企业利润率和税率,代入上式,计算式中分子所表示的清单项目的总费用,然后摊销到清单项目的工程量,得到清单项目的工程单价。这些组价项目的单位都有可能与清单项目的单位不同,如河道船舶疏浚清单项目的单位是"m^3",而其组价项目中的排泥管拆卸单位是"m"、开工展布和收工集合单位是"次"。组价项目的工程量也可能与清单项目的工程量不同,如挖泥船挖泥这个组价项目的工程量就比河道船舶疏浚清单项目的工程量多了超挖量和施工回淤量。

如果采用实物量法计价,清单项目的组价项目可能是几组要消耗的实际资源。如某河道土方开挖清单项目,根据施工场地条件、工期要求和施工组织设计,需要 4 组资源:2 台挖掘机、20 台自卸汽车、1 台推土机、3 个现场施工人员。这 4 组资源就是这个清单项目的 4 个组价项目。根据经验计算需要各种机械的台时数量和人工工时数量,就是各组价项目的工程量,各种机械的台班费和人工费就是各组价项目的单位工程量直接费。将这些机械台班数量、人工数量,以及管理费率、利润率和税率代入上式,计算式中分子所表示的清单项目的总费用,然后摊销到清单项目的工程量,得到清单项目的工程单价。

(2) 措施项目清单计价

措施项目清单计价应根据招标文件要求及招标工程的施工组织设计,可以计算工程量的措施项目,应按分部分项工程量清单的方式采用综合单价计价;其余的措施项目可以"项"为单位的方式计价,单价或合价应包括除税金外的全部费用。

投标人在报价时不得增删招标人提出的措施项目清单项目,投标人若有疑问,必须在招标文件规定的时间内向招标人进行书面澄清。

(3) 其他项目清单计价

其他项目清单是指为保证工程项目施工,在该工程施工过程中难以量化,又可能发生的工程和费用,按招标人要求的计算方法或估算金额计列的费用项目。

(4) 零星工作项目清单计价

零星工作项目清单中的人工、材料、机械台时(班)单价由投标人根据招标文件要求分析确定。其单价的内涵不仅包含基础单价,还有辅助性消耗的费用,如工人所用的工器具使用费、工人需进行的辅助性工作、相应要消耗的零星材料、相配合要消耗的辅助机械等。另外,对零星工作按预计准备的用量可能与将来实际发生的有较大的差异,有引起成本增加的风险。所以,相同工种的人工、相同规格的材料和机械,零星工作项目的单价应高于基础单价,但不应违背工作实际和有意过分放大风险程度。

4. 应用

综合指标法、定额法、实物量法和工程量清单计价四种工程计价方法各有其特点。就水利工程计价而言,综合指标法和定额法往往用于计划行为造价的计价,即项目建议书和可行性研究阶段的造价编制。工程量清单计价用于市场行为造价的计价工作,主要是用于招标设计之后的工程招投标阶段的计价。

5. 定额计价与工程量清单计价区别

(1) 计价模式不同。定额计价模式是我国传统的计价模式,在整个计价过程中,计价依据是固定的,法定的"定额"指令性过强,不利于竞争机制的发挥。而工程量清单计价是在招投标实施阶段中与国际通行惯例接轨所采取的计价模式,与定额计价模式截然不同。工程量清单计价模式主要是由市场定价,由建设市场的建设产品买卖双方根据供求状况、信息状况自由竞价,签订工程合同价格的方法。

(2) 适用范围不同。定额计价主要适用于工程建设前期阶段,一般在项目建议书、可行性研究、概预算、招标控制价的时候用定额。工程量清单计价适用于招标设计之后的工程招投标阶段,贯穿于从工程招标控制价(或标底)编制、投标报价编制、合同价款的确定与调整,以及工程价款结算的全过程。

(3) 计价依据不同。定额计价将定额作为唯一依据,由国家统一定价。而工程量清单计价是由工程承发包双方根据市场供求变化而自主确定的工程价格,其具有自发性、自主控制的特点。

(4) 计价程序和定价机制不同。定额计价根据施工图纸进行工程量的计算,套用预算定额计算直接费用,之后采用费率进行间接运算,最后确定优惠幅度或其他费用的浮动大小,已确定最终报价。工程量清单计价则是要根据我国颁布的相关计价规范、工程量清单计价办法、计算规则及项目设置规则等进行计算,以规范清单计价行为。

(5) 单价的构成方式不同。定额计价是预算单价,只包括单位定额工程量所需要的人工、材料、机械的费用,不将管理费、利润、风险等因素考虑在内。工程量清单计价采用综合单价进行计算,即包括人工费、材料和工程设备费、施工机具使用费和企业管理费、利润,以及一定范围内的风险费用。

(6) 工程竣工结算的方法不同。定额计价的工程结算方法是依据图纸、变更计划来计算工程量,按照相关定额的相关子目及投标报价时所确定的各项取费费率进行计算。工程清单计价的结算方式是设计变更或业主计算有误的工程量适量的增减,属合同约定范围内的按照原合同进行结算,其综合单价不会发生变化。但遇到合同规定范围以外的情况时,须按照合同约定对综合单价进行调整。对于项目漏项或设计变更所引发的综合单价变化,应当由承包人提出经发包人确认无误后可作为结算的依据。因工程变更出现的取消项目或增加项目给承包人造成的损失，承包人可提出索赔要求，与发包人协商后予以一定的补偿。

总体来说，定额计价是我们使用了几十年的一种计价模式，其基本特征就是价格＝定额＋费用＋文件规定费用，并作为法定性的依据强制执行。定额计价是建立在以政府定价为主导的计划经济管理基础上的价格管理模式，它所体现的是政府对工程价格的直接管理和调控。随着我国市场经济体制的发展，定额计价模式已不能适应建筑市场发展的需要，需要建立一种全新的计价模式，依靠市场和企业的实力通过竞争形成价格，使业主通过企业报价可直观地了解项目造价。

二、水利工程定额作用和分类

工程定额是指在规定工作条件下，完成合格的单位建筑安装产品所需要用的劳动力、材料、机具、设备以及有关费用的数量标准，即国家、地方或行业或项目法人主管部门、工程企业制定的各种定额，包括工程消耗量定额和工程计价定额等。工程消耗量定额主要是指完成规定计量单位的合格建筑安装产品所消耗的人工、材料、施工机具台班的数量标准。工程计价定额是指直接用于工程计价的定额或指标，包括预算定额、概算定额、概算指标和投资估算指标。此外，部分地区和行业造价管理部门还会颁布工期定额，工期定额是指在正常的施工技术和组织条件下，完成建设项目和各类工程建设所需工期的依据。

工程定额除了规定有数量标准外，也要规定出它的工作内容、质量标准、生产方法、安全要求和适用的范围等。

（一）工程定额的作用

1. 定额是计划管理的重要基础

建筑安装企业在计划管理中，为了组织和管理施工生产活动，必须编制各种计划，而计划的编制又依据各种定额和指标来计算人力、物力、财力等需用量，因此定额是计划管理的重要基础。

2. 定额是工程造价预测及确定的主要依据

我国早在2003年就已经颁布了相关的文件，要求工程的投标报价要根据招标文件中工程量的相关要求来进行，要结合实际，将施工的实际情况与可能发生的风险预先考虑到工程造价的预测当中，企业要根据企业的定额和市场的相关价格情况，结合国家的相关政策来进行工程造价的预测及确定。工程造价是根据设计规定的工程标准和工程数量，并依据定额指标规定的劳动力、材料、机械台班数量，单位价值和各种费用标准来确定的，因此定额也是确定工程造价的依据。

3. 定额是衡量设计方案合理性的尺度

同一工程项目的投资多少，是使用定额和指标，对不同设计方案进行技术经济分析与比较后确定的。因此，不同设计方案技术经济水平的高低，体现了设计方案的合理性程度。

4. 定额是科学组织和管理施工的有效工具

建筑安装企业在安排各部门、各工种的活动计划中，要计算平衡资源需用量，组织材料供应。要确定编制定员，合理配备劳动组织，调配劳动力，签发工程任务单和限额领料单，考核工料消耗，计算和分配工人劳动报酬等都要以定额为依据，因此定额是科学组织和管理施工的有效工具。

5. 定额是企业实行经济核算制的重要基础

企业为了分析比较施工过程中的各种消耗，必须用各种定额为核算依据。以定额为标准，能够分析比较企业各种成本，并通过经济活动分析，肯定成绩，找出薄弱环节，提出改进措施，以不断降低单位工程成本，提高经济效益，因此定额是实行经济核算制的重要基础。

6. 定额是总结推广先进生产方法的手段

定额是在平均先进合理的条件下，通过对生产和施工过程的观察、实测、分析而综合制定的，它比较科学地反映出生产技术和劳动组织的先进合理程度。因此，可以用定额标定的方法，对同一产品在同一操作条件下的不同生产方法进行观察、分析和总结，从而得出一套比较完善的先进方法，在施工生产过程中予以推广，使生产效率得以提高。

（二）工程定额的分类

工程定额是一个综合概念，是建设工程造价计价和管理中各类定额的总称，包括许多种类的定额，可以按照不同的原则和方法对它进行分类。

1. 按定额反映的生产要素消耗内容分类

(1) 劳动消耗定额。劳动消耗定额简称“劳动定额”(也称“人工定额”)，是指在正常的施工技术和施工组织条件下，为完成单位合格产品所规定的劳动消耗标准。劳动定额的主要表现形式是时间定额和产量定额。时间定额就是生产单位产品或完成一项工作所必须消耗的工时，包括准备与结束的时间、基本生产时间、辅助生产时间、不可避免的中断时间及工人必须的休息时间。产量定额就是在单位时间内(如小时、工作日或班次)必须完成的产品数量或工作量，产量定额也可称“工作定额”，是劳动定额的一种。时间定额与产量定额互为倒数，成反比例，时间定额越低，产量定额就越高；反之，工时定额越高，产量定额就越低。

(2) 材料消耗定额。材料消耗定额简称“材料定额”，是指在正常的施工技术和施工组织条件下，完成规定计量单位合格的建筑安装产品所消耗的原材料、成品、半成品、构配件、燃料，以及水、电等动力资源的数量标准，包括材料的使用量和必要的工艺性损耗及废料数量。材料消耗定额是编制材料需要量计划、运输和供应计划、计算仓库面积，签发限额领料单和经济核算的根据。制定合理的材料消耗定额是组织材料的正常供应、保证生产顺利进行，以及合理利用资源、减少积压、浪费的必要前提。

(3) 机具消耗定额。机具消耗定额由机械消耗定额与仪器仪表消耗定额组成。机械消耗定额是以一台机械一个工作班为计量单位，所以又称为“机械台班定额”，它是指在正常的施工技术和施工组织条件下，完成规定计量单位合格的建筑安装产品所消耗的施工机械台班的数量标准。机械消耗定额的主要表现形式是机械时间定额和机械产量定额。机械时间定额是指在一定的操作内容、质量和安全要求的前提下，规定完成单位数量产品或任务所需作业量(如台时、台班等)的数量标准。机械产量定额是指在一定的操作内容、质量和安全要求的前提下，规定每单位作业量(如台时、台班等)完成的产品或任务的数量标准。

(4) 施工仪器仪表消耗定额的表现形式与机械消耗定额类似。

2. 按定额的编制程序和用途分类

(1) 施工定额。施工定额是完成一定计量单位的某一施工过程或基本工序所需消耗的人工、材料和施工机具台班数量标准。施工定额是施工企业(建筑安装企业)组织生产和加强管理在企业内部使用的一种定额，属于企业性质的定额。施工定额是以同一性质的施工过程或基本工序作为研究对象，表示生产产品数量与生产要素消耗综合关系的定额。为了适应组织生产和管理的需要，施工定额的项目划分很细，是工程定额中分项最细、定额子目最多的一种定额，也是工程定额中的基础性定额。

施工定额的编制原则有平均先进原则、简明适用原则、动态管理原则和量价分离原则。

（2）预算定额。预算定额是在正常的施工条件下，完成一定计量单位合格分项工程或结构构件所需消耗的人工、材料、施工机具台班数量及其费用标准。它是由国家及各地区编制和颁发的一种指导性指标。预算定额是一种计价性定额。从编制程序上看，预算定额是以施工定额为基础综合扩大编制的，同时它也是编制概算定额的基础。

（3）概算定额。概算定额是完成单位合格扩大分项工程或扩大结构构件所需消耗的人工、材料和施工机具台班的数量及其费用标准，是一种计价性定额。概算定额是扩大初步设计阶段编制设计概算和技术设计阶段编制修正概算、确定建设项目投资额的依据，是编制投资估算指标的参考，是对建设工程设计方案进行技术经济比较的依据，是建设项目施工组织总设计中拟定总进度计划和申报各种资源需用量的依据，是工程招投标中编制标底和投标报价的依据。概算定额的项目划分粗细与扩大初步设计的深度相适应，一般是在预算定额的基础上综合扩大而成的，每一扩大分项概算定额都包含了数项预算定额。

（4）概算指标。概算指标是以单位工程为对象，反映完成一个规定计量单位建筑安装品的经济指标。概算指标是概算定额的扩大与合并，以更为扩大的计量单位来编制的概算指标的内容包括人工、材料、机械台班三个基本部分，同时还列出了分部工程量及单位工程的造价，是一种计价定额。这种定额的设定和初步设计的深度相适应，是控制项目投资的有效工具，它所提供的数据也是计划工作的依据和参考。

（5）投资估算指标。投资估算指标是以建设项目、单项工程、单位工程为对象，反映建设总投资及其各项费用构成的经济指标。它是在项目建议书和可行性研究阶段编制投资估算、计算投资需要量时使用的一种定额。它的概略程度与可行性研究阶段相适应。它的主要作用是为项目决策和投资控制提供依据，是一种扩大的技术经济指标。投资估算指标往往根据历史的预、决算资料和价格变动等资料编制，但其编制基础仍然离不开预算定额、概算定额。

上述各种定额的相互联系可参见表 8-1。

表 8-1　各种定额间关系的比较表

名称	施工定额	预算定额	概算定额	概算指标	投资估算指标
对象	施工过程或基本工序	分项工程或结构构件	扩大的分项工程或扩大的结构构件	单位工程	建设项目、单项工程、单位工程
用途	编制施工预算	编制施工图预算	编制扩大初步设计概算	编制初步设计概算	编制投资估算
项目划分	最细	细	较粗	粗	很粗
定额水平	平均先进	平均			
定额性质	生产性定额	计价性定额			

3. 按专业分类

（1）建筑工程定额按专业对象分为建筑及装饰工程定额、房屋修缮工程定额、市政工程定额、水利水电工程定额、园林绿化工程定额、铁路工程定额、公路工程定额、民防工程定额、矿山井巷工程定额等。

（2）安装工程定额按专业对象分为电气设备安装工程定额、设备安装工程定额、热力设备安装工程定额、通信设备安装工程定额、化学工业设备安装工程定额、工业管道安装工程定额、工艺金属结构安装工程定额等。

4. 按费用性质分类

（1）直接费定额，指施工过程中直接构成工程实体和部分有助于工程形成的人工、材料、机械消耗，即构成直接工程成本的定额。

（2）间接费定额，指企业为组织和管理施工而发生的且不能直接计入施工成本的各项费用的定额。

（3）施工机械台班(时)费定额，指施工机械在单位台班或台时中，为使机械正常运转所损耗和分摊的费用定额。

（4）其他费用定额，指不属于建筑安装工程实体而又发生的各类费用组成的定额。

5. 按制定单位和执行范围分类

建设工程定额可以分为全国统一定额、行业统一定额、地区统一定额、企业定额、补充定额等。

（1）全国统一定额是由国家建设行政主管部门综合全国工程建设中技术和施工组织管理的情况编制，并在全国范围内执行的定额。

（2）行业统一定额是考虑到各行业专业工程技术特点以及施工生产和管理水平编制的，一般只在本行业和相同专业性质的范围内使用，如《公路工程预算定额》《水利工程预算定额》。

（3）地区统一定额是各省、自治区、直辖市编制颁发的定额。地区定额主要考虑地区性特征，各地气候、经济技术条件、物质资源条件、交通运输条件等，如《××省水利工程预算定额》等。

（4）企业定额是施工单位根据本企业的施工技术、机械装备和管理水平编制的人工、材料、机械台班等的消耗标准。企业定额在企业内部使用，是企业综合素质的标志。企业定额水平一般应高于国家现行定额，才能满足生产技术发展、企业管理和市场竞争的需要。

（5）补充定额是指随着设计、施工技术的发展，现行定额不能满足需要的情况下，为了补充缺项编制的定额。补充定额只能在指定的范围内使用，可以作为以后修订定额的基础。

上述各种定额虽然适用于不同的情况和用途，但是它们是一个互相联系的、有机的整体，在实际工作中配合使用。

（三）水利定额的应用

目前水利部颁发的定额有《水利建筑工程概算定额》《水利建筑工程预算定额》《水利设备安装工程概算定额》《水利设备安装工程预算定额》《水利工程施工机械台时费定额》等。

上海市颁发的定额有《上海市水利工程概算定额》《上海市水利工程预算定额》等。概算定额在编制时考虑了较多的不确定因素，因此其项目内容相对较粗，而预算定额则更注重细节和精确性，项目划分更为细致。概算定额通常用于项目前期的估算，而预算定额则是基于施工图基础上，用于编制更为详细和精确的造价文件。

下面着重介绍上海市水利工程概预算定额。

1.《上海市水利工程概算定额》

(1)《上海市水利工程概算定额》(SH R1—21—2021)适用于上海市行政区域范围内新建、改建、扩建的水利工程，是编制设计概算(书)的参考依据，是进行项目建设投资评审、设计方案比选的参考依据，是编制估算指标的基础。

(2)《上海市水利工程概算定额》(SH R1—21—2021)共分十三章，如表 8-2 所示。

表 8-2 《上海市水利工程概算定额》(SH R1—21—2021)章节内容

序号	名称	序号	名称	序号	名称
第一章	土方开挖工程	第六章	现浇混凝土工程	第十一章	机械设备安装工程
第二章	土石方填筑工程	第七章	预制混凝土工程	第十二章	其他工程
第三章	疏浚和吹填工程	第八章	田间管道工程	第十三章	措施工程
第四章	砌筑工程	第九章	生态植物工程		
第五章	桩基和地基处理工程	第十章	金属结构及设备安装工程		

(3) 采用本定额进行概算编制的，应遵循定额中定额编号、工程量计算规则、项目划分及计量单位。

(4) 本定额以国家和上海市现行建设工程强制性标准、推荐性标准、设计规范、标准图集、施工验收规范、技术操作规程、质量评定标准、产品标准和安全操作规程为依据编制，并参考了国家和上海市行业标准，以及典型工程案例，有代表性的工程设计、施工和其他资料。

(5) 本定额综合了本市水利工程预算定额的内容和含量，包括了水利工程的工料机消耗量，其他相关费用应依据国家和本市现行取费规定计算。

(6) 本定额主要是在《上海市水利工程预算定额》(SH R1—31—2016)基础上，以主要分项工程综合相关工序的综合定额，即按主要分项工程规定的计量单位、计算规则及综合相关工序的预算定额计算而得的人工、材料及制品、机械台班的消耗标准，体现了上海地区水利行业社会平均水平。

(7) 按照“量价分离”原则，本定额只列出人工、材料、施工机械(工程船舶)台(艘)班消耗量。本定额仅列示主要材料和机械的品种、规格和数量。“次要及零星材料”列入“其他材料费”中，并以列示材料费之和的百分比(%)表示。“小型机械”列入“其他机械费”中，并以列示机械费之和的百分比(%)表示。

(8) 本定额所采用的材料(包括构配件、零件、半成品及成品)均为符合质量标准和设计要求的合格产品；若品种、规格、型号、强度等级与设计不符时，可按各章节规定调整。定额未注明材料规格、强度等级的，应按设计要求选用。

(9) 本定额中未包含止水、伸缩缝、支座、脚手架、支架、冒水孔、系船设施、灯柱、堆料场地、大型施工机械进出场及安拆等“零星项目”。“零星项目”费用按定额直接费的百分比计算。不同类别的工程应套用其相应的百分比。

(10) 本定额的“工作内容”仅扼要说明主要施工过程和工序，次要的施工过程、施工工序和必要的辅助工作虽未列出，但已包括在定额内。

2.《上海市水利工程预算定额》

(1)《上海市水利工程预算定额》(SH R1—31—2016)是完成规定计量单位分部分项工程所需的人工、材料、施工机械台班的消耗量标准，适用于上海市行政区域范围内新建、扩建、改建及大修的水利工程。

(2) 本定额是编制施工图预算、招标控制价的依据，是确定合同价、结算价、调解工程价款争议的基础，也是编制上海市水利工程概算定额、估算指标与技术经济指标的基础以及作为工程投标报价或编制企业定额的参考依据。

(3)《上海市水利工程预算定额》(SH R1—31—2016)共分十四章，见表 8-3。

表 8-3　《上海市水利工程预算定额》(SH R1—31—2016)章节内容

序号	名称	序号	名称	序号	名称
第一章	土方开挖工程	第六章	现浇混凝土工程	第十一章	金属结构及设备安装工程
第二章	土石方填筑工程	第七章	预制混凝土工程	第十二章	机械设备安装工程
第三章	疏浚和吹填工程	第八章	田间管道工程	第十三章	其他工程
第四章	砌筑工程	第九章	止水、伸缩缝和防水工程	第十四章	措施工程
第五章	桩基和地基处理工程	第十章	生态植物工程		

(4)《上海市水利工程预算定额》(SH R1—31—2016)是在《上海市水利工程预算定额》(2000)基础上，按国家标准的建设工程计价、计量规范与本市水利工程实际相结合，并根据典型水利工程施工图纸、现行水利工程施工技术、验收规范及质量评定标准、有关劳动定额，并结合多年来本市水利工程“新技术、新工艺、新材料、新设备”的广泛应用，同时参照国家和本市现行有关定额和资料编制而成的量价完全分离的定额。

(5) 本定额是按照正常的施工条件，目前多数企业的施工机械装备程度，合理的施工工期、施工工艺、劳动组织编制的，反映上海市水利工程的社会平均消耗水平。

(6) 本定额“工作内容”仅扼要列出主要的施工过程和工序，次要的施工过程、施工工序和必要的辅助工作虽未列出，但已包括在定额内。

(7) 本定额的人工每工日及机械每台班均按 8 h 计算。人工定额不分工种和技术等级，均以综合工日表示。人工消耗量内容包括基本用工、辅助用工、超运距用工及人工幅度差。

(8) 本定额的材料(包括成品、半成品、工厂预制混凝土构件)消耗量，系按符合现行材料标准规格的合格品计算。定额中仅列出主要材料及辅助材料的品种、规格及数量，其他零星材料的消耗量以该零星材料费占定额列示材料费的百分比表示。场内运输损耗及操作损耗已包括在定额内。

(9) 材料、成品及半成品场内运输，除章说明另有规定外，定额中均已包括 150 m 场内运输。周转性材料(钢模板、钢管支撑、木模板、脚手架等)按规定的材料周转次数摊销计入定额内，且已包括回库维修的消耗量。

(10) 本定额的施工机械台班消耗量已考虑了机械幅度差。定额中机械品种和型号规格按综合取定。本定额仅列出主要施工机械的品种、规格及数量，其他少量小型施工机械的消耗量以该小型施工机械费占定额列示机械费的百分比表示。

(11) 本定额中混凝土及砂浆均采用预拌混凝土及预拌砂浆,如采用现拌混凝土或现拌砂浆,定额不作调整。定额中混凝土及砂浆的养护均为自然养护。除章说明另有规定外,本定额中混凝土工程、支架、模板、钢筋分列定额子目。除章说明另有规定外,本定额混凝土工程量按结构实体积计算,模板工程量按混凝土与模板接触面的面积计算。

(12) 钢筋混凝土结构的钢筋用量按施工图计算。钢筋的损耗率已包括在定额内。施工用筋经建设单位认可后可以增列计算。如设计需要使用预埋铁件,可按设计用量(不再加损耗)套用第十一章相应定额。

(13) 堆料场地、施工临时便道(新建工程且无场内道路运输工程材料)可套用第十四章相关定额。

三、工程量清单计价规范介绍

水利工程工程量清单计价是指在水利工程招投标中,招标人自行或委托具有资质的中介机构编制反映工程实体消耗和措施性消耗的工程量清单,并作为招标文件的一部分提供给投标人,由投标人依据工程量清单自主报价的计价行为。

(一) 出台背景

长期以来,我国建设工程招标、投标普遍采用编制工程量清单进行计价的方式,并遵循施工合同中双方约定的计量和支付方法,但在工程量清单编制和计价方法以及合同条款约定的计量和支付方法上尚未达到规范和统一。

为了及时总结我国实施工程量清单计价以来的实践经验和最新理论研究成果,满足市场要求,结合建设工程行业特点,统一建设工程工程量清单的编制和计价行为,实现"政府宏观调控、部门动态监管、企业自主报价、市场形成价格"的目标,住房和城乡建设部编制了《建设工程工程量清单计价规范》(GB 50500—2003)。

工程量清单计价规范是为规范建设工程造价计价行为,统一建设工程计价文件的编制原则和计价方法,根据相关法律、法规制定的标准,它适用于建设工程发承包及实施阶段的计价活动。

现行的工程量清单计价规范有《建设工程工程量清单计价规范》(GB 50500)、《人防工程工程量清单计价办法》(国人防办字〔2004〕第 418 号)等。

通过工程量清单计价规范,在招标、投标活动中,在公平、公正、诚信的原则基础上,开展正常的计价活动,规范和防止招标人在编制工程标底时有意压低价格、转嫁应由招标人承担的风险,挤压投标人合理的利润空间;规范投标人的报价行为,防止投标人为获取项目以低于企业自身成本进行报价而出现的恶性竞争现象;防止招标人和投标人在合同价款结算、处理合同变更、索赔过程中发生不必要的争议和纠纷。

水利部在遵循《建设工程工程量清单计价规范》(GB 50500—2003)的编制原则、方法和表现形式的基础上,充分考虑了水利工程建设的特殊性,总结了长期以来我国水利工程在招标、投标中编制工程量计价清单和施工合同管理中计量支付工作的经验后,于 2007 年 7 月 1 日实施《水利工程工程量清单计价规范》(GB 50501—2007)。

推行水利计价规范，统一水利工程工程量清单的编制和计价方法，对规范水利工程招标投标的工程量清单编制与计价行为，规范合同价款的确定与调整，以及工程价款的结算，健全和维护水利建设市场竞争秩序具有重要意义。

《水利工程工程量清单计价规范》(GB 50501—2007)共分为五章和两个附录，包括总则、术语、工程量清单编制、工程量清单计价、工程量清单及其计价格式；附录 A，水利建筑工程工程量清单项目及计算规则；附录 B，水利安装工程工程量清单项目及计算规则等内容。

(二) 总则规定

1. 适用范围

《水利工程工程量清单计价规范》(GB 50501—2007)第 1.0.2 条规定：本规范适用于水利枢纽、水力发电、引(调)水、供水、灌溉、河湖整治、堤防等新建、扩建、改建、加固工程的招标投标工程量清单计价活动。

该适用范围包括了四个方面的内容：一是就建设项目的功能而言，包括了水利枢纽工程，水力发电工程，引水、调水、供水、灌溉工程，河湖疏浚工程，堤防填筑工程等；二是就建设项目的性质而言，包括了新建工程、扩建工程、改建工程、加固工程等；三是就资金来源和投资主体而言，不论是国有资金、集体资金，还是私人资金，不论是政府机构、国有企事业单位、集体企业，还是私有企业或外资企业，都应遵循规范；四是就适用阶段而言，是从水利工程招标投标阶段开始到工程竣工。

2. 遵循原则

《水利工程工程量清单计价规范》(GB 50501—2007)第 1.0.3 条规定：水利工程工程量清单计价活动应遵循客观、公正、公平的原则。也就是说，工程量清单的编制要实事求是，强调“量价分离、风险分担”，招标人承担工程“量”的风险和投标人难以承担的价格风险，投标人适度承担工程“价”的风险。招标工程控制价应根据有关要求，结合施工方案，社会平均生产力水平，按市场价格编制。投标人要从本企业的实际情况出发，不能低于成本报价，不能串通报价，双方应以诚信、信用的态度进行工程结算。

3. 效力规定

《水利工程工程量清单计价规范》(GB 50501—2007)第 1.0.6 条规定：本规范附录 A、附录 B 应作为编制水利工程工程量清单的依据，与正文具有同等效力。本条规定了本规范附录适用的工程范围，主要体现在分类分项工程量清单中 12 位编码的前 9 位应按附录中的编码确定，分类分项工程量清单中的项目名称应依据附录中的项目名称、项目主要特征、主要工作内容和一般适用范围设置，分类分项工程量清单中的计量单位应按附录中的计量单位确定，分类分项工程量清单中的工程数量应依据附录中的计算规则进行计算确定。

(三) 清单附录内容

《水利工程工程量清单计价规范》(GB 50501—2007)将建筑工程划分为 14 类，安装工程划分为 3 类(表 8-4)。分类工程项目必须按照规范的规定依次选择顺序编制，不得更改，在同一项目划分级别下的分类工程名称不得重复。工程量清单中的最末一级分类分项工程项目(即项目编码第 10～12 位)名称，由清单编制人在各分类工程项目下，按照工程部位(如基础、墙等)、强度等级(如混凝土 C20、C30 等)、材质(如不锈钢、铸铁等)以及型号规格等，依序设置。

表 8-4 水利工程工程量清单计价规范附录表

附录 A 水利建筑工程工程量清单项目	附录 B 水利安装工程工程量清单项目
A.1 土方开挖工程	B.1 机电设备安装工程
A.2 石方开挖工程	B.2 金属结构设备安装工程
A.3 土石方填筑工程	B.3 安全检测设备采购及安装工程
A.4 疏浚和吹填工程	
A.5 砌筑工程	
A.6 锚喷支护工程	
A.7 钻孔和灌浆工程	
A.8 基础防渗和地基加固工程	
A.9 混凝土工程	
A.10 模板工程	
A.11 钢筋加工及安装工程	
A.12 预制混凝土工程	
A.13 原型开采与加工工程	
A.14 原料开采及加工工程	

由于水利工程项目的复杂性及“四新技术”的应用推广，附录 A、附录 B 所列的项目不可能全面覆盖所有水利工程项目，因此当出现附录未包括的项目时，编制人可以根据该项目的属性、名称、型号、规格、材质等特征依序进行补充。

(四) 清单计价说明

《水利工程工程量清单计价规范》(GB 50501—2007)第 4 章共 11 条，规定了工程量清单计价的工作范围，工程量清单计价价款构成，工程量清单计价单价、标底、报价的编制，工程单价变更处理原则等。

(1) 明确清单计价活动应遵循的标准。实行工程量清单计价招标投标的水利工程，其招标标底、投标报价的编制，合同价款的确定与调整，以及工程价款的结算，均应按本规范执行。

(2) 明确清单计价方法。分类分项工程量清单计价应采用工程单价计价。

分类分项工程量清单的工程单价是有效工程量的单价，应根据规范规定的工程单价组成内容，按招标设计文件、图纸、附录 A 和附录 B 中的“主要工作内容”确定。除另有规定外，对有效工程量以外的超挖、超填工程量，施工附加量，加工、运输损耗量等，所消耗的人工、材料和机械费用，均应摊入相应有效工程量的工程单价之内。无论是采用定额法计价还是实物量法计价，都必须这样做。

(3) 编制基础单价。按照招标文件的规定，根据招标项目涵盖的内容，投标人一般应编制以下基础单价，作为编制分类分项工程单价的依据：人工费单价；主要材料预算价格；风、水、电单价；砂石料单价；块石、料石单价；混凝土配合比材料费；施工机械台时(班)费等。

四、上海市清单计价应用规则介绍

《上海市水利工程工程量清单计价应用规则》是根据《水利工程工程量清单计价规范》(GB 50501—2007)、《建设工程工程量清单计价规范》(GB 50500—2013)、《上海市建筑市场管理条例》、《建筑安装工程费用项目组成》(住房和城乡建设部、财政部建标〔2013〕44号)等法律法规，结合上海市水利工程工程量清单计价的实际情况制定的，是对国家标准清单计价规范的补充。

(一) 总则

总则部分条款如下。

1.0.2　本应用规则适用于本市行政区域内水利工程发承包及实施阶段的计价活动。

1.0.3　使用国有资金投资的水利工程发承包，除紧急抢险、救灾外，必须采用工程量清单计价。

1.0.4　非国有资金投资的水利工程，宜采用工程量清单计价。

1.0.5　水利工程发承包及实施阶段的工程造价应由分部分项工程费、工程设备费、措施项目费、其他项目费、规费和税金组成。

1.0.6　招标工程量清单、招标控制价(最高投标限价)应由具有编制能力的招标人或受其委托、具有相应资质的工程造价咨询人或招标代理机构，且由具有水利专业资格的工程造价咨询人员编制。

1.0.7　招标工程量清单、招标控制价(最高投标限价)、投标报价、工程计量、合同价款调整、合同价款结算与支付等工程造价文件的编制与核对，应由具有水利专业资格的工程造价人员承担。

1.0.8　本应用规则附录A、附录B应作为编制上海市水利工程工程量清单的依据，与本应用规则的正文具有同等效力。

本应用规则包括正文和附录，具体见表8-5。

表8-5　应用规则正文及附录内容

正文部分	附录
1　总则	附录A　水利建筑工程工程量清单
2　术语	附录B　水利安装工程工程量清单
3　工程量清单编制	
4　工程量清单计价	

（续表）

正文部分	附录
5　合同价款约定与争议处理	
6　工程计价资料、归档与备案	
7　工程量清单与计价格式	

（二）合同价款约定与争议处理

为了规范承发包双方合同约定，为合同争议处理提供依据，本应用规则增加第5章合同价款约定与争议处理，具体内容如下。

5.1　一般规定

5.1.1　实行招标的水利工程合同价款应在中标通知书发出之日起30天内，由发承包双方依据招标文件和中标人的投标文件在书面合同中约定。合同约定不得违背招、投标文件中关于工期、造价、质量等方面的实质性内容。招标文件与中标人投标文件不一致的地方，以投标文件为准。

5.1.2　不实行招标的水利工程合同价款，应在发承包双方认可的工程价款基础上，由发承包双方在合同中约定。

5.1.3　实行工程量清单计价的工程，应采用单价合同；规模较小，技术难度较低，工期较短，且施工图设计已审查批准的水利建设工程可采用总价合同；紧急抢险、救灾以及施工技术特别复杂的水利建设工程可采用成本加酬金或建设行政管理部门颁布的现行定额加下浮率合同。

5.1.4　经发承包双方确认调整的合同价款，作为追加(减)合同价款，应与工程进度款或结算款同期支付。

5.1.5　本应用规则中未包括的国家计价规范中的其他条款，由发承包双方参照相关条款在合同中约定。

5.2　合同价款约定

5.2.1　发承包双方应在合同条款中对下列事项进行约定；合同中没有约定或约定不明的，由双方协商确定；协商不能达成一致的，按本应用规则执行。

1 预付工程款的数额、支付时间及抵扣方式；

2 工程计量与支付工程进度款的方式、数额及时间；

3 工程价款的调整因素、方法、程序、支付时间；

4 索赔与现场签证的程序、金额确认与支付时间；

5 发生工程价款争议的解决方法及时间；

6 承担风险的内容、范围以及超出约定内容、范围的调整办法；

7 工程竣工价款结算编制与核对、支付时间；

8 工程质量保证(保修)金的数额、预扣方式及时间；

9 与履行合同、支付价款有关的其他事项等。

5.3　工程计量

5.3.1　工程量应按本应用规则规定的工程量计算规则计算。

5.3.2　工程计量可选择按月或按工程形象进度分段计量,具体计量周期应在合同中约定。

5.3.3　因承包人原因造成的超出合同工程范围施工或返工的工程量,发包人不予计量。如非承包人原因或承包人接受发包人指示超出合同工程范围施工的,应当予以计量。

5.3.4　工程量必须以承包人完成合同工程应予计量的工程量确定。

5.3.5　施工中进行工程计量,当发现招标工程量清单中出现缺项、工程量偏差,或因工程变更引起工程量增减时,应按承包人在履行合同义务中完成的工程量计算。

5.4　合同价款调整

5.4.1　在合同履行期间,发生下列事项(不限于)时,发承包双方应当按照合同约定调整合同价款:

1 法律法规变化;

2 工程变更;

3 项目特征不符;

4 工程量清单缺项;

5 工程量偏差;

6 零星工作项目;

7 物价变化;

8 暂估价;

9 不可抗力;

10 提前竣工(赶工补偿);

11 误期赔偿;

12 索赔;

13 现场签证;

14 暂列金额;

15 发承包双方约定的其他调整事项。

5.4.2　法律法规变化

1 招标工程以投标截止日前28天、非招标工程以合同签订前28天为基准日,其后因国家的法律、法规、规章和政策发生变化引起工程造价增减变化的,发承包双方应按照省级或行业建设行政管理部门或其授权的工程造价管理部门据此发布的规定调整合同价款。

2 因承包人原因导致工期延误的,按本应用规则第5.4.2条规定的调整时间,在合同工程原定竣工时间之后,合同价款调增的不予调整,合同价款调减的予以调整。

5.4.3　工程变更

1 因工程变更引起已标价工程量清单项目或其工程数量发生变化时,应按照下列规定调整:

(1) 已标价工程量清单中有适用于变更工程项目的,应采用该项目的单价;

(2) 已标价工程量清单中没有适用但有类似于变更工程项目的,可在合理范围内参照类似项目的单价;

(3) 已标价工程量清单中没有适用也没有类似于变更工程项目的，应由承包人根据合同约定提出变更工程项目的单价，并报发包人确认后调整。

2 因工程变更引起施工方案改变并使措施项目发生变化时，承包人提出调整措施项目费的，应事先将拟实施的方案提交发包人确认，并应详细说明与原方案措施项目相比的变化情况。拟实施的方案经发承包双方确认后执行，并应按照下列规定调整措施项目费：

(1) 安全防护、文明施工费应按照实际发生变化的措施项目依据本应用规则第 4.1.7 条的规定及合同约定计算。

(2) 采用单价计算的措施项目费，应按照实际发生变化的措施项目，按本应用规则第 5.4.3 条的规定确定单价。

(3) 按总价(或项)计算的措施项目费，按照实际发生变化的措施项目及合同约定调整。

如果承包人未事先将拟实施的方案提交给发包人确认，则应视为工程变更不引起措施项目费的调整或承包人放弃调整措施项目费的权利。

5.4.4 当发包人提出的工程变更因非承包人原因删减了合同中的某项原定工作或工程，致使承包人发生的费用或(和)得到的收益不能被包括在其他已支付或应支付的项目中，也未被包含在任何替代的工作或工程中时，承包人有权提出并应得到合理的费用及利润补偿。

5.5 项目特征不符

5.5.1 发包人在招标工程量清单中对项目特征的描述，应被认为是准确的和全面的，并且与实际施工要求相符合。承包人应按照发包人提供的招标工程量清单，根据项目特征描述的内容及有关要求实施合同工程，直到项目被改变为止。

5.5.2 承包人应按照发包人提供的设计图纸实施合同工程，若在合同履行期间出现设计图纸(含设计变更)与招标工程量清单任一项目的特征描述不符，且该变化引起该项目工程造价增减变化的，应按照实际施工的项目特征，按本应用规则第 5.4.3 条相关条款的规定重新确定相应工程量清单项目的综合单价，并调整合同价款。

5.6 工程量清单缺项

5.6.1 合同履行期间，由于招标工程量清单中缺项，新增分部分项工程清单项目的，应按照本应用规则第 5.4.3.1 条的规定确定单价，并调整合同价款。

5.6.2 新增分部分项工程清单项目后，引起措施项目发生变化的，应按照本应用规则第 5.4.3 条的规定，在承包人提交的实施方案被发包人批准后调整合同价款。

5.6.3 由于招标工程量清单中措施项目缺项，对于可按招标设计图纸准确计量的措施项目，承包人应将措施项目提交发包人批准后，按照本应用规则第 5.4.3 条的规定调整合同价款。

5.7 工程量偏差

5.7.1 合同履行期间，当应予以计算的实际工程量与招标工程量清单出现偏差，发承包双方应调整合同价款。

5.8 零星工作项目(计日工)

5.8.1 发包人通知承包人实施的零星工作项目，承包人应予执行。

5.8.2 采用零星工作项目计价的任何一项变更工作，在该项变更的实施过程中，承包人应按合同约定提交下列报表和有关凭证送发包人复核：

1 工作名称、内容和数量；

2 投入该工作所有人员的姓名、工种和耗用工时；

3 投入该工作的材料名称、类别和数量；

4 投入该工作的施工设备(船舶)型号、台(艘)数和耗用时间；

5 发包人要求提交的其他资料和凭证。

5.8.3 任一零星工作项目实施结束后，承包人应按照确认的零星工作项目现场签证报告核实该类项目的工程数量，并应根据核实的工程数量和承包人已标价工程量清单中的零星工作项目单价计算，提出应付价款；已标价工程量清单中没有该类零星工作项目单价的，按合同约定计算；合同中没有约定或约定不明的，由发承包双方按本应用规则第5.4.3条的规定，商定零星工作项目单价计算。

5.9 物价变化

5.9.1 物价变化调整，应在合同中约定主要材料、工程设备、施工机械(船舶)台(艘)班价格变化调整的范围或幅度。

5.9.2 发生合同工程延误的，应按照下列规定确定合同履行期的价格调整：

1 因非承包人原因导致工期延误的，计划进度日期后续工程的价格，应采用计划进度日期与实际进度日期两者的较高者。

2 因承包人原因导致工期延误的，计划进度日期后续工程的价格，应采用计划进度日期与实际进度日期两者的较低者。

5.10 暂估价

5.10.1 发包人在招标工程量清单中给定暂估价的材料、工程设备属于依法必须招标的，应由发承包双方以招标的方式选择供应商，确定价格，并应以此为依据取代暂估价，调整合同价款。

5.10.2 发包人在招标工程量清单中给定暂估价的材料、工程设备不属于依法必须招标的，应由承包人按照合同约定采购，经发包人确认单价后取代暂估价，调整合同价款。

5.10.3 发包人在招标工程量清单中给定暂估价的专业工程，依法必须招标的，应以专业工程发包中标价为依据取代专业工程暂估价，调整合同价款。

5.10.4 发包人在工程量清单中给定暂估价的专业工程不属于依法必须招标的，应按照本应用规则相应条款的规定确定专业工程价款，并应以此为依据取代专业工程暂估价，调整合同价款。

5.11 不可抗力

5.11.1 因不可抗力事件导致的人员伤亡、财产损失及其费用增加，发承包双方可参照下列原则分别承担并调整合同价款和工期：

1 合同工程本身的损害、因工程损害导致第三方人员伤亡和财产损失以及运至施工场地用于施工的材料和待安装的设备的损害，应由发包人承担；

2 发包人、承包人人员伤亡应由其所在单位负责，并应承担相应费用；

3 承包人的施工机械设备损坏及停工损失，应由承包人承担；

4 停工期间，承包人应发包人要求留在施工场地的必要的管理人员及保卫人员的费用应由发包人承担；

5 工程所需清理、修复费用，应由发包人承担。

5.11.2 不可抗力解除后复工的，若不能按期竣工，应合理延长工期。发包人要求赶工的，赶工费用应由发包人承担。

5.11.3 如果合同没有约定，因不可抗力事件导致的人员伤亡、财产损失按照人员所属及所有权所有各自承担，因不可抗力事件导致费用增加，各自承担。

5.12 提前竣工及误期赔偿

5.12.1 发包人要求合同工程提前竣工的.应征得承包人同意后与承包人商定采取加快工程进度的措施，并应修订合同工程进度计划。发包人应承担承包人由此增加的提前竣工(赶工补偿)费用。

5.12.2 发承包双方应在合同中约定误期赔偿费，并应明确每日历天应赔额度。误期赔偿费应列入竣工结算文件中。

5.13 索赔及现场签证

5.13.1 当合同一方向另一方提出索赔时，应有正当的索赔理由和有效证据，并应符合合同的相关约定。

5.13.2 承包人应发包人要求完成合同以外的零星项目、非承包人责任事件等工作的，发包人应及时以书面形式向承包人发出指令，并应提供所需的相关资料；承包人在收到指令后，应及时向发包人提出现场签证要求。

5.13.3 现场签证的工作如已有相应的零星工作项目单价的，现场签证中应列明完成该类项目所需的人工、材料、工程设备和施工机械台班的数量。如现场签证的工作没有相应的零星工作项目单价的，应在现场签证报告中列明完成该签证工作所需的人工、材料和施工机械(船舶)台(艘)的数量及单价。

5.13.4 在施工过程中，当发现合同工程内容因场地条件、地质水文、发包人要求等不一致时，承包人应提供所需的相关资料，并提交发包人签证认可，作为合同价款调整的依据。

5.14 暂列金额

5.14.1 已签约合同价中的暂列金额应由发包人掌握使用，按实结算。

5.15 合同价款支付

5.15.1 发承包双方应在合同中约定工程款支付条件，并按照合同约定的时间、程序和方法，支付工程款。

5.15.2 承包人应将预付款专用于合同工程。预付款的支付比例不低于签约合同价的10%，不宜高于签约合同价(扣除暂列金额及安全文明施工措施费)的30%。

5.15.3 承包人对安全文明施工措施费应专款专用。安全文明施工措施费包括的内容和使用范围，应符合本市有关文件和计量规范的规定。发包人支付预付款不低于当年施工进度计划的安全文明施工措施费总额的60%，其余部分应根据工程进度进行分解，并与进度款同期支付。

5.15.4 根据工程计量结果，办理期中价款结算，支付进度款。

5.15.5 进度款支付周期、支付比例应与合同约定的工程计量周期、支付比例一致。

5.15.6 已标价工程量清单中的单价项目，承包人应按工程计量确认的工程量与综合单价计算；综合单价发生调整的，以发承包双方确认调整的综合单价计算进度款。

5.15.7 已标价工程量清单中的总价项目，承包人应按合同中约定的进度款支付。

5.15.8 承包人现场签证和得到发包人确认的索赔金额应列入本周期应增加的金额中。

5.16　竣工结算及支付

5.16.1　工程完工后，发承包双方应在完工验收前完成工程竣工结算，在完工验收合格后办理工程竣工结算。

5.16.2　工程竣工结算应由承包人或受其委托具有相应资质的工程造价咨询人编制，并应由发包人或受其委托具有相应资质的工程造价咨询人核对。

5.16.3　工程竣工结算应根据下列依据编制：

1 本应用规则；

2 工程合同；

3 工程竣工图纸及相关资料；

4 发承包双方实施过程中已确认的工程量及其结算的合同价款；

5 发承包双方实施过程中已确认调整后追加(减)的合同价款；

6 招标文件及投标文件；

7 其他依据。

5.16.4　分部分项工程和措施项目中的单价项目应依据发承包双方确认的工程量与已标价工程量清单的综合单价计算；发生调整的，应以发承包双方确认调整的综合单价计算。

5.16.5　措施项目中的总价项目应依据已标价工程量清单的项目和金额计算；发生调整的，应以发承包双方确认调整的金额计算，其中安全防护、文明施工费应按本应用规则第4.1.7条的规定计算。

5.16.6　其他项目应按下列规定计价：

1 零星工作项目应按发包人实际签证确认的事项计算；

2 暂估价应按本应用规则第5.10节的规定计算；

3 总承包服务费应依据合同约定金额计算；发生调整的，应以发承包双方确认调整的金额计算；

4 索赔费用应依据发承包双方确认的索赔事项和金额计算；

5 现场签证费用应依据发承包双方签证资料确认的金额计算；

6 暂列金额按实际发生的索赔、现场签证金额计算。

5.16.6　规费和税金应按本应用规则第4.1.10条的规定计算。

5.16.7　发承包双方在合同工程实施过程中已经确认的工程计量结果和合同价款，在竣工结算办理中直接进入结算。

5.16.8　承包单位应当在提交竣工验收报告后，按照合同约定的时间向发包单位递交竣工结算报告和完整的结算资料。发包单位或者发包单位委托的造价咨询机构应当在六十日内进行核实，并出具核实意见，有合同约定的按合同基约定。

5.16.9　发包人收到承包人递交的竣工结算书后，在合同约定时间内，不核对竣工结算或未提出核对意见的，视为承包人递交的竣工结算书已经认可，发包人应向承包人支付工程结算价款。

5.16.10　承包人在收到发包人提出的核对意见后，在合同约定时间内，不确认也未提出异议的，视为发包人提出的核对意见已经认可，竣工结算办理完毕。

5.16.11　合同工程竣工结算核对完成，发承包双方签字确认后，发包人不得要求承包人与另一个或多个工程造价咨询人重复核对竣工结算。

5.16.12 竣工结算办理完毕，发包人应根据确认的竣工结算书在合同约定的时间内向承包人支付工程竣工结算价款。

5.17 合同价款争议处理

5.17.1 若发包人和承包人之间就工程质量、进度、价款支付与扣除、工期延期、索赔价款调整等发生任何法律上、经济上或技术上的争议，首先应根据已签约合同的规定，提交合同约定职责范围内的总监理工程师或造价工程师解决，并应抄送另一方，总监理工程师或造价工程师在收到此提交文件后14天内应将暂定结果通知发包人和承包人。发承包双方对暂定结果认可的，应对书面形式予以确认，暂定结果成为最终决定；发承包双方对暂定结果不认可的，在暂定结果对发承包双方履行不产生实质性影响的前提下，发承包双方应实施该结果，直至发承包双方达成争议解决办法。

5.17.2 合同价款争议发生后，发承包双方可就水利工程造价计价依据、办法以及相关政策规定等争议事项，由上海市水利工程造价管理机构负责解释。

5.17.3 发包人以对工程质量有异议拒绝办理工程竣工结算的，已完工验收或已完工未验收但实际投入使用的工程，其质量争议按该工程保修合同执行，竣工结算按合同约定办理；已完工未验收且未实际投入使用的工程以及停工、停建工程的质量争议，双方应就有争议的部分委托有资质的检测鉴定机构进行检测，根据检测结果确定解决方案，或按工程质量监督机构的处理决定执行后办理竣工结算，无争议部分的竣工结算按合同约定办理。

5.17.4 承发包双方发生工程造价合同纠纷时，应通过下列办法解决：

1 双方协商；

2 提请调解；

3 按合同约定向仲裁机构申请仲裁或向人民法院起诉。

5.17.5 仲裁机构或人民法院在工程合同价款纠纷案件处理中，需作工程造价司法签定的，应委托具有相应资质的工程造价咨询人进行。司法签定服务应按仲裁机构或人民法院的程序和要求进行，并应符合国家关于司法签定的规定。

（三）应用规则附录说明

（1）本附录的项目划分与《水利工程工程量清单计价规范》（GB 50501—2007）保持一致，并根据本市水利工程特点，作以下调整：对于本市水利工程施工中不发生的“A2 石方开挖工程、A6 喷锚支护工程、A13 原材料开采及加工工程”，不列入本附录。考虑计量方便、操作性强等因素，“A10 模板工程”不单列，计入混凝土工程清单。增补了“A15 保滩排体工程；A16 生态植物工程；A17 截污工程”。统一编码的断码部分为《水利工程工程量清单计价规范》（GB 50501—2007）中不适用于本市水利工程内容。

（2）附录项目编码与《水利工程工程量清单计价规范》（GB 50501—2007）保持一致，并根据本市水利工程特点，作以下调整：《水利工程工程量清单计价规范》（GB 50501—2007）不适用本市水利工程的项目，保留其项目编码和项目名称，项目特征、工程量计算规则等内容不列示。本市水利工程中特有的项目，按项目划分内容，以“沪”开头增列，序号顺接。

（3）本附录清单项目所对应的现行定额，仅作参考，可根据工程实际情况调整；对于清单项目未列明对应定额的，可根据工程实际情况参照其他相关定额或自行确定。

(4) 本附录中未包括的项目，编制人可作相应的补充。补充的水利建筑工程项目编码按 SLA000001 起编。补充的水利安装工程项目编码按 SLB000001 起编。

(5) 附录 B 水利安装工程中应包括装置性材料，设备列入设备清单，非标设备现场制作时应增列制作内容。

附录内容见表 8-6。

表 8-6　《上海市水利工程工程量清单计价应用规则》附录表

附录 A 水利建筑工程工程量清单项目		附录 B 水利安装工程工程量清单项目
A. 1　土方开挖工程	A. 11　钢筋、钢结构加工及安装工程	B. 1　机电设备安装工程
A. 3　土石方填筑工程	A. 12　预制混凝土工程	B. 2　金属结构设备安装工程
A. 4　疏浚和吹填工程	A. 14　其他建筑工程	
A. 5　砌筑工程	A. 15　保滩排体工程	
A. 7　钻孔和灌浆工程	A. 16　生态植物工程	
A. 8　基础和地基加固工程	A. 17　截污工程	
A. 9　混凝土工程		

五、各阶段造价文件的编制依据

(一) 投资估算

可行性研究报告投资估算编制的主要依据如下。

(1) 经批准的项目建议书。

(2) 水利部颁布的《水利水电工程可行性研究报告编制规程》。

(3) 水利部颁布的《水利工程设计概(估)算编制规定》。

(4) 水利部颁布的《水利建筑工程概算定额》《水利水电设备安装工程概算定额》《水利水电工程施工机械台时费定额》。

(5) 可行性研究报告提供的工程规模、工程等级、主要工程项目的工程量等资料。

(6) 概算指标等。

(7) 建设项目中的有关资金筹措的方式、实施计划、贷款利息、对建设投资的要求等。

(8) 工程所在地的人工工资标准、材料供应价格、运输条件、运费标准及地方性材料储备量等资料。

(9) 当地政府有关征地、拆迁、安置、补偿标准等文件或通知。

(10) 编制可行性研究报告的委托书、合同或协议等。

(二) 设计概算

设计概算编制的主要依据如下。

（1）国家及省（自治区、直辖市）颁发的有关法令法规、制度、规程。

（2）水行政主管部门颁发的概（估）算编制规定、概算定额和有关行业项目法人管部门颁发的定额。

（3）水利水电工程设计工程量计算规定。

（4）初步设计文件及图纸。

（5）有关合同协议及资金筹措方案。

（6）其他。

（三）施工图预算

施工图预算编制的主要依据如下。

（1）国家、行业和地方政府有关工程建设和造价管理的法律、法规和规定。

（2）工程地质勘察资料及建设场地中的施工条件。

（3）施工图纸及说明书和标准图集。

（4）现行预算定额及工程量计算规则。

（5）施工组织设计或施工方案。

（6）材料、人工、机械台班（时）预算价格及调价规定。

（7）现行的有关设备原价及运杂费率。

（8）水利建筑安装工程费用取费标准。

（9）经批准的拟建项目的概算文件。

（10）有关预算的手册及工具书。

（四）项目管理预算

项目管理预算编制的主要依据如下。

（1）行业主管部门颁发的建设实施阶段造价管理办法。

（2）行业主管部门颁发的项目管理预算编制办法。

（3）批准的初步设计概算。

（4）设计文件和图纸。

（5）分标方案和招标文件。

（6）国家有关的定额标准和文件。

（7）董事会的有关决议、决定（若有）。

（8）出资人资本金协议（若有）。

（9）工程融资协议。

（10）其他有关文件合同、协议。

（五）招标控制价（标底）和投标报价

（1）招标控制价编制依据

① 招标人对招标项目价格的预期。

② 拟定的招标文件、招标工程量清单及其补充通知、答疑纪要。

③ 施工现场情况、工程特点。

④ 工程设计文件(含设计施工方案)及相关资料。

⑤ 与招标项目相关的标准、规范、技术资料。

⑥ 现行《水利工程工程量清单计价规范》。

⑦ 国家或省级、行业建设主管部门颁发的定额和相关规定。

⑧ 招标项目所在地同时期水利工程或类似建筑工程施工平均先进效率水平。

⑨ 市场价格信息或工程造价管理机构发布的工程造价信息。

⑩ 其他相关资料。

(2) 标底编制依据

① 招标人提供的招标文件。

② 施工现场情况有关资料。

③ 批准的初步设计概算或修正概算。

④ 国家或省级、行业建设主管部门颁发的定额和相关规定。

⑤ 设备及材料市场价格。

⑥ 施工组织设计或施工规划。

⑦ 其他有关资料。

(3) 投标报价的编制依据

① 招标文件、招标工程量清单及其补充通知、答疑纪要。

② 投标人对招标项目价格的预期。

③ 施工现场情况、工程特点及投标时拟定的施工组织设计或施工方案。

④ 市场价格信息或工程造价管理机构发布的工程造价信息。

⑤ 现行《水利工程工程量清单计价规范》。

⑥ 企业定额或参考国家和省级、行业建设主管部门颁发的定额和相关规定。

⑦ 与建设项目相关的标准、规范、技术资料。

⑧ 其他的相关资料。

(六) 施工预算

施工预算内容包括人工消耗、材料消耗、施工机械台班费用、管理费用等。在各项费用中，人工消耗、材料消耗和机械消耗是主要的，故施工预算又称为工料机预算，它是根据施工图的工程量、施工组织设计或施工方案和施工定额等资料进行编制的。主要依据如下。

(1) 施工合同。

(2) 设计部门提供的施工图纸、清册和清单。

(3) 施工单位编制的施工组织设计。

(4) 水利行业发布的和自行补充编制的施工定额。

(5) 供内部考核用的人工、材料、机械台班等单价。

(七) 竣工结算(完工结算)

竣(完)工结算编制的主要依据如下。

(1) 工程合同。

(2) 发、承包双方实施过程中已确认的工程量及其结算的合同价款。

(3) 发、承包双方实施过程中已确认调整后追加(减)的合同价款。
(4) 建设工程设计文件及相关资料。
(5) 投标文件。
(6) 现行的《水利工程工程量清单计价规范》。
(7) 其他依据。

(八) 竣工决算

竣工决算编制的主要依据如下。
(1) 国家有关法律、法规。
(2) 经批准的设计文件、项目概(预)算。
(3) 主管部门下达的年度投资计划,基本建设支出预算。
(4) 项目合同(协议)。
(5) 会计核算及财务管理资料。
(6) 工程价款结算、物资消耗等有关资料。
(7) 水库淹没处理补偿费的总结和验收文件,以及水土保持与环境保护工程的实施过程和总结资料。
(8) 其他有关项目管理文件。

第四节　水利工程的总投资

一、项目总投资的概念

(一) 总投资与建设投资

建设项目按用途可分为生产性建设项目和非生产性建设项目。生产性建设项目总投资包括建设投资和铺底流动资金两部分。而非生产性建设项目总投资只包括建设投资。

由于水利工程建设项目属于非生产性建设项目,水利工程总投资主要指的是建设投资,即建设项目总投资,是指为完成工程项目建设,在建设期(预计或实际)投入的全部费用总和。

(二) 静态投资与动态投资

水利工程建设项目静态投资,是指编制预期造价时,以某一基准年月的建设要素单位价为依据,所计算出的该时点(年月)的水利工程建设项目造价时值,包括因工程量误差而可能引起的造价增加,不包括以后年月因价格上涨等风险因素而增加的投资,以及因时间迁移而发生的投资利息支出。

水利工程建设项目动态投资,是指编制预期造价时,以项目静态投资为基础,进一步考虑物价变动、建设期贷款利息等影响因素,更准确地预测和估算水利工程建设项目的实际投资需求。动态投资除了包含静态投资的所有内容,还包含建设期贷款利息、涨价预备费以及其他与物价波动和建设期融资相关的动态调整因素。

水利工程建设投资由①建筑安装工程费；②设备工器具购置费；③工程建设其他费；④基本预备费；⑤涨价预备费；⑥建设期借款利息；⑦固定资产投资方向调节税（目前暂不征收）组成。

水利工程建设项目静态投资包括以下四项内容：①建筑安装工程费；②设备工器具购置费；③工程建设其他费；④基本预备费。水利工程建设项目动态投资除了包含前四项作为静态投资的所有内容，还包含后面三项内容：⑤涨价预备费；⑥建设期借款利息；⑦固定资产投资方向调节税。

二、项目概(估)算总投资

根据水利部颁布的 2024 版《水利工程设计概（估）算编制规定》相关规定，水利工程概（估）算总投资由工程部分投资、建设征地移民补偿投资、环境保护工程投资、水土保持工程投资、价差预备费、建设期融资信息等六个部分构成。

具体如图 8-1 所示。

- 水利工程总投资
  - 工程部分投资
    - 建筑工程投资
    - 机电设备及安装工程投资
    - 金属结构设备及安装工程投资
    - 输水管线设备及安装工程投资
    - 施工临时工程投资
    - 独立费用
    - 基本预备费
  - 建设征地移民补偿投资
    - 农村部分补偿费
    - 城(集)镇部分补偿费
    - 工业企业补偿费
    - 专业项目补偿费
    - 防护工程费
    - 库底清理费
    - 其他费用
    - 基本预备费
    - 有关税费
  - 环境保护工程投资
    - 环境保护措施投资
    - 独立费用
    - 基本预备费
    - 环境影响补偿费
  - 水土保持工程投资
    - 工程措施投资
    - 植物措施投资
    - 监测措施投资
    - 施工临时工程投资
    - 独立费用
    - 基本预备费
    - 水土保持补偿费
  - 价差预备费
  - 建设期融资利息

图 8-1　水利工程建设项目概算总投资组成

（一）工程部分投资

工程部分投资包括建筑工程投资、机电设备及安装工程投资、金属结构设备及安装工程投资、输水管线设备及安装工程投资、施工临时工程投资、独立费用、基本预备费等七个部分。每部分从大到小又划分为一级、二级、三级项目。一级项目相当于具有独立功能的单项工程，二级项目相当于单位工程，三级项目相当于分部分项工程。

第一至第四部分（建筑工程、机电设备及安装工程、金属结构设备及安装工程、输水管线设备及安装工程）属永久工程，竣工投入运行后承担设计所确定的功能并发挥效益，构成生产运行单位的固定资产。凡永久与临时工程相结合的项目列入相应永久工程项目内。

第五部分施工临时工程是指在工程筹备和建设阶段，为辅助永久建筑和安装工程正常施工而修建的临时性工程或采取的临时措施，临时工程的全部投资扣除回收价值后，以适当的比例摊入各永久工程中，构成固定资产的一部分。

第六部分独立费用项目是指应在工程总投资中支出但又不宜列入建筑工程费、安装工程费、设备费而需要独立列项的费用项目。

第七部分基本预备费是指为工程建设过程中预留的由于变更等因素发生的费用，包括由于设计变更、技术经济标准和政策性文件调整而增加的费用，工程遭受一般自然灾害造成的损失，预防自然灾害发生的措施费用，以及其他不可预见因素发生的费用。

（二）建设征地移民补偿投资

建设征地移民补偿投资包括农村部分补偿费、城（集）镇部分补偿费、工业企业补偿费、专业项目补偿费、防护工程费、库底清理费、其他费用、基本预备费、有关税费等，应根据具体工程情况分别设置一级、二级、三级、四级、五级项目。

（三）环境保护工程投资

环境保护工程投资包括环境保护措施投资、独立费用、基本预备费、环境影响补偿费四部分，应根据具体工程情况分别设置一级、二级、三级项目。

（四）水土保持工程投资

水土保持工程投资包括工程措施投资、植物措施投资、监测措施投资、施工临时工程投资和独立费用、基本预备费、水土保持补偿费七部分，各部分下设一级、二级、三级项目。

三、水利工程项目划分

根据水利部颁布的2024版《水利工程设计概（估）算编制规定》中关于工程部分概估算项目的划分规定，首先将水利工程按工程性质划分为枢纽工程、引水工程、河道工程三大类，每个大类再按照一定的规则划分为一级、二级、三级项目。

（一）一般规定

一级项目是具有独立功能的单项工程，相当于扩大单位工程。例如，挡水工程、泄洪工程、航运工程等，编制概（估）算时视工程具体情况设置项目，一般应按项目划分的规定，不宜合并。

二级项目相当于单位工程。例如，枢纽工程中一级项目挡水工程，其二级项目划分为混凝土坝（闸）、土（石）坝工程；引水工程中一级项目建筑物工程，其二级项目划分为泵站工程（扬水站、排灌站）、水闸工程、渡槽工程等；河道工程中一级项目河湖整治，其二级项目划分为堤防工程、河道疏浚工程等。

三级项目相当于分部分项工程。例如，上述二级项目下设的三级项目为土石方开挖、土石方回填、砌石、混凝土、模板、钢筋制安、细部结构工程等。

二级和三级项目中，仅列示了代表性子目，编制概（估）算时，二级、三级项目可根据水利水电工程项目建议书、可行性、初步设计报告编制规程的工作深度要求和工程实际情况进行增减或再划分。

（二）枢纽工程

枢纽工程指水利枢纽建筑物、大型泵站、大型拦河水闸和其他大型独立建筑物（含引水工程的水源工程）。包括挡水工程、泄洪工程、引水工程、发电厂（泵站）工程、升压变电站工程、航运工程、鱼道工程、交通工程、房屋建筑工程、供电设施工程、其他建筑工程。

（三）引水工程

引水工程指供水工程、调水工程和灌溉工程（1）。包括渠（管）道工程、建筑物工程、交通工程、房屋建筑工程、供电设施工程、其他建筑工程。

（四）河道工程

河道工程指堤防修建与加固工程、河湖整治工程以及灌溉工程（2）。包括河湖整治与堤防工程、灌溉及田间渠（管）道工程、建筑物工程、交通工程、房屋建筑工程、供电设施工程和其他建筑工程。

四、上海水利工程项目组成

根据上海市水务局发布的《上海市水利工程设计概（估）算编制规定》，上海水利工程项目组成包括建筑工程、机电设备及安装工程、金属结构设备及安装工程、临时工程、供电外线工程、水土保持及环境保护等六个大类。

（一）建筑工程

水利建筑工程主要分泵站工程、水闸工程、堤防工程、桥涵工程、农田水利工程以及疏拓及吹填工程六类。

1. 泵站工程

泵站工程（包括泵闸结合工程）主要由站身（包括流道）、闸首、进出水池、上下游消力池、上下游护坦（包括防冲槽）、上下游翼墙、上下游引河、泵房上部建筑、管理房及附属设施等组成。

2. 水闸工程

水闸工程包括船（套）闸、节制闸、涵闸等。

船(套)闸主要由上下游闸首、闸室、上下游翼墙、上下游消力池、上下游护坦、上下游海漫段(包括防冲槽)、上下游引河、控制室及启闭机室、管理房及附属设施等组成。

节制闸主要由闸首、上下游翼墙、上下游消力池、上下游护坦、上下游海漫段(包括防冲槽)、上下游引河、控制室及启闭机室、管理房及附属设施等组成。

涵闸主要由洞身、上下游消力池、上下游翼墙、上下游护坦(包括防冲槽)、上下游引河、启闭机室等组成。

3. 堤防工程

堤防工程包括护岸、防汛墙、驳岸、海塘堤坝等。护岸、防汛墙、驳岸主要由基础、护坡、墙身、防汛道路等组成。海塘堤坝主要由堤身、防浪墙、护坡护脚、堤顶道路、排水口、丁(勾)坝、顺坝、促淤保滩等组成。

4. 桥涵工程

桥涵工程包括桥梁及涵洞等。

桥梁主要由桥基、桥台、桥墩、桥面、引桥、接坡等组成。

涵洞主要由洞身、上下游翼墙、上下游护坦等组成。

5. 农田水利工程

农田水利工程包括排涝灌溉泵站、渠道、沟、田间设施等。

6. 疏拓及吹填工程

疏拓及吹填工程包括河道土方开挖及疏浚、江海取土和围内吹填等。

(二) 机电设备及安装工程

机电设备及安装工程主要由以下几项组成。

(1) 主机设备及安装工程,包括水泵、电动机、主阀等。

(2) 起重设备及安装工程。

(3) 水力机械辅助设备及安装工程。

(4) 电气设备及安装工程。

(5) 供电、变配电设备及安装工程。

(6) 公用设备及安装工程,包括控制保护设备、计算机监控系统、自动化系统、通信设备、通风和空调设备、机修设备,水闸、泵站区馈电设备,水闸、泵站区供水、排水设备,水文监测设备,水情自动测报系统设备,外部观测设备,消防、交通设备等。

(7) 其他机电设备及安装工程。

(三) 金属结构设备及安装工程

金属结构设备及安装工程主要由以下几项组成。

(1) 闸门设备及安装工程。

(2) 启闭机设备及安装工程。

(3) 清污机设备及安装工程。

(4) 拦污栅设备及安装工程。

(5) 其他金属结构设备及安装工程。

(四) 临时工程

临时工程指在水利工程的施工准备阶段和实施过程中，为保证永久性建筑安装工程的顺利进行必须建造和采取的临时性工程和措施，主要由以下四项组成。

(1) 施工导流截流工程：施工降排水、导流河、导流明渠、施工围堰及截流工程等。

(2) 施工围护工程：为深基坑施工所采取的围护桩等。

(3) 施工交通工程：为保证工程建设所需工程设备、材料和施工机具的运输而修建的临时交通道路和附属设施。

(4) 施工降排水：排除原有积水，排除施工期地下降水和地下渗水。

(五) 供电外线工程

供电外线工程指在水利工程中发生的由供电部门实施的供电外线工程，包括从现有电网向施工现场供电的高压输电线路(10 kV 及以上等级)；施工变(配)电设施设备(场内除外)工程。

(六) 水土保持及环境保护

水土保持及环境保护指在水利工程的建设中，为了工程安全、减少工程对环境的影响而建设的水土保持及环境保护工程。

第九章　水利工程造价构成

第一节　工程部分造价构成

依据水利部关于发布 2024 版《水利工程设计概(估)算编制规定》和水利部办公厅关于印发《水利工程营业税改征增值税计价依据调整办法》的通知(办水总〔2016〕132 号),水利工程工程部分费用构成内容如图 9-1 所示。

- 水利工程工程部分费用
  - 建筑及安装工程费
    - 直接费
      - 基本直接费
        - 人工费
        - 材料费
        - 施工机械使用费
      - 其他直接费
        - 冬、雨季施工增加费
        - 夜间施工增加费
        - 特殊地区施工增加费
        - 临时设施费
        - 其他
    - 间接费
      - 规费
      - 企业管理费
    - 利润
    - 税金
  - 设备费
    - 设备原价
    - 运杂费
    - 运输保险费
    - 采购及保管费
  - 独立费用
    - 建设管理费
    - 工程建设监理费
    - 生产准备费
    - 科研勘测设计费
    - 其他
  - 预备费
    - 基本预备费
    - 价差预备费
  - 建设期融资利息

图 9-1　水利工程工程部分费用构成

依据《上海市水利工程设计概(估)算编制规定》(简称“上海市编规”),上海市水利工程建设项目费用由工程费用、独立费用、预备费、建设用地及前期工程费、供电外线费、水土保持和环境保护费、建设期融资利息构成，具体内容如图 9-2 所示。

- 建设项目费用
  - 工程费用
    - 建筑工程费
    - 安装工程费
    - 设备费
    - 临时工程费
  - 独立费用（工程建设其他费用）
  - 预备费
  - 建设用地及前期工程费
  - 供电外线费
  - 水土保持和环境保护费
  - 建设期融资利息

图 9-2　水利工程建设项目费用构成

上海市编规与 2024 版《水利工程设计概(估)算编制规定》(简称“水利部编规”)对照比较，水利工程造价构成主要差异体现在以下几个方面。

(1) 由于上海市水利工程与水利部主导的水利工程存在明显的规模差异，进而导致水利工程造价构成存在以下差异。

① 水利部编规单独编制建设征地移民补偿、环境保护工程、水土保持工程、水文项目、水利信息化项目等的概算投资。

上海市编规将环境保护工程、水土保持工程中的方案编制费、专项设计费、专项监理费、专项监测费、专项验收费等费用作为水土保持和环境保护费单独列项，而将环境保护工程、水土保持工程中的工程类项目全部纳入工程费用。

② 大中型水利项目的建设征地移民安置项目比较复杂，一般包括农村部分、城(集)镇部分、工业企业、专业项目、防护工程、库底清理和其他费用项目等内容。

上海市编规将上述内容简化为建设用地费及前期工程费，包括永久性征地、临时借地、管线搬迁和绿化搬迁等所发生的费用。

• 永久性征地费是指通过划拨方式取得土地使用权而支付的土地征用及迁移补偿费，包括各项补偿费、安置补助费等；或者通过土地使用权出让方式取得土地使用权而支付的土地使用权出让金、动拆迁调查、土地确权费用。

• 临时借地费是指施工期间为了工程施工而发生的临时借地费用，包括借地费、青苗补偿费、还耕费等。

• 管线搬迁费指对于施工区域受影响的市政公用管线进行搬迁而发生的费用，包括自来水、燃气、电力、通信管线等。

• 绿化搬迁费是指对于施工区域受影响的绿化进行搬迁而发生的费用。

(2) 考虑到上海市水利项目在资金渠道和实施主体等方面与水利部大中型水利项目之间的差异，上海市编规将包含在水利工程中的水文项目、水利信息化项目直接纳入工程费用，不将其作为独立部分单独编制概(估)算投资。

(3) 考虑到供电外线工程在实施主体和建设管理上的特殊性，上海市编规单独设立供电外线费，包括在水利工程中发生的由供电部门实施供电外线工程所发生的所有费用。

(4) 考虑到临时工程在建设管理、竣工决算、项目移交等方面的特殊性,上海市编规在工程费用中单独设立临时工程费,费用组成与建筑及安装工程一致。临时工程的费用组成参照建筑及安装工程,后续内容不作单独介绍。

一、建筑及安装工程费

在水利部编规中,建筑及安装工程费由直接费、间接费、利润及税金组成。上海市编规中,建筑及安装工程费由直接费、措施费、规费、企业管理费和利润,以及税金五部分内容组成。

与水利部编规对照比较,上海市编规中水利工程中的建筑及安装工程费构成差异主要体现在以下几个方面。

(1) 将水利部编规中的"直接费"中的"基本直接费"提级作为上海市编规的"直接费","其他直接费"另外单列为"措施费"。

(2) 将水利部编规中的"间接费"中的"规费"提级作为上海市编规的"规费","利润"与"间接费"中的"企业管理费"合并作为上海市编规的"企业管理费和利润"。

(一) 直接费

直接费指建筑及安装工程施工过程中的直接消耗,构成工程实体和有助于工程形成的各项费用(包括人工费、材料费、施工机具使用费和零星项目费)。

1. 人工费

人工费是指单位工作日内,支付给直接从事建筑安装工程施工作业的生产工人和附属单位工人的各项费用,一般包括计时工资或计件工资、奖金、津贴补贴、养老保险、医疗保险(含生育保险)、失业保险、工伤保险和住房公积金等。

2. 材料费

材料费是指单位材料价格和从供货单位运至工地耗费的所有费用之和。一般包括材料的原价(供应价)、市内运杂费、运输损耗等,不包含增值税可抵扣进项税额。

(1) 材料原价(供应价)是指材料供应单位的销售价,一般包括出厂价、外埠运杂费、包装费、运输保险费等。

(2) 市内运杂费是指材料在本市内由供货单位运至施工现场的全部运费、杂费。施工现场一般指工地仓库、现场集中堆放地、现场加工点和安装点。

(3) 运输损耗是指在市内装卸和运输过程中所发生的损耗。

3. 施工机具使用费

施工机具使用费是由建筑及安装工程施工作业所发生的使用施工机具、仪器仪表使用费或其租赁费组成,不包含增值税可抵扣进项税额。施工机具使用费一般包括机具折旧费、大修理费、经常修理费、燃料动力费、人工费、税费、安拆费及场外运输费等。仪器仪表使用费是指工程施工所需使用的仪器仪表的摊销及维修费用。

(1) 折旧费:指施工机械在规定的使用期限内陆续收回其原值的费用。

(2) 大修理费:指施工机械按规定的大修理间隔台班必须进行大修理,以恢复其正常功能所需的费用。

(3) 经常修理费:指施工机具除大修理以外的各级保养和临时故障排除所需的费用。

(4) 燃料动力费:指施工机具在运转作业中所耗用的燃料及水、电费用。

(5) 人工费:指机上司机和其他操作人员的人工费。

(6) 税费:指施工机具按国家有关规定应缴纳的车船使用税、保险费及年检费等。

(7) 安拆费:指施工机械(大型机械除外)在施工现场进行安装、拆卸所需人工、材料、机械和试运转费用以及机械辅助设施的折旧、搭设、拆除等费用。

(8) 场外运输费:指施工机械(大型机械除外)整体或分体自停置地点运至施工现场或由一个施工地点运至另一个施工地点的运输、装卸、辅助材料以及架线费用。

4. 零星项目费

零星项目费是指因受设计文件编制深度的限制,未能反映的零星工程项目所发生的费用。主要包括止水、伸缩缝、支座(公路桥梁除外)、脚手架、支架、冒水孔、系船设施、水尺、助航孔、观测设施(自动化除外)、灯柱、大型施工机械进出场及安装拆卸、排泥管线的安拆等。

(二) 措施费

1. 安全防护、文明施工措施费

安全防护、文明施工措施费指按照国家现行的建筑施工安全、施工现场环境与卫生标准和有关规定,用于购置和更新施工安全防护用具及设施、改善安全生产条件和作业环境所需要的费用,不包含增值税可抵扣进项税额。

2. 施工措施费

施工措施费指施工企业在完成建筑产品时,为承担的社会义务、施工准备、施工方案发生的所有措施费用(不包括已列入直接费和企业管理费所包括的费用),不包含增值税可抵扣进项税额。施工措施费一般包括以下 7 项内容。

(1) 原公共建筑、树木、道路、桥梁、管道、电力、通信等设施保护、改建等措施费。

(2) 地上、地下设施、建筑物的临时保护措施(施工场地内)。

(3) 工程监测费:因工程特殊需要所发生的监测费。

(4) 工程新材料、新工艺、新技术的研究、检验、试验、技术专利费。

(5) 已完工程及设备保护费:指竣工验收前,对已完工程及设备采取的必要保护措施所发生的费用。

(6) 特殊条件下施工措施费:非正常施工条件下所采取的特殊措施费。如地下不明障碍物、铁路、航空、航运、陆上等交通干扰而发生的施工降效费用;有毒有害气体和有放射性物质区域内现场施工人员的保健费;冬、雨季施工增加费;二次驳运费;夜间施工增加费;因建设单位要求提前竣工而发生的赶工措施费(不能和夜间施工增加费同时计取)。

(7) 其他:特殊要求的保险费等。

(三) 规费

规费指政府和有关部门规定必须缴纳的费用,主要包括社会保险费和住房公积金等。社会保险费指企业按规定标准为职工缴纳的各项社会保险费,一般包括养老保险费、失业保险费、医疗保险费、工伤保险费、生育保险费。住房公积金指企业按规定标准为职工缴纳的住房公积金。

根据相关部委及上海市关于工程造价管理改革的部署和要求，水利工程费用组成中取消规费项目单列，将施工现场作业人员养老保险、医疗保险(含生育保险)、失业保险、工伤保险和住房公积金列入人工单价，管理人员养老保险、医疗保险(含生育保险)、失业保险、工伤保险和住房公积金列入企业管理费。

(四) 企业管理费和利润

1. 企业管理费

企业管理费是指建筑安装企业组织施工生产和经营管理所需的费用。包括管理人员工资，办公费，差旅交通费，劳动保险和职工福利费，劳动保护费，固定资产使用费，工具用具使用费，材料采购和保管费，检验试验费，工会费，职工教育经费，工程定位、复测、点高、场地清理费等，保险费，财务费，税金(房产税、车船使用税、土地使用税和印花税)和其他(城市维护建设税、教育附加费、地方教育附和和河道管理费等附加税费)。企业管理费不包含增值税可抵扣进项税额。

(1) 管理人员工资：是指按规定支付给管理人员的计时工资、奖金、津贴补贴、加班加点工资及特殊情况下支付的工资等。

(2) 办公费：指企业行政管理办公用的文具、纸张、账表、印刷、邮电、书报、办公软件、水电燃气、电信、会议等费用。

(3) 差旅交通费：指职工因公出差、调动工作的差旅费、住勤补助费、市内交通费和误餐补助费，职工探亲路费、劳动力招募费、职工退休、退职一次性路费，工伤人员就医路费，工地转移以及管理部门使用的交通工具的油料、燃料等费用。

(4) 劳动保险和职工福利费：指企业支付的管理人员养老保险、医疗保险(含生育保险)、失业保险、工伤保险和住房公积金、职工退职金、按规定支付给离休干部的经费，集体福利费、夏季防暑降温、冬季取暖补贴、上下班交通补贴等。

(5) 劳动保护费：是企业按规定发放的劳动保护用品的支出，如工作服、手套、防暑降温饮料以及在有碍身体健康的环境中施工的保健费用等。

(6) 固定资产使用费：指企业属于固定资产的房屋、设备、仪器等的折旧、大修理费、维修费或租赁费等。

(7) 工具用具使用费：指企业管理使用不属于固定资产的工具、用具、家具、交通工具和检验、试验、测绘、消防用具等的购置、维修和摊销费。

(8) 检验试验费：指施工企业按照有关标准规定，对建筑材料、构件和建筑安装物进行一般鉴定、检查所发生的费用。(包括规范所要求的检验、试验、复测、复验等费用；不包括新结构、新材料的试验费，对构件破坏性试验及其他特殊要求检验试验的费用和建设单位委托检测机构进行检测的费用。)

(9) 工会费：指企业按《工会法》规定的全部职工工资总额比例计提的工会经费。

(10) 职工教育经费：指按职工工资总额的规定比例计提，企业为职工进行专业技术和职业技能培训，专业技术人员继续教育、职工职业技能鉴定、职业资格认定以及根据需要对职工进行各类文化教育所发生的费用等。

(11) 工程定位、复测、点交、场地清理费等。

(12) 保险费：指企业财产保险、管理车辆等保险费用，高空、井下、洞内、水下、水上作业等特殊工种安全保险费、危险作业意外伤害保险费等。

(13) 财务费:指施工企业为筹集资金而发生的各项费用,包括企业经营期间发生的短期融资利息净支出,汇兑净损失,金融机构手续费或提供预付款担保、履约担保、职工工资支付担保等所发生的各种费用。

(14) 税金:指企业按规定支付的房产税、车船使用税、土地使用税、印花税等。

(15) 其他:指上述费用以外的其他必须发生的费用。包括城市维护建设税、教育附加费、地方教育附和和河道管理费等附加税费、绿化费、投标费、业务招待费、工程图纸、资料费及工程摄影费、技术转让费、技术开发费、企业定额测定费、企业进退场费、施工企业承担的施工辅助设计费、广告费、公证费、法律顾问费、审计费、咨询费等。

2. 利润

利润是指施工企业完成所承包工程所获得的盈利。

(五) 税金

税金指应计入建筑安装工程费用内的增值税销项税额。

二、设备费

设备费包括设备原价、运杂费、运输保险费和采购及保管费。

(一) 设备原价

1. 国产设备

国产设备的原价指出厂价。

2. 进口设备

进口设备以到岸价和进口征收的税金、手续费、商检费及港口费等各项费用之和为原价。

(二) 运杂费

运杂费指设备由厂家运至工地安装现场所发生的一切运杂费用,包括运输费、装卸费、包装绑扎费、大型变压器充氮费及可能发生的其他杂费。

(三) 运输保险费

运输保险费指设备在运输过程中的保险费用。

(四) 采购及保管费

采购及保管费指建设单位和施工企业在负责设备的采购、保管过程中发生的各项费用,主要包括以下几项。

(1) 采购保管部门工作人员的基本工资、辅助工资、职工福利费、劳动保护费、养老保险费、失业保险费、医疗保险费、工伤保险费、生育保险费、住房公积金、教育经费、办公费、差旅交通费、工具用具使用费等。

(2) 仓库、转运站等设施的运行费、维修费、固定资产折旧费、技术安全措施费和设备的检验、试验费等。

三、独立费用(工程建设其他费用)

独立费用(工程建设其他费用)是指建设工程自筹建起至工程竣工验收交付使用止的整个建设期内所发生的与工程建设直接有关而不宜直接摊入某个单项工程投资的费用。

独立费用(工程建设其他费用)由建设管理费、工程建设监理费、联合试运转费、生产准备费、科研勘测设计费和其他等六项组成(图 9-3)。

- 独立费用(工程建设其他费用)
  - 建设管理费
    - 建设单位管理费
    - 前期工作费
    - 招标代理费
    - 工程量清单编制费
    - 施工场地准备费
    - 引进技术和进口设备其他费
    - 政策性贴费
    - 检测监测费
    - 经济技术咨询费
    - 其他
  - 工程建设监理费
  - 联合试运转费
  - 生产准备费
  - 科研勘测设计费
  - 其他

图 9-3　独立费用(工程建设其他费用)构成

(一) 建设管理费

建设管理费指水利工程建设项目在立项、筹建、实施、试运行、竣工验收、交付使用及后评价等整个过程中发生的各种管理性费用。包括建设单位管理费、前期工作费、招标代理费、工程量清单编制费、施工场地准备费、引进技术和进口设备其他费、政策性贴费、检测监测费、经济技术咨询费和其他。

1. 建设单位管理费

建设单位管理费指建设单位从筹建至竣工期间发生的各种管理费用,包括需开支的建设单位人员费用(主要包括基本工资、辅助工资、职工福利费、劳动保护费、养老保险费、医疗保险费、失业保险费、工伤保险费、生育保险费、住房公积金等)、教育经费、办公费、差旅交通费、会议费、交通车辆使用费、工具用具使用费、土地使用税、房产税、印花税、合同公证费、招标业务费、工程验收费、审计费、经济咨询费及其他管理性质开支。

2. 前期工作费

前期工作费指水利工程建设项目在施工前开展的各项规划、研究、评估(审)工作所发生的费用,包括水利工程项目规划、项目建议书、可行性研究报告的编制及评估(审)、初步设计评审等。

3. 招标代理费

招标代理费指委托社会招标代理机构为水利工程建设项目进行项目管理、勘察、设计、施工、监理及重要设备等招标所发生的代理服务费用。

4. 工程量清单编制费

工程量清单编制费按《上海市水利工程工程量清单计价应用规则》要求编制工程量清单的费用。

5. 施工场地准备费

施工场地准备费指建设单位为施工单位进场施工创造建设场地条件所做的工作，一般包括场地平整、现场通路(场外)、通水、通电、通信等。

6. 引进技术和进口设备其他费

引进技术和进口设备其他费指出国人员费用、国外工程技术人员来华费用、技术引进费、担保费以及进口设备检验鉴定费等。

7. 政策性贴费

政策性贴费指工程中需支付的渔政补偿费、滩涂资源使用费等。

8. 检测监测费

检测监测费指水利工程施工过程中或竣工验收前，建设单位委托有关机构进行检测、监测所发生的费用。

9. 经济技术咨询费

经济技术咨询费指建设单位根据国家有关规定和项目建设管理的需要，委托具备资质的机构或聘请专家对项目建设的安全性、可靠性、先进性和经济性等有关工程技术、经济和法律等方面进行专题咨询、评审和评估发生的费用。包括工程安全鉴定、验收技术鉴定、安全评价相关费用、无实体工程的水土保持及环境保护的相关咨询服务费(有实体工程的计入水土保持及环境保护费)、环境验收报告编制、施工图审查费、水资源论证、防洪影响评价、工程地震安全性评价、社会稳定风险评估、地质灾害危险性评价及其他专项咨询等发生的费用。

10. 其他费用

其他费用指以上未包括但根据工程实际情况可能需要支出的费用。包括最高投标限价编制费、招标交易服务费、建筑工程证照费、竣工档案编制费(包括竣工图及竣工资料编制)、建筑垃圾及工程渣土处置管理费、海洋预测预报费、港监及交通秩序维护费、海监费、项目后评价报告编制费、专利及专有技术使用费、特殊设备安全监督检查费、公安、消防部门派驻工地补贴费等。

(二) 工程建设监理费

工程建设监理费指建设单位在水利工程建设过程中委托监理单位、对工程建设的质量、进度、安全和投资进行监理所发生的全部费用。

(三) 联合试运转费

联合试运转费指水利工程的水泵等安装完毕，在竣工验收前，进行整套设备带负荷联合试运转期间所需的各项费用。主要包括联合试运转期间所消耗的动力、燃料、材料及机械使用费，工具用具购置费，施工单位参加联合试运转人员的工资等。

（四）生产准备费

生产准备费指水利建设项目的运行管理单位为准备正常的工程运行所需发生的费用，包括生产及管理单位提前进场费、生产职工培训费、管理用具购置费、备品备件购置费、工器具及生产家具购置费。

1. 生产及管理单位提前进场费

生产及管理单位提前进场费指在工程完工前，工程生产管理单位有一部分工人、技术人员和管理人员提前进场进行工程运行筹备工作所需的各项费用。

2. 生产职工培训费

生产职工培训费指工程在竣工验收之前，生产管理单位为保证工程生产管理能顺利进行，需对工人、技术人员和管理人员进行培训所发生的费用。

3. 管理用具购置费

管理用具购置费指为保证新建工程的正常运行和管理所必须购置的办公和生活用具等费用，包括办公室、会议室、资料档案室、阅览室、医务室等公用设施需要配置的家具器具。

4. 备品备件购置费

备品备件购置费指工程在投入运行初期，由于易损件损耗和可能发生的事故，而必须准备的备品备件和专用材料的购置费，不包括设备价格中配备的备品备件。

5. 工器具及生产家具购置费

工器具及生产家具购置费指按设计规定为保证工程初期正常运行所必须购置的不属于固定资产标准的工具、器具、仪表、生产家具等的购置费用。不包括设备价格中已包括的专用工具。

（五）科研勘测设计费

科研勘测设计费指为工程建设而开展的科学研究、勘测和设计等费用，包括科学研究试验费和勘测设计费。

1. 科学研究试验费

科学研究试验费指在工程建设过程中，为解决工程技术问题而进行必要的科学研究试验所需的费用，不包括应由科技三项费用（即新产品试验费、中间试验费和重要科学研究补助费）开支的项目。

2. 勘测设计费

勘测设计费指建设单位委托勘察设计单位为建设项目进行勘测、设计所需的费用，由工程勘测费和工程设计费两部分组成。不包括工程建设征地移民设计、环境保护设计、水土保持设计各设计阶段发生的勘测设计费。

（1）工程勘测费

工程勘测费指收集已有资料、现场踏勘、制订勘察纲要，进行测绘、勘探、取样、试验、测试、检测、监测等勘察作业，以及编制勘察文件和岩土工程设计文件等收取的费用。

（2）工程设计费

工程设计费指编制建设项目初步设计文件、施工图设计文件、非标准设备设计文件、施工图预算文件、竣工图文件等服务所收取的费用。

(六) 其他

其他独立费用指以上未包括但根据工程实际情况可能需要支出的费用。一般包括工程保险费、最高投标限价编制费、招标交易服务费、建筑工程证照费、竣工档案编制费(包括竣工图及竣工资料编制)、建筑垃圾及工程渣土处置管理费、海洋预测预报费、港监及交通秩序维护费、海监费、项目后评价报告编制费、专利及专有技术使用费、特殊设备安全监督检查费、公安、消防部门派驻工地补贴费等。

其中,工程保险是指工程建设期间,为使工程能在遭受水灾、火灾等自然灾害和意外事故造成损失后得到经济补偿,而对建筑、设备及安装工程保险所发生的费用。

四、预备费及建设期融资利息

(一) 预备费

预备费包括基本预备费和价差预备费。

1. 基本预备费

基本预备费是在工程项目建设过程中,为解决经上级批准的设计变更和国家政策性变动增加的投资,以及为处理不可抗力和意外事故而采取措施所增加的工程项目费用,主要包括以下内容。

(1) 在批准的基础设计和概算范围内增加的设计变更、局部地基处理等费用。

(2) 一般自然灾害造成的损失和预防自然灾害所采取措施的费用。

(3) 竣工验收时鉴定工程质量对隐蔽工程进行必要开挖和修复的费用。

(4) 超规超限设备运输过程中可能增加的费用。

2. 价差预备费

价差预备费是在工程项目建设过程中,为解决因人工工资、材料和设备价格上涨以及费用标准调整而增加的费用。根据施工期所跨年份,以资金流量表的静态投资为计算基数,按有关部门适时发布的年物价指数计算。

(二) 建设期融资利息

根据国家财政金融政策规定,工程在建设期内需偿还并应计入工程总投资的融资利息。

第二节　征地移民、环境保护、水土保持部分造价构成

一、建设征地移民补偿

水利水电工程建设征地移民安置是水利水电工程设计的重要组成部分,是工程设计方案比选的一项重要内容,关系到工程规模的合理选定,关系到移民的生产、生活和有关地区国民经济的恢复与发展以及社会稳定,必须以实事求是的科学态度,深入细致地调查研究,

合理规划，精心设计。

建设征地移民补偿的费用构成应根据《水利工程设计概(估)算编制规定》(水总〔2014〕429号)执行。

(一) 项目组成

建设征地移民安置项目按投资概算项目划分，包括农村部分、城(集)镇部分、工业企业、专业项目、防护工程、库底清理和其他费用等，应根据具体工程情况分别设置一级、二级、三级、四级、五级项目。

1. 农村部分

农村部分包括征地补偿补助，房屋及附属建筑物补偿，居民点新址征地及基础设施建设，农副业设施补偿，小型水利水电设施补偿，农村工商企业补偿，文化、教育、医疗卫生等单位迁建补偿，搬迁补助，其他补偿补助，过渡期补助。

(1) 征地补偿补助，包括征收土地补偿和安置补助、征用土地补偿、林地/园地/林木补偿、征用土地复垦、耕地青苗补偿等。

(2) 房屋及附属建筑物补偿，包括房屋补偿、房屋装修补助、附属建筑物补偿。

(3) 居民点新址征地及基础设施建设，包括新址征地补偿和基础设施建设。

① 新址征地补偿包括征收土地补偿和安置补助、青苗补偿、地上附着物补偿等。

② 基础设施建设包括场地平整和新址防护、居民点内道路、供水、排水、供电、电信、广播电视等项目建设。

(4) 农副业设施补偿，包括行政村、村民小组或农民家庭兴办的榨油坊、砖瓦窑、采石场、米面加工厂、农机具维修厂、酒坊、豆腐坊等项目补偿。

(5) 小型水利水电设施补偿，包括水库、山塘、引水坝、机井、渠道、水轮泵站和抽水机站，以及配套的输电线路等项目补偿。

(6) 农村工商企业补偿，包括房屋及附属建筑物补偿，搬迁补助，生产设施、生产设备、停产损失、零星林(果)木等项目补偿。

(7) 文化、教育、医疗卫生等单位迁建补偿，包括房屋及附属建筑物补偿，搬迁补助，设施、设备补偿，学校和医疗卫生单位增容补助，零星林(果)木补偿等。

(8) 搬迁补助，包括搬迁移民及其个人或集体的物资，在搬迁时发生的车船运输、途中食宿、物资搬迁运输、搬迁保险、物资损失补助、误工补助和临时住房补贴等。

(9) 其他补偿补助，包括移民及其个人所有的零星林(果)木补偿、渔塘设施补偿、坟墓补偿和贫困移民建房补助等。

(10) 过渡期补助，包括移民生产生活恢复过渡期间的补助等。

2. 城(集)镇部分

城(集)镇部分包括房屋及附属建筑物补偿、新址征地及基础设施建设、搬迁补助、工商企业补偿、机关事业单位迁建补偿、其他补偿补助等。

(1) 房屋及附属建筑物补偿，包括移民个人的房屋补偿，房屋装修补助、附属建筑物补偿等。

(2) 新址征地及基础设施建设，包括新址征地补偿和基础设施建设。

① 新址征地补偿，包括土地补偿补助、房屋及附属建筑物补偿、农副业设施补偿、小型

水利水电设施补偿、搬迁补助、过渡期补助、其他补偿补助等。

② 基础设施建设,包括新址场地平整和防护工程、道路广场、给水、排水、供电、电信、广播电视、燃气、供热、环卫、园林绿化、其他项目等项目建设。

(3) 搬迁补助,包括搬迁时的车船运输、途中食宿、物资搬运、搬迁保险、物资损失补助、误工补助和临时住房补贴等项目补偿。

(4) 工商企业补偿,包括房屋及附属建筑物补偿、搬迁补助、设施补偿、设备搬迁补偿、停产(业)损失及零星林(果)木补偿等。

(5) 机关事业单位迁建补偿,包括房屋及附属建筑物补偿、搬迁补助、设施补偿、设备搬迁补偿、零星林(果)木补偿等。

(6) 其他补偿补助,包括移民个人所有的零星林(果)木补偿、贫困移民建房补助等。

3. 工业企业

工业企业补偿包括用地补偿和场地平整、房屋及附属建筑物补偿、基础设施和生产设施补偿、设备搬迁补偿、搬迁补助、停产损失、零星林(果)木补偿等。

(1) 用地补偿和场地平整,包括用地补偿补助、场地平整等。

(2) 房屋及附属建筑物补偿,包括办公及生活用房、附属建筑物、生产用房等项目补偿。

(3) 基础设施和生产设施补偿,包括供水、排水、供电、电信、照明、广播电视、各种道路以及绿化设施等基础设施补偿,各种井巷工程及池、窑、炉座、机座、烟囱等生产设施补偿。

(4) 设备搬迁补偿,包括不可搬迁设备补偿和可搬迁设备搬迁运输补偿。

(5) 搬迁补助,包括人员搬迁和流动资产搬迁补助费等项目补助。

(6) 停产损失,包括职工工资、福利费、管理费、利润等项目。

(7) 零星林(果)木补偿,包括各类零星林木、乔灌木、果树等项目补偿。

4. 专业项目

专业项目补偿包括铁路工程改(复)建、公路工程改(复)建、库周交通工程、航运工程、输变电工程改(复)建、电信工程改(复)建、广播电视工程改(复)建、水利水电工程、国有农(林、牧、渔)场、文物古迹和其他项目等。

(1) 铁路工程改(复)建,包括站场、线路和其他等项目补偿。

(2) 公路工程改(复)建,包括等级公路、桥梁、汽渡等项目补偿。

(3) 库周交通工程,包括机耕路、人行道、人行渡口、农村码头等项目补偿。

(4) 航运工程,包括港口、码头、航道设施等项目补偿。

(5) 输变电工程改(复)建,包括输电线路和变电设施等项目补偿。

(6) 电信工程改(复)建,包括线路、基站及附属设施等项目补偿。

(7) 广播电视工程改(复)建,包括有线广播、有限电视线路,接受站(塔)、转播站(塔)等设施设备项目补偿。

(8) 水利水电工程,包括水电站、泵站、水库、渠(管)道等项目补偿。

(9) 国有农(林、牧、渔)场补偿,包括征地补偿补助、房屋及附属设施补偿、居民点新址征地及基础设施建设补偿、农副业设施补偿、小型水利水电设施补偿、搬迁补助、其他补偿补助等。

(10) 文物古迹,包括地面文物和地下文物项目补偿。

(11) 其他项目,包括水文站、气象站、军事设施、测量设施及标志等项目补偿。

5. 防护工程

防护工程包括建筑工程、机电设备及安装工程、金属结构设备及安装工程、临时工程、独立费和基本预备费。

(1) 建筑工程费,包括主体建筑、交通、房屋建筑、外部供电线路、其他建筑等项目。

(2) 机电设备及安装工程,包括泵站设备及安装、公用设备及安装等项目。

(3) 金属结构设备及安装工程,包括闸门、启闭机、压力钢管、其他金属结构等项目。

(4) 临时工程,包括施工导流、施工交通、施工场外供电、施工房屋建筑和其他施工临时工程等项目。

(5) 独立费,包括建设管理费、生产准备费、科研勘测设计费、建设及施工场地征用费和其他等项目。

(6) 基本预备费,包括防护工程建设中不可预见的费用项目。

6. 库底清理

库底清理包括建(构)筑物清理、林木清理、易漂浮物清理、卫生清理、固体废物清理等项目。

(1) 建(构)筑物清理,包括建筑物清理和构筑物清理等项目。

(2) 林木清理,包括林地砍伐清理、园地清理、迹地清理和零星树木清理等项目。

(3) 易漂浮物清理,包括建(构)筑物清理后废弃的木质门窗、木檩椽、木质杆材、油毡、塑料等清理,林木砍伐后残余的枝丫、枯木及田间、农舍旁堆置的秸秆清理等项目。

(4) 卫生清理,包括一般污染源清理、传染性污染源清理、生物类污染源清理和检测工作等。

(5) 固体废物清理,包括生活垃圾清理、工业固体废物清理、危险废物清理和检测工作等。

7. 其他费用

其他费用包括前期工作费、综合勘测设计科研费、实施管理费、实施机构开办费、技术培训费、监督评估费等项目。

(1) 前期工作费,指水利水电工程项目建议书阶段和可行性研究报告阶段开展建设征地移民安置前期工作所发生的各种费用。主要包括前期勘测设计费、移民安置规划大纲编制费、移民安置规划配合工作费等项目。

(2) 综合勘测设计科研费,指初步设计和技施设计阶段征地移民设计工作所需要的综合勘测设计科研费用。主要包括两阶段设计单位承担的实物复核,农村、城(集)镇、工业企业及专业项目处理综合勘测规划设计发生的费用和地方政府必要的配合费用等项目。

(3) 实施管理费,指移民实施机构和项目建设单位的管理费用。包括人员费、经常费、实施机构工作经费、移民专项验收费等项目。

(4) 实施机构开办费,指移民实施机构为开展工作所必须购置的办公及生活设施、交通工具等,以及其他用于开办工作的费用等项目。

(5) 技术培训费,包括农村移民生产技能培训、移民干部管理水平培训等费用项目。

(6) 监督评估费。监督费项目主要指对移民搬迁、生产开发、城(集)镇迁建、企(事)业单位和专业项目处理等活动进行监督所发生的费用,评估费项目主要指对移民搬迁过程中生产生活水平的恢复进行跟踪监测、评估所发生的费用。

(二) 费用构成

1. 建设征地移民安置补偿费用构成

建设征地移民安置补偿费用(图 9-4)由补偿补助费、工程建设费、其他费用、预备费、有关税费等组成。其中,工程建设费包括建筑工程费、机电设备及安装工程费、金属结构设备及安装工程费、临时工程费等。

- 建设征地移民安置补偿费用
  - 补偿补助费
    - 征收、征用土地补偿和安置补助费
    - 房屋及附属建筑物补偿、房屋装修补助费
    - 青苗、林地与园地林木、零星林(果)木补偿费
    - 鱼塘设施、农副业设施补偿费
    - 小型水利水电设施补偿费
    - 工商企业、工业企业设施设备补偿费
    - 文教卫生等单位增容补助设施设备补偿费
    - 行政事业等单位设施设备补偿费
    - 停产损失、搬迁补助、坟墓补偿费等
    - 贫困移民建房、文教卫生增容和过渡期补助费等
  - 工程建设费
    - 建筑工程费
    - 机电设备及安装工程费
    - 金属结构设备及安装工程费
    - 临时工程费
  - 其他费用
    - 前期工作费
    - 综合勘测设计科研费
    - 实施管理费
    - 实施机构开办费
    - 技术培训费
    - 监督评估费
  - 预备费
    - 基本预备费
    - 价差预备费
  - 有关税费
    - 耕地占用税
    - 耕地开垦费
    - 森林植被恢复费
    - 草原植被恢复费

图 9-4　建设征地移民安置补偿费用构成

2. 有关税费说明

有关税费指与征地有关的国家规定的税费,包括耕地占用税、耕地开垦费、森林植被恢复费和草原植被恢复费等项目。

(1) 耕地占用税,指根据《中华人民共和国耕地占用税暂行条例》,按各省(自治区、直辖市)的有关规定,对占用种植农作物的土地从事非农业建设需缴纳的费用项目。

(2) 耕地开垦费,指根据《中华人民共和国土地管理法》,按照"占多少、垦多少"的原则,由占用耕地的单位负责开垦与所占用耕地的数量和质量相当的耕地,对没条件开垦或开垦不符合要求的,应当按各省(自治区、直辖市)的有关规定缴纳耕地开垦费项目。

(3) 森林植被恢复费,指根据《中华人民共和国森林法》,进行工程勘查、开采矿藏和各项工程建设,应当不占或少占林地,必须占用或征收征用林地的单位应依照有关规定缴纳森

林植被恢复费项目。

(4) 草原植被恢复费，指根据《中华人民共和国草原法》，因工程建设征收、征用或者使用草原的，应当缴纳草原植被恢复费项目。

二、环境保护工程

生态环境的质量与人类息息相关。水利水电工程的建设对社会的发展具有重要意义，它在带给人类重大社会经济效益的同时，也不同程度地破坏了长期形成的稳定生态环境。水利水电工程一方面实现了防洪、发电、灌溉、航运等巨大社会经济效益，同时在施工建设和运行过程中破坏了生态环境的平衡。因此，在修建水利水电工程的过程中，应采取相应的防治措施，扩大和保护水利水电工程对生态环境的有利影响，消除或减轻对生态环境的不利影响。环境保护工程即是为使生态环境免遭破坏和污染，或对已污染的环境综合治理所进行的固定资产投资活动及与之相关的工作。

环境保护工程的费用构成应根据《水利水电工程环境保护概估算编制规程》(SL 359—2006)的规定执行。

(一) 项目组成

水利水电环境保护项目按投资概算项目划分，分为环境保护措施、环境监测措施、环境保护仪器设备及安装、环境保护临时措施和环境保护独立费用五部分，分别设置一级、二级、三级项目。

1. 环境保护措施

环境保护措施指防止、减免或减缓工程对环境不利影响和满足工程环境功能要求而兴建的环境保护措施。主要包括水环境(水质、水温)保护、土壤环境保护、陆生植物保护、陆生动物保护、水生生物保护、景观保护及绿化、人群健康保护、生态需水以及其他等项目。

(1) 水环境(水质、水温)保护

① 水质保护应包括为防止、减免或减缓水利水电工程建设造成的河流水域功能降低等所采取的保护措施，以及为满足供水水质要求所采取的保护措施。主要有污水处理工程、水源地防护与生态恢复等。

② 水温恢复应包括为防止、减免或减缓水利水电工程建设引起的河流水温变化对工农业用水及生态造成的影响所采取的措施。主要有分层取水工程、引水渠、增温池等。

(2) 土壤环境保护

土壤环境保护包括为防止、减免或减缓水利水电工程建设引起的土壤次生潜育化、次生盐碱化、沼泽化、土地沙化等所采取的保护措施。主要有防渗截渗工程、排水工程、防护林等。

(3) 陆生植物保护

陆生植物保护包括为防止、减免或减缓水利水电工程建设造成的陆生植物种群及生境破坏、珍稀及濒危植物受到淹没或生境破坏所采取的保护措施。主要有就地防护、迁地移栽、引种栽培、种质库保存等。

(4) 陆生动物保护

陆生动物保护包括为防止、减免或减缓水利水电工程建设对陆生动物种群、珍稀濒危野生动物种群及生境的影响所采取的保护措施。主要有建立迁徙通道、保护水源、围栏、养殖等。

(5) 水生生物保护

水生生物保护包括为防止、减免或减缓兴建水利水电工程造成河流、湖泊等水域水生生物生境变化，对珍稀、濒危以及有重要经济、学术研究价值的水生生物的索饵场、产卵场、越冬场及洄游通道产生不利影响所采取的保护措施。主要有栖息地保护、过鱼设施、鱼类增殖站及人工放流、产卵池、孵化池、放养池等。

(6) 景观保护及绿化

景观保护及绿化包括为防止、减免或减缓兴建水利水电工程对风景名胜造成影响以及为美化环境所采取的保护及绿化措施。主要有植树、种草等。

(7) 人群健康保护

人群健康保护包括为防止水利水电工程建设引起的自然疫源性疾病、介水传染病、虫媒传染病、地方病等所采取的保护措施。主要有疫源地控制、防疫、检疫、传染媒介控制等。

(8) 生态需水

生态需水保障措施包括为保证水利水电工程下游河道的生态需水量而采取的工程管理措施。主要有放水设施、拦水堰等。

(9) 其他环境保护措施

其他环境保护措施包括为防止、减免或减缓水利水电工程造成下游河道或水位降低，影响工程下游的水利、交通等设施的运行采取的工程保护措施和补偿措施；移民安置环境保护措施等。

2. 环境监测措施

施工期环境监测措施包括水质监测、大气监测、噪声监测、卫生防疫监测、生态监测等。运行期环境监测措施包括监测站(点)等环境监测设施，不包括环境监测费用。

3. 环境保护仪器设备及安装

环境保护仪器设备及安装指为保护环境和开展监测工作所需的仪器设备及安装项目，主要有环境保护设备、环境监测仪器设备。

(1) 环境保护设备包括污水处理、噪声防治、粉尘防治、垃圾收集、处理及卫生防疫等设备。

(2) 环境监测仪器设备包括水环境监测、大气监测、噪声监测、卫生防疫监测、生态监测等仪器设备。

4. 环境保护临时措施

环境保护临时措施指工程施工过程中为保护施工区及其周围环境和人群健康所采取的临时措施。主要包括废(污)水处理、噪声防治、固体废物处置、环境空气质量控制、人群健康保护等临时措施。

5. 环境保护独立费用

环境保护独立费用包括建设管理费、环境监理费、科研勘测设计咨询费和工程质量监督费等项目。

(1) 建设管理费分为环境管理经常费、环境保护设施竣工验收费、环境保护宣传及技术培训费。

(2) 环境保护科研勘测设计咨询费分为科学研究试验费、环境影响评价费、勘测设计费和技术咨询费等。

(二) 费用构成

环境保护措施费用由工程措施费、非工程措施费、独立费用、预备费、建设期融资利息组成(图 9-5)。

- 环境保护措施费用
  - 工程措施费
    - 建筑工程费、植物工程费
      - 直接工程费
      - 间接费
      - 企业利润
      - 税金
    - 仪器设备费
    - 仪器设备安装费
  - 非工程措施费
    - 一次性补偿费
    - 施工期环境监测费
    - 其他
  - 独立费用
    - 建设管理费
    - 监理费
    - 科研勘测设计咨询费
    - 工程质量监督费
  - 预备费
    - 基本预备费
    - 价差预备费
  - 建设期融资利息

图 9-5　环境保护措施费用构成

1. 工程措施费

工程措施费包括建筑工程费、植物工程费、仪器设备费及安装费。

(1) 建筑工程费、植物工程费由直接工程费、间接费、企业利润、税金组成。

① 直接工程费应为工程施工过程中直接消耗在工程项目上的活劳动和物化劳动的费用。由直接费、其他直接费、现场经费组成。

② 间接费应包括承包商为工程施工而进行组织与经营管理所发生的企业管理费、财务费用和其他费用。

③ 企业利润应包括按规定计入工程费中的利润。

④ 税金应包括国家对承包商承担建筑、植物工程等作业收入所征收的增值税额。

(2) 仪器设备费包括仪器设备原价、运杂费、运输保险费和采购及保管费。

(3) 仪器设备安装费应包括对设备进行安装需要的人工、材料和机械使用等费用。

2. 非工程措施费

非工程措施费包括一次性补偿费用、施工期环境监测费和其他费用。

(1) 一次性补偿费用包括因工程对环境造成不利影响,且难以恢复、改建的项目所发生的补偿费用。

(2) 环境监测费包括施工期委托监测单位开展环境监测工作所发生的费用。

(3) 其他费用包括施工期委托有关单位开展卫生防疫等工作所发生的费用。

3. 独立费用

独立费用包括环境建设管理费、监理费、科研勘测设计咨询费及工程质量监督费等。

(1) 环境建设管理费包括建设单位在工程建设期间进行环境保护管理工作所需的费用。主要有环境管理经常费、环境保护设施竣工验收费、环境保护宣传及技术培训费等。

① 环境管理经常费包括工程从筹建到竣工期间所发生的环境保护性费用。

② 环境保护设施竣工验收费包括环境保护设施竣工验收所需的费用。

③ 环境保护宣传及技术培训费包括为强化施工区和库区公众的环境保护参与意识,进行普及、宣传、教育以及提高管理机构工作水平,进行技术交流、人员培训等所需的费用。

(2) 环境监理费包括施工期根据环境管理要求、监理单位或人员进行环境监理所需的费用。

(3) 科研勘测设计咨询费包括环境保护设计所需的科研、勘测、设计和咨询等费用。主要包括环境保护科学研究试验费、环境影响评价费、环境保护勘测设计费和技术咨询费等。

(4) 工程质量监督费包括为保证环境保护工程质量而进行的检测、监督、检查等工作的费用。

4. 预备费和建设期融资利息

(1) 预备费包括基本预备费和价差预备费。

(2) 建设期融资利息指根据国家财政金融政策规定,工程在建设期内需偿还并应计入工程总投资的融资利息。

三、水土保持工程

水土保持工程是防治山区、丘陵区、风沙区水土流失,保护、改良与合理利用水土资源,并充分发挥水土资源的经济效益和社会效益,建立良好生态环境的一项措施。按照《开发建设项目水土保持方案技术规范》,水土保持工程包括拦渣工程、护坡工程、土地整治工程、防洪工程、机械固沙工程、泥石流防治工程、植物措施工程等。

水土保持工程的费用构成应根据《开发建设项目水土保持工程概(估)算编制规定》及《水土保持生态建设工程概(估)算编制规定》(水总〔2003〕67 号)执行。

(一) 项目组成

1. 开发建设项目水土保持工程

开发建设项目水土保持工程按投资概算项目划分为工程措施、植物措施、施工临时工程和独立费用共四部分,各部分下设一级、二级、三级项目。

(1) 工程措施

工程措施指为减轻或避免因开发建设造成植被破坏和水土流失而兴建的永久性水土保持工程。通常包括拦渣工程、护坡工程、土地整治工程、防洪工程、机械固沙工程、泥石流防治工程、设备及安装工程等。

(2) 植物措施

植物措施指为防治水土流失而采取的植物防护工程、植物恢复工程及绿化、美化工程等。

(3) 施工临时工程

施工临时工程包括临时防护工程和其他临时工程。

① 临时防护工程指为防止施工期水土流失而采取的各项临时防护措施。

② 其他临时工程指施工期的临时仓库、生活用房、架设输电线路、施工道路等。

(4) 独立费用

独立费用由建设管理费、工程建设监理费、科研勘测设计费、水土流失监测费、工程质量监督费五项组成。

2. 水土保持生态建设工程

水土保持生态建设工程由工程措施、林草措施、封育治理措施和独立费用组成。

(1) 工程措施

工程措施包括梯田工程,谷坊、水害、蓄水池工程,小型蓄排、引水工程,治沟骨干工程,机械固沙工程,设备及安装工程,以及其他工程七项。

(2) 林草措施

林草措施包括水土保持造林工程、水土保持种草工程、苗圃工程三项。

(3) 封育治理措施

封育治理措施包括拦护设施、补植补种两项。

(4) 独立费用

独立费用包括建设管理费、工程建设监理费、科研勘测设计费、征地及淹没补偿费、水土流失监测费、工程质量监督费六项。

(二) 费用构成

1. 开发建设项目水土保持工程

开发建设项目水土保持工程费用(图 9-6)由工程费、独立费用、预备费和建设期融资利息组成。其中,工程费包括工程措施费和植物措施费等。

- 费用构成
  - 工程费
    - 工程措施费(含设备费)
    - 植物措施费
    - (以上均包括)直接工程费、间接费、企业利润、税金
  - 独立费用
  - 预备费
    - 基本预备费
    - 价差预备费
  - 建设期融资利息

图 9-6　开发建设项目水土保持工程费用构成

(1) 工程费由直接工程费、间接费、企业利润和税金组成。其中,直接工程费包括直接费、其他直接费、现场经费;间接费包括企业管理费、财务费用、其他费用。

(2) 独立费用包括环境建设管理费、工程建设监理费、科研勘测设计费、水土流失监测费、工程质量监督费等。

(3) 预备费包括基本预备费和价差预备费。

(4) 建设期融资利息指根据国家财政金融政策规定,工程在建设期内需偿还并应计入

工程总投资的融资利息。

2. 水土保持生态建设工程

水土保持生态建设工程费用(图 9-7)由工程费、独立费用、预备费和建设期融资利息组成。其中工程费包括工程措施费、林草措施费和封育治理措施费等。

- 费用构成
  - 工程费
    - 工程措施费
    - 林草措施费
    - 封育治理措施费
    - （以上均包括）直接工程费、间接费、企业利润、税金
  - 独立费用
  - 预备费
    - 基本预备费
    - 价差预备费
  - 建设期融资利息

图 9-7　水土保持生态建设工程费用构成

(1) 工程费由直接工程费、间接费、企业利润和税金组成。其中，直接费包括基本直接费、其他直接费；间接费包括工作人员工资、办公费、差旅费、交通费、固定资产使用费、管理用具使用费和其他费用等。

(2) 独立费用包括建设管理费、工程建设监理费、科研勘测设计费、征地及淹没补偿费、水土流失监测费、工程质量监督费等。

(3) 预备费包括基本预备费和价差预备费。

(4) 建设期融资利息指根据国家财政金融政策规定，工程在建设期内需偿还并应计入工程总投资的融资利息。

第三节　水文和水利信息化项目总投资及造价构成

一、水文项目

水文是自然界中水的各种变化和运动的现象。水文工作是开发水利、防治水害、保护环境等经济建设和社会发展的重要基础工作。近年来，水文工作得到各级政府高度重视，行业管理逐步加强，水文系统不断进行技术改革，水文测报手段和技术有了较大发展。水文单位建设了水文自动测报系统，配置了多普勒剖面流速仪和全球卫星定位系统等技术先进的水文仪器设备等。

水文在历年的抗洪减灾工作中也作出了巨大贡献，特别是 1998 年在长江、松花江、珠江等主要江河发生大洪水或特大洪水期间，水文工作人员及时测报洪水，提供了大量准确的水文信息，为防汛指挥决策、水利工程的安全调度和运行提供重要依据，因此水文工作在水资源管理和保护中发挥了重要作用。

(一) 项目分类

水文项目主要指水文基础设施项目，包括水文测站、水文监测中心和水文业务系统等。

1. 水文测站

水文测站是指为收集水文监测资料，在河流、湖泊、渠道、水库和流域内设立的各种水文观测场所的总称。

（1）按测站管理方式划分：国家对水文测站实行分类分级管理，水文测站分为国家基本水文测站和专用水文测站。国家基本水文测站又分为国家重要水文测站和一般水文测站。

① 国家基本水文测站是指为公益目的统一规划设立的对江河、湖泊、渠道、水库和流域基本水文要素进行长期连续观测的水文测站。

② 国家重要水文测站是指对防灾、减灾或者对流域和区域水资源管理等有重要作用的基本水文测站。

③ 专用水文测站是指为特定目的设立的水文测站。

（2）按测站的性质和作用划分：可分为基本站、辅助站、水文实验站和专用站。

① 基本站，是指为综合需要的公用目的，经统一规划设立，能获取基本水文要素值多年变化资料的水文测站。基本站按观测项目又可分为流量站、水位站、雨量站、泥沙站、水面蒸发站、水质站、地下水观测井等。

② 辅助站，是指为补充基本站网不足而设置的一个或一组水文测站。

③ 水文实验站，是指在天然和人为特定实验条件下，由一个或一组水文观测试验项目的站点组成的专门场所。实验站也可兼做基本站。

④ 专用站，是指为科学研究、工程建设、管理运用等特定目的而设立的水文测站。

（3）水文站网：是指在一定地区，按一定原则，用适当数量的各类水文测站构成的水文资料收集系统。由基本站组成的站网称为基本水文站网，如流量站网、水位站网、雨量站网、泥沙站网等。

2. 水文监测中心

水文监测中心主要指从事水文、水环境监测、水资源研究、水政监察等职能工作，同时开展与此相关的规划、项目科研及信息化建设等工作的机构。

3. 水文业务系统

水文业务系统主要包括水文勘测、水文情报预报、水资源评价与水文计算、测报设施保护、水文资料整编等。

（二）项目组成

水文基本建设项目按投资概算项目分为建筑工程、仪器设备及安装工程、施工临时工程及独立费用四部分。各部分下设一级、二级、三级项目。

1. 建筑工程

建筑工程指水文设施建筑物。包括测验河段基础设施工程、水位观测设施工程、流量与泥沙测验设施工程、降水与蒸发观测设施工程、水环境监测设施工程、实时水文图像监控设施工程、生产生活用房工程、供电、给排水、取暖与通信设施工程及其他设施工程等。

（1）测验河段基础设施工程，包括断面标志、水准点、断面界桩、保护标志牌、测验码头、观测道路护岸、护坡工程等。

（2）水位观测设施工程，包括水尺、水位自记平台、仪器室、地下水监测井等。

（3）流量与泥沙测验设施工程，包括水文测验缆道、浮标投掷器基础缆道机房、浮标房、测流堰槽、水文测桥、流速仪检定槽、泥沙处理分析平台等。

(4) 降水与蒸发观测设施工程，包括降水观测场和蒸发观测场。

(5) 水环境监测设施工程，包括监测断面、自动监测站及水化分析设施等。

(6) 实时水文图像监控设施工程，主要指监控设备支架及支架基础。

(7) 生产生活用房工程，包括巡测基地、水情(分)中心、水文数据(分)中心、水环境监测(分)中心和水文测站的办公室、水位观测房、泥沙处理室、水质分析室、水情报汛室、水情值班室职工宿舍、食堂、车库、仓库等。

(8) 供电、给排水、取暖与通信设施工程。

① 供电设施工程包括供电线路配电室等。

② 给排水设施工程包括水井、水塔(池)、供水管道以及排水管道或排水沟渠等。

③ 取暖设施工程指在符合国家规定取暖地区的驻测站、巡测基地等应建的取暖设施，包括供暖用房、供暖管道等。

④ 通信设施工程指为满足水情中心、分中心和水文测站水情信息传输需要应建的通信设施，包括专用电话线路、通信塔基础及防雷接地沟槽等。

(9) 其他设施工程，包括测站标志、围墙、大门、道路、站院硬化绿化以及消防、防盗设施等。

2. 仪器设备及安装工程

仪器设备及安装工程指构成水文设施工程固定资产的全部仪器设备及安装工程。包括各种水文信息采集传输和处理仪器设备、实时水文图像监控设备、测绘仪器以及其他设备的购置和安装调试工程等。

(1) 水位信息采集仪器设备及安装工程，包括超声波水位计、气泡式水位计、压力式水位计、浮子式水位计、电子水尺等水位计的购置及安装调试。

(2) 流量、泥沙信息采集仪器设备及安装工程，包括水文测验缆道设备(缆道支架、缆索、水文绞车、测验控制系统、吊箱、铅鱼、浮标投掷器等)的安装调试，水文巡测设备、水文测船，以及流量、泥沙信息采集、处理、分析仪器和防雷接地设备等仪器设备的购置及安装调试。

(3) 降水、蒸发等气象信息采集仪器设备及安装工程，包括蒸发皿、蒸发器、遥测蒸发器、雨量器、雨量计、雨(雪)量遥测采集系统等仪器设备的购置及安装调试工程。

(4) 水环境监测分析仪器设备及安装工程，包括水质监测分析仪器设备、水质自动监测站仪器设备、水质移动监测分析车仪器设备等的购置和安装调试。

(5) 实时水文图像监控设备及安装工程，包括视频捕获单元设备、视频信号传输单元设备、视频编码单元设备、云台控制设备等的购置和安装调试工程。

(6) 通信与水文信息传输设备及安装工程，包括计算机及其外围设备、程控电话、卫星传输设备、无线对讲机(基地台)、电台、中继站、网络通信设备、GSM 终端、数据采集终端 RTU、防雷接地设备等的购置和安装调试。

(7) 其他设备及安装工程，包括供水供电设备、降温取暖设备、交通及安全设备等的购置及安装调试。

3. 施工临时工程

施工临时工程指为辅助主体工程施工所必须修建的生产和生活用临时性工程。包括施工围堰工程、施工交通工程、施工房屋建筑工程和其他施工临时工程等。

(1) 施工围堰工程，指为水尺基础、水位计台基础、测验断面整治、测验码头等水下施工而修建的临时工程。

(2) 施工交通工程，指施工现场内为工程建设服务的临时交通工程，包括施工道路、简易码头等。

(3) 施工房屋建筑工程，指工程在建设过程中建造的临时房屋，包括施工仓库及施工单位住房等。

(4) 其他施工临时工程，主要包括施工给排水、场外供电、施工通信、水文缆道、跨越架设等工程。

4. 独立费用

独立费用由建设管理费、生产准备费、工程勘察设计费、建设及施工场地征用费和其他五项组成。

(1) 建设管理费，包括项目建设管理费、工程建设监理费。

(2) 生产准备费，包括生产及管理单位提前进场费、水文比测费、生产职工培训费、管理用具购置费、备品备件购置费和工器具及生产家具购置费。

(3) 工程勘察设计费，包括现场勘察费和设计费。

(4) 建设及施工场地征用费，包括水久和临时征地所发生的费用。

(5) 其他，包括工程质量监督费、工程保险费、环境影响评价费。

(三) 费用构成

水文基本建设项目费用由建筑工程费、仪器设备费及安装费、施工临时工程费、独立费、预备费用和其他费组成。

1. 建筑工程费

建筑工程费包括直接工程费、间接费、利润、税金。

2. 仪器设备费

仪器设备费包括仪器设备原价、运杂费、运输保险费和采购及保管费。

3. 仪器设备安装费

仪器设备安装费包括对仪器设备进行安装需要的人工、材料和机械使用等费用。

4. 施工临时工程费

施工临时工程费包括施工围堰工程费、施工交通工程费、施工房屋建筑工程费和其他施工临时工程费等。

5. 独立费

独立费包括建设管理费、生产准备费、工程勘察设计费、建设及施工场地征用费和其他费。

(1) 建设管理费包括项目建设管理费和工程建设监理费。项目建设管理费包括建设单位开办费、建设单位经常费。

(2) 生产准备费包括生产及管理单位提前进厂费、生产职工培训费、管理用具购置费、备品备件购置费、工器具及生产家具购置费和水文比测费。

(3) 工程勘察设计费包括现场勘察费和设计费。

(4) 建设及施工场地征用费，指设计确定的建设及施工场地范围内的永久征地和临时占地费用，以及地上附属物的迁建补偿费。包括土地补偿费、安置补助费、青苗树木等补偿费，以及建筑物迁建和居民迁建费等。

(5) 其他费，包括工程质量监督费、工程保险费、环境影响评价费等。

6. 预备费

预备费包括基本预备费和价差预备费。

二、水利信息化项目

信息化是当今世界经济和社会发展的大趋势，也是我国产业优化升级和实现工业化、现代化的关键环节。水利信息化就是指以计算机、通信等技术为基础，充分利用现代信息技术，深入开发和广泛利用水利信息资源，实现水利信息的采集、传输、存储、处理和服务，全面提升水利事业活动效率和效能的过程。水利信息化可以提高信息采集、传输的时效性和自动化水平，是水利现代化的基础和重要标志。

通常水利部门应当及时向社会提供有价值的水文水利信息，包括雨情信息、汛旱灾情信息、水质水量信息、水利工程信息等。这些信息资源可以直接为政府及水利行政决策部门进行防洪抗旱、水资源的开发利用以及水资源的管理决策提供支持。因此，水利信息化的首要任务是在全国水利业务中广泛应用现代信息技术，建设水利信息基础设施，解决水利信息资源不足和有限资源共享困难等突出问题，提高防汛减灾、水资源优化配置、水利工程建设管理、水土保持、水质监测、农村水利水电和水利政务等水利业务中信息技术应用的整体水平，带动水利现代化。

(一) 信息化项目构成

水利信息化建设与管理主要包括水利业务应用、水利信息资源、水利信息基础设施、水利网络安全和水利信息化保障环境等方面。

1. 水利业务应用

水利业务应用指运用信息技术处理各类水利业务的计算机应用系统。主要包括防汛抗旱、水利行政管理、水资源管理决策、水质监测与评价、水土保持监测、水利工程管理、农村水电及电气化管理、水利信息公众服务、水利规划设计管理和水利专业数字图书馆等。

2. 水利信息资源

水利信息资源指对信息资源采集、汇集、校核、提供与维护更新等方面通过信息平台实现资源共享的总称。

3. 水利信息基础设施

水利信息基础设施指为水利信息化提供基本信息的采集、传输和存储的各种软件和硬件的总称。主要包括水利信息采集设施、水利信息网和水利数据中心。

(1) 信息采集设施，包括收集、传输和处理各种水利信息的传感器、通信设备和接收处理装置等。

(2) 水利信息网，指水利行业各单位计算机与网络设备互联形成的网络系统。水利信息网按照网络层次分为广域网、部门网和接入网。其中广域网又分为骨干网、流域省区网和地区网。水利信息网按照业务范围和安全保密要求分为政务外网和政务内网。

(3) 水利数据中心，指水利信息汇集、存储与管理、交换和服务的中心。它通过有序汇集水利信息，形成有用和可用的水利信息资源；通过提供各类信息服务，深化水利信息资源的开发利用，达到规范信息表示、实现信息共享、改进工作模式、降低业务成本和提高工作效率的目的。

4. 水利网络安全

水利网络安全指对由计算机或者其他信息终端及相关设备组成的按照一定规则和程序对信息进行收集、存储、传输、交换、处理的系统进行保护的总称。主要包括水利基础信息网络、云计算平台/系统、大数据应用/平台/资源、物联网、水利工程控制系统和水利业务应用系统(含采用移动互联技术的系统)等。

5. 水利信息化保障环境

水利信息化保障环境由水利信息化标准体系、安全体系、建成及运行管理、政策法规制定与实施、落实建设与运行维护资金和人才队伍培养等要素构成。

(二) 信息化项目建设与管理

水利信息化建设是在国家信息化建设的统一部署下，按照国家确立的信息化建设方针、政策和总体规划，立足于水利系统，条块结合、联合共建、信息资源共享的一项系统工程。加强水利信息化建设能够实现水利信息资源共享，对推进城市化进程、构建节水型社会等具有重要意义。

为加强水利信息化建设与管理，强化水利信息化资源整合共享和网络安全，保障水利信息化协调有序发展，水利部颁布了《水利部信息化建设与管理办法》(水信息〔2016〕196 号)，以保障水利信息化项目顺利实施。主要内容如下。

1. 总则

(1) 水利信息化建设与管理主要包括水利业务应用、水利信息资源、水利信息化基础设施、水利网络安全和水利信息化保障环境等方面的建设与管理。

(2) 水利信息化建设与管理遵循“统筹规划、整合共享，统一标准、安全优先”的原则，并按照《水利信息化顶层设计》《水利信息化资源整合共享顶层设计》的要求和国家、水利行业有关信息化技术标准进行。

(3) 涉及国家秘密的水利信息化建设与管理严格按照国家保密有关规定执行。

2. 组织机构

(1) 各直属单位应成立本单位信息化建设与管理领导机构及其办事机构(以下简称信息化管理机构)，明确相应的职责，加强水利信息化建设与管理的组织领导。

(2) 各直属单位信息化管理机构应组织技术支撑单位具体承担水利信息化建设项目的立项、实施以及运行维护、安全管理等任务。

3. 项目前期

(1) 水利信息化建设项目前期工作，按照《水利部直属单位基础设施建设投资计划管理办法》或《水利部预算项目储备管理暂行办法》的有关规定执行。

(2) 水利信息化建设应在国家有关信息化规划和全国水利信息化规划的指导下进行，并按照水利部基本建设及预算管理有关规定，履行相应的立项程序。

（3）水利信息化规划是水利信息化建设项目立项的重要依据，主要包括全国水利信息化规划、部直属单位信息化规划及各业务领域信息化专项规划等。全国水利信息化规划由部网信办组织编制，报部网信领导小组审议，由部网信办组织审查。

（4）水利信息化建设项目审查审批前，审查审批部门应就项目建设必要性、安全符合性、资源整合共享等方面征求部网信办或同级信息化管理机构的意见。

（5）水利信息化建设项目应依据国家信息安全等级保护制度的相关要求进行系统定级，经部网信办审核后报公安部门备案，并同步规划、设计安全方案。

4. 项目实施

（1）水利信息化建设项目根据投资来源，应分别按照基本建设或预算管理程序实施，保证项目质量和安全，严格管理项目经费。

（2）水利信息化建设项目建设单位应严格按照批复的初步设计报告或预算项目文本组织实施，不得擅自变更。确需变更设计方案的，应按有关程序报批，审查审批部门应征求部网信办或相关信息化管理机构的意见。

（3）水利信息化建设项目应依据所定等级及国家等保相关要求同步建设安全防护措施或进行安全整改。

（4）水利信息化建设项目的采购应按照《中华人民共和国政府采购法》《中华人民共和国招标投标法》等有关规定执行。采购的产品、技术和服务须符合国家有关要求，确保采购正版软件，优先选用国产产品，确需采购进口产品的，应按有关规定报批。

（5）水利信息化建设项目主体建设任务完成后，应进行试运行，试运行时间原则上不少于3个月，并做好功能与性能指标及修改完善等相关记录，编制试运行报告。

（6）水利信息化建设项目涉及的系统集成、安全服务、工程监理等应选择具有相应资质的单位。

5. 项目验收

（1）水利信息化建设项目的验收应按照《水利部直属单位基础设施建设项目验收管理办法》或《水利部中央级预算项目验收管理暂行办法》的有关规定执行。未经验收或验收不合格的水利信息化建设项目，其成果不得交付使用。

（2）水利信息化建设项目竣工（最终）验收前，应对等保三级及以上级别信息系统进行等保测评，测评通过方可申请验收。软件开发类项目应进行软件测试，投资额较大的应通过有资质的第三方评测机构的测试，否则不予验收。

（3）水利信息化建设项目竣工（最终）验收后，建设成果应报同级信息化管理机构备案，并将数据资源成果汇交同级信息化技术支撑单位，以统筹信息资源的整合、共享与利用。对于不汇交数据资源成果的项目建设单位，不予立项后续水利信息化建设项目。

6. 安全管理

（1）水利网络安全管理应遵循《信息安全技术　信息系统安全管理要求》（GB/T 20269）、《信息技术　安全技术　信息安全管理体系要求》（GB/T 22080）、《信息安全技术　网络安全等级保护基本要求》（GB/T 22239）等标准及《水利信息网运行管理办法》的有关规定。

（2）各直属单位信息化管理机构应组织技术支撑单位在软硬件设备上线前进行漏洞扫描，在应用软件上线前查验软件安全性测试报告，面向互联网服务的应用软件和重要信息系统应由第三方专业机构出具应用软件安全性测试报告，国家级重要信息系统的应用软件还应查验第三方专业机构出具的源代码安全检测报告。发现问题应要求项目建设单位进行整改。

（3）各直属单位信息化管理机构应组织技术支撑单位定期对信息系统进行漏洞扫描，重要信息系统至少每月进行一次漏洞扫描，发现隐患及时整改，定期进行网络安全审计，对可疑行为进行分析处置，重要信息系统每年应开展一次等保测评。

（4）各级信息化管理机构应建立网络安全事件应急响应和恢复工作机制，完善应急响应组织机构，制定应急预案并加强演练，在突发网络安全事件时，启动相应的应急预案，快速、有效地进行处置。

（5）各级信息化管理机构应加强网络安全威胁感知与预警能力建设，加强对水利重要门户网站及面向互联网服务的重要信息系统的在线安全监测，对发现的网络安全事件和威胁进行预警、通报。

7. 运维管理

（1）水利信息化项目建设成果运维管理应遵循《水利信息系统运行维护规范》（SL 715—2015）等有关技术标准的规定。

（2）水利信息化建设项目竣工（最终）验收后，项目建设单位应及时向技术支撑单位办理各项资产交付手续，并纳入日常运行管理。技术支撑单位应按照国家有关规定，加强硬件、软件等资产管理，严格执行资产登记及报废手续。

（3）各直属单位信息化管理机构应组织技术支撑单位根据《水利信息系统运行维护定额标准》测算运行维护经费，在定额范围内申请年度预算，根据需要设立运行维护岗位，落实专职运行维护人员。积极探索委托有相关资质的第三方专业机构承担运行维护任务的运维方式。

（4）各单位要将水利部门政府网站作为信息公开的第一平台，制定网站运行管理制度，规范内容、技术、管理、运维等方面的工作流程与机制，加强政务信息公开、网上在线办事、公众互动交流的内容建设与管理，确保网站正常运行。

计量计价篇

第十章　水利工程计量与计价

第一节　水利工程计量

水利水电工程各设计阶段的工程量是设计工作的重要成果和编制工程概(估)算的主要依据。为统一设计工作量的计算工作,2005 年水利部发布《水利水电工程设计工程量计算规定》(SL 328—2005),作为设计工程量计算的主要依据。

水利水电工程技术复杂、涉及面广,工程量计算的要求不完全一致,需要熟练、准确地掌握工程量计算规则。本章结合上海市的水利工程特点,主要介绍本市水利工程工程量的计算。

一、工程量计算依据

(一) 设计图纸

每个设计阶段的图纸都是计算工程量的直接依据。计算工程量时,应依据图纸设计尺寸,采用科学的计算公式,按照《上海市水利工程概算定额》(SH R1—21—2021)、《上海市水利工程预算定额》(SH R1—31—2016)及《上海市水利工程工程量清单计价应用规则》(SSH/Z 10009—2017)中的相关规定,分门别类地计算出准确的工程量。此外,水利泵(站)闸工程涉及房屋建筑、给排水工程等,这些单项工程造价的编制,可采用相关专业图纸、定额及相关计费标准计算其造价。

(二) 施工组织设计

施工组织设计是为指导施工而编制的文件,是以拟建的水利工程为对象,对施工总进度、施工方法、施工机械(船舶)的选择、劳动力配备、施工现场的布置,以及现场临时设施等,提出明确的要求。同时可为工程量计算提供依据,如疏浚土方工程量计算必须根据施工组织设计提供的施工方法所采用的机械(抓斗式挖泥船或绞吸式挖泥船)、运输距离计算其工程量。

(三) 定额

各个设计阶段适用的定额或不同工程采用的不同专业的定额都是工程量计算的主要依据之一。工程量计算是计算工程造价的内容之一,最终都需要计算造价。而造价的计算按定额的数量准确地套用相应的定额最终得出工程的造价。因此,按照《上海市水利工程工程量清单计价应用规则》(SSH/Z 10009—2017)计算的工程量的计量单位若与定额的计量单位不一致时，应按有关规定进行换算。

二、工程量计算规则

根据《水利水电工程设计工程量计算规定》(SL 328—2005)，永久水工建筑物和主要的施工临时工程的工程量，均应按照水利水电基本建设工程项目划分的要求，根据建筑物或工程设计几何轮廓尺寸计算，再乘以相应的设计阶段系数，并明确不得将超挖超填的施工附加量等计入设计工程量。

工程量计算规则是计算工程计量的主要依据之一，是工程量数值的取定方法。采用的规范或定额不同，工程量计算规则也不相同。在计算工程量时，应按照规定的计算规则进行。本节仅介绍《上海市水利工程概算定额》(SH R1—21—2021)的工程量计算规则，该概算定额包括田间管道工程，现由于该部分管理职责属于上海市农业农村委员会，故本节中对田间管道工程的计算规则不再赘述。

(一) 永久建筑工程工程量计算

1. 土方工程

土方开挖工程量应根据设计图示开挖尺寸，按不同土壤类别、不同深度分别以体积计算。土方开挖工程包括挖一般土方、挖沟槽土方、挖基坑土方、运土、推土、土地整理、土方及泥浆外运。本章定额的一般土方、沟渠槽土方、基坑土方界定如下。

(1) 开挖底宽≤4 m、开挖底长>3 倍开挖底宽，且开挖上口宽≤16 m 为沟渠槽土方；开挖底长≤3 倍开挖底宽的为基坑土方；超出上述范围则为一般土方。

(2) 泵、闸、涵洞等引、排水水工构筑物，其内、外防冲槽(包括防冲槽)之间的为基坑土方；如不设防冲槽，则内、外消力池或翼墙末端之间的土方为基坑土方。

(3) 护砌开挖土方均为沟渠槽土方。

(4) 沟、渠设计断面内的土方为一般土方或沟渠槽土方。

(5) 沟渠槽土方与一般土方交叉部分，为一般土方。

(6) 土方工程的计量单位有自然方、松方和实方。自然方指未经扰动的自然状态的土方；松方指自然方经过人工或机械开挖而松动过的土方；实方指填筑(回填)并经过压实后的成品。由于土方定额的计量单位除注明外均按自然方计算，各施工工序土方状态不同，计算土方工程量时会遇到自然方、松方和实方相互换算的问题，自然方、松方和实方之间的相互换算关系称为土方虚实系数，一般可根据表 10-1 计算。

表 10-1　土方虚实系数

项目	自然方	松方	实方	项目	自然方	松方	实方
土方	1	1.33	0.85	混合料	1	1.19	0.88
砂	1	1.07	0.94	石方	1	1.53	1.31

2. 土方填筑工程

土方填筑工程量应根据设计断面中不同部位及其不同材料(土、砂、碎石)分别以体积计算。固结量在定额中已考虑，沉降量在工程量中考虑。其中回填土土方及堤坝土方系指设计断面内经压实后的实方。

(1) 碎石及三渣基层工程量按设计图中铺设面积计算。横断面宽度：当路堑施工时，按侧石内侧宽度计；当路堤施工时，按侧石内侧宽度每侧增加 15 cm 计算(设计图纸已注明加宽除外)。

(2) 筑土堤清除堤基表层腐植土，按挖除体积计算，原土夯实按夯实面积计算，机械填筑按设计图纸体积计算；清除堤基厚度根据设计要求，如设计对清基厚度未作说明，厚度按 0.3 m 计算。

(3) 石笼装块石按设计体积计算。笼装块石中合金钢丝笼成笼数量，按设计图示展开面积计算。铺铁丝网(合金铅丝网)按实际铺设面积计算。

(4) 抛沉块石、抛沉袋装碎石工程量按设计断面计算。

(5) 抛沉实心方块、异形块体工程量按抛沉体的实体体积计算。

(6) 理砌块石按所理砌表面积计算。

3. 疏拓和吹填工程

一般疏浚工程量的计算，按设计水下方计量，开挖过程中的超挖及回淤量不应计入。吹填工程量计算，除考虑吹填土层下沉及原地基下沉增加量，还应考虑施工期泥沙流失量，计算出吹填区陆上方，再折算为水下方。本市疏拓和吹填工程的工程量计算规则如下。

(1) 内河船舶疏浚：以疏浚设计断面为标准计算水下自然方工程量，再按地质柱状剖面图分别计算各类土质工程量。

(2) 水力冲挖：以设计断面为标准计算自然方工程量，再按地质柱状剖面图分别计算各类土质工程量。

(3) 挖泥船取土及吹泥船：以实际取土自然方计算工程量，再按地质柱状剖面图分别计算各类土质工程量。实际取土自然方按设计吹填体积加吹填过程中的沉降量、流失量和吹填固结量计算，沉降量、流失量和吹填固结量可根据技术规范和历史资料或采用设计计算、试验结果来确定。

(4) 充泥管袋、填芯吹填土按设计断面实方计算；闭气吹填土按实际取土自然方计算；外坡保护工程量按高程 4.0 m 以下实际保护面积计算。

(5) 本章土壤划分详见表 10-2 和表 10-3。

表 10-2　疏浚、取土及吹填土方工程土壤特征

岩土类型	级别	状态	强度及结构特征	判别指标		
				标贯击数 N	天然重度 γ /(kN/m³)	液性指数 I_L
有机质土、淤泥类	1	流动～极软	可能是密实的或松软的，强度和结构在水平或垂直方向上可能相差很大，并存在气体	—	$\gamma < 16.6$	$I_L > 1.0$
淤泥质土类	2	软	极易用手指捏成形	$N \leqslant 4$	$\gamma \leqslant 17.6$	$I_L > 0.75$

（续表）

岩土类型	级别	状态	强度及结构特征	判别指标		
				标贯击数 N	天然重度 γ /(kN/m^3)	液性指数 I_L
黏性土类	3	中等	稍用力捏可成形	$N \leqslant 8$	$\gamma \leqslant 18.7$	$I_L \leqslant 0.75$
	4	硬	手指需用力捏成形	$N \leqslant 15$	$\gamma \leqslant 19.5$	$I_L \leqslant 0.5$
	5	坚硬	不能用手指捏成形，可用大拇指压出凹痕	$N > 15$	$\gamma > 19.5$	$I_L < 0.25$
砂(粉)土类	6	松散	较容易将 12 mm 钢筋插入土中	$N \leqslant 10$	$\gamma \leqslant 18.6$	
	7	中密	用 2～3 kg 重锤很容易将 12 mm 钢筋打入土中	$N \leqslant 30$	$\gamma \leqslant 19.6$	
	8	密实	用 2～3 kg 重锤可将 12 mm 钢筋打入土中 30 mm	$N > 30$	$\gamma > 19.6$	

表 10-3　水力冲挖土类划分

土类	土类名称	自然湿密度 /(g/cm^3)	外形特征	简单判别方法
一	稀淤	1.5～1.8	含水饱和，搅动即成糊状	用容器装运
	流砂		含水饱和，能缓缓流动，挖而复涨	
二	砂土	1.65～1.75	颗粒较粗，无凝聚性和可塑性，空隙大，易透水	用铁锹开挖
	砂壤土		土质松软，由砂与壤土组成，易成浆	
三	烂淤	1.7～1.85	行走陷足，粘锹粘筐	用铁锹或长苗大锹开挖
	壤土		手触感觉有砂的成分，可塑性好	
	含根种植土		有植物根系，能成块，易打碎	
四	黏土	1.75～1.9	颗粒较细，粘手滑腻，能压成块	用三齿叉撬挖
	干燥黄土		粘手，看不见砂粒	
	干淤土		水分在饱和点以下，质软易挖	

4. *砌筑工程*

砌筑工程量应按建筑物设计图纸的几何轮廓尺寸计算。本市砌筑工程的工程量计算规则如下。

(1) 各类垫层工程量均按设计图示尺寸以体积计算。

(2) 砌筑工程量均按设计图示尺寸以体积计算，嵌入砌体中的钢管、铁件、沉降缝、伸缩缝及 0.3 m^2 以内的预留孔所占体积不予扣除。

(3) 砌体砂浆抹面按设计图示尺寸以面积计算。

(4) 块石护坡改建工程量按设计砌体体积计算。

(5) 定额石类规格及标准说明如下。

① 碎石:指经破碎、加工分级后、粒径大于 5 mm 的石块。

② 块石:指厚度大于 20 cm,长、宽各为厚度的 2～3 倍,上、下两面平行且大致平整,无尖角、薄片的石块。

③ 料石:指由人工或机械开采出的较规则的六面体石块。按其加工后的外形规则程度可分为毛料石、粗料石、半细料石和细料石四种。按形状可分为条石、方石及拱石。

④ 砂砾料:指砂和砾石的混合物。它是一种颗粒状、无黏性的材料,分布广泛,单个颗粒强度大,直径大于 2 mm。

⑤ 反滤料:指堆砌石工程的防渗体,由粒径、级配均有一定要求的砂、砾石(碎石)等组成。

⑥ 定额中的计量单位:砂、碎石为堆方,块石为码方。

⑦ 砌筑用胶结材料均按定额设计强度等级及配合比计算其单价,定额数量不作调整。

5. 桩基与地基处理工程

本章包括打桩、钻孔灌注桩、地基加固、基坑围护外,还包括了混凝土块联锁排和砂肋软体排内容。

(1) 打桩工程量按桩的长度(包括桩尖)乘以桩截面面积计算。

(2) 钻孔灌注桩工程量计算。

① 陆上钻孔混凝土工程量按设计桩长(设计桩顶标高至桩底标高)乘以设计桩径截面面积计算。

② 水上钻孔混凝土工程量按设计桩长(设计桩顶标高至桩底标高)增加 0.75 m 后乘以设计桩径截面面积以体积计算。

③ 声测管按设计要求设置,按重量以吨计算。

④ 钢筋笼按设计图纸重量计算。

⑤ 灌注桩底注浆按设计规定的单根注浆量以体积计算(不包括注浆管埋设)。

(3) 地基加固工程量计算。

① 树根桩:按设计桩截面积乘以设计长度以体积计算。

② 水泥搅拌桩:按设计桩截面积乘以设计长度以体积计算。

桩长计算规定:围护桩桩长按施工地槽底至桩底计算,承重桩桩长按设计桩顶标高增加 0.4 m 至桩底计算。

③ 压密注浆:按设计图纸明确加固土体体积计算。

设计图纸以布点形式图示土体加固范围的,则可按两孔间距的一半作为扩散半径,以布点边线加扩散半径,形成计算平面计算注浆体积。

设计图纸上注浆点在混凝土钻孔灌注桩之间,按两注浆孔距的一半作为每孔的扩散半径,以此圆柱体计算注浆体积。

④ 高压旋喷桩:按设计图示桩截面积乘以设计桩长以体积计算。

(4) 基坑围护工程量计算。

① 定额均为打直桩。如采用斜桩,斜率在 1∶6 以内,人工乘以系数 1.33,机械乘以系数 1.43。斜率超过 1∶6 时,另行计算。

② 打桩工程量方桩小于 80 m^3、板桩小于 50 m^3 的工程为小型工程，小型工程人工和机械数量按相应定额乘以系数 1.10。

③ 树根桩按设计桩截面积乘以设计长度以体积计算。

④ 打拔钢板桩按基坑围护长度计算。

⑤ 咬合灌注桩按成孔深度乘以设计桩截面面积以体积计算(不扣除咬合部分)。

⑥ 型钢水泥土搅拌墙工程量设计桩长乘以设计断面面积以体积计算。插拔型钢根据设计图示尺寸按重量计算。

⑦ 大型支撑安装、拆除根据设计尺寸按重量计算，不扣除孔眼重量；焊条、铆钉、螺栓等也不另增加重量。大型支撑使用量及使用天数按设计批准的施工组织设计计算。

⑧ 格构柱根据设计图示尺寸按重量计算。

(5) 混凝土连锁块软体排、砂肋软体排，按设计图示铺设面积计算。

6. 现浇混凝土及钢筋混凝土工程

现浇混凝土及钢筋混凝土工程量的计算应根据建筑物的不同部位及设计标号分别计算。

(1) 混凝土工程量按设计图示尺寸的实体积(扣除空心板、梁的空心体积)计算，不扣除钢筋、铁丝、铁件和螺栓所占的体积(另有规定者除外)。

(2) 各类混凝土及钢筋混凝土结构内的孔洞(包括门洞、检修孔、工作桥面板闸门吊孔，泵、闸底板集水井、阀门井等)，单孔面积(或井坑截面积)在 0.3 m^2 以内的孔洞体积不予扣除，单孔面积在 0.3 m^2 以外的应予扣除。

(3) 钢筋工程量按设计图纸所示重量计算。植筋不分孔深，按钢筋规格以根计算。

(4) 模袋混凝土护坡按设计图示的护坡面积计算。

(5) 台阶混凝土按设计图示尺寸以水平投影面积计算。台阶与平台连接时，以最上层踏步外沿加 300 mm 计算。架空式混凝土台阶按现浇混凝土楼梯计算。

(6) 进、出水流道内模工程量按流道的内部空间体积计算。

(7) 混凝土输送按泵送混凝土相应定额子目的混凝土消耗量以体积计算。若采用二级输送泵，则工程量乘以系数 2.0。

(8) 混凝土运输以相应定额子目的混凝土消耗量以体积计算。

7. 预制混凝土工程

(1) 预制桩混凝土按桩长(包括桩尖)乘以桩截面积计算。

(2) 预制其他构件，除另有说明外，工程量按设计图示尺寸的实体积(扣除其空心体积)计算，不扣除钢筋、铁件及螺栓所占的体积。

(3) 空心板梁的堵头板体积不计入工程量内，其消耗量已包括在定额中。

(4) 混凝土连锁护坡砌块、生态植被混凝土砌块(包括预制及铺设)按设计图示尺寸的面积计算，不扣除孔洞及孔隙面积。

(5) 钢筋数量不分规格型号按重量计量。

(6) 预制构件安装工程量按体积计算(扣除其空心体积)。另有规定者除外。

(7) 翼形块、扭工(王)字块、四脚锥体、蛙式块水上安放按安放量的实体积计算。

(8) 预制构件定额中未包括预埋铁件，如发生，按规定另计。

8. 生态植物工程

(1) 苗木胸径的确定，以苗木从地面至 1.20 m 处的树干的直径计算；苗木地径的确定，以苗木从地面至 0.30 m 处的树干直径计算；苗木高度的确定，以苗木露出地表的根茎至树冠顶部之间的距离计算。

(2) 栽植带土球灌木，土球直径的取定：乔木按胸径的 6～8 倍计算，灌木按地径的 6～7 倍计算。

(3) 绿篱种植：不论单排、双排均以延长米计算；两排以上视作片植，以面积计算；苗木数量根据设计规定计算。

(4) 水生植物种植，工程量以“株(丛)”为计量单位，设计图纸以“丛”(每丛有若干株)为单位的，每丛含有的株数仅用于计算苗木费。

(5) 苗木价格中应包括苗木场外运输及种植损耗等因素，苗木种植后的成活率为 100%。

9. 其他工程

(1) 滤层及排水棱体体积按设计断面乘以长度计算。

(2) 各类土工布垫层工程量按设计铺设面积计算。

(3) 路面工程量计算。

① 道路面层铺筑厚度均为压实厚度，道路面层铺筑按实铺面积计算，不包括平石面积。

② 铺筑预制块按设计面积计算。

③ 混凝土路面钢筋数量按设计图纸重量计算。

(4) 拆除石砌体及混凝土结构按拆除体积计算。拆除工程中已包括废料的场内运输，但不包括场外运输，发生时，可另计。废料容重统一按 2.2 t/m^3 计算。

(5) 本章定额未包括水中拆除，如需潜水员配合时另行计算。

(二) 金属结构及设备安装工程工程量计算

(1) 钢闸门定额适用于水闸钢闸门；如为防汛墙钢闸门，定额乘以系数 1.05。

(2) 闸门预埋件按垂直位置安装考虑；如埋设件倾角大于 10°，定额人工增加 6 工日/t。

(3) 水工建筑物各种钢闸门(包括机加工件、止水橡皮及止水木)、闸门埋件和拦污栅工程量按设计图示重量计算。

(4) 平面钢闸门、闸门埋设件及拦污栅切肢、切边、缺角等重量已在定额中综合考虑。

(5) 液压启闭机安装定额适用于分离式液压启闭机安装；如为集成式液压启闭机，定额乘以系数 0.8。

(6) 卷扬启闭机安装定额适用于固定式的单吊点或双吊点卷扬启闭机安装；如为台车式，定额乘以系数 1.2，轨道安装另计。

(7) 螺杆式启闭机安装定额适用于单螺杆手、电两用式启闭机；如为手动螺杆式启闭机安装，定额乘以系数 0.6；如为双螺杆手、动两用式启闭机安装，定额乘以系数 2.0。

(8) 启闭设备工程量宜与闸门和拦污栅工程量相匹配，并分别按设备重量(t)和数量(台、套)计算。

(9) 其他金属构件制作及安装中，以重量为计量单位的定额子目，其工程量按设计主材(钢板、型钢、方钢、圆钢等)重量计算，不扣除孔眼、缺角、切肢、切边的重量，圆形的和多边形的钢板按方形和矩形计算，但不包括螺栓和焊条的重量。

(三) 机电设备安装工程工程量计算

机电设备及安装工程一般包括水力机械设备及安装、电气设备及安装和其他设备及安装。水利机械设备主要包括水泵、电动机、主阀等；电气设备包括电气一次、电气二次；其他设备包括超重设备、通风和空调等。

本市概算定额中机电安装主要包括水泵及电动机安装、电气设备安装主要供排水泵、系统管路、阀门及空压机等；其他设备及安装包括起重设备安装(桥式起重机、门式起重机、电动葫芦)、工字钢轨道、滑触线等。

(1) 潜水泵安装定额不分轴流式、贯流式，设备重量包括水泵及电动机重量；辅助设备重量包括机座、机体、电动机及附件重量。

(2) 水泵、电动机安装定额以“台”为计量单位，按全套设备自重选用子目。

(3) 供排水泵、油泵安装定额以“台”为计量单位，按全套设备自重选用子目。

(4) 系统管路、测压系统安装定额以“m”为计量单位，按公称直径选用子目。

(5) 法兰阀门及电动阀门安装定额以“个”为计量单位，按阀门公称直径选用子目。

(6) 空压机及油泵安装定额以“台”为计量单位，按全套设备自重选用子目。

(7) 油桶安装定额以“吨”为计量单位，按容量选用子目。

(8) 桥式起重机、门式起重机、电动葫芦安装定额均以“台”为计量单位，桥式起重机及电动葫芦按起重能力选用子目，门式起重机按设备自重选用子目。

(9) 轨道安装定额以“双 10 m”为计量单位，按轨道型号选用子目。

(10) 工字钢轨道安装定额以“10 m”为计量单位，按轨道型号选用子目。

(11) 滑触线安装定额以“三相 10 m”为计量单位，按起重能力选用子目。

(四) 施工临时工程工程量计算(措施工程)

施工临时工程是指为辅助主体工程施工所必须修建的生产和生活用的临时性工程，主要包括以下几种工程。

(1) 施工导流截流工程，包括施工降排水、导流明渠、导流河、施工围堰及截流工程等。

(2) 施工围护工程，为深基坑施工所采取的围护桩等。

(3) 施工交通工程，为保证工程建设所需工程设备、材料和施工机具修建的临时交通道路和附属设施。

上海概算定额将临时工程归到措施工程中，故本章主要介绍本市的临时工程的计算规则。

1. 围堰工程

沿江河围堰工程量：筑拆按围堰长度计算；使用按围堰长度乘以使用天数计算；养护或使用养护按围堰长度乘以养护或使用养护次数(一个汛期 15 d 为 1 次)计算。

拦河土坝工程量：按围堰实体积计算。

(1) 沿江河围堰长度：

$$L = L_1 + 2 \times (L_2 + L_3 + L_4)$$

式中，L_1 为构筑物基础长度；L_2 为构筑物基础端边到坝体内侧距离；L_3 为坝体的内侧至坝中的距离；L_4 为平行构筑物基础的坝体底部(坝中)与岸边的衔接距离，见图 10-1。

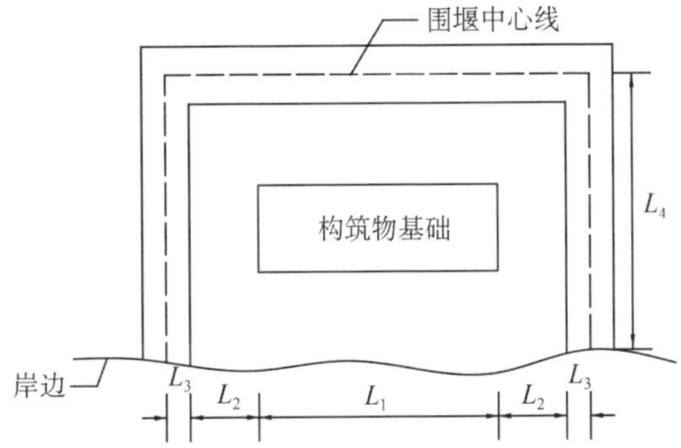

图 10-1 围堰平面示意图(单位:m)

当平行构筑物的围堰长度大于 100 m 时，以 100 m 长为准可设腰围堰一道，而后每 50 m 另增一道，均以袋装土围堰计算。

(2) 拦河围堰长度和高度

拦河围堰长度和高度按初步设计图纸计算。

(3) 围堰的使用养护次数

① 拦河围堰一般用于水闸、泵站等水工建筑物，其使用养护次数由施工组织设计确定，一般按主体结构的施工工期(天数)除以 15 d 计算。

② 沿江河围堰一般用于驳岸、防汛墙、桥台、海塘堤岸等工程施工。其使用养护次数规定:新建、翻建、改建结构工程，围堰使用养护次数均为 2 次；驳岸、防汛墙工程采用高桩承台结构形式时不考虑围堰，但如需拆除原驳岸、防汛墙，其临时围堰使用养护次数为 1 次。

(4) 筑沿江河围堰缺土数量

① 围堰长度在 150 m 以内时，缺土(外来土方)数量按下式计算：

$$缺土数量 = 围堰需要土方数量 - 本地可利用的土方数量$$

② 当围堰长度大于 150 m 时，其中 150 m 长的缺土数量按上式计算，超出 150 m 部分的缺土数量，则按超出长度的围堰需要土方数量的 50%计算。如有可利用的土方，则不再计算。

③ 筑拦河围堰缺土数量计算

$$缺土数量 = 围堰需要土方数量 - 本地可利用的土方数量$$

④ 围堰需要土方数量(自然方)可按定额规定计算。

(5) 排泥场围堰:如有设计图纸(包括施工组织设计)，则按设计图示尺寸计算。如无设计图纸，则顶宽按 1.0 m，边坡按内侧 1∶1.5、外侧 1∶1 计算；长度按围堰中心线长度计算；工程量按断面面积乘以长度以体积计算。

(6) 新建防汛墙基础内侧(背水侧)距原有道路边 30 m 以上时，可按规定计算修筑施工临时便道。原有道路不能满足运输工程材料需要，需加固拓宽时，另行计算。

2. 施工排水工程

(1) 抽水量按筑坝时实测水量体积计算。施工期流入坝内的水量按施工组织设计划定的集水面积乘以施工期平均降雨量以体积计算。

(2) 坑内排水工程量按基坑及沟渠漕常水位以下的开挖土方数量以体积计算；护砌开挖一般不计坑内排水。

(3) 井点降水

① 轻型井点管间距为 1.2 m，以 50 根井管、相应总管 60 m 及排水设备为 1 套。

② 喷射井点管间距为 2.5 m，以 30 根井管、相应总管 75 m 及排水设备为 1 套。

③ 井点布置按初步设计图纸确定。

④ 井点使用天数：水闸、泵站工程(包括上下游防冲槽之间的结构)按 45 d 使用期计。引航道(防冲槽以外)工程按 30 d 使用期计。

⑤ 驳岸、防汛墙工程一般不采用井点降水。

⑥ 井点使用定额计量单位为套·d。累计尾数不足 1 套时计作 1 套，1 d 按 24 h 计。

3. 打桩工作平台工程

(1) 水闸、套闸、泵站底板打桩：

$$F=(B+2)\times(L+2)\text{(满堂桩基础)}$$

式中，B——底板净宽(m)；

L——底板净长(m)。

或

$$F=6.5\times L\text{(}L\text{ 为底板封闭板桩周长)}$$

(2) 驳岸、防汛墙、岸墙、翼墙打桩：

$$F=(6.5+D)\times(L+6)$$

(3) 桥梁打桩：

$$F=N_1F_1+N_2F_2$$

每座桥台(桥墩)：

$$F_1=(5.5+A+2.5)\times(6.5+D)$$

每条通道：

$$F_2=6.5\times[L-(6.5+D)]$$

(4) 钻孔灌注桩：

$$F=N_1F_1+N_2F_2$$

每座桥台(桥墩)：

$$F_1=(A+6.5)\times(6.5+D)$$

每条通道：

$$F_2=6.5\times[L-(6.5+D)]$$

式中(除注明外)，F——工作平台总面积；

F_1——每座桥台（桥墩）工作平台面积；

F_2——桥台至桥墩间或桥墩至桥墩间通道工作平台面积；

N_1——桥台和桥墩总数量；

N_2——通道总数量；

D——两排桩之间的中心距离（m）；

L——桥梁跨径或驳岸、防汛墙、岸墙、翼墙、护岸的第一根桩中心至最后一根桩中心之间的距离（m）；

A——桥台（桥墩）每排桩的第一根桩中心至最后一根桩中心之间的距离（m）。

工作平台面积计算图如图 10-2 所示。

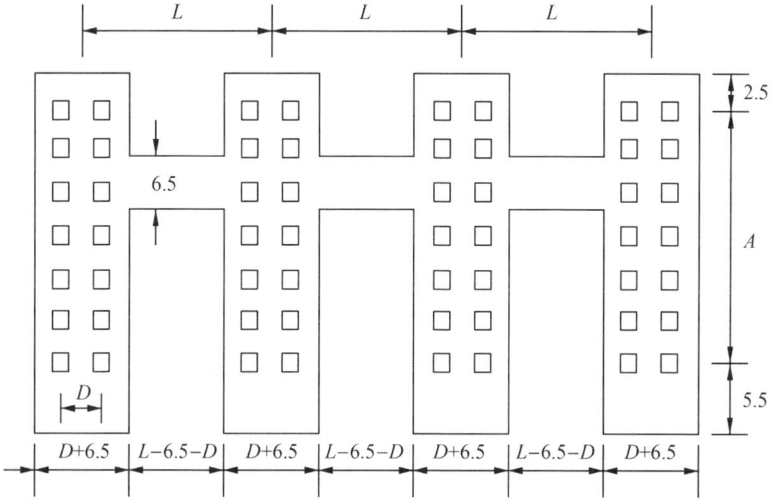

图 10-2　工作平台面积计算图(单位:m)

4. 便道、便桥工程

（1）普通便桥工程量按便桥桥面面积计算。

（2）施工便道面积计算规定。

① 便道长度：泵站、套闸、节制闸、涵洞等水工构筑物，可按基坑开挖边坡上边缘周长计算；驳岸、防汛墙工程按岸线长度计算。

② 便道宽度：泵站、套闸、节制闸、涵洞等水工构筑物，便道宽度取 4 m；驳岸、防汛墙工程便道宽度取 3 m。

③ 新修筑便道面积按上述规定计算。当结合新建道路设计线（如防汛墙抢险通道等）修筑便道时，便道工程量按上述规定面积的 50%计算。

三、工程量计算注意事项

1. 土方工程

护砌开挖土方为沟渠槽土方；沟渠设计断面内的土方为一般土方或沟渠槽土方；沟渠槽土方与一般土方交叉部分，计入一般土方。

2. 土方填筑工程

道路基层铺筑为压实厚度。定额中已包含因压实厚度大于 20 cm 而需分层摊铺的垫层清理和扎毛等工作内容，不得重复计算。

3. 疏拓及吹填工程

（1）内河船舶疏浚适用于一级到五级工况，挖泥船取土及吹填土方工程适用于一级到七级工况。

（2）内河船舶疏浚、取土及吹填土方工程土质分类根据《疏浚与吹填工程设计规范》（JTS 181—5—2012），结合上海地区土壤特点，按土质名称及其物理力学指标划分为8级。

（3）水力冲挖土类分级按冲挖土质名称、物理指标以及外形特征划分为四级。

（4）运距指运泥船由挖泥区中心（按疏浚或取土土方量分布计算）至卸泥区中心（或吹泥点）的航程（或距离）。

（5）水力冲挖已包括开工展布、水力冲挖、吸排泥、作业面转移及收工集合等内容，不另行计算。

（6）抓斗式挖泥船取土、链斗式挖泥船取土不包含吹泥（卸泥），需另行计算。

4. 砌筑工程

圬工勾缝已组合至相关定额子目中，不需另行计算。

5. 桩基与地基处理工程

（1）打各类钢筋混凝土桩，已包括打桩、送桩、接桩、预制构件场内运输、凿除桩头及废料外运等内容。不包括试桩及测试，发生时另行计算。

（2）打桩采用压桩时，另行计算。

（3）钻孔灌注桩定额适用于最大深度 60 m 以内、最大孔径小于等于 1.2 m 的工程，若超过上述范围，应另行计算；钻孔灌注桩混凝土浇筑量中已考虑充盈系数和材料损耗。未包括注浆管费用，可套用声测管定额另行计算。利用声测管作为注浆管时，不得重复计算。

（4）树根桩定额中已包括废泥浆运输及堆置。

（5）型钢水泥土搅拌墙中的重复套钻部分已在定额内考虑，不另行计算。

（6）砂肋软体排的人工、船机消耗已综合考虑了上海地区海上施工条件，不另行计取赶潮系数。

（7）土工布复合已包含在定额中，不另行计算。

（8）混凝土联锁块软体排中预制混凝土联锁块模板已在定额中综合考虑，不再另行计算；材料消耗已包括制作和施工中的操作消耗、软体排的搭接消耗及损耗等，除特殊情况外一般不作调整；已综合考虑了构件预制场内的运输、堆放及地模费用。

6. 混凝土及钢筋混凝土工程

（1）渠道混凝土已含场内 500 m 的混凝土场内运输；已包含模板的制作、安装及拆除，不再另行计量；混凝土（除板梁间灌缝及渠道外）不含模板制作、安装、拆除及整修，工程量需另行计量。

（2）植筋定额不包括钢筋本身，按设计植筋长度乘以单位理论重量并入相应定额内计算。如使用化学螺栓，可另行计算，但应扣除定额内的植筋胶消耗量。

（3）工作桥、人行桥模板面积计算时，不扣除其与支墩的接触面积。

7. 预制混凝土工程

(1) 预制构件运距按构件从预制场到安装地中心之间的距离计算。

(2) 预制构件定额中已包括拆除地模、模板工作内容,定额中的材料消耗已包括制作和施工中的操作损耗,除特殊情况外,一般不作调整。定额中已综合考虑了构件预制场内的运输及堆放。

(3) 小型构件(小型构件指单件混凝土体积小于等于 0.5 m^3 的构件)场内运输已包括在安装定额中。

(4) 预制混凝土连锁护坡砌块、生态植被混凝土砌块铺设定额中不包括整坡、垫层、生态植被混凝土砌块中的种植土及绿化,此费用可另行计算。

(5) 陆上安装的混凝土预制构件定额中,混凝土板铺砌已考虑 20 m 场内运输;T 形梁、板梁、排架、立柱、端柱、灯柱、人行道板、栏杆、缘石、仿木桩、锚锭板、U 形板、渠道板、挡土板已考虑 500 m 场内运输;预制栅栏板梁、翼形块、扭工(王)字块、四脚锥体、蛙式块、螺母块安装已考虑 1 km 场内运输。超运距套用本章预制构件运输定额,超运距不足 500 m 的按 500 m 计。

(6) 渡槽安装仅适用于分段式渡槽,整体式渡槽安装按不同规格套用安装板梁定额。

(7) 翼形块、扭工(王)字块、四脚锥体、蛙式块水上安放定额中已包括装船、水上 1 km 运输及起重船安放等工作内容。水上运距大于 1 km,按预制构件水上运输(每增运 1 km)子目计算。定额中已综合考虑了潮汐影响、移船定位、开工收工等因素。

8. 生态植物工程

苗木价格应包括苗木场外运输及种植损耗等因素,且苗木种植后成活率为 100%。

9. 其他工程

(1) 混凝土路面的钢筋网、传力杆、边缘(角隅)加固筋、纵向拉杆等钢筋均套用路面钢筋定额。

(2) 拆除混凝土结构定额中未考虑用爆破拆除;如发生,另行计算。

10. 金属结构及设备安装工程

(1) 铸铁圆闸门与预埋墙管连接时,石棉橡胶垫床另行计算。

(2) 定额不包括设备基础的地脚螺栓成孔及灌浆、联合试运转、液压启闭机的本体及附属设备外管道安装和设备用油、格栅清污机的走道板和栏杆的制作及安装,以及移动式格栅清污机的钢轨安装。如发生,另行计算。

11. 机电设备及安装工程

(1) 法兰阀门安装定额适用于公称直径大于 300 mm 的阀门安装。

(2) 桥式起重机安装定额按起重能力制定。不同跨度、整体或分段到货、单小车或双小车负荷试验方式等情况均已综合考虑在定额内。

(3) 本章未计价材料包括系统管路中的管材、阀门及附件、轨道及附件、滑触线、辅助母线及附件。

12. 临时工程(措施工程)

(1) 与永久水工建筑物要求相同,其中永久与临时结合部分应计入永久工程量中。

(2) 对有关部门提供的工程和预算资料,应按项目划分和费用构成正确处理。如施工临时工程,按其规模、性质,有的应包括在建筑安装工程中,不单独计列。

(3) 筑拆围堰定额中已包括组装、拆卸船排和桩架的工作内容。

(4) 沿江河围堰定额中已包括土方的场内运输，拦河围堰定额中未包括土方的场内运输。围堰缺土需另行计算。

(5) 筑、拆拦河土坝中的草袋围堰、编织袋围堰是指土坝迎水面的保护体结构。

(6) 筑排泥场围堰定额适用于现场取土筑围堰，土方的场内运输已包含在定额中。如采用外来土方，则土方来源费另行计算。

(7) 当采用其他施工技术措施能起隔水帷幕作用时，不再计算井点降水费用。

(8) 定额中井管长度包括滤网，且已包括观测孔。定额中未包括挖槽工作内容，可另行计算。

(9) 采用井点降水后，不再计取坑内排水费。

(10) 水上工作平台范围以外的陆地部分，均属陆上工作平台，但不包括河塘坑洼地段。

在河塘坑洼地段，平均水深超过 2 m 时，套用水上工作平台定额；平均水深为 1～2 m 时，按水上工作平台定额的 50%计算；平均水深在 1 m 以内时，按陆上工作平台计算。

(11) 当钻孔灌注桩采用硬地法施工时，按施工组织设计另行计算，陆上工作平台不再计算；若原有道路可利用时，则不计陆上工作平台。

第二节　水利建筑安装工程单价编制

水利部、流域机构审批的大中型水利项目，需按水利部基础价格编制。地方中小型水利工程大多按各省市水利编制规定和要求编制。本节按上海市水利相关规定介绍水利工程单价的编制。

一、建筑安装工程分类

根据《上海市水利工程设计概(估)算编制规定》(DB 31—SW/Z 009—2021)，上海市水利工程按工程性质划分为图 10-3 所示的六类。

水利工程
- 泵站工程
- 水闸工程
- 堤防工程
- 桥涵工程
- 农田水利工程
- 疏拓及吹填工程

图 10-3　水利工程分类

二、工程单价的组成及编制

工程单价是编制建筑安装工程工程概预算的基础。工程单价包括建筑工程单价和安装工程单价两部分，是指完成单位工程量所耗用的直接费、企业管理费和利润、措施费和税金四部分。本节介绍建筑工程单价和设备及安装工程单价的编制。概、预算单价计算有所不同。

1. 计费标准不同

(1) 企业管理费和利润，概算以“定额人工费（人工费、机械费）、零星项目人工费之和”为基数，乘以相应的费率计算；预算以“定额人工费（人工费、机械费之和）”为基数，乘以相应的费率计算。

(2) 安全文明施工费，概算以“直接费（人工费、材料费、机械费及零星项目费之和）”为基数，乘以相应的费率计算；预算以“直接费（人工费、材料费、机械费之和）”为基数，乘以相应的费率计算。

2. 单价内容不同

例如，混凝土概算单价是按不同部位综合了模板的单价，而混凝土预算单价由不同部位混凝土、模板两个单价组成。本节着重介绍概算单价的编制。

(一) 建筑工程单价编制

根据《上海市水利工程设计概（估）算编制规定》(DB 31—SW/Z 009—2021)，建筑工程单价分为土方工程、疏拓及吹填工程、砌石工程、地基加固工程、混凝土及钢筋混凝土工程、生态植物工程和其他工程等七类。

1. 土方工程单价编制

(1) 项目划分

土方开挖工程由开挖、运输两个主要工序组成。计算土方开挖工程单价时，应包括土方开挖和运输两个综合单价。土方开挖的施工方法通常有机械开挖和人工开挖两种方式。只有在有效工作面狭窄或施工机械难以进入的部位才会采用人工开挖施工方式，人工开挖成本较高且效率低下。

(2) 定额选用

正确选用定额子目是编制土方工程单价的关键因素之一，土方定额一般按影响工效的参数、土壤类别划分节和子目，因此根据施工组织设计确定的施工方法及选用的机械品种来确定影响参数，才能正确选用定额子目。

土类的级别是按开挖的难易程度划分的，土类级别越高、开挖深度越深、开挖断面越窄、运输距离越长，则开挖难度越大，工效越低，单价相应越高。

(3) 土方工程单价编制注意事项

由于土方定额的计量单位除注明外均按自然方计算，而各施工工序土方状态不同，故编制土方单价必然会遇到自然方、松方和实方相互换算的问题。土方工程单价编制的重点和难点也在于此。

(4) 土方单价编制实例

【实例 10-1】 某市级河道进行河道整治，整治长度为 1.5 km，河道断面底宽 20 m，边坡 1∶2.5，泥面高程平均 1.2 m，疏浚采用断流施工。已知综合人工（土方）单价为 180 元/工日，土方人工（含规费）单价为 228 元/工日；机械挖土方的消耗量见表 10-4，试计算：

① 疏浚土方单价的直接费。

② 河道疏浚土方工程的直接费。（计算保留小数点后两位）

表 10-4 定额消耗量

序号	定额编号		H-1-1-5	H-1-2-3	单价/元
	项目		机械挖土	机械挖沟槽	
	名称	单位	消耗量/m^3	消耗量/m^3	
1	土方人工	工日	0.006 0	0.053 0	
2	履带式挖掘机 1 m^3	台班	0.003 5		1 555.42
3	履带式挖掘机 0.4 m^3	台班		0.003 0	945.19

解： 土方工程量计算如下。

$(20 + 2.5 \times 1.2) \times 1.2 \times 1\,500 = 41\,400(m^3)$

定额及单价选用：根据题意，疏浚土方采用机械挖方外运的方式，故机械挖方的子目选用本市概算定额的机械挖一般土（根据上口宽、长度判定）的定额。人工单价的选择按《上海市水利建设工程概算和预算相关费率》（沪水务〔2024〕80 号），规费不单列后，人工单价应选土方人工（含规费）的单价 228 元/工日。

① 单价直接费 = 人工费 + 机械费 = $0.006\,0 \times 228 + 0.003\,5 \times 1\,555.42 = 6.81$(元 /$m^3$)

② 疏浚土方直接费 $= 41\,400 \times 6.81 = 28.19$(万元)

2. 疏拓及吹填工程单价编制

(1) 项目划分

疏浚工程包括内河船舶疏浚工程和吹填工程。内河船舶疏浚工程包括绞吸、链斗、抓斗及铲斗式挖泥船、吹泥船、水力冲挖机组等。

(2) 定额选用

疏浚工程单价编制时，应根据施工组织设计中采用的施工方法、机械类型、土（砂）级别正确选用定额子目。

工程量按有效设计断面量（水下自然方）计算。绞吸式挖泥船及吹泥船定额中没有列出浮筒管、岸管的定额数量，可根据工程实际情况计算。

(3) 注意事项

疏浚工程计量单位，除注明外，均按水下自然方计算。

(4) 疏拓及吹填工程单价编制实例

【实例 10-2】 某河道疏浚采用不断流疏浚，采用 0.75 m^3 的抓斗挖泥船运 20 km 至堆置场。已知 0.75 m^3 的抓斗挖泥船基本单价 20 元/m^3，每增运 1 km 单价 2 元/m^3，土方堆置费 8 元/m^3，计算疏浚土方单价。

解： 疏浚单价组成为，根据定额 0.75 m^3 抓斗挖泥船的定额子目单价包括基本运距 3 km，故

增运距 $= 20 - 3 = 17$(km)

疏浚土方单价 $= 20 + 17 \times 2 + 8 = 62$(元/$m^3$)

3. 砌石工程单价编制

(1) 项目划分

砌石工程可分为浆砌石、灌砌石、干砌石。

(2) 定额的选用

砌石单价可根据设计确定的砌体开式和施工方法计算,套用相应的定额计算砌石单价。

(3) 注意事项

砌石工程计量单位除注明外,按实体积以“m^3”计算。

(4) 砌石工程单价编制实例

【实例 10-3】 某水闸消力池护坡采用灌砌石衬砌,已知概算定额直接费单价灌砌石 678.13 元/m^3(其中人工费为 210.91 元/m^3),预算定额勾缝 17.95 元/m^2;零星项目费率 6%,试计算灌砌石概算直接费单价。

解: 根据概算定额内容,灌砌石概算定额直接费已包括勾缝内容。

概算直接费 = 人工费 + 材料费 + 机械费 + 零星项目费

零星项目费 =(人工费 + 材料费 + 机械费)× 零星项目费率

灌砌石直接费 = 678.13 × 1.06 = 718.82(元/m^3)

【实例 10-4】 某水闸海漫段采用浆砌石衬砌,已知定额浆砌石单价为 831.13 元/m^3(人工费占 30%),各项费率见表 10-5。

表 10-5 费率

零星项目费率	企业管理费和利润率	安全文明施工费	税金
6%	23.99%	3.3%	9%

试计算浆砌石的概算综合单价。

解: ① 概算综合单价 = 直接费 + 企业管理费和利润 + 安全文明施工费 + 税金

直接费 = 人工费 + 材料费 + 机械费 + 零星项目费

零星项目费 =(人工费 + 材料费 + 机械费)× 零星项目费率

企业管理费和利润 = 人工费 × 企业管理费和利润费率

安全文明施工费 =(直接费 + 企业管理费和利润)× 安全文明施工费率

税金 =(直接费 + 企业管理费和利润 + 安全文明施工费)× 9%

② 计算浆砌石概算综合单价。

直接费 = 831.13 × 1.06 = 881(元/m^3)

企业管理费和利润 =(831.13 + 831.13 × 6%)× 30% × 23.99% = 63.41(元/m^3)

安全文明施工费 = 881 × 3.3% = 29.07(元/m^3)

税金 =(881 + 63.41 + 29.07)× 9% = 87.61(元/m^3)

概算综合单价 = 881 + 63.41 + 29.07 + 87.61 = 1 061.09(元/m^3)

4. 地基加固工程单价编制

(1) 项目划分

本章包括打桩(方桩、板桩、木桩等)、钻孔灌注桩、地基加固(树根桩承重、水泥土搅拌桩、压密注浆、高压旋喷桩和打塑料排水板)、基坑围护(树根桩围护、打钢板桩、打拉森钢板桩及型钢搅拌墙等)、混凝土联锁排和砂肋软体排。

(2) 定额的选用

地基加固单价编制时,应根据设计确定的加固结构、作用和施工方法,选取相应的定额计算相应的地基加固单价。

（3）注意事项

① 格构柱制作可套用第十章金属结构及设备安装工程中相关定额，格构桩的安装、拆除定额中已考虑材料回收因素。

② 砂肋软体排定额中人工、机械消耗量已综合考虑了上海地区海上施工条件，不另行计取赶潮系数。

③ 混凝土边锁排定额中已综合考虑了构件预制场内的运输及堆放、地模的费用。

（4）地基加固单价编制实例

【实例 10-5】 水闸消力池地基采用三轴搅拌桩，桩径 850@600，桩顶标高 3.5 m，桩底标高－11 m，地面高程 4.5 m，地基加固周长 52.8 m，三轴搅拌桩单组面积为 0.927 4 m^2，空钻 43.59 元/m^3，三轴搅拌桩综合单价 245.39 元/m^3，计算地基加固概算费用。

解：① 工程量计算如下。

三轴搅拌桩的数量＝52.8÷1.2＝44(个)

则，三轴搅拌桩的工程量＝44×0.927 4×(3.5＋11)＝591.68(m^3)

② 概算地基加固造价＝591.68×245.39＝14.52(万元)

【实例 10-6】 水闸消力池地基采用三轴搅拌桩，桩径 850@600，桩顶标高 2.5 m，桩底标高－11 m，地面高程 4.5 m，三轴搅拌桩单组面积为 0.927 4 m^2，综合单价空钻 43.59 元/m^3，三轴搅拌桩单价 202.40 元/m^3，计算地基加固预算综合单价。

① 地基加固预算单价＝搅拌桩空钻单价＋搅拌桩单价

空钻深度＝地面高程－桩顶标高＝4.5－2.5＝2.0(m)

故，

空钻单价＝2×43.59＝87.18(元/m^3)

② 预算单价＝202.40＋87.18＝289.58(元/m^3)

5. 混凝土及钢筋混凝土工程单价编制

（1）项目划分

混凝土按施工工艺分为现浇混凝土和预制混凝土两类。

混凝土单价包括现浇混凝土单价、预制混凝土单价、混凝土凿毛、混凝土拆除、模袋混凝土、钢筋制作和安装单价、止水工程单价。现浇混凝土单价由混凝土拌制、运输、浇筑、钢筋制安等工序组成。对于预制混凝土，还需增加预制混凝土底模、底模拆除、预制构件的运输和安装工序单价。

（2）定额套用

编制混凝土工程单价时，应根据设计提供的资料，确定建筑物的施工部位，选定正确的施工运输方案，选取混凝土的强度等级及级配等，选用相应的定额。

（3）注意事项

① 混凝土单价的计量单位按成品实体积以“m^3”计算；除特殊情况或说明外，均为商品混凝土。

② 混凝土定额工作内容如下。

• 现浇混凝土的工作内容：冲(凿)毛、冲洗、混凝土运输、浇筑、振捣、养护、工作面运输及辅助工作。

• 预制混凝土的工作内容：预制场地冲洗、清理、底模浇筑和拆除、混凝土预制构件运输、安装、砌筑、勾缝，以及预制构件场内容运输及辅助工作。

③ 混凝土构件预制及安装定额中已包括预制及安装过程中所需的人工、材料、机械的数量和费用。若预制构件单位重量超过定额起重机重量，可相应替换起重机机械，定额消耗量不变。

(4) 现浇混凝土及钢筋混凝土工程单价编制实例

【实例 10-7】 某河道防汛墙 C20 基础混凝土垫层 2.2 m，厚 0.1 m；C30 钢筋混凝土基础宽 2 m，厚 0.4 m，C30 钢筋混凝土挡墙高 2.5 m，厚 0.4 m；钢筋含钢量 0.08 t/m^3。已知概算综合单价：C20 防汛墙基础混凝土垫层 771.75 元/m^3、C30 钢筋混凝土基础 860.52 元/m^3、C30 钢筋混凝土挡墙（墙厚≤0.5 m）1 696.51 元/m^3、C30 钢筋混凝土挡墙（墙厚≤0.8 m）1 497.631 元/m^3、底部钢筋制安 6 526.55 元/t、挡墙钢筋制安 8 064.42 元/t。计算防汛挡墙每延米造价。

解： ① 每延米工程量计算如下。

C20 基础混凝土垫层 $=2.2\ m\times0.1\ m=0.22(m^3)$

C30 钢筋混凝土基础 $=2.0\ m\times0.4=0.80(m^3)$

相应基础钢筋制安 $=0.80\times0.08=0.064(t)$

C30 钢筋混凝土挡墙 $=2.5\ m\times0.4=1.0(m^3)$

相应挡墙钢筋制安 $-1.0\times0.08=0.08(t)$

② 防汛挡墙每延米造价 $=0.22\times771.75+0.8\times860.52+0.064\times6\ 526.55+1\times1\ 696.51+0.08\times8\ 064.42=3\ 617.56$(元/m)

6. 生态植物工程单价编制

本市概算阶段由丁设计深度，目前按地面绿化、斜坡植物、水生植物三类不同单价指标计算费用；预算时根据设计苗木品种、规格套用预算定额中相应定额子目，预算中没有的内容套用上海市园林工程预算定额。

由于绿化在水利工程中为配套工程，没有单独的绿化费率标准，在实际中费率标准按上海市园林工程预算定额的费率标准。

(1) 生态植物工程的分类

生态植物分乔木、灌木、绿篱、地被植物、水生植物和其他。

(2) 定额的选用

根据设计的苗木种类、胸（地）径的大小及种植方法选用定额。

(3) 注意事项

① 本章定额内容包括绿化种植前的准备工作，种植时的人工、材料、机械的使用量，栽植后 1 个月内的养护管理工作。

② 绿化施工过程中，原状土不符合种植要求发生换土，套用相应定额子目。

③ 绿化定额子目仅列辅助材料，未列入主要材料，苗木材料费用另行计算。

④ 水生植物的种植方法已综合考虑。

(4) 生态植物工程单价编制实例

【实例 10-8】 某河道防汛墙绿化种植乔木为香樟（胸径 ϕ20）。已知栽植乔木单价（带土球 120）3 202.87 元/株、乔木单价（带土球 140）3 279.43 元/株、乔木单价（带土球 160）

3 456.25 元/株，草绳 27.69 元/m，树根支撑 52.80 元/株，试计算一株香樟预算单价是多少？

解：① 苗木种植预算单价包括种植及相应的措施费。

② 乔木胸径 ϕ20，首先选择合理的种植单价。根据计算规则，栽植带土球直径的取定按胸径的 6～8 倍计算，故本预算单价为乔木单价（带土球 140）3 279.43 元/株，加上措施费，则

栽植香樟（胸径 ϕ20）预算单价 = 3 279.43 + 52.8 + 2 × 27.69 = 3 387.61（元/株）

7. 其他工程单价编制

（1）其他工程的分类

其他工程主要包括道路工程（沥青碎石、沥青混凝土和混凝土路面）、滤层、铺设土工织物（塑料薄膜、土工布、土工膜和编制布）和拆除工程。

（2）定额的选用

道路工程根据设计结构和断面形式、厚度选取相应的定额；滤层、铺设土工织物根据设计的结构或品种、铺设部位选取相应的定额。拆除工程根据拆除的结构种类选取相应的定额。其中：

① 塑料薄膜、土工布、土工膜等可套用定额相应的定额子目，其定额计量单位是指设计有效防渗面积以"m^2"计算。

② 道路面层铺筑厚度均为压实厚度，以实铺面积以平方米计算，不包括平石面积。

③ 铺筑预制块路面按连锁预制块计入，实际与其不符可进行调整。

（3）其他工程单价编制注意事项

① 塑料薄膜、土工布、土工膜等定额仅指防渗（反滤）材料本身的铺设，不包括上面的保护层和下面的垫层。

② 混凝土路面的钢筋网、传力杆、边缘（角隅）加固筋、纵向拉力杆等钢筋均套用路面钢筋定额。

③ 拆除工程已包括废料的场内运输，但不包括场外运输，发生时，可另计。废料容重统一按 2.2 t/m^3 计算。

④ 拆除混凝土结构定额未考虑爆破拆除，如发生，另行计算。

⑤ 本定额未包括水中拆除，如需潜水员配合，另行计算。

（4）其他工程单价编制实例

【实例 10-9】 某河道防汛墙墙后防汛通道净宽 4 m，结构层为 15 cm 碎石基层＋20 cm 钢筋混凝土面层 C30 厚＋混凝土双侧石。已知概算综合单价：15 cm 碎石基层 49.29 元/m^3、20 cm 钢筋混凝土面层 155.89 元/m^2、侧石 65.45 元/m，计算防汛通道每延米单价。

解：① 工程量计算如下。

基层和面层工程量 = 4 × 1 = 4（m^2）

侧石工程量 = 2 × 1 = 2（m）

② 防汛通道每延米单价 = 4 ×（49.29 + 155.89）+ 2 × 65.45 = 951.62（元/m）

（二）设备及安装工程单价编制

1. 设备费

设备费是按设计选定的设备型号、规格、数量、出厂价、运杂费等编制，主要包括设备原价、运杂费、运输保险费和采购保管费。

(1) 设备原价，一般是指设备制造厂的交货价或订货合同价，包括国产设备原价和进口设备原价。

① 国产设备原价，指设备出厂价。

② 进口设备原价，指到岸价和进口征收的税金、手续费、商检费及港口费等各项费用之和。

(2) 运杂费，指设备由厂家运至工地安装现场所发生的一切运杂费用，主要包括运杂费率、采购及保管费率及运输保险费率。

(3) 运输保险费，指设备在运输过程中的保险费用。

(4) 采购及保管费，指建设单位和施工企业在负责设备的采购、保管过程中发生的各项费用。

2. 安装工程单价

(1) 安装工程分类

安装工程可分为金属结构安装和机电设备安装。

(2) 安装工程单价

根据现行的水利编规，

$$安装工程费=直接费+企业管理费和利润+措施费+税金$$

概算单价比预算单价多了零星项目，即

$$直接费=定额直接费+零星项目费$$

$$零星项目费=定额直接费\times零星项目费率$$

(3) 注意事项

① 金属结构及设备安装定额

• 铸铁圆闸门与预埋墙管连接时，石棉橡胶垫床另行计算。

• 定额不包括设备基础的地脚螺栓成孔及灌浆、联合试运转、液压启闭机的本体及附属设备外管道安装和设备用油、格栅清污机的走道板和栏杆的制作及安装，以及移动式格栅清污机的钢轨安装；如发生，另行计算。

② 机电设备及安装定额

• 潜水泵安装定额不分轴流式、贯流式，设备重量包括水泵及电动机。

• 辅助设备重量包括机座、机体、电动机及附件重量。

• 机电设备及安装定额不包括内容有联合试运转费，水泵进出水管及附件的安装，辅助设备本体以外的电气设备安装、接线、干燥和试验，桥式起重机及门式起重机中轨道和滑触线安装及负荷试验所用荷重物的制作和运输，设备基础支架的制作和安装，系统管路防凝结水等防护层的安装；如发生，另行计算。

3. 实例

【实例 10-10】 某水利工程用的主机有国产设备，设备出厂价为 400 万元/台；国内运杂费率为 2.21%，运输保险费率 0.1%，采购及促管费率为 0.7%。试计算国产设备费。

解： (1) 运杂综合费率＝运杂费率＋(1＋运杂费率)×采购保管费率＋运输保险费率＝2.21%＋(1＋2.21%)×0.7%＋0.1%＝3.03%

(2) 设备费＝设备原价×(1＋运杂综合费率)＝400×3.03%＝412.12(万元)

【实例10-11】 某水利工程用主机进口设备,进口主机的情况如下。

(1) 装运港船上交货价为100万美元/台,银行汇率为1美元≈7.1元人民币。

(2) 主机重量为300 t,国际运费标准为200美元/t。

(3) 海上保险费率为0.3%,中国银行财务费率为0.5%,外贸手续费率为1.5%,关税税率为22%,增值税和税率为13%,消费税率为10%。

(4) 主机设备运输是从到达港到现场用汽车运60 km。

试计算该进口主机设备的原价。

解: 进口主机设备的原价(人民币)计算如下。

进口设备的货价＝交货价×汇率＝100×7.1＝710(万元)

国际运费＝300×200×7.1＝42.60(万元)

海上运输保险费＝(货价＋国际运费)/(1－0.003)×0.003＝2.26(万元)

银行财务费＝货价×财务费率＝710×0.5%＝3.55(万元)

到岸货价＝710＋42.6＋2.26＋3.55＝758.41(万元)

外贸手续费＝到岸货价×费率＝758.41×1.5%＝11.38(万元)

关税＝到岸货价×费率＝758.41×22%＝166.85(万元)

消费税＝(到岸货价＋关税)/(1－10%)×10%＝(758.41＋166.85)/0.9×10%＝102.81(万元)

增值税＝(758.41＋166.85＋102.81)×13%＝133.65(万元)

进口从属费＝3.55＋11.38＋166.85＋102.81＋133.65＝418.24(万元)

进口设备原价(抵岸价)＝758.41＋418.24＝1 176.65(万元)

第三节　水利工程概估算编制

一、设计概算编制

本市水利工程设计概算由工程费、独立费用、预备费、建设用地和前期工程费、供电外线费、水土保持和环境保护费、建设期融资利息组成。

工程费用由建筑工程费、金属设备及安装工程费、机电设备及安装工程费、临时工程费四部分组成。

(一) 概算编制依据

(1) 国家和上海市颁发的有关法律、法规、规章、规范性文件等。

(2) 上海市水利工程设计概(估)算编制规定。

(3) 上海市水利工程概算定额及工程量计算规则。

(4) 工程可行性研究报告批复。

(5) 初步设计文件。

(6) 上海市工程造价管理机构发布的工程造价信息。

(7) 有关合同、协议及资金筹措方案等。

(8) 其他。

(二) 概算文件的组成内容

概算文件包括设计概算报告(正件)和概算附表及附件。

1. 概算报告(正件)组成内容

(1) 封面、扉页及目录

① 封面应包括项目名称、项目编号、编制单位、编制日期等内容。

② 扉页应有项目负责人、专业负责人、审核、校核及主要编制人的签名并加盖执业资格印章。

③ 目录应按概算书的顺序编排。

(2) 编制说明

① 工程概况。

包括工程位置、工程规模、工程布置形式、主要工程内容、工程外部条件、施工总工期等。

② 编制依据。

③ 基础单价。

④ 费用计算标准及依据。

⑤ 概算主要技术经济指标。

⑥ 应说明的问题:概算编制中存在的问题;未包括的工程项目或费用;有关协议书、会议纪要等及其他说明。

⑦ 编制成果。

包括工程概算总投资、工程概算分项投资、主要工程量、主要材料、设备数量等。

(3) 工程概算汇总表

主要包括建筑工程概算表、设备及安装工程概算表、临时工程概算表、独立费用概算表、建设用地及前期工程概算表、供电外线概算表、水土保持及环境保护概算表。

2. 概算附表及附件

(1) 建设用地数量汇总表。

(2) 动拆迁汇总表。

(3) 其他有关附表和附件。

(三) 工程费概算编制

1. 建筑工程费

(1) 建筑工程费按设计工程量乘以单价进行编制。

(2) 工程量根据设计图纸及定额工程量计算规则计算。

(3) 用于生产、办公的房屋建筑工程,面积由设计单位结合工程规模确定,单价按造价指标确定。

(4) 配套主体工程的临时工程,如围堰、临时防汛墙、基坑围护等。

2. 金属结构设备及安装工程费

金属结构设备及安装工程概算分两种情况计算(同本章第二节)。

（1）金属结构设备成套购置，则概算由设备费和安装费两部分组成。

① 设备费的计算

$$设备费=设备原价\times(1+运杂综合费率)$$

式中，国产设备以出厂价或设计单位询价作为设备原价，进口设备原价是到岸价和进口征收的税金、手续费、商检费及港口费等各项费用之和。

$$运杂综合费率=运杂费率+(1+运杂费率)\times采购及保管费率运输保险费率$$

上海市水利工程运杂综合费率取定为3%～5%。

上述综合运杂费率适用于计算国产设备。

进口设备国内段运杂综合费率按国产设备运杂综合费率乘以相应国产设备原价占进口设备原价的比例系数计算。

② 安装工程费的计算

安装工程费按设备数量乘以安装工程单价计算。

（2）金属结构制作及安装均由施工单位完成，则概算费用计算同建筑工程费计算方法。

3. 机电设备及安装工程

概算计算方法同金属结构设备及安装的方法一致，包括设备费和安装费。

4. 临时工程(措施工程)

编制方法同建筑工程费，应根据施工组织设计所规定的项目及工程量，按有关规定编列；也可根据造价指标或有关实际资料，采用扩大单位经济指标编制。

（四）独立费用(工程建设其他费用)概算编制

1. 建设管理费

建设管理费指水利工程建设项目在立项、筹建、实施、试运行、竣工验收、交付使用及后评价等整个过程中发生的各种管理性费用。包括建设单位管理费、前期工作费、招标代理费、工程量清单编制费、施工场地准备费、引进技术和进口设备其他费、政策性贴费和其他配套费、建设单位检测费、经济技术咨询费和其他费用(最高投标限价、招标交易服务费、渣土处置费等)。

（1）建设单位管理费按《财政部关于印发〈基本建设项目建设成本管理规定〉的通知》(沪财建〔2016〕50号)计算。

（2）招标代理费、工程量清单编制费按《上海市建设工程造价服务和工程招标代理服务收费标准》(沪建计联〔2005〕834号、沪价费〔2005〕056号)及《国家发展改革委关于降低部分建设项目收费标准规范收费行为等有关问题的通知》(沪价费〔2011〕007号)。

（3）前期工作费和施工场地准备费。

① 前期工作费指水利工程建设项目在施工前开展的各项规划、研究、评估(审)工作所发生的费用。包括水利工程项目规划、项目建议书、可行性研究报告的编制及评估(审)、初步设计评审等。

② 施工场地准备费是指建设单位为施工单位进场施工创造建设场地条件所做的工作。

一般包括场地平整、现场通路(场外)、通水、通电、通信等。

③ 前期工作费和施工场地准备费按工程一至四部分的百分比计算。上海市目前按0.5%～2%计算。

(4) 其他按相关标准计算。

2. 工程建设监理费

工程建设监理费指建设单位在水利工程建设过程中委托施工监理和财务监理单位对工程建设的质量、进度、安全和投资进行监理所发生的全部费用。工程建设监理费包括施工监理费和财务监理费。

(1) 工程建设监理费按《建设工程监理与相关服务收费管理规定》(发改价格〔2007〕670号)中相关标准计算。

根据《关于进一步放工建设项目专业服务价格的通知》(发改价格〔2015〕299号),服务价格已全面放开。

(2) 财务监理费按《上海市市级建设财力项目部分专业服务费用支出标准管理规定》(沪发改投〔2016〕70号)中的相关标准计算。

3. 联合试运转费

联合试运转费指水利工程的水泵等安装完毕,在竣工验收前,进行整套设备带负荷联合试运转期间所需的各项费用。主要包括联合试运转期间所消耗的动力、燃料、材料及机械使用费,工具用具购置费,施工单位参加联合试运转人员的工资等。

泵站工程按设备费的1%计算。

4. 生产准备费

生产准备费指水利建设项目的运行管理单位为准备正常的工程运行所需发生的费用。包括生产及管理单位提前进场费、生产职工培训费、管理用具购置费、备品备件购置费、工器具及生产家具购置费。

(1) 生产及管理单位提前进场费

① 水闸、泵站工程按建筑及安装工程费的0.3%计算。

② 改扩建与加固工程、桥涵和堤防工程、田间工程、疏浚及吹填土方工程原则上不计算此费用。

(2) 生产职工培训费

① 水闸、泵站工程按建筑及安装工程费的0.4%计算。

② 改扩建与加固工程、桥涵和堤防工程、田间工程、疏浚及吹填土方工程原则上不计算此费用。

(3) 管理用具购置费

水闸、泵站工程按建筑及安装工程费的0.05%计算。

(4) 备品备件购置费

按设备费的0.5%计算。同容量、同型号机组超过1台时,只计算1台的设备费。

(5) 工器具及生产家具购置费

按设备费的0.15%计算。

5. 科研勘察设计费

科研勘察设计费指为工程建设而开展的科学研究、勘察和设计等费用。

(1) 科学研究试验费

应由设计单位根据工程的实际需要提出的研究试验内容和要求计算。

(2) 勘察设计费

为建设项目进行勘察、设计所需的费用。由工程勘察费和工程设计费两部分组成。

① 工程勘察费

指收集已有资料、现场踏勘、制订勘察纲要,进行测绘、勘探、取样、试验、测试、检测、监测等勘察作业,以及编制勘察文件和岩土工程设计文件等收取的费用。

② 工程设计费

指编制建设项目初步设计文件、施工图设计文件、非标准设备设计文件、施工图预算文件、竣工图文件等服务所收取的费用。

③ 勘察设计费可参照《工程勘察设计收费管理规定》(计价格〔2002〕10 号)中相关标准计算。

根据《关于进一步放工建设项目专业服务价格的通知》(发改价格〔2015〕299 号),服务价格已全面放开。

6. 其他

工程保险费:按有关规定计算,现行标准为按工程一至四部分工程费的 4.5%~5%计算。

(五) 预备费

1. 基本预备费

根据工程规模、施工年限和地质条件等不同情况,按工程费用与独立费用两部分之和的百分率计算。初步设计阶段为 5%~8%。

2. 价差预备费

根据施工年限,以分年度投资表的静态投资为计算基数。按照国家有关部门适时调整和发布的年物价指数计算。

计算公式如下:

$$E=\sum_{n=1}^{N}F_n[(1+p)^n-1]$$

式中,E——价差预备费;

N——合理建设工期;

n——施工年度;

F_n——建设期间分年度投资表内第 n 年的投资;

p——年物价指数。

(六) 建设期融资利息

建设期融资利息计算公式如下:

$$S=\sum_{n=1}^{N}\left[\left(\sum_{m=1}^{n}F_m b_m-\frac{1}{2}F_n b_n\right)+\sum_{m=0}^{n-1}S_m\right]\cdot i$$

式中,S——建设期融资利息;

N——合理建设工期；

n——施工年度；

m——还息年度；

F_n、F_m——在建设期分年度投资表内第 n、m 年的投资；

b_n、b_m——各施工年份融资额占当年投资比例；

i——建设期融资利率；

S_m——第 m 年的付息额度。

(七) 建设用地及前期工程费

根据不同的工程性质选择相应的费用项目，按上海市主管部门批准的建设用地、临时用地及规定的各项补偿费、安置补助费等费用标准和有关费率计算。

管线等搬迁费、绿化搬迁费按相关定额及费用标准计算。

(八) 供电外线费

编制方法按供电部门有关规定计算。

(九) 水土保持及环境保护工程费

编制方法同建筑工程费，应根据设计所规定的项目及工程量，参照《水土保持工程概(估)算编制规定》和《水利工程环境保护设计概(估)算编制规定》中有关工程费用标准计算；也可根据造价指标或有关实际资料，采用扩大单位经济指标编制。

(十) 分年度投资

分年度投资是根据施工组织设计确定的施工进度和合理工期而计算出的工程各年度预计完成的投资额。

1. 建筑工程

建筑工程分年度投资表应根据施工进度的安排，对主要工程按各单项工程分年度完成的工程量计算投资额。对于次要的和其他工程，可根据施工进度，按各年所占完成投资的比例，摊入分年度投资表。

2. 设备及安装工程

设备及安装工程分年度投资应根据施工组织设计确定的设备采购及安装进度计算各年预计完成的设备费和安装费。

3. 费用

根据费用发生的时段，按相应年度分别进行计算。

(十一) 总概算编制

1. 静态总投资

工程费用、独立费用(工程建设其他费用)、基本预备费、建设用地费和前期工程费、供电外线费、水土保持及环境保护费五部分之和构成静态总投资。

2. 动态总投资

静态总投资、价差预备费及建设期融资利息之和构成动态总投资。

(十二) 概算表格

编制总概算表时,可按顺序计列以下项目。

(1) 工程费用。

(2) 独立费用(工程建设其他费用)。

(3) 预备费。

(4) 建设用地及前期工程费。

(5) 供电外线费。

(6) 水土保持和环境保护费。

(7) 静态总投资。

(8) 建设期融资利息。

(9) 总投资(动态总投资)。

概算表格包括以下各表。

(1) 概算总表(表 10-6)。

(2) 建筑工程概算表(表 10-7)。

(3) 机电设备及安装工程概算表(表 10-8)。

(4) 金属结构设备及安装工程概算表。

金属结构设备及安装工程概算表与建筑工程概算表或机电设备及安装工程概算表相同。

(5) 临时工程概算表。

临时工程概算表与建筑工程概算表相同。

(6) 独立费用概算表(表 10-9)。

对简单的工程项目,独立费用可按主要发生内容直接列入总概算表,此时独立费用概算表可以不编制。

独立费用项目内容应根据不同的工程性质、规模、条件及建设单位要求合理取舍。

(7) 建设用地和前期工程费概算表(表 10-10)。

建设用地和前期工程项目内容应根据不同的工程性质、规模、条件及建设单位要求合理计算。

(8) 供电外线工程概算表。

按合同中供电部门有关规定列表计算。

(9) 水土保持及环境保护工程概算表。

按合同或有关规定列表计算。

(10) 分年度投资表(表 10-11)。

表 10-6　概算总表

项目名称：　　　　　　　　　　　　　　　　　　　　　　　　　　　　单位：万元

序号	工程或费用名称	建筑工程费	安装工程费	设备费	独立费用	合计	技术经济指标			
							单位	数量	单位造价/元	占一至二部分投资的百分比
一	工程费用									
（一）	建筑工程									
（二）	机电设备及安装工程									
（三）	金属结构设备及安装工程									
（四）	临时工程									
二	独立费用									
（一）	建设管理费									
（二）	工程建设监理费									
（三）	联合试运转费									
（四）	生产准备费									
（五）	科研勘察设计费									
（六）	其他									
三	预备费									
四	建设用地及前期工程费									
五	供电外线费									
六	水土保持及环境保护费									
七	建设期融资利息									
九	总投资									

表 10-7　建筑工程概算表

单位工程名称：

序号	定额编号	工程或费用名称	单位	数量	单价/元	合计/元	其中：人工费/元	
							单价	合计
1								
2								
…								

表 10-8　机电设备及安装工程概算表

单项工程名称：

序号	定额编号	名称及规格	单位	数量	单价/元		合计/元		其中:人工费/元	
					设备费	安装费	设备费	安装费	单价	合计
1										
2										
…										

表 10-9　独立费用概算表

单位:元

序号	费用名称	计算公式	合计
一	建设管理费		
（一）	建设单位管理费		
（二）	前期工作费		
1	水利工程项目规划费		
2	项目建议书或可行性研究报告编制及评估费		
3	初步设计评审费		
4	……		
（三）	招标代理费		
（四）	工程量清单编制费		
（五）	施工场地准备费		
（六）	引进技术和进口设备其他费		
1	国外工程技术人员来华费用		
2	技术引进费		
	……		
（七）	政策性贴费和其他配套费		
1	滩涂资源使用费		
	……		
（八）	建设单位检测费		
（九）	经济技术咨询费		
（十）	其他费用		
1	建筑工程证照费		
2	最高限价编制费		
3	招标交易服务		

（续表）

序号	费用名称	计算公式	合计
	……		
二	工程建设监理费		
三	联合试运转费		
四	生产准备费		
（一）	生产及管理单位提前进场费		
（二）	生产职工培训费		
（三）	管理用具购置费		
（四）	备品备件购置费		
（五）	工器具及生产家具购置费		
三	科研勘察设计费		
（一）	科学研究试验费		
（二）	勘察设计费		
1	勘察费		
2	设计费		
3	施工图预算编制费		
四	其他		
（一）	工程保险费		

表 10-10　建设用地及前期工程费概算表

单位:元

序号	费用名称	计算公式	合计
一	征地费		
（一）	土地补偿费		
（二）	青苗补偿费		
	……		
二	借地费		
（一）	青苗补偿费		
	……		
三	管线搬迁费		
（一）	自来水管线		
（二）	电力管线		
（三）	燃气管线		

（续表）

序号	费用名称	计算公式	合计
（四）	通信管线		
	……		
四	绿化搬迁		

表 10-11　分年度投资表

单位：万元

项目	合计	建设工期/年				
		1	2	3	4	5
一、建筑工程						
……						
二、安装工程						
……						
三、设备工程						
……						
四、临时工程						
……						
五、独立费用						
……						
六、预备费						
……						
七、建设用地及前期工程费						
……						
八、供电外线工程						
……						
九、水土保持及环境保护工程						
……						
一至九部分合计						

其他说明如下。

(1) 编制概算小数点后位数的取定：工程单价单位为“元”，计算结果精确到小数点后两位；一至五部分概算表、分年度概算表及概算总表单位为“万元”，计算结果精确到小数点后两位。

(2) 计量单位为“m^3”“m^2”“m”“t”“km”的工程量应保留小数点后两位，计量单位为“个”“套”“台”等的工程量应取整。如钢筋数量“5.23 t”、混凝土底板数量“200.50 m^3”、水泵数量“5 台”、液压启闭机数量“2 套”。

二、投资估算编制

投资估算是指在项目建议书阶段、可行性研究阶段，按照国家和主管部门规定的编制方法，以依据估算指标，各项取费标准，现行的人工、材料、设备价格，以及工程具体条件编制的技术经济文件。

投资估算是项目建议书和可行性研究报告的重要组成部分，是国家为选定近期开发项目作出科学决策和批准开展初步设计的重要依据之一。投资估算的准确性直接影响国家(业主)对项目选定的决策。但由于受勘测、设计和科研工作的深度限制，可行性研究阶段往往只能提出主要建筑物的工程量和主要设备型号。在这种情况下，要合理地编制投资估算，除了遵守定额和编制办法外，概预算人员还要深入调查研究、充分掌握第一手材料、合理选定单价指标。

水利工程可行性研究投资估算与初步设计概算概述在组成内容、项目分类和费用构成上基本相同，但两者设计深度不同，决定了两者计算标准有所不同。

(一) 编制依据

投资估算编制依据详见第九章的第二节，此处不再赘述。

(二) 编制内容

估算文件包括设计估算报告(正件)和估算附表及附件，报告内容及附表格式同概算文件。

(三) 编制方法

同概算编制方法。

(四) 费用计算标准

1. 工程费用

可行性研究投资估算与初步设计概算的工程费用部分计算方法相同，一般均采用概算定额，但考虑估算的深度和精度，应乘以 1.0～1.1 的扩大系数。

2. 独立费用(工程建设其他费用)

可行性研究投资估算与初步设计概算的独立费用部分计算方法相同。

3. 预备费、建设期融资利息、总投资

可行性研究投资估算基本预备费费率取 8%～10%，价差预备费、建设期融资利息、总投资计算方法同初步设计概算。

(五) 估算表格

基本与概算相同。

第四节　水利工程工程量清单编制

2007年,建设部、国家质量监督检验检疫总局联合发布《水利工程工程量清单计价规范》(GB 50501—2007)。2013年,住房和城乡建设部与国家质量监督检验检疫总局联合发布《建设工程工程量清单计价规范》(GB 50500—2013)。2024年,住房和城乡建设部发布《建设工程工程量清单计价规范》(GB/T 50500—2024)。上海市城乡和管理委员会发布《上海市建设工程工程量清单计价应用规则》。上海市住房和城乡建设委员会发布《上海市水利工程工程量清单计价应用规则》(SSH/Z 10009—2017)。本节重点介绍上海市水利工程工程量清单编制。

一、工程量清单的编制依据及准备

(一) 编制依据

(1) 施工现场、地勘水文资料、工程特点。

(2) 水利工程设计文件及相关资料。

(3)《水利工程工程量清单计价规范》(GB 50501—2007)、《建设工程工程量清单计价规范》(GB 50500—2013)、《上海市水利工程工程量清单计价应用规则》、《上海市水利工程预算定额(2016)》及其他相关定额等。

(4) 与工程相关的标准、规范、技术资料。

(二) 编制准备工作

招标工程量清单编制的相关准备工作在收集资料、包括编制依据的基础上,需进行如下工作。

(1) 初步研究:对各种资料进行认真研究,为工程量清单作准备,主要包括以下几项。

① 规范等计价规定及相关文件;熟悉设计文件、掌握工程概况、了解项目内容、清单项目列项完整、工程量计算准确及清单项目特征描述准确,对设计文件中出现的问题应及时提出。

② 熟悉招标文件、招标图纸,确定工程量清单编审的范围及需要设定的暂估价;收集相关市场价格信息和批复概算,为暂估价的确定提供依据。

③ 对《上海市水利工程工程量清单计价应用规则》中缺项的新材料、新技术、新工艺,收集足够的基础资料,为补充项目的制定提供依据。

(2) 现场踏勘:为选用合理的施工组织设计和施工技术方案,需现场踏勘,以充分了解现场情况及工程特点,主要对以下两方面进行调查。

① 自然地理条件:工程所在地理位置、地形、用地范围等;气象、水文情况,包括气温、温度、降雨量等;地质情况,包括地质结构及特征、承载力等;洪水及其他自然灾害情况。

② 施工条件:工程现场周边的道路、进出场条件、交通限制情况,工程现场施工临时设施、大型施工机具、材料堆放场地安排情况,工程现场邻近建筑物与拟建工程的间距、结构形式、基础埋深、新旧程度、高度等,市政给排水、通信、电力、燃气等管线的管径、压力、位置等,

现场供电方式、距离、电压等；与场供水供电线路的连接和铺设，当地政府有关部门对施工现场管理的一般要求、特殊要求及规定等。

(3) 施工组织设计：施工组织是指导拟建工程项目的施工准备和施工的技术文件。根据项目的具体情况编制施工组织设计，拟定工程的施工方案、施工顺序、施工方法等，便于工程量清单编制的准确计算。施工组织设计编制主要依据：招标文件中的相关要求，设计文件中的图纸及说明，现场踏勘资料，现行的有关技术标准、施工规范，有关定额及取费标准等。作为招标人编制工程量清单时，仅需制定常规的施工组织设计即可。

主要包括对气象资料、水文资料、洪水及其他自然灾害情况、地质情况的调查。

(三) 编制人

(1) 根据《上海市水利工程工程量清单计价应用规则》规定，上海市水利工程工程量清单编制应由具有编制招标文件能力的招标人，或受其委托具有相应资质的中介机构(或工程造价咨询人)进行编制。

(2) 工程量清单应作为招标文件的组成部分。工程量清单在招标、投标活动中是据以约束招标人和投标人的主要文件，是招标、投标活动的主要依据。工程量清单编制质量的优劣和准确与否，直接关系到工程建设实施阶段投资控制管理的成败。因此，具有编制招标文件能力的招标人和受其委托具有相应资质的中介机构(或工程造价咨询人)，才是工程量清单的编制者。

二、工程量清单的编制内容

水利工程招标工程量清单包括分部分项工程工程量清单、工程设备清单、措施项目工程量清单、其他项目清单(包括暂列金额、暂估价、零星工作项目和总承包服务)和税金项目清单五个部分。

三、工程量清单的编制

(一) 分部分项工程量清单的编制

(1) 分部分项工程量清单应包括序号、项目编码、项目名称、项目主要特征、主要工作内容、计量单位及工程数量。

(2) 分部分项工程量清单应根据《上海市水利工程工程量清单计价应用规则》附录 A、附录 B 规定的项目编码、项目名称、项目主要特征、计量单位、工程量计算规则、主要工作内容进行编制。

《上海市水利工程工程量清单计价应用规则》附录 A、附录 B(表 10-12)的项目划分与《水利工程工程量清单计价规范》(GB 50501—2007)保持一致，并根据本市水利工程特点，作以下调整。

① 本市水利工程施工中不发生的“A. 2 石方开挖工程”“A. 6 喷锚支护工程”以及“A. 13 原材料开采及加工工程”不列入本附录；

② 考虑计量方便、操作性强等因素，“A.10　模板工程”不单列，计入混凝土工程清单；

③ 增补了“A.15　保滩排体工程”“A.16　生态植物工程”“A.17　截污工程”。

表 10-12　《上海市水利工程工程量清单计价应用规则》附录 A、附录 B

附录 A 水利建筑工程工程量清单项目		附录 B 水利安装工程工程量清单项目
A.1　土方开挖工程	A.9　混凝土工程	B.1　机电设备安装工程
A.3　土石方填筑工程	A.11　钢筋、钢结构件加工及安装工程	B.1　金属结构设备安装工程
A.4　疏浚及吹填工程	A.12　预制混凝土工程	
A.5　砌筑工程	A.14　其他建筑工程	
A.7　钻孔和灌浆工程	A.15　保滩排体工程	
A.8　基础和地基加固工程	A.17　截污工程	

(3) 分部分项工程量清单的项目编码，应采用十二位阿拉伯数字表示(由左至右)。一至九位为统一编码，应按本应用规则附录 A 和附录 B 的规定设置。其中，一、二位为水利工程顺序码，三、四位为专业工程顺序码，五、六位为分部工程顺序码，七、八、九位为分项工程项目名称顺序码。十至十二位应根据招标工程的工程量清单项目名称由编制人设置，并应自 001 起顺序编制。同一招标工程的项目编码不得有重码。

附录中凡项目编码前带“沪”字的项目均为上海地区的补充项。

统一编码断码为《水利工程工程量清单计价规范》(GB 50501—2007)中不适用于本市水利工程的内容。

(4) 分部分项工程量清单应按下列规定确定。

① 项目名称、项目主要特征及主要工作内容应按附录 A 和附录 B 的内容并结合招标工程的实际确定。特别是项目主要特征应进行详细描述，目的是让投标人能够准确理解清单项目包含的内容，防止描述不清或描述不具体引起招、投标双方的争议。在描述中若因为内容过多，无法完整清晰进行描述时，可写明与图纸说明一致，或在主要工作内容中补充说明等。

② 计量单位应按本应用规则附录 A、附录 B 中规定的计量单位确定。

③ 工程数量应按下列规定进行计算：

• 工程数量应按附录 A 和附录 B 中规定的工程量计算规则和相关条款说明计算。

• 工程数量的有效位数应遵守下列规定：

以“t”“km”为单位的，应保留小数点后三位数字，第四位四舍五入；

以“m^3”“m^2”“m”为单位的，应保留小数点后二位数字，第三位四舍五入；

以“kg”“个、项、根、块、台、套、组、面、只、相、站、孔、束”等为单位的，应取整数。

④ 编制工程量清单，出现附录 A、附录 B 中未包括的项目时，编制人可作相应的补充，补充项目编码统一为水利建筑工程按 SLA000001、水利安装工程按 SLB000001 起编，并应报本市水利工程造价管理机构备案。

(二) 工程设备清单的编制

(1) 工程设备清单必须载明项目编码(自编)、设备名称、规格型号、项目主要特征、计量单位和工程量。

(2) 同一招标工程的项目编码不得有重复。

(三) 措施项目工程量清单的编制

(1) 措施项目工程量清单应根据招标工程的具体情况及本市相关规定,参照表 10-13 措施项目一览表中项目列项。

表 10-13　措施项目一览表

序号	项目名称	备注
1	安全防护、文明施工措施费	
2	工程施工措施费	
…	…	

(2) 措施项目中可以计算工程量的项目清单宜采用分部分项工程量清单的方式编制;不能计算工程量的项目清单,以"项"为单位编制。

(3) 编制措施项目清单出现表 10-13 未列项目时,根据招标工程的规模、涵盖的内容等具体情况,编制人可作补充。

(四) 其他项目清单的编制

(1) 其他项目清单应根据招标工程的具体情况,可参照下列内容列项。

① 暂列金额:应包含与其对应的管理费和利润。应根据工程特点按有关计价规定估算,一般不超过分部分项工程费和措施费的 15%。

② 暂估价:包括材料(设备)暂估单价、专业工程暂估价。材料(设备)暂估单价应根据工程造价信息或参照市场价格估算,为运至施工现场价;专业工程暂估价应分不同专业,按有关计价规定估算并列明细,并应包含与其对应的管理费和利润。

③ 零星工作项目:根据招标工程具体情况,对工程实施过程中可能发生的变更或新增加的零星项目,列出人工、材料(按名称和型号规格)、机械(按名称和型号规格)的项目名称、计量单位和暂估数量。零星工作项目单价或合价应包含与其对应的管理费和利润。

④ 总承包服务费:应列出服务项目及其内容等,并应包含与其对应的管理费和利润。按专业工程估算造价的 1%～3%计算。

(2) 出现上述条款未列的项目,应根据招标工程实际情况补充。

(五) 税金项目清单

(1) 税金项目清单应包括下列内容。

① 营业税;

② 城市维护建设税;

③ 教育费附加。

(2) 出现上述条款未列的项目，可根据税务部门的规定列项。

四、工程量清单计价

水利工程招标工程量清单计价包括编制说明、分部分项工程工程量清单、工程设备清单、措施项目工程量清单、其他项目清单(包括暂列金额、暂估价、零星工作项目和总承包服务)和税金清单。

1. 编制说明

(1) 对清单工程量计算依据的图纸、技术标准和要求、规范等予以明确。

(2) 对清单工程量与投标工程量、结算工程量的关系予以明确。

(3) 一般投标人没有填入的单价或费用的项目，其费用视为已分摊在其他项目单价或费用中。

(4) 除合同另有规定外，投标人不得随意增加、删除或修改招标文件工程量清单中的任何内容，尤其是暂列金额或暂估价。

(5) 对合同价格中包含的直接费、企业管理费和利润、税金费用以及合同约定的应由承包人承担的所有义务、责任和风险等予以明确。

(6) 工程量清单报价表中单价和合价的单位保留小数予以明确。

(7) 工程量清单中材料或工程设备由招标人提供的项目，需在备注中标明。

2. 编制方法

工程量清单报价表的填写规定如下。

(1) 工程量清单报价表的内容应由投标人填写。

(2) 投标人不得随意增加、删除或涂改招标人提供的工程量清单中的任何内容。

(3) 工程量清单报价表中所有要求盖章、签字的地方，必须由规定的单位和人员盖章、签字(其中法定代表人也可由其授权委托的代理人签字、盖章)。

(4) 投标总价应按工程项目投标报价汇总表合计金额填写。

(5) 工程项目投标报价汇总表填写。表中名称按招标人提供的招标项目工程量清单中的相应名称填写，并按分部分项工程量清单计价表中相应项目合计金额填写。

(6) 分部分项工程量清单与计价表填写如下。

① 表中的序号、项目编码、项目名称、项目主要特征、计量单位、工程数量、主要工作内容，按招标提供的分部分项工程量清单中的相应内容填写。

② 表中列明的所有需要填写的单价和合价，投标人均应填写；未填写的单价和合价，视为此项费用已包含在工程量清单的其他单价和合价中。

(7) 措施项目清单与计价表填写。

表中的序号、项目名称按招标人提供的措施项目清单中的相应内容填写，并填写相应的措施项目的金额和合计金额。

(8) 其他项目清单与计价表填写。

表中的序号、项目名称、金额按招标人提供的其他项目清单中的相应内容填写。

(9) 零星工作项目清单与计价表填写。

表中的序号、人工、材料、机械的名称、型号规格以及计量单位，按招标人提供的零星工作项目清单中的相应内容填写，并填写相应的项目单价。

(10) 税金项目清单与计价表。

表中的序号、项目名称、计算基础按招标人提供的税金项目清单中的相应内容填写，并填写相应的费率与金额。

(11) 辅助表格填写。

① 不竞争性费用汇总表

按不竞争性费用汇总表中相应内容、价格填写。

② 材料(设备)暂估单价表

按招标人供应的材料(设备)名称、型号规格、计量单位和供应价格填写。

③ 人工及主要材料、施工机械台班数量与计价表

填写经分析计算后的相应人工、材料及施工机械台班预算价格，填写的预算价格必须与综合单价计算表中采用相应价格一致。主要施工机械台班必须填写机械台班单价分析表。

④ 综合单价汇总表

按综合单价汇总表中相应内容、价格填写。

⑤ 综合单价计算表

按表中的施工方法、序号、名称、型号规格、计量单位、数量、单价、合价填写，填写的人工、材料和机械等基础价格，必须与材料单价汇总表、施工机械台班费汇总表中的单价相一致；填写管理费、利润，必须与综合单价汇总表中的费率一致。凡投标金额小于投标总报价的万分之五及以下的工程项目，投标人可不编报综合单价计算表。

五、工程量清单计算规则

(一) 水利建筑工程量清单概述

1. 水利建筑工程工程量内容

本市水利建筑工程工程量清单项目包括土方开挖工程、土石方填筑工程、疏浚及吹填工程、砌筑工程、钻孔和灌浆工程、基础和地基加固工程、混凝土工程、钢筋和钢结构件加工及安装工程、预制混凝土工程、其他建筑工程、保滩排体工程和截污工程共 12 节 110 个子目。

2. 项目的划分

(1) 分类工程划分

水利建筑工程按 12 个分类工程进行划分，有利于水利建筑工程工程量清单项目的最末一级项目划分清淅、准确，有利于本市水利工程按统一的分类工程进行划分、控制管理和投资分析。

(2) 分类工程子目划分

分类工程中子目的设置力求全面和准确，根据项目主要特征，结合主要工作内容和一般适用范围进行划分，补充新材料、新技术、新工艺的有关项目，以满足水利建筑工程设计水平、施工技术发展的计价需求。

水利建筑工程的12个分类工程中均没有其他分类分项工程子目，当分类分项工程量清单项目虽能划分到具体的分类工程，但找不到匹配的分类分项工程子目时，则可将其划归到相应的分类工程的其他分类分项工程子目中。

(3) 项目编码

分部分项工程量清单的项目编码，应采用十二位阿拉伯数字表示(由左至右)。一至九位为统一编码，应按本应用规则附录A和附录B的规定设置。其中，一、二位为水利工程顺序码，三、四位为专业工程顺序码，五、六位为分部工程顺序码，七至九位为分项工程项目名称顺序码。十至十二位应根据招标工程的工程量清单项目名称由编制人设置，并应自001起顺序编制。同一招标工程的项目编码不得有重码。

附录中凡项目编码前带“沪”字的项目均为上海地区的补充项。编码统一为水利建筑工程，按SLA000001起编。

项目编码示例如下：

50　01　01　002

50—水利工程顺序码；

01—专业工程顺序码；

01—分部工程顺序码；

002—分项工程项目名称顺序码。

同一标段的分类分项工程量清单中凡有工程数量的项目，同时也是分类分项工程量清单的最末级项目，均须编制十二位编码，并确保分类分项工程量清单中的项目编码不重复、不间断。

(4) 相关说明

① 项目划分在与《水利工程工程量清单计价规范》(GB 50501—2007)保持一致的同时，结合本市的实际情况，取消了本市不发生的“A.2　石方开挖工程”“A.6　喷锚支护工程”及“A.13　原材料开采及加工工程”。考虑计量方便、操作性强等因素，不单列“A.10　模板工程”，计入混凝土工程清单，并根据本市的实际增补了“A.15　保滩排体工程”“A.16　生态植物工程”和“A.17　截污工程”。

② 不同分类工程中的不同分项工程子目应按照主次原则或实际需要在工程量清单中以主要分类分项工程列项计价，次要分类分项工程的费用摊入主要分类分项工程的有效工程量的单价中。如混凝土工程中有可计入模板制作安装与拆除工作内容，其费用摊入相应的单列列项混凝土工程的有效工程量的工程单价中。

③ 同一分类工程的各分类分项工程子目应按照主次原则或实际需要，在工程量清单中按主要分类分项列项计价，将次要分类分项工程费用摊入主要分类分项工程有效工程量的工程单价中。如混凝土基础或底板的混凝土垫层不单列，其费用摊入相应混凝土基础或底板的有效工程量的工程单价中。

④ 水利建筑工程分类分项工程量清单项目应按《上海市水利工程工程量清单计价应用规则》附录A、附录B规定的项目编码、项目名称、项目主要特征、计量单位、工程量计算规则、主要工作内容进行编制。

(二) 水利建筑工程工程量清单工程量计算规则

1. 土方工程

(1) 工程量计算规则

土地平整、表层种植土剥离堆放按设计面积计量；整修路基按设计有效轮廓尺寸计算的有效面积计量；堤基清理按设计有效轮廓尺寸计算的有效面积(或体积)计量；土方开挖按设计有效轮廓尺寸计算的有效自然方体积计量。

(2) 其他相关说明

① 计算土方开挖工程量清单项目的工程时，施工过程中增加的超挖量和施工附加量所发生的费用，应摊入有效工程量的工程单价中。

② 土方开挖中已包括了弃土的运输和弃置内容，如开挖与运输不在同一标段的工程，应分别选取开挖和运输的工作内容计量，不得重复或漏项。

③ 土方开挖清单分一般土方开挖、沟槽土方开挖、渠道土方开挖、坑土方开挖，根据土方开挖的划分界定，在选取时合理套用相应的清单子目。

2. 土石方填筑工程

(1) 工程量计算规则

① 土方(掺料、滤料)填筑、垫层按设计图示尺寸计算的填筑体有效压实方体积计量，袋装土方填筑按设计图示尺寸计算的填筑体有效体积计量，田埂修筑按设计图示尺寸计算的有效体积计量。

② 石料抛投和钢筋笼块石抛投按设计图示尺寸计算的体积计量；混凝土块抛投按设计要求，以抛投体积计量。

③ 水下土石填筑体拆除按设计要求，以拆除前后水下地形变化计算的体积计量。

④ 道路基层、面层和土工材料铺设按设计图示尺寸计算的有效面积计量。

(2) 其他相关说明

① 填筑土料的松实系数换算无资料时，可参见表 10-14。

表 10-14　土方松实系数换算表

土方干密度/(t/m^3)	自然方	实方	松方
1.45 以上	1	0.858	1.32

② 土石方填筑工程工程量清单项目的工程量计算时，施工过程中的超填量、施工附加量、填筑体及基础的沉降量、操作损耗等所发生的费用，应摊入有效工程量的工程单价中；钢筋笼块石抛投或混凝土块抛投体积按钢筋笼或混凝土块的规格尺寸计算的体积计量。

③ 钢筋笼块石的钢筋笼加工，按设计文件要求计算钢筋笼加工制作安装的计量计价计算，并摊入钢筋笼块石抛投有效工程量的工程单价中。

3. 疏拓及吹填工程

(1) 工程量计算规则

船舶疏浚工程量按设计图示轮廓尺寸计算的水下有效自然方体积计量。吹填工程量按设计图示尺寸计算的有效吹填体积计量。充泥管袋按设计图示尺寸计算的填筑体有效的体积计量。水力冲挖工程量按设计图示轮廓尺寸计算的有效自然方体积计量。

(2) 其他相关说明

① 在本市内河河道、湖泊、港池、码头等的开挖、清淤、拓宽以及围涂造地中的取土按水下有效自然方体积计量。施工过程中的疏浚断面以外超挖量、施工期自然回淤量、水下地形测量、开工展布与收工集合、排泥管安拆移动(或驳船进档就位)及使用辅船、排泥场围堰的修筑及养护等费用,应摊入有效疏浚土方工程量的工程单价中。辅助工程(如障碍物清除、围堰拆除等)另行计量计价。

② 吹填土方按设计图示尺寸计算的有效吹填体积计量,施工过程中吹填土体沉降量、流失量、固结量(可根据技术规范和历史资料或采用设计计算、试验结果确定),地形测量,开工展布与收工集合,排泥管安拆移动(或驳船进档就位)及使用辅船,排水(围堰、隔埂、退水及排水渠)养护,吹填区要求较高平整度等发生的费用,应摊入有效吹填土方工程量的工程单价中。辅助工程(如围堰、隔埂、退水及排水渠修筑)另行计量计价。

4. 砌筑工程

(1) 工程量计算规则

① 砌筑工程量按设计图示轮廓尺寸计算的有效砌筑体积计量,砌体拆除按设计图示轮廓尺寸计算的拆除体积计量,砌体砂浆抹面、防水工程按设计图示轮廓尺寸计算的面积计量。

② 砌块(预制混凝土连锁护坡、生态植被混凝土)工程量按设计图示轮廓尺寸计算的有效铺设面积计量。

(2) 其他相关说明

① 砌筑工程量按设计图示轮廓尺寸计算的有效砌筑体积计量,嵌入砌体内钢管、铁件、沉降缝、伸缩缝及 $0.3\ m^2$ 以内的预留孔所占体积不扣除;施工过程中附加量、砌筑损耗等所发生的费用,应摊入有效砌筑工程量的工程单价中。

② 预制混凝土连锁块的模板已综合含在预制混凝土连锁块中,不再另行计量计价。

5. 基础和地基加固工程

(1) 工程量计算规则

① 地下连续墙按设计图示尺寸计算不同墙厚的防渗截面积计量。

② 高压喷射水泥搅拌桩按设计图示有效截面积乘以桩长以体积计量。

③ 混凝土灌注桩按设计图示尺寸计算的造孔灌注桩混凝土的有效体积计量。

④ 钢筋混凝土方桩、板桩按设计图示截面乘以桩长(包括桩尖)以体积计量。

⑤ 钢筋混凝土管桩按设计图示桩长计量,钢管桩按设计图示桩长(包括桩尖)以长度计量。

⑥ 型钢水泥搅拌墙、水泥搅拌桩、树根桩、压密注浆、冲沉桩按设计图示尺寸以体积计量。

⑦ 打木桩按设计桩截面积乘以桩长以体积计量,打塑料排水板按设计图示长度计量。

(2) 其他相关说明

① 灌注桩中的钻孔、凿桩、搭拆平台、桩机竖拆、成桩承载力检验等所发生的费用,应摊入灌注桩有效的工程量的工程单价中;钢筋笼、声测管另行计量计价。

② 地下连续墙施工的导向槽、施工平台应另行计量计价。

③ 预制桩的检验、打桩平台、桩机竖拆、制桩(或购置)、运桩、打桩和接桩过程中的损耗等所发生的费用,应摊入预制桩有效工程量的工程单价中。

④ 型钢水泥搅拌墙中的重复套钻部分,不另行计量计价。

⑤ 地质复勘、检验试验、操作损耗等所发生的费用,应摊入相应的有效工程量的工程单价中。

6. 混凝土和钢筋混凝土工程

(1) 工程量计算规则

① 混凝土按设计图示尺寸计算的有效实体积计量。

② 水下混凝土按设计图示浇筑前后水下地形变化计算的有效体积计量。

③ 止水工程按设计图示计算的有效长度(或体积)计量。

④ 伸缩缝按设计图示尺寸计算的有效面积(或长度)计量。

⑤ 混凝土凿除按凿除的实体积(或凿毛面积)计量。

(2) 其他相关说明

① 各类混凝土及钢筋混凝土结构内的孔洞(包括门洞、检修孔、工作桥面板闸门吊孔,泵、闸底板、集水井、阀门井等),单孔面积(或井坑截面积)在 0.3 m^2 以内的孔洞体积不予扣回,0.3 m^2 以上的孔洞体积扣回。钢筋、埋件等占用空间不予扣除。

② 施工过程中由于超挖引起的超填量、施工附加量、混凝土运输、浇筑过程中的损耗所发生的费用(不含室内试验、现场试验和生产性试验的费用),应摊入有效工程量的工程单价中。

③ 混凝土模板不单列,其费用应摊入相应混凝土有效体积的工程单价中。

④ 混凝土凿除不包括凿除钢筋混凝土桩头,凿除钢筋混凝土桩头包括在打桩的费用中。

⑤ 止水的搭接长度、加工及安装过程中的操作损耗所发生的费用,应摊入有效工程量的工程单价中。

⑥ 当开挖与混凝土浇筑分属两个投标人时,混凝土工程按开挖实测断面计算工程量。由于超挖引起的超填量所发生的相应费用,不摊入混凝土有效工程量的工程单价中。

7. 钢筋、钢构件加工及安装工程

(1) 工程量计算规则

钢筋、预埋件按设计图示尺寸计算的有效重量计量。钢构件按设计图示尺寸计算的有效重量(只数或米或体积)计量。

(2) 其他相关说明

钢筋加工及安装时,施工架立筋(设计无明确的)、搭接、焊接、套筒连接、加工及安装过程中的损耗所发生的费用,应摊入有效工程量的工程单价中。

8. 预制钢筋混凝土

(1) 工程量计算规则

① 预制混凝土构件按设计图示尺寸计算的有效实方体积计量。

② 混凝土预制构件吊装按设计要求,以安装预制构件的有效实体积计量。

(2) 其他相关说明

① 预制混凝土构件按设计图示尺寸计算的有效实方体积计量。计算有效体积时,不扣

除钢筋、铁件及螺栓所占体积，预制构件的价格包括预制、场内运输、堆存及吊装的全部费用。

② 预制混凝土工程中的模板、钢筋、埋件、预应力锚索及附件、加工过程中的损耗等所发生的费用，应摊入预制混凝土有效工程量的工程单价中。

9. 其他建筑工程

按招标设计要求计量。本市水利工程主要包括围堰、导流、钢支撑等临时工程中的建筑工程。

(1) 工程量计算规则

围堰及临时防汛墙按设计图示尺寸计算有效体积(或长度)计量，导流按招标设计图示结构形式及尺寸以长度计量，钢支撑按设计图示尺寸计算的重量计量。

(2) 其他相关说明

① 围堰按设计图示尺寸计算有效体积(或长度)计量，围堰的筑、拆、使用及养护，围堰内的抽水、筑围堰的土方来源及弃土所发生的费用，应摊入相应有效工程量的工程单价中。

② 导流按招标设计图示结构形式及尺寸以长度计量，导流的土方工程、结构衬砌或埋管、拆除及废料外运所发生费用，应摊入相应有效工程量的工程单价中。

③ 钢支撑按设计图示尺寸计算的重量计量，钢支撑制作、安装、拆除及支撑场内外运输所发生费用，应摊入相应有效工程量的工程单价中。

10. 保滩排体工程

(1) 工程量计算规则

按设计图示尺寸计算有效面积计量。

(2) 其他相关说明

① 土工布铺设按设计图示尺寸计算有效面积计量；土工布的拼接、缝制、压石或抛石固定所发生的费用，应摊入相应有效工程量的工程单价中。

② 铺设土工格栅按设计图示尺寸计算有效面积计量；土工格栅的断料、铺设及固定所发生的费用，应摊入相应有效工程量的工程单价中。

③ 排体设计图示尺寸计算有效面积计量；排体的制作、拼接、定位及铺设所发生费用，应摊入相应有效工程量的工程单价中。

11. 生态植物工程

(1) 工程量计算规则

水生植物按设计图示尺寸计算有效面积计量。地面绿化和其他植物按设计图示尺寸计算有效面积(或实种植物品种及数量)计量。

(2) 其他相关说明

① 水生植物工程量以“株(丛)”为计量单位，设计图纸以“丛”(每丛有若干株)为单位的，每丛含有的株数仅用于计算苗木费。水生植物的种植方法为综合考虑，不因方式不同而调整。

② 苗木胸径确定是以苗木从地面至 1.2 m 处的树干的直径计算。苗木的地径是以苗木从地面至 0.3 m 处的树干的直径计算。乔木按胸径的 6～8 倍计算。灌木按地径的 6～7 倍计算。

③ 绿篱种植不论单排、双排均以延长米计算；两排以上视作片植，以面积计算。

12. 截污工程

(1) 工程量计算规则

管道铺设按设计图示管道中心线长度以延长米计量,不扣除中间井及管件、阀门所占的长度。砖砌井按设计图示数量以座计量。

(2) 其他相关说明

① 管道铺设按设计图示管道中心线长度以延长米计量,管道的土方开挖回填、土方场内运输及余土外运处置、管道垫层、基础混凝土浇筑、闭水试验等所发生的费用,应摊入相应管道铺设有效工程量的工程单价中。

② 砖砌井按设计图示数量以座计量,其井的垫层、混凝土基础、砖井及抹面、配套井座及井盖安装等所发生的费用,应摊入相应砖砌井有效工程量的工程单价中。

(三) 水利安装工程工程量清单项目及工程量计算规则

1. 机电设备安装工程

(1) 工程量计算规则

① 设备(或系统)安装按设计图示的数量以"套""台"或"项"计量。

② 电缆安装及敷设、配电线安装按设计图示尺寸计算的有效长度计量。接地装置按设计图示尺寸计算的有效长度(或重量)计量。

(2) 其他相关说明

① 机电设备安装包括水轮机、起重机设备、主阀设备、变压器设备、电气设备、水泵设备、计算机监控系统、电气设备、通风空调除湿及控制设备等设备,均由设备本体和附属设备及埋件组成。

② 机电其他设备安装项目组成包括以下几项。

• 轨道安装:包括起重设备、变压器设备等所用轨道。

• 滑触线安装:包括各类移动式起重机设备滑触线。

• 水力机械辅助设备安装:包括油、水、气系统的油、技术供水、消防用水、设备检修排水、渗漏排水、低压压气和高压压气系统设备和管路。

③ 以长度或重量计算的机电设备装置性材料,如电缆、母线、轨道等,按招标设计图示尺寸计算的有效长度或重量计算。运输、加工及安装过程中的操作损耗所发生的费用,应摊入有效工程量的工程单价中。

④ 机电设备安装工程费,包括设备安装前的开箱检查、清扫、验收、仓储保管、防腐、油漆、安装现场运输、主机设备及随机成套供应的管路与附件安装、现场试验、调试、试运行及移交生产前的维护、保养等工作所发生的费用。

2. 金属结构设备安装工程

(1) 工程量计算规则

起重机及启闭机设备安装工程量按设计图示的数量计量。闸门、拦污栅设备安装按图示尺寸计算有效重量(或数量)计量。埋件安装按图示尺寸计算的有效重量计量。清污机安装、皮带输送机安装按图示的数量计量。

(2) 其他相关说明

金属结构设备安装工程项目组成内容如下。

① 启闭机、闸门、拦污栅、清污机设备，均由设备本体和附属设备及埋件组成。

② 金属结构设备安装工程费。包括设备及附属设备验收、接货、仓储保管、焊缝检查及处理、安装现场运输、设备本体及埋件安装、设备安装调试等内容所发生的费用。

第五节　水利工程投标报价编制

投标报价书是投标文件的重要组成部分，也是反映投标人市场竞争能力的主要文件，关系到企业能否中标。投标报价需要考虑的因素很多，除了施工的难易程度、竞争对手的水平、企业自身的经营状况等因素，还需考虑所在地的人工工资标准、材料来源及价格、机械设备的租赁价格等和报价有关的一切市场信息。本节主要介绍本市水利工程投标报价的编制。

一、施工投标程序及报价准备

（一）施工投标程序

1. 研究招标文件

投标人取得招标文件后，为保证工程量清单报价的合理性，应对招标文件中的投标人须知、合同条款、技术规范、招标图纸和工程量清单等重点内容进行研究、分析，深刻了解项目的特点、难点等，并正确理解招标文件和招标人的意图。

2. 调查工程现场

（1）招标人在招标文件中一般会明确进行工程现场踏勘的时间和地点。勘查现场一般由项目法人或招标代理机构主持，设计介绍工程情况，全体投标单位参加。

（2）投标人通过审查获取投标文件所需的资料后，报价人员应尽快熟悉招标资料，特别是招标图纸，对有疑问的进行罗列。建议报价负责人亲临现场，有疑问可当场直接询问项目法人或设计代表，及时解决报价中的问题。投标人对工程区域现场调查重点注意以下几个方面。

① 自然条件调查

主要包括对气象资料、水文资料、洪水及其他自然灾害情况、地质情况的调查。

② 施工条件调查

主要包括场内外交通规划、水电通信现状、招标人可提供的场地等。具体包括工程现场的用地范围、地形、地物、高程，地上或地下障碍物，现场三通一平情况，场外交通状况，工程现场周围的道路，进出场条件，有无特殊交通限制情况；工程现场邻近建筑物结构形式、高度和新旧程度，及与招标工程的距离；对于开挖较深的项目还要了解地下管线情况等。

③ 市场环境调查

主要包括调查生产要素市场的价格，各种构件、半成品及商品混凝土、钢筋等主要材料的供应能力及价格，调查采购或租赁施工机械的渠道，了解当地协作加工情况，现场附近生活设施、治安情况及当地居民对项目的支持程度。上述市场环境因素对报价编制工作有一定的影响，需认真对待。

（二）投标准备

主要包括工程量复核、施工方案制定及询价等。

1. 复核工程量

工程量清单作为招标文件的组成部分，是由招标人提供的。工程量是投标人报价的依据，而及时复核清单工程量的准确程度，将影响投标人将来中标后的经营行为：一是根据复核后的工程量与招标文件提供的清单工程量之间的差距，考虑相应的投标策略，决定投标报价；二是根据工程量的大小，采取合适的施工方案，选择适用、经济的施工机械设备、投入使用相应的劳动力数量等。

复核工程量要与招标文件中所给的清单工程量进行对比，注意以下几方面。

（1）投标人应根据招标说明、图纸、水文、地质等招标文件资料，认真计算主要清单工程量，并与招标清单工程量对比。要按一定的顺序进行，避免漏算或重算；并根据本市清单计价应用规则正确划分分类分项工程项目，与清单对比，检查清单工程量是否有漏算或重算现象。

（2）对清单工程量中存在的明显错误，可以书面形式向招标人提出，由招标人统一修改并以书面形式回复给所有的投标人。

（3）针对清单工程量中的遗漏或重复，是否向招标人提出取决于投标人的策略。投标人可以运用技巧提高报价的质量，争取在中标后获取合理的收益。

（4）复核工程量还能准确确定订货及采购物资的数量，防止由于超量或少购等带来的浪费、积压或停工待料及物价上涨带来的成本增加。

核算完全部清单工程量细节后，投标人应按分类汇总主要工程总量，以便获得对整个工程施工规模的整体概念，并据此研究采用合适的施工方法，选择适用的施工机械及配置合理的施工组织，安排最优的关键线路，寻求利益最大化。

2. 制定施工方案

（1）施工方案是报价的基础，投标报价中主体工程的单价、各临时工程的总价的选取，都离不开选择的施工方案。主体工程因其工程量大，其施工单价与施工总组织、施工机构配置、施工工艺流程密切相关，更应高度重视。

（2）施工方案要体现施工特性的要求，在研究招标文件时，应了解工程特性与相关的施工特性。制定施工方案时，要体现两者的紧密关联性。对于投标人源于现有机械装备及具备的优势的常规施工方法，在满足招标文件的质量和工期的条件下，优先选用。

（3）施工方案应采用成熟技术和落实的机械配置。制定施工方案要考虑中标后能否顺利组织实施、相应的报价是否可行。采用成熟的技术与落实的机械配置是为了减少施工风险与报价风险。编制投标文件时，不可能对诸多施工方案进行优化比选，也不可能涉及所有施工总组织的相关内容。在内容上应着重对主体工程描述，附属设施仅提出规模、生产能力指标及总体布置、工艺流程即可。

3. 询价

询价是投标报价的一个非常重要的环节。工程投标活动中，施工单位不仅要考虑投标中标的把握性，还要考虑中标后所承担的风险。因此，在报价前必须通过各种渠道，采用各种方式对所需人工、材料、施工机具等要素进行系统的调查，掌握各要素的价格、质量、供应时间、供货数量等数据，这个过程称为询价。询价除需要了解生产要素价格外，还应了解影响价格的各种因素，这样才能为报价提供可靠的依据。询价时需要特别注意两个问题：一是产品的质量必须可靠，并满足招标文件的有关规定；二是供货方式、时间地点有无附加条件和费用。

（1）询价的渠道

① 直接联系生产厂家，了解投标期的生产要素价格。

② 通过生产商代理人、经营该项产品的销售商或从事该业务的经纪人进行询价。

③ 向咨询公司进行询价或同行了解价格。

④ 通过线上查询产品价格。

⑤ 自行进行市场调查或电话询价。

（2）生产要素询价

① 劳务询价。如果投标人准备在工程所在地招募工人，则劳务询价是必不可少的。劳务询价有两种方式：一是成建制的劳务公司，相当于劳务分包，这种方式一般费用比较高；另一种是劳务市场招募零星劳动力，根据需要进行选择，这种方式虽然价格低廉，但有时劳务人员的水平或工效较低，造成投标人将来的管理工作较繁重。投标人应在对劳务市场充分了解的基础上，结合工程的用工情况决定采用哪种方式，并以此为依据进行投标报价。

② 材料询价。材料询价内容包括调查对比来源地、材料价格、供应数量、运输方式、保险和有效期、不同买卖条件下的支付方式等。询价人员在施工方案初步确定后，立即进行主要材料的询价，并要求供应商及时报价。收到询价单后，进行汇总并对比分析，选择合适、可靠的材料供应商的报价，提供报价人员使用。

③ 施工机械的询价。如果项目不在施工企业所在地，则施工需要的施工机械在当地租赁或采购可能更为有利。因此，事前有必要进行施工机械使用费的询价。如果是必须采购的施工机械，可向供应厂商询价；对于租赁的施工机械，可向专门从事机械租赁的机构询价，并详细了解其计价方法。了解是否有最低租赁费、燃料费、机上人员工资另计等因素，最终综合考虑价格。

二、投标报价的编制原则与依据

（一）投标报价的编制原则

报价是投标的关键性工作，报价是否合理不仅直接关系到投标的成败，还关系到中标后的盈亏。在对招标文件有了比较详细的了解后，应着手进行报价的编制工作。首先是要确定该工程项目的报价编制原则，选用合适的定额、取费费率及信息价等。如招标文件对定额、取费费率及信息价等有要求，就按招标文件要求进行编制；在满足招标文件要求下，可根据市场竞争情况和投标人的预期收益确定采用的定额、取费费率及信息价等。

投标报价的编制原则如下。

（1）投标报价由投标人自主确定，但必须执行《上海市水利工程工程量清单计价应用规则》(SSH/Z 10009—2017)中强制性的条款。投标报价应由投标人或受其委托的工程咨询人编制。投标报价的完整性应由投标人负责。

（2）投标人的投标报价不得低于工程成本。

（3）投标报价要以招标文件中设定的发承包双方责任划分，作为考虑投标报价费用项目和费用计算的基础，发承包双方的责任划分不同，会导致合同风险不同的分配，从而导致投标人选择不同的报价。同时，要根据发承包方式考虑投标报价的费用内容和计算深度。

（4）以施工方案、技术措施等作为投标报价计算的基本条件；以反映企业技术和管理水平的企业定额作为计算人工、材料和机具台班消耗量的基本依据；充分利用现场踏勘调研结果、市场价格信息和行情资料，编制投标基础报价。

（5）报价计算方法要科学、严谨、简明、适用。

（二）投标报价的编制依据

（1）招标文件（补充招标文件）、招标工程量清单及招标图纸、答疑纪要。

（2）投标人对招标项目的价格预期。

（3）施工现场情况、工程特点及投标时拟定的施工组织方案或施工方案。

（4）工程造价咨询机构发布的工程造价信息、市场价格信息及前期对本工程进行的价格询价资料。

（5）《水利工程工程量清单计价规范》（GB 50501—2007）及《上海市水利工程工程量清单计价应用规则》（SSH/Z 10009—2017）。

（6）企业定额、企业管理水平以及国家或本市、行业主管部门发布的定额及取费标准。

（7）与建设项目相关的标准、规范、技术资料等。

（三）投标报价的编制内容与方法

1. 投标报价的编制内容

投标人应当按照招标文件编制投标文件，投标文件应当包括下列内容。

（1）投标函及投标函附录。

（2）法定代表人身份证明或附有法定代表人身份证明的授权委托书。

（3）联合体协议书（如招标文件允许采用联合体投标）。

（4）投标保证金。

（5）已标价的工程量清单。

（6）施工组织设计。

（7）项目管理机构。

（8）拟分包项目情况表（招标文件允许的情况）。

（9）资格审查资料及规定其他材料。

2. 投标报价的编制方法

投标报价的编制是按招标文件给定的计价方法和计价格式进行报价编制和计算。水利工程在招标阶段根据《上海市水利工程工程量清单计价应用规则》（SSH/Z 10009—2017）规定要求，投标人按工程量清单计价方法进行报价。各项目清单的报价方法如下。

① 分部分项清单计价方式

分部分项工程量清单计价采用工程单价计价。一般情况下，投标人按照招标文件规定，根据项目涵盖的内容、招标文件给定的清单“主要工作内容”“项目特征”确定工程单价组成内容，并将有效工程量以外的超挖、超填量，施工附加量，加工、运输损耗量等所消耗的人、材、机费用摊入相应有效工程量的工程单价内。

分部分项工程量清单项目的工程单价是有效工程量的单价。计算单价时，要将完成该工程量清单项目的有效工程量所需的全部费用计入。无论是采用定额计价还是实物量法计价，都必须这样做，不能漏项。

如果采用定额计价，一个清单项目可能包括几个定额项目的工作内容，其中每个定额项目就是一个组价项目；如果采用实物量法计价，清单项目的组价项目可能是几组要消耗的实际资源。

② 措施项目报价

措施项目费应根据招标文件中的措施项目清单及投标时拟定的施工组织设计或施工方案自主确定。可以计算工程量的措施项目，应按分部分项工程量清单的方式采用综合单价计价；其余的措施项目可按以“项”为单位的方式计价；其中安全防护、文明施工措施费应按本市水务局有关规定执行，不得作为竞争性费用。

投标人在报价时不得增删招标人提出措施项目清单项目，若有疑问，必须在招标文件规定的时间内向招标人进行书面澄清。

③ 其他项目报价

其他项目清单是指为保证工程项目实施，在该工程施工过程中难以量化，又可能发生的工程和费用，按照招标人的要求计算方法或估算金额计列的费用项目。

④ 零星项目报价

零星工作项目指招标人在其他项目清单中列出的人工(不同工种)、材料(按名称和型号规格)、机械台班(按名称和型号规格)项目，投标人根据招标文件要求分析后，自主确定报综合单价。

零星项目的综合单价内容不仅包括基础单价，还要考虑辅助性消耗的费用，如工人所用的工器具使用费、进行的辅助工作、相应的消耗的零星材料、辅助机械等。另对零星工作量按预估准备的用量可能与最终实际发生的有较大的差异，准备量的变化，有可能会引起成本增加的风险。所以，相同人工、材料、施工机械，在零星项目报价时，其单价一般高于基础单价，但不应过分违背工作实际成本和过高放大风险。

3. 投标报价编制的注意事项

(1) 投标文件应当对招标文件提出的所有要求和条件作出实质性的响应，这就意味着投标人只要对招标文件中的任何一条实质性的要求遗漏，未作出响应，都会导致废标。

(2) 如招标文件中有含糊不清的重要条款，工程内容、招标文件、招标图纸互相有矛盾，技术规范明显不合理等，一定要向业主反映并在业主澄清解释后，再进行报价，以此可降低投标风险。

(3) 在编制投标报价文件时，通常一个清单子目需对应多个定额工作内容，一定要注意定额子目计量单位、数量与清单子目计量单位、数量的匹配性，若不相符，需进行相应的换算等。注意清单工程量计算规则与定额工程量计算规则的区别。

(4) 定额套用时要与施工组织设计中的施工方法一致，机具的配置尽量与施工方案相配合，避免工料机统计表与机具配置表出现较大的差异。

(5) 充分理解每个工程量清单子目中“项目特征”“主要工作内容”，确保定额套用的准确性和完整性，要结合招标文件有关资料和投标人自身拟定的施工组织设计，特别是技术规范，同时还要考虑投标人自身的实际情况、管理水平等因素。

（6）措施项目中的安全文明施工费必须按国家、本市、行业建设主管部门的规定计算，不得作为竞争性费用。

（7）最终的投标报价不能高于招标文件中的最高投标限价，也不能低于工程成本。

（8）投标报价的各项表式前后、明细与汇总数字应吻合，应确保一致且无计算错误。

（9）报价表格式样应按照招标文件要求的格式，且排序正确。

（10）投标文件应按招标文件的格式要求进行签字盖章并密封，且在招标文件规定的时间内送达指定点。

第十一章　水利工程合同价款管理

第一节　合同的定义、类型及适用条件等

一、建设工程合同的定义及分类

《中华人民共和国民法典》第七百八十八条对建设工程合同定义和种类进行了明确规定。根据该条款，建设工程合同是承包人进行工程建设、发包人支付价款的合同。

建设工程合同应当采用书面形式，建设工程合同依据合同内容的不同，主要有工程勘察、设计和施工合同三类。

建设工程合同可以划分为总承包合同与分别承包合同，也可以按总包合同与分包合同进行划分。

总承包合同，是指发包人将整个建设工程承包给一个总承包人而订立的建设工程合同。总承包人就整个工程对发包人负责。

分别承包合同，是指发包人将建设工程按不同阶段将勘察、设计、施工工作分别发包给对应的勘察、设计、施工承包人而订立的勘察合同、设计合同和施工合同。上述三者就其各自承包的工程勘察、设计、施工工作，各自对发包人负责。

总包合同，是指发包人与总承包人或者勘察人、设计人、施工人就整个建设工程或者建设工程的勘察、设计、施工所订立的承包合同。总包合同包括总承包合同与分别承包合同，总承包人和承包人都直接对发包人负责。

分包合同，是指总承包人或者勘察、设计和施工承包人，经发包人同意，将其承包的部分工作分包给第三人所订立的合同。分包合同与总包合同是不可分离的。分包合同的发包人就是总包合同的总承包人或者承包人（勘察、设计和施工承包人）。分包合同的承包人即分包人，就其承包的部分工作与总承包人或者勘察、设计、施工承包人向总包合同的发包人承担连带责任。

二、施工合同的分类

施工合同按照合同计价方式的不同，可分为单价合同、总价合同和成本加酬金合同。

单价合同主要适用于招标图纸，可以计算出各分部、分项工程量，各项工作内容清晰、确定，但合同整体工程量由于建设前期条件限制无法准确确定。合同中明确约定综合单价包

含的工程任务和内容以及完成标准、风险范围和风险费用，在约定的范围内，合同执行过程中综合单价不作调整，约定范围以外的综合单价调整方法在合同中明确。在签订合同时，采用施工图估算工程量和固定单价计算合同价，合同结算时采用实际完成工程量和对应固定单价计算合同结算价。

总价合同一般适用于工程内容和工程相关条件在工程实施过程中不发生变化的情况。合同中约定了合同总价包含的风险范围及风险费用的计算方法，同时约定风险范围以外的合同价格的调整方式。

成本加酬金合同也可以称为成本加补偿合同，主要适用于在签订合同时工程成本难以明确确定，只确定酬金的取值或者计取原则的情况。后续合同执行过程中，所有成本均由发包人承担。

施工合同类型的确定主要是根据签订合同时项目的难易程度、设计深度、风险分担等因素，来选择采用总价合同、单价合同或成本加酬金合同。发包人通常根据项目的特点、签订合同时的相关技术、经济指标的深度以及为确保工程成本、工期和质量达标等要求，综合考虑各项因素后决定采用对应的合同形式。主要考虑的因素包括建设项目的性质和特点、项目规模、项目工期、环境和风险因素、项目复杂程度、项目施工技术难度、项目可能的竞争情况、项目进度的紧迫程度等。在实际建设过程中，有时候发包人也有可能在同一个项目的各个不同的工程部分或者项目不同的实施阶段，根据需要采用不同的合同形式。在制定项目的合同策划和分包规划时，必须依据项目的实际情况，权衡利弊后作出相适应的决定。

三、水利工程施工合同的类型及适用特点

如上文所述，水利工程施工合同按照项目具体情况选定，根据计价方式的不同，常用的形式分别为单价合同、总价合同和成本加酬金合同。

（一）单价合同

1. 单价合同的形式

单价合同通常分固定单价合同和可调单价合同。

固定单价合同是在合同约定的范围内，各项单价在工程实施过程中不因工程工况及工程量变更而调整，在进度款或工程整体结算时，根据工程实际完成的工程量进行结算，在工程全部完成后，以实际竣工的工程量确定合同最终结算价款。

可调单价合同是在签订合同时，约定工程建设过程中，合同中确定的单价可以按照合同相关约定作调整。如在工程建设期内物价发生变化、工程量发生较大变动等，合同单价按约定作调整。有的工程在招标或签约时，因某些不确定因素而在合同中暂定某些分部、分项工程的单价，并在合同中明确了在工程实施过程中根据实际情况进行对应调整的方式，在工程进度款和合同结算时，根据实际情况和合同约定方式对相关合同单价进行调整，然后确定工程进度款及合同实际结算价。

2. 单价合同的特点

单价合同的工程量清单内所开列的工程量一般为暂定工程量，而非准确工程量。因此合同的实际总价根据工程最终实际完成工程量和合同约定单价计算确定。

固定单价合同适用于工程任务和内容明确、工程条件和要求清晰、工期较短、工程技术相对简单的水利工程。

可调单价合同主要用于工期较长、工程技术复杂、工程实施过程中发生各种不可预见因素较多的大型水利工程,以及发包人为了缩短工程建设周期,初步设计完成后就进行施工招标的工程。

(二) 总价合同

1. 总价合同的形式

总价合同分为固定总价合同和可调总价合同。

固定总价合同根据确定的图纸、明确的工程内容、清晰的工程各项条件,结合相关规范、规定,确定固定不变的工程合同总价。在工程实施过程中,合同价不因价格、环境、工程量等的变更而调整。

可调总价合同根据确定的图纸、条件、规范及规定计算的合同总价作为完成工程所有工程量的暂定合同总价。同时,在合同中约定,如在工程实施过程中物价上涨而引起工、料、机等成本增加,可以按照合同约定的原则调整合同总价。

2. 总价合同的适用特点

固定总价合同一般适用于合同工期较短、工程规模小、工程设计施工图详细完整、工程实施过程中不会出现较大的设计变更、技术不太复杂的中小型工程或者较为简单的分部分项工程、对价格变动因素能够充分预判的工程。

(三) 成本加酬金合同

1. 成本加酬金合同的形式

成本加酬金合同主要有成本加固定酬金合同、成本加固定比例酬金合同、成本加浮动酬金合同三种形式。

成本加固定酬金合同也称成本加补偿合同,在签订合同时约定一个固定数目的酬金,约定的酬金不随工程实施成本的变化而调整。工程的实际成本按照实际发生进行结算。合同最终结算金额为工程实际结算成本和合同约定的酬金之和。

成本加固定比例酬金合同是指合同约定的酬金比例是固定的,酬金计算的基数是工程的实际结算成本。实际结算成本越高则支付的酬金越多。

成本加浮动酬金合同是指合同约定的酬金根据实际成本与预期成本的对照调整变动的,在合同中明确了工程预期成本和对应预期酬金。工程实施完成后,如果工程实际结算成本等于预期成本,则合同结算酬金即为约定预期酬金;如果工程实际结算成本高于合同约定预期成本,则合同结算酬金低于约定预期酬金;如果工程实际结算成本低于预期成本,则合同结算酬金高于合同约定预期酬金。

2. 成本加酬金合同适用特点

成本加酬金合同主要适用于时间紧迫,来不及详细谈判获招投标的应急抢险、救灾工程;或者是施工技术特别复杂的水利工程;在工程施工中较多采用新技术和新工艺,合同双方均没有对应合同经验且缺乏对应的标准、规范、定额的工程。

第二节 计量与支付

一、工程计量

承发包根据合同约定，在合同履行过程中对承包人已经完成且经认定质量合格的实体工程数量，按照双方合同约定、对应设计文件行测量和计算并予以确定，就是合同履行过程中的工程计量。

发包人在招标时，根据对应招标图纸计算招标工程量，是对合同工程的预估工程量。在合同履行过程中，为了确保工程合同准确支付，发包人按时支付工程价款的前提工作是对承包人已经完成的合格工程进行计量并予以确认。如果在项目实施过程中发生招标工程量清单项目特征描述与实际不符、工程设计变更、现场施工条件变化、新增现场签证、暂估价中的专业工程完成发包等情况，往往会造成承包人实际完成工程量与合同约定对应工程量不一致，需要根据约定重新计量并据实调整。在完成合同工程计量工作后，按照实际完成准确工程量进行工程合同的最终结算。工程计量不仅是建设单位控制工程实施阶段合同支付及工程造价的关键工作，也是衡量、监督和约束承包人履行合同义务的重要手段。

（一）工程计量的原则及依据

1. 工程计量的原则

（1）不符合合同文件约定的工程不予计量。如工程不满足设计文件要求、不符合相关技术规范及合同文件约定的相关工程质量要求的，不予计量。同时相关的工程质量验收资料不齐全、手续不完备，未达到合同文件对应的在工程管理上相关要求的，不予计量。

（2）按合同文件所约定的工程内容、范围、计量方法和计量单位进行计量。工程计量的范围依据相关设计文件、合同条款相关约定及技术规范及要求等相关说明、工程计量的内容、计算方法、计量单位的相关约定，按合同工程量清单以及对应说明、相关技术规范、合同条款相关约定等从各个方面进行不同角度阐述内容为准。合同计量工作在综合各类信息，遵循上述各项文件约定后进行。

（3）合同及相关技术要求明确约定的不予计取的工程量，不予计量，如因承包人造成的返工工程量等不予计量。

2. 工程计量的依据

水利水电工程的计量与支付，主要依据《水利水电工程标准施工招标文件》（2009年版）、相关定额、《水利工程工程量清单计价规范》等相关文件的规定执行。

合同工程计量主要依据合同对应工程量清单及说明、设计图纸、工程变更通知单、技术规范、签证工程量、相关合同约定、对应质量合格证书等文件，对工程量清单及工程变更所涉及的清单工程量、合同文件中规定的各种费用支付项目（如各种预付款、规费、违约金等），在项目实施过程中进行按时按实准确计量，确保相关支付按合同约定及时准确进行。

（二）工程计量的方法

结算工程量应按合同对应约定条款以及合同工程量清单约定的方法进行计算。工程计量时间通常在合同中予以明确，通常选择按月或按工程形象进度节点进行。水利工程项目单价子目已完成工程量除专用合同条款另有约定外，一般按月计量，总价子目的计量周期按批准的支付分解报告确定。承包人因自身原因的超出合同设计文件范围的施工工程量或返工的工程量等，不予计量。通常单价合同和总价合同采用的计量方法不相同，成本加酬金合同一般参照单价合同的计量规定进行计量。

1. 单价子目的计量

合同已标价工程量清单中的单价子目工程量为合同估算工程量。结算工程量是承包人实际完成的，并按合同约定的计量方法进行计量的合同实际工程量，单价子目计量如下。

（1）承包人自行对已完成的工程进行计量，向监理人提交付款申请单、已完成工程量报表及有关计量资料。

（2）监理人对承包人提交的工程量报表进行复核，认为有必要时，可通知承包人共同进行联合测量、计量，承包人应遵照执行。

（3）监理人对承包人上报数量有异议的，可要求承包人按约定进行共同复核和抽样复测。承包人应协助监理人进行复核并按监理人要求提供补充计量资料。承包人未按监理人要求参加复核，监理人复核或修正的工程量视为承包人实际完成的工程量。

（4）监理人应在收到承包人提交的工程量报表后的 7 d 内进行复核，监理人未在约定时间内复核的，承包人提交的工程量报表中的工程量视为承包人实际完成的工程量，据此计算工程价款。

（5）承包人完成工程量清单中每个子目的工程量后，监理人应要求承包人一起对每个子目的历次计量报表进行汇总，以核实最终结算工程量。承包人未按监理人要求派员参加的，监理人最终核实的工程量视为承包人完成该子目的实际工程量。监理人可要求承包人提供补充计量资料，以准确确定最后一次进度付款的工程量。

（6）发包人等在收到监理人确认的工程量报表后，按合同相关约定进行审定，最终确定各次实际可计量合同工程量。

2. 总价子目的计量

总价子目的计量和支付以合同对应约定总价为基础，不因“物价波动引起的价格调整”条款中的因素而进行调整。

（1）承包人应按工程量清单的要求对总价子目进行分解，并在签订合同后将各子目的总价支付分解表提交监理人审批。分解表应标明其所属子目和分阶段支付的对应金额。承包人应按批准的各总价子目支付周期，对已完成的总价子目进行计量，将应付金额列入进度付款申请单中。

（2）监理人对承包人提交的申请资料进行复核，以确定总价子目分阶段实际完成的工程量。对其有异议的，可要求承包人按约定进行共同复核和抽样复测。承包人未按监理人要求派员参加的，监理人最终核实的工程量视为该总价子目的实际工程量。

（3）除发生约定的可调整变更外，总价子目的合同工程量是承包人最终用于合同结算的对应工程量。

二、工程价款的支付

(一) 工程预付款

工程预付款也称工程材料预付款。是在合同签订后由发包人按照合同约定向承包人预先支付的工程款项，预付款主要用于为合同工程购置施工材料、购置或租赁工程设备和施工设备、修建临时设施以及组织施工队伍进场等。预付款的相关事项，如预付款数量、支付时间和方式、支付条件、偿还方式等在专用合同条款中约定。

1. 工程预付款的支付

支付工程预付款主要是用于保证工程施工所需材料及构件的正常储备和施工条件提前准备，因此，工程预付款在合同成立后按照专用合同条款约定付款条件和约定付款额度，予以支付。

工程预付款额度一般是根据合同工程施工工期、建安工作量、主要材料和构件费用占建安工程费的比例以及材料储备周期等因素经测算确定后在合同中予以约定，有以下两种方式。

(1) 百分比法。根据工程的特点、工期长短、市场行情、供求规律等因素，在合同专用条款中约定工程预付款的百分比(通常以对应合同总价为基数)。

(2) 公式计算法。公式计算法是根据合同工程主要材料(含结构件等)占合同年度工程总价的比重，依据材料储备定额天数和年度施工天数等相关指标，通过公式计算预付款额度的一种方法。

其计算公式为：

$$\text{工程预付款数额}=\frac{\text{年度工程总价}\times\text{材料比例(\%)}}{\text{年度施工天数}}\times\text{材料储备定额天数}$$

2. 预付款的扣款方式

随着工程的逐步实施，发包人支付给承包人的工程预付款，在后续工程进度款支付过程中按照专用合同条款约定的方式陆续扣回，预付款扣款的方法主要有以下两种。

(1) 按约定比例扣款法。

预付款的扣回方法由发包人和承包人在专用合同条款中予以明确，一般是在承包人实际完成合同金额累计达到合同总价的一定比例后，发包人从以后每次应付给承包人的工程款中按约定比例扣回工程预付款，发包人应在合同规定的完工工期前将工程预付款的总金额全部扣回。

工程预付款的扣回公式：

$$R=\frac{A}{(F_2-F_1)S}(C-F_1S)$$

式中，R——每次进度付款中累计扣回金额；

A——工程预付款总金额；

S——签约合同价；

C——合同累计完成金额(价格调整前未扣质量保证金的金额);

F_1——开始扣款时合同累计完成金额占签约合同价格的比例;

F_2——全部扣清时合同累计完成金额占签约合同价格的比例。

(2) 起扣点计算法。

从尚未施工工程所需的主要材料及构件的价值相当于工程预付款数额时起扣,此后每次结算工程价款时,按主要材料及构建所占比重扣减工程价款,至工程完工前全部扣回工程预付款。起扣点的计算公式如下:

$$T = P - \frac{M}{N}$$

式中,T——起扣点(即工程预付款开始扣回时)的累计完成工程金额;

P——工程合同总额;

M——工程预付款总额;

N——主要材料及构件所占比例。

3. 预付款的扣回与还清

在颁发合同工程完工证书前,预付款应根据专用合同条款约定在后续工程各期进度结算付款中全部扣回。由于不可抗力或其他原因解除合同时,如解除合同时预付款尚未全部扣回的,尚未扣回的预付款余额应作为承包人的到期应付款,在工程合同终止前结清。

4. 工程预付款的实例

【实例 11-1】 某河道治理工程,治理长度 12 km。工程包括对主河道及支流进行疏浚、清淤及堤岸防护治理。企业 A 中标该项目,并与建设单位依据中标结果签订了施工合同。合同规定:

(1) 合同价为 9 000 万元,进度款按月进行支付。

(2) 工程预付款为合同价的 10%,合同签订后并提交履约保函(按合同约定)和预付款保函(数额等同于工程预付款)后,一次支付承包人;工程预付款采用约定的公式扣还,约定公式为:

$$R = \frac{A}{(F_2 - F_1)S}(C - F_1 S)$$

(3) 双方约定开始扣预付款的时间为累计完成工程款金额达到合同价格的 10%,当完成 90%的合同价时扣完。

(4) 工程款支付情况:截至上月已完成工程款 4 500 万元,其中工程变更价款为 500 万元;本月完成工程款合计为 650 万元,其中工程变更价款为 50 万元。

问题:

(1) 工程预付款总额为多少? 截至上月已扣回多少预付款?

(2) 本月工程应扣回多少预付款?

分析要点:

本实例考核工程预付款的支付与扣还、工程质量保证金的扣留与退还、工程进度款的支付。

工程预付款的扣回公式:

$$R=\frac{A}{(F_2-F_1)S}(C-F_1S)$$

式中，R——每次进度付款中累计扣回金额；

A——工程预付款总金额；

S——签约合同价；

C——合同累计完成金额(价格调整前未扣质量保证金的金额)；

F_1——开始抵扣时合同累计完成金额占签约合同价格的比例；

F_2——全部扣清时合同累计完成金额占签约合同价格的比例。

解：

工程预付款的申请条件：①发包人与承包人已经按照招标、投标约定签订相关合同文件并已生效；②承包人按照合同约定方式及金额向发包人提供了履约担保；③承包人根据合同约定已经提交了预付款保函(数额等同于工程预付款)。

工程预付款总额为：$9\,000\times10\%=900$(万元)。

工程预付款起扣点为累计签约合同价 10%，预付款终扣点为累积签约合同价 90%。

截至上月累计已支付合同款为：$4\,500-500=4\,000$(万元)。

截至上月累计扣回工程预付款为：

$$\frac{9\,000\times10\%}{(90\%-10\%)\times9\,000}\times(4\,000-9\,000\times10\%)=387.5\text{(万元)}$$

本月应扣回预付款计算如下。

本月累计完成合同款$=4\,000+650-50=4\,600$(万元)

$$\frac{9\,000\times10\%}{(90\%-10\%)\times9\,000}\times(4\,600-9\,000\times10\%)=462.5\text{(万元)}$$

本月应扣回工程预付款$=462.5-387.5=75$(万元)

(二) 工程进度款支付

发承包双方按照工程合同约定，在工程施工过程中，对承包人完成并经确认的合格工程量进行分期结算并支付，激励承包人按双方约定履行合同。

(1) 承包人应在每个合同约定付款周期末，按监理人批准的格式和合同条款约定的份数，向监理人提交进度付款申请单，所需相应的支持性证明文件一并提交。除合同条款另有约定外，进度付款申请单应包括下列内容。

① 截至本次付款周期已完成实施工程的价款。

② 根据合同约定应增加和扣减的变更金额。

③ 根据合同约定价格调整金额。

④ 根据合同约定应增加和扣减的索赔金额。

⑤ 根据合同约定应支付的预付款和扣减的返还预付款。

⑥ 根据合同约定应扣减的质量保证金。

⑦ 根据合同约定应增加和扣减的其他金额。

(2) 监理人在收到承包人进度付款申请单以及相应的支持性证明文件后的 14 d 内完成核查，提出到期应支付给承包人的进度款金额以及相应的支持性材料，经发包人审查同意后，由监理人向承包人出具经发包人签认的进度款支付证书。监理人有权按照合同约定扣发承包人未能按约定履行的任何工作或义务所对应的合同价款。

(3) 发包人应在监理人收到进度付款申请单后的 28 d 内，将应付进度款支付给承包人。发包人不按期支付的，则应从逾期第一天起按合同条款的约定支付逾期付款违约金。

(4) 质量保证金从第一次进度款时按照合同约定起扣，达到合同约定保证金总数后停止。

(三) 竣工结算(完工结算)支付

工程竣工结算文件经发承包双方确认后作为工程结算支付的依据，发包人应当按竣工结算文件及合同约定及时支付竣工结算款。

(1) 承包人应在取得合同工程完工证书后 28 d 内，按合同条款约定向监理人提交完工付款申请单，同时提供相关证明材料。

(2) 监理人对完工付款申请单有异议的，有权要求承包人进行修正和提供补充资料。由承包人与监理人协商后，向监理人提交修正后的完工付款申请单。

(3) 监理人在收到承包人提交的完工付款申请单后的 14 d 内完成核查，核定发包人到期应支付给承包人的价款送发包人审核并抄送承包人。发包人应在收到后 14 d 内审核完毕，由监理人向承包人出具经发包人签认的完工付款证书。监理人未在约定时间内核查，又未提出具体意见的，视为承包人提交的完工付款申请单已经监理人核查同意。发包人未在约定时间内审核又未提出具体意见的，监理人提出发包人到期应支付给承包人的价款视为已经发包人同意。

(4) 发包人应在监理人出具完工付款证书后的 14 d 内，按合同约定完成对应款项的支付。发包人不按期支付的，按合同约定承担逾期付款违约金。

(5) 承包人对发包人签认的完工付款证书有异议的，发包人可先出具完工付款申请单中承包人确认部分的临时付款证书。存在异议的部分，按合同约定的争议解决方式进行处理确定后再行支付。

(四) 工程中止及终止的结算支付

工程实施过程需要中止或解除合同的，按照发承包工程合同约定执行，如超出发承包工程合同约定的，由发承包双方经友好协商一致后解除合同的，并按照达成的协议办理结算和支付合同价款。

1. 因不可抗力原因解除合同

由于不可抗力解除合同的，发包人应向承包人支付合同解除之日前承包人已完成并经确认的合格工程对应未支付的合同价款，通常还应支付以下费用。

(1) 工程合同约定由发包人承担的相关费用。

(2) 已实施或部分实施的措施项目审定应付价款。

(3) 承包人为合同工程合理订购且已交付的材料和工程设备货款。

(4) 承包人撤离现场所需的合理费用，包括员工遣送费和临时工程拆除、施工设备运离现场的费用。

(5) 承包人为完成合同工程而预期开支的相关合理费用,且该项费用未包括在本款其他各项支付款内。

发承包双方办理合同解除结算合同价款时,应扣除合同解除之日前发包人应向承包人收回的价款。当发包人应扣除的金额超过了应支付的金额,则承包人应在约定时间内将差额退还给发包人。

2. 违约解除合同

因承包人原因违约解除合同的,发包人应按约定结算以下款项。

(1) 合同解除时承包人已完成并经核实的全部合同价款。

(2) 按进度计划已运至现场的材料和工程设备货款。

(3) 按约定承包人应支付的违约金以及造成损失的索赔金额。

发承包双方应在约定时间内通过协商沟通确定结算合同价款。如果发包人应扣除的金额超过了应支付的金额,则承包人应在合同解除后的规定时间内将其差额退还给发包人。发承包双方无法就解除合同后的结算合同价款达成一致的,按照合同约定的争议解决方式处理。

因发包人原因违约解除合同的,发包人除了按因不可抗力解除合同对应结算价款外,还应按约定结算以下价款。

(1) 按约定应向承包人支付的违约金。

(2) 给承包人造成损失或损害的赔偿金额。

合同解除的结算合同价款由发承包双方协商确定后在约定时间内完成支付。协商不能达成一致的,按照工程合同约定的争议解决方式处理。发包人未按期支付的,承包人可催告发包人在合理的期限内支付,并有权获得延迟支付的利息。

(五) 工程合同最终结清

合同约定的缺陷责任期终止后,且承包人已按合同约定完成全部剩余工作并经确认质量合格,发承包双方结清工程合同的全部剩余款项。

1. 工程合同结清申请单

缺陷责任期终止后,且承包人按合同约定完成全部剩余工作并经确认质量合格,发包人签发缺陷责任期终止证书,承包人可按合同约定向发包人提交结清工程合同的申请单,并提供相关证明材料,详细说明承包人根据合同规定已经完成的全部工程价款金额以及承包人认为根据合同规定应进一步支付的其他款项。发包人对最终结清申请单内容有异议的,有权要求承包人进行修正和提供补充资料,承包人按要求修正后向发包人提交。

2. 结清支付证书

发包人收到承包人提交的工程合同结清申请单后,应在约定时间内予以核实,并签发结清支付证书。发包人未在约定时间内核实,也未提出不同意见的,视为发包人认可承包人提交的工程合同结清申请单。

3. 结清付款

发包人应在签发结清支付证书后,在约定时间内,按结清支付证书列明的金额结清工程合同所有款项。承包人在提交的工程合同结清申请单中,只能就工程接收证书颁发后发生的事项提出索赔要求,提出的索赔自接受结清支付证书时终止。发包人未按约定结清工程合同的，承包人可催告发包人在合理的期限内结清付，并有权获得延迟支付的利息。

工程合同结清时，如果承包人被扣留的质量保证金不足以抵扣应由承包人承担的相关工程缺陷修复费用的，承包人应向发包人支付不足部分。

第三节　合同价款的调整

在本市行政区域内实施的水利建设工程项目，需遵循水利部、市住建委及相关部门关于项目招投标及合同管理的相关规定和要求。水利工程具有投资大、工期长、专业性强、现场条件各不相同等特点，在工程合同履行过程中需要按相关约定及相关规范据实调整结算，以确定工程合同实际价款。通常发生以下事项（但不限于）时，合同发、承包双方需要按照以下相关约定及规范对合同价款进行调整。

法律法规变化，价格调整，工程变更，工程量清单缺项，项目主要特征不符，工程量偏差，暂估价，索赔，不可抗力，逾期完工违约，提前竣工（赶工补偿），计日工，现场签证，暂列金额。

发、承包双方约定的其他调整事项如下。

发生合同价款调减、调增事项后，承（发）包人应按合同约定向发（承）包人提交合同价款调增报告并附上相关证明材料，未按约定提交报告及材料的，视为对该事项无调整价款请求。

发（承）包人应在收到承（发）包人合同价款调增（减）报告及相关资料后，按合同约定进行核实，予以确认的，书面通知承（发）包人。发（承）包人在收到合同价款调增（减）报告后未按合同约定予以核实确认也未提出协商意见的，视为认可承（发）包人提交的合同价款调增（减）报告。如有疑问，应向对方提出协商意见、双方进行核实后书面通知确认。在收到对方的协商意见后既不按合同约定确认也未按合同约定提出协商意见的，应视为认可对方提出协商意见。

发包人与承包人对合同价款调整的意见不能达成一致的，如不对合同履行发生实质影响，双方应继续履行合同义务，直到双方的不同意见按照合同约定的争议解决方式得到处理。

经发、承包双方确认调整的合同价款，与工程进度款或结算款同期支付。

一、政策变化类合同价款调整

（一）法律法规变化引起合同价款调整

为了合理分担合同风险，一般将招标工程投标截止日前 28 d，非招标工程合同签订日前 28 d 作为基准日，基准日之后因国家法律、法规、规章等发生变化，导致承包人除工程合同约定以外的合同价款的调整，发包人、监理人和承包人应根据国家法律、法规、规章等，据实调整相应合同价款，由发包人承担对应费用。

（二）物价波动引起合同价款调整

工程合同履行期间，涉及人工、材料、工程设备、施工机械台时市场价格波动较大，超出工程合同相关约定影响合同价款时，可按照合同约定进行合同价款的调整。如果没有对应合同约定，则根据工程实际情况，经双方协商通过补充协议调整合同价款。通常采用价格指数法和造价信息法确定合同价款调整额。

1. 采用价格指数调整合同价款

(1) 因人工、材料和设备等价格波动影响合同价格时，根据合同附件投标函中的价格指数和权重表约定的数据，按以下公式计算差额并调整合同价款。

$$\Delta P = P_0[A + (B_1 \times F_{t1}/F_{01} + B_2 \times F_{t2}/F_{02} + B_3 \times F_{t3}/F_{03} + \cdots + B_n \times F_{tn}/F_{0n}) - 1]$$

式中，ΔP——需调整的合同价格差额；

P_0——承包人应得到的已完成工程量的金额。此项金额不包括价格调整、不计取质量保证金、不含合同预付款、已按现行价格计价的变更项目及其他金额也不予计列；

A——定值权重(即不调部分的权重)；

$B_1,B_2,B_3,\cdots,B_n$——各可调因子的变值权重(即可调部分的权重)，为各可调因子在投标函投标总报价中所占的比例；

$F_{t1},F_{t2},F_{t3},\cdots,F_{tn}$——各可调因子的现行价格指数，指合同约定的付款周期最后一天的前 42 d 的各可调因子的价格指数；

$F_{01},F_{02},F_{03},\cdots,F_{0n}$——各可调因子的基本价格指数，指基准日期的各可调因子的价格指数。

(2) 以上公式中的各可调因子、定值和变值权重，以及基本价格指数及其来源在合同附件投标函附录价格指数和权重表中约定。价格指数应首先采用有关部门提供的价格指数，缺乏上述价格指数时，可采用有关部门提供的价格代替。

(3) 在运用公式计算合同价差时，如得不到现行价格指数的，可暂时采用上一次价格指数计算，在后续的调整计算中再以实际价格指数进行计算调整。

(4) 按合同约定的变更如导致原定合同约定的各项权重不合理时，由发包人、监理人与承包人进行协商对相应权重进行调整，并在后续计算中适用调整后的权重。

(5) 由于承包人原因造成工期延后的，则在原合同约定竣工日期后完成的工程，使用价格调整公式计算合同调整价款时，采用原合同约定竣工日期与实际竣工日期的两个价格指数中较低的一个。

2. 采用造价信息调整价款

(1) 在工程合同履行期间，因人工、材料、设备和机械台时价格波动影响合同价款时，人工、机械使用费按照国家或省(自治区、直辖市)建设行政管理部门、行业建设管理部门或其授权的工程造价管理机构发布的人工成本信息、机械台班单价或机械使用费系数进行调整。

(2) 需要进行价格调整的材料的单价和采购数量必须经过监理人复核。监理人确认的材料单价及数量，作为计算工程合同价款差额的依据。

3. 价格调整案例

【实例 11-2】 某泵站工程项目，发包人以工程量清单招标方式确定甲企业为中标人，并与其签订了施工合同。有关工程价款与支付约定有：

考虑工程工期较长，约定工程合同涉及的人工、材料和设备等价格波动因素对合同价的影响，利用价格指数调整价格差额。合同中规定的定值权重 $A=0.15$，可调值因子的变值权

重 B_n、基本价格指数 F_{tn} 如表 11-1 所示。在合同实施过程中，某结算月完成工程量，按工程量清单中单价计，金额为 1 200 万元；该月完成了监理工程师指令的工程变更，并经检验合格，本月相应的各可调值因子的现行价格指数见表 11-1。

表 11-1　现行价格指数

可调值因子序号	变值权重 B_n	基本价格指数 F_{0n}	现行价格指数 F_{tn}
1	0.30	100	130
2	0.25	120	150
3	0.35	140	160

问题： 本结算月工程量清单中项目调价后款额为多少？

解： 本案例主要演示根据约定的价格指数及权重，利用计算公式计算需调整的差额。

因人工、材料和设备等价格波动影响合同价格时，价格差额调整公式为：

$$\Delta P = P_0\left(A + \sum B_n \frac{F_{tn}}{F_{0n}} - 1\right)$$

式中，ΔP ——需调整的价格差额；

P_0——应支付的原合同价格；

A——定值权重（固定系数）；

B_n ——各可调因子的变值权重；

F_{tn} ——各可调因子的现行价格指数；

F_{0n} ——各可调因子的基本价格指数。

则，

$$\Delta P = P_0\left(A + \sum B_n \frac{F_{tn}}{F_{0n}} - 1\right)$$

$$= 1\,200 \times \left(0.15 + 0.30 \times \frac{130}{100} + 0.25 \times \frac{150}{120} + 0.35 \times \frac{160}{140} - 1\right) = 303（万元）$$

本结算月工程量清单中项目调价后款额为 1 200 + 303 = 1 503（万元）。

二、工程变更类合同价款调整

（一）工程变更

合同工程的建设需要一定周期，工程建设过程涉及的经济关系和法律关系较复杂，合同工程涉及的自然、客观条件复杂多变，所以合同工程的实际施工情况往往与招标投标或者合同签订时的工程情况不完全一致，产生工程变更。通常工程变更包括工程项目变更（如发包人提出增加或者删减原项目内容）、工程量变更、工程进度变更等。

（1）工程变更的判定。

在工程合同履行过程中，除合同约定的内容外，有以下情况发生的，应进行工程变更。

① 取消合同工程约定范围中任何一项工作。

② 改变或增加合同工程中任何一项工作的技术标准和要求(合同技术条款)。

③ 变更合同工程中的基本参数(如基线、标高、位置或尺寸等)。

④ 调整合同工程中任何一项工作施工方案、施工工艺、顺序和施工时间。

⑤ 在合同工程约定范围外增加工作内容。

⑥ 合同工程约定的关键项目工程量增减幅度超过合同专用条款约定。

(2) 工程变更项目单价调整原则。

工程变更引起合同工程已标价工程量清单发生变化时,应按照下列原则进行调整。

① 已标价工程量清单中有适用于变更工程项目的,应采用该项目的单价;当工程变更导致该清单项目的工程数量发生变化,且工程量偏差超过专用合同条款约定的幅度时,该项目单价应按照专用合同条款约定予以调整。

② 已标价工程量清单中没有适用于变更项目,但有类似于变更工程项目的,可在合理范围内参照类似项目单价进行调整。

③ 已标价工程量清单中没有适用也没有类似变更工程项目的,可按照成本加利润的原则,由承包人根据变更工程资料、计量规则、计价办法和通过市场调查等取得有合法依据的市场价格,结合工程合同相关组价约定,提出变更工程项目的单价,报发包人、监理人确认后进行调整。

(3) 工程变更引起施工方案改变并使涉及的相关措施项目发生变化时,承包人应事先将拟实施的方案以及拟实施方案与原方案对比情况提交发包人确认,根据确认的拟实施方案,结合工程合同相关约定提出调整申请。如承包人未事先将拟实施的方案及对比情况提交发包人确认,则视为工程变更对应的措施项目不作调整。

(4) 当发包人提出的工程变更致使承包人发生的费用或(和)得到的收益不能被包括在其他已支付或应支付的项目中,也未被包含在任何替代的工作或工程中时,承包人有权提出并应得到合理的费用及利润补偿。

(5) 工程变更影响工程合同约定工期的,承包人应提交调整施工进度计划及对应施工措施的详细说明材料,报发包人、监理人确认后进行调整。

(二) 工程量清单调整

1. 工程量清单缺项

在合同工程按照设计文件施工过程中,由于招标工程量清单存在缺项,需新增工程清单项目,应参照工程变更项目单价确定的方法确定新增项目单价,并调整合同价款。

新增工程清单项目如造成相关措施项目发生变化的,承包人应将拟实施方案提交监理人、发包人批准后,根据确认的拟实施方案,结合工程合同相关约定提出调整申请。

2. 项目主要特征不符

承包人应严格按照合同工程的设计文件进行施工,若出现设计文件(包括设计变更)与招标文件及工程合同清单中对应项目主要特征描述不符的情况,且该变化会引起工程合同价款增减变化时,承包人应按照实际实施的项目主要特征,按工程合同相关约定,重新确定相应工程量清单项目的综合单价,并据此调整合同价款。

3. 工程量偏差

工程合同履行期间,当实际工程量与招标清单工程量出现偏差,单价项目的工程量增加/减少超过工程合同约定幅度时，增加/减少部分的工程量的合同价款对应调整。若上述调整引起相关措施项目相应发生变化，应按合同约定计价原则调整相关措施项目费，并调整合同价款。

4. 暂估价

属于依法必须招标的，在完成招标后确定价格，并以此取代暂估价，调整合同价款。不属于必须招标的，由承包人按照工程合同约定完成采购，报监理人、发包人确认后取代暂估价，并调整合同价款。

三、其他类合同价款的调整

（一）索赔

1. 索赔的定义

通常情况下所说的索赔，是指工程合同履行过程中，发、承包一方由于对方未履行合同所规定的义务或者出现了应当由对方承担的风险而遭受损失时，向对方提出赔偿诉求的行为。广义的索赔包含了发包人向承包人的索赔和承包人向发包人的索赔，是双向的。狭义的索赔是指承包人在工程合同实施过程中，对非自身原因造成的工程延期、费用增加而要求发包人给予补偿损失的一种权利要求。

2. 产生索赔的主要原因

(1) 发(承)包人、监理人违约

违约是指合同签约双方没有按照工程合同约定履行自己的义务。通常是指发包人未为承包人提供工程合同约定的施工条件、未按照工程合同约定的期限和数额付款等；监理人未能按照工程合同约定及时发出图纸、指令等，也视作发包人违约；也包括承包人未能按照工程合同约定的质量、期限完成施工，或者由于不当行为给发包人造成其他损害等。

(2) 不可抗力

不可抗力分自然事件和社会事件。自然事件主要是指在施工中遭遇不可预见的外界障碍或自然条件造成施工受阻，如在施工过程中遇到了经现场查勘无法发现、发包人提供的资料中也未提到、无法预料的情况等。社会事件则包括国家政策、法律、法令的变更，战争、罢工等。

(3) 工程合同缺陷

合同缺陷表现为签订的工程合同中存在遗漏或错误，合同文件不严谨，甚至矛盾。造成工程成本增加或工期延长的，应由发包人作出补偿。

(4) 工程合同变更

合同变更主要为设计变更、施工方案/施工组织设计变更(改变工期和措施)、追加或者取消某些工作、合同规定的其他变更等。

(5) 其他第三方原因

与工程有关的第三方的原因而引起的对本工程的不利影响，造成工程成本增加或工期延长的，应由发包人作出补偿。

3. 索赔成立的条件

承包人工程索赔成立的基本条件主要是索赔事件因非承包人而产生，索赔事件已造成了承包人直接经济损失或工期延误，承包人已经按照工程合同规定的期限和程序提交了索赔意向通知、索赔报告及相关证明材料。

4. 索赔的依据

(1) 以下索赔的依据可在索赔报告中直接引用：招标文件、施工合同文本及附件，其他双方签字认可的文件（如备忘录、修正案等），经认可的工程实施计划、各种工程图纸、技术规范等。

(2) 发承包双方的往来信件及各种会谈纪要。

(3) 合同工程的进度计划和具体的进度以及项目现场的有关文件。

(4) 合同工程相关的气象资料、工程检查验收报告和相关技术鉴定报告，合同工程涉及的道路开通和封闭、送停电、送停水等的记录和证明材料。

(5) 国家有关法律、法令、政策文件，官方的物价指数等，各种会计核算资料，材料的采购、订货、运输、进场、使用方面的凭据。

5. 索赔费用的组成

类比工程造价构成要素，可索赔的费用，主要包括以下几个方面。

(1) 人工费。人工费包括增加工作内容的人工费、停工损失费和工作效率降低的损失费等累计，其中增加工作内容的人工费应按照计日工费计算，而停工损失费和工作效率降低的损失费按窝工费计算。

(2) 设备费。设备费可采用机械台班费、机械折旧费、设备租赁费等几种形式。当工作内容增加引起设备费索赔时，设备费的标准按照机械台班费计算。因窝工引起的设备费索赔，当施工机械属于施工企业自有时，按照机械折旧费计算索赔费用。当施工机械是施工企业从外部租赁的时，索赔费用的标准按照设备租赁费计算。

(3) 材料费。

(4) 保函手续费。工程延期时，保函手续费相应增加，反之，取消部分工程且发包人与承包人达成提前竣工协议时，承包人的保函金额相应折减，应扣减计入合同价内的保函手续费。

(5) 贷款利息。

(6) 保险费。

(7) 管理费。分现场管理费和公司管理费两部分。

(8) 利润。

具体可根据索赔事件的实际情况及相关材料进行计算。

6. 索赔的计算

索赔费用的计算应以赔偿实际损失为原则，含直接损失和间接损失。通常采用实际费用法、总费用法和修正的总费用法。

(1) 实际费用法，又称分项法，即根据索赔事件所造成的损失或成本增加，按合同约定的计价原则，按索赔事项造成的费用项目逐项进行分析、计算索赔金额的方法。这种方法比较复杂，但能客观地反映施工单位的实际损失，比较合理。

实际费用法所依据的是索赔事件涉及的实际发生的成本记录或单据，在施工过程中，系统而准确地积累记录资料是非常重要的。

(2) 总费用法，也称为总成本法，就是当合同工程发生多次索赔事件后，发承包重新计算工程的实际总费用，从该实际总费用中减去投标报价时的估算总费用，即索赔金额。总费用法计算索赔金额的公式如下：

索赔金额＝实际总费用－投标报价估算总费用

在总费用法的计算方法中，没有考虑实际总费用中可能包括由于承包人（如施工组织不善）而增加的费用，投标报价估算总费用也可能由于承包人为谋取中标而报价过低，因此，总费用法并不十分科学。只有在难以精确地确定某些索赔事件导致的各项费用增加额时，采用总费用法。

（3）修正的总费用法。修正的总费用法是对总费用法的改进，即在总费用计算的原则上，去掉一些不合理的因素，使其更为合理。修正的内容如下。

① 将计算索赔款的时段局限于受到索赔事件影响的时间，而不是整个施工期；

② 只计算受到索赔事件影响时段内的某项工作所受影响的损失，而不是计算该时段内所有施工工作所受的损失；

③ 与该项工作无关的费用不列入总费用中；

④ 对投标报价费用重新进行核算，即按受影响时段内该项工作的实际单价进行核算，乘以实际完成的该项工作的工程量，得出调整后的报价费用。

按修正后的总费用计算索赔金额的公式如下：

索赔金额＝某项工作调整后的实际总费用－该项工作的报价费用

修正的总费用法和总费用法相比，有了实质性的改进，它的准确程度已接近于实际费用法。

7. 工期索赔

工期索赔，指承包人依据工程合同对非自身原因导致的工期延误向发包人提出的工期顺延要求。被延误的工作应是处于施工进度计划关键线路上的施工内容。只有位于关键线路上工作内容的滞后，才会影响到竣工日期。工期索赔经常采用以下方法。

（1）网络图分析法。网络图分析法即利用进度计划的网络图，分析其关键线路。如果延误的工作为关键工作，则总延误的时间为批准顺延的工期；如果延误的工作为非关键工作，当该工作由于延误超过时差限制而成为关键工作时，可以批准延误时间与时差的差值；若该工作延误后仍为非关键工作，则不存在工期索赔问题。

（2）比例计算法。如果某干扰事件仅仅影响某单项工程、单位工程或分部分项工程的工期，要分析其对总工期的影响，可以采用比例计算法。

工期索赔计算前提是进度拖延的责任明确。因承包人的原因造成施工进度滞后，不给予延期；只有承包人不应承担任何责任的延误，才可以索赔工期。有时工程延期的原因中可能包含有双方责任，此时监理人应进行详细分析，分清责任比例，只有可延期部分才能批准顺延合同工期。可延期，又可细分为可延期并给予补偿费用的延期和可延期但不给予补偿费用的延期；后者是指非承包人责任事件的影响但并未导致施工成本的额外支出，属于发包人应承担风险责任事件的影响，如异常恶劣的气候条件影响的停工等。

（二）计日工

（1）以计日工的形式进行的任何工作，必须有发包人的指令以及经监理人、发包人确认的计日工现场签证。计日工现场签证需明确对应参加该项计日工工作的人员姓名、职业、级别、工作时间和有关的材料、设备清单和耗量及耗时。承包人需在每个支付期末或该项计日工工作实施完成后，按合同约定时间向监理人、发包人提交计日工现场签证。经监理人、发包人确认后，结合工程合同相关计日工约定单价计算对应合同调整价款。

(2) 计日工项目调整价款应按照确认的计日工现场签证数量结合合同约定的计日工单价计算，如合同中未约定该类计日工单价，则发、承包双方参照工程变更的相关计价约定，另行商定计日工单价后计算对应合同调整价款，与合同工程进度款或结算款同期支付。

(三) 现场签证

(1) 承包人根据发包人指令完成的合同以外的零星项目、非承包人责任事件等工作的，应及时根据发包人指令及对应相关资料向监理人、发包人提出书面现场签证申请。监理人、发包人在收到现场签证申请报告后，应按工程合同约定对报告内容进行核实、确认或提出修改意见，协商后确认。监理人、发包人在收到承包人现场签证申请报告后未按工程合同约定予以确认，也未提出修改意见的，视为认可承包人提交的现场签证申请报告。

(2) 对应现场签证工作项，在工程合同约定中有相应的项目单价可以采用的，现场签证申请报告中只需列明所用的人工、材料、工程设备和施工机械台时(班)的数量。现场签证申请报告报送监理人、发包人确认后，根据确认的工作量和工程合同约定单价计算合同调整价款，与合同工程进度款或结算款同期支付；如在工程合同约定中无对应项目单价可以采用，现场签证申请报告中需列明完成该签证工作所需的人工、材料设备和施工机械台时(班)的数量及对应单价，现场签证申请报告报送监理人、发包人确认后，根据确认的工作量和单价计算合同调整价款，与合同工程进度款或结算款同期支付。

(四) 暂列金额

工程合同中暂列金额由发包人掌握使用，发包人按工程合同完成所有支付后，暂列金额的余额归发包人所有。

第四节 竣工结算(完工结算)与决算

一、竣工结算(完工结算)

(一) 竣工结算(完工结算)的定义、作用

1. 竣工结算(完工结算)的定义

水利工程竣工结算也称为完工结算，是指在承包人完成所有工程合同约定工程内容，并通过竣工(完工)验收后，承、发包人进行工程合同全面清算的一项经济活动。承、发包人依据相关法律、法规和行业标准等，遵循工程合同相关约定，对所完成的合格工程项目，所有工程项目实施过程中的合同价款调整内容，进行全面的据实计算、调整和确认工作。

2. 竣工结算(完工结算)的作用

竣工结算(完工结算)是发包人确定合同工程投资额,拨付工程价款的依据;是项目竣工财务决算的重要基础资料之一;是承包人确定合同工程施工产值和实物工作量完成情况的依据;是承包人确定工程合同最终合同价款、进行经济考核的依据。

(二) 竣工结算(完工结算)的编制

合同工程的竣工结算(完工结算)由承包人编制,发包人审核、确认。发包人的审查可自行完成,也可委托具有相应资质的第三方造价咨询机构进行。

1. 竣工结算(完工结算)的编制依据

工程竣工结算承包人可自行编制或者委托具有相应资质的第三方造价咨询机构进行编制。工程竣工结算编制的主要依据如下。

(1) 发、承包双方签订的工程合同。

(2) 发、承包双方在合同工程实施过程中已确认的合格工程量及对应的合同结算价款。

(3) 发、承包双方在合同工程实施过程中已确认的需调整的各项合同价款。

(4) 投标文件。

(5) 合同工程设计文件及相关资料。

(6)《水利工程工程量清单计价规范》(GB 50501—2007)。

(7) 其他经发、承包双方认可的依据。

2. 竣工结算(完工结算)书的组成

承包人或者其委托的具有相应资质的第三方造价咨询机构,在合同工程全部完成并通过竣工(完工)验收后,依据工程合同约定,以单位工程为基础,结合合同工程所有设计文件及现场施工实际情况,对合同工程的施工预算及合同价款所有调整逐项进行计算和核对,形成单位工程竣工结算(完工结算),进行汇总后形成合同工程竣工结算(完工结算)。竣工结算(完工结算)的资料应包括如下步骤。

(1) 工程竣工(完工)报告及工程竣工(完工)验收单。

(2) 双方签订的工程合同。

(3) 合同工程的所有设计文件、现场签证及各类现场记录。

(4) 工程合同采用的预算定额、材料价格、基础单价及其他费用标准。

(5) 合同工程对应竣工图及对应预算。

(6) 发、承包双方确认的其他有关资料。

承包人完成合同工程竣工结算(完工结算)书编制,报发包人等审批、确认后,与发包人办理竣工结算(完工结算)款的申请、支付。

二、竣工财务决算

(一) 竣工财务决算的定义、作用

项目法人单位在项目竣工验收后,需按照国家有关规定编制项目竣工财务决算报告。竣工财务决算报告主要包括竣工财务决算说明书和竣工财务决算报表。竣工财务决算是以

实物工作量和货币指标为计量单位，综合反映竣工建设项目全部建设费用、建设成果和财务状况的总结性文件。竣工财务决算反映项目的实际建设成本，应反映从筹建到项目竣工验收的全部项目建设时间；体现包含主体工程、附属工程以及建设项目前期等各相关内容的全部费用。

竣工财务决算是竣工验收报告的重要组成部分，是正确核定新增固定资产价值，考核分析投资效果，建立健全经济责任制的依据；是项目法人核定各类新增资产价值、办理其交付使用的依据；是全面反映建设项目经济效益和投资效果的文件，通过竣工财务决算与概算、预算的对比分析，考核投资控制的工作成效，为工程建设提供重要的技术经济方面的基础资料，提高未来工程建设的投资效益。

(二) 竣工财务决算的组成

竣工财务决算应包括项目从筹建到竣工验收的全部费用，包括了建筑工程费、安装工程费、设备费、临时工程费、独立费用、预备费、建设期融资利息和前期动迁补偿费、水土保持费和环境保护费等所有相关费用。

竣工财务决算文件主要由封面及目录、竣工项目的平面示意图及主体工程照片、竣工决算说明书、竣工决算报表等组成。

(三) 竣工财务决算的编制

竣工财务决算的编制通常分三个阶段进行。

1. 前期准备阶段

建设项目竣工后，项目法人应该组建编制团队，制定详细计划，进行相关准备工作。主要完成各项梳理、核对和整理等准备工作。

(1) 核实、核对项目所有资金、计划。

(2) 清查项目涉及财产物资、已完工程。

(3) 清理所有合同。

(4) 价款结算、债权债务的清理、包干节余及竣工结余资金的分配等清理工作。

(5) 编制竣工年财务决算。

(6) 所有相关资料的收集、整理工作。

2. 报告编制阶段

在完成前期准备阶段各项工作后，着手报告的编制工作。

(1) 完成概(预)算与实际核算口径对应比较分析。

将决算报表中各项的实际发生数据与批准的概(预)算指标一一对应比照，计算各项(一级、二级)子目是节约还是超支，梳理、分析节约或超支的具体内容和对应原因，根据对比结果，总结项目建设经验、教训，为后续类似项目建设管理的提高、改进提供借鉴。

对于大型工程按概(预)算二级项目分析概(预)算执行情况，中型工程按概(预)算一级项目分析概(预)算执行情况。

以概(预)算项目划分为基础，调整项目实际合同划分及各会计核算指标，使实际核算与批复概(预)算同口径进行对比分析。

(2) 正确处理待摊费用。待摊投资应由受益的各项交付使用资产共同负担。其中，能够确定由某项资产负担的待摊投资，应直接计入该资产成本；不能确定负担对象的待摊投资，应分摊计入受益的各项资产成本。待摊投资应包括以下分摊对象：房屋及构筑物、需要安装的专用设备、需要安装的通用设备和其他分摊对象。

（3）合理分摊项目建设成本。水利工程一般同时具有防洪、发电、灌溉、供水等多种效益，应根据项目实际情况，合理分摊建设成本。

3. 汇编阶段

完成上述前期准备及报告编制工作后，按照《水利基本建设项目竣工财务决算编制规程》，结合项目类型选择相应报表进行编报，完成撰写项目竣工财务决算说明书及建设项目竣工财务决算报表，将相关资料装订成册，上报主管部门及验收委员会审批。

第五节　计量与支付案例

一、案例一

（一）背景

某城市一河道整治工程，发包人采用工程量清单招标确定中标人，并与承包人依据《水利水电标准施工招标文件》签订了施工承包合同，合同工期 9 个月。

承包费用部分数据如表 11-2 所示。

表 11-2　承包费用部分数据表

分项工程名称	计量单位	数量	直接费单价/(元/＊)
A	m^3	1 000 000	40
B	m^3	100 000	500
C	t	4 000	4 500
D	m^2	12 000	250
措施项目费用	2 200 000 元		
其他项目暂列金额	2 000 000 元		

（1）承包人报价管理费率取 10%（以人工费、材料费、机械费之和为基数），利润率取 5%（以人工费、材料费、机械费和管理费之和为基数）。

（2）间接费综合费率 5%（以分部分项工程项目费、措施项目费、其他项目费之和为基数），增值税率 9%。

合同规定：

（1）工程预付款为合同价的 10%，工程开工前由发包人一次付清。

（2）质保金从第一个月开始，在给承包人的月进度付款中按 5%的比例扣留（计算额度不包括预付款和价格调整金额），总额达到合同总价的 3%为止。

（3）物价调整采用调价公式法。

（4）工程预付款扣回采用公式：

$$R=\frac{A}{(F_2-F_1)S}(C-F_1S)$$

式中，$F_1=20\%$；

$F_2=90\%$。

（5）材料预付款按发票值的 90%支付，从付款的下个月开始扣还，平均 4 个月扣完。

（6）月支付的最低限额为 250 万元。

工程进展到 2019 年 10 月底时的情况如下。

（1）到 2019 年 9 月底为止，累计完成合同金额 4 000 万元，已扣回质保金累计 200 万元。

（2）10 月完成工程量价款，按工程量清单中单价计，金额为 600 万元。

（3）10 月承包商购材料发票值为 100 万元。

（4）10 月完成工程变更金额为 50 万元（采用工程量清单中与此工程变更相同项目的单价计算的）。

（5）合同履行期间价格调整差额系数为 0.1。

（6）10 月完成计日工费 30 万元。

（7）因设计变更导致施工难度增加，使承包方增加材料消耗 10 000 元，功效降低损失 1.5 万元，承包方提出索赔，经审核该索赔成立。

（8）10 月新增项目 150 万元（按当时市场价格计算）。

（9）从开工到本月初未支付任何材料预付款。

（二）问题

1. 工程签约合同价是多少？工程预付款和质量保证金额度分别是多少？
2. 2019 年 10 月监理工程师是否应签发支付证书？
3. 工程竣工结算的程序是什么？

（三）分析要点

本案例考核工程签约合同价的确定、工程预付款的支付与扣还、工程材料预付款的支付与扣还、工程质量保证金的扣留与退还、工程进度款的支付、工程竣工（完工）结算。

$$\text{工程合同签约价款}=\sum\text{计价项目费用}\times(1+\text{规费率})\times(1+\text{税率})$$

其中，计价项目费用包括分部分项工程项目费用、措施项目费用和其他项目费用。

$$\text{分部分项工程项目费用}=\sum\text{分部分项工程量}\times\text{综合单价}$$

$$\text{措施项目费用}=\text{总价措施项目费用}+\text{单价措施项目费用}$$

（四）解题要点

分项工程直接费用＝1 000 000×40＋100 000×500＋4 000×4 500＋12 000×250＝11 100（万元）

间接费用＝(11 100＋220＋200)×5%＝576(万元)

管理费＝(11 100＋220＋200＋576)×10%＝1 209.6(万元)

利润＝(11 100＋220＋200＋576＋1 209.6)×5%＝665.28(万元)

税金＝(11 100＋220＋200＋576＋1 209.6＋665.28)×9%＝1 257.379(万元)

签约合同价＝ 11 100＋220＋200＋576＋1 209.6＋665.28＋1 257.379≈15 228.26(万元)

工程预付款＝15 228.26×10%＝1 522.826(万元)

工程质量保证金＝15 228.26×3%＝456.847 8(万元)

(1) 10 月承包商应得的工程款(990.5 万元)。

10 月完成工程量价款＝600(万元)

材料预付款＝100×90%＝90(万元)

工程变更费＝50(万元)

计日工费＝30(万元)

物价调整＝(600＋50＋30)×0.1＝68(万元)

补偿费＝2.5(万元)

新增项目＝150(万元)

(2) 10 月应扣费用(160.196 5 万元)。

① 质保金＝(600＋50＋30＋150＋2.5)×5%＝41.625(万元)

41.625＋200＜456.847 8，因此，10 月应扣质保金 41.625 万元。

② 累计应扣工程预付款：

$$R=\frac{15\,228.26\times 10\%}{(0.9-0.2)\times 15\,228.26}\times(4\,000-0.2\times 15\,228.26)=136.335\,4(\text{万元})$$

截至 9 月累计应扣工程预付款为 136.335 4 万元。

同理得，截至 10 月累计应扣工程预付款为 254.909 6 万元。

10 月应扣工程预付款＝254.906 9－136.335 4＝118.571 5(万元)

10 月应扣费用＝118.571 5＋41.625＝160.196 5(万元)

(3) 10 月应支付的工程款＝990.5－160.196 5＝830.304(万元)＞250(万元)(月支付最低限额)

故 10 月监理工程师应签发支付证书，签发全额为 830.304 万元。

工程竣工(完工)验收报告经发包人认可后 28 d 内，承包人向发包人递交竣工(完工)结算报告及完整的结算资料，双方按照协议书约定的合同价款及专用条款约定的合同价款调整内容，进行工程竣工(完工)结算。专业监理工程师审核承包人报送的竣工(完工)结算报表并与发包人、承包人协商一致后，签发竣工(完工)结算文件和最终的工程款支付证书。

二、案例二

(一) 背景

某工程的发包人与承包人依据《水利水电标准施工招标文件》签订了施工承包合同，该工程的合同价汇总表如表 11-3 所示。

表 11-3　合同价汇总表

项目	金额/元
1. 人工费 2. 设备费 3. 材料费	56 550 000 46 540 000 75 560 000
直接费	178 650 000
4. 工地管理费	17 865 000
5. 总部管理费	13 756 050
6. 利润	12 616 263
7. 有效合同价	222 887 313

合同中规定如下。

(1) 工程预付款的总额为合同价格的 10%，开工前由发包人一次付清；工程预付款按合同约定的公式 $R=\dfrac{A}{(F_2-F_1)S}(C-F_1S)$ 扣还，其中 $F_1=20\%$，$F_2=90\%$。

(2) 发包人从第一次支付工程进度款起按 10%的比例扣质保金，直至质保金总额达到合同价的 3%为止。

合同执行过程中，由于发包人违约而解除合同的情况有如下几个方面。

(1) 承包人已完成合同金额 12 000 万元。

(2) 承包人为工程合理订购的某种材料尚有库存价值 500 万元。

(3) 承包人为本工程订购的专用永久工程设备，已经签订了订货合同，合同价为 800 万元，并已支付合同定金 200 万元。

(4) 承包人已完成一个合同内新增项目 1 100 万元(按当时市场价格计算的)。

(5) 承包人已完成计日工 100 万元。

(6) 承包人的全部设备撤回承包人基地的费用为 280 万元；由于部分设备用到承包人承包的其他工程上使用(合同中未规定)，增加撤回费用 80 万元。

(7) 承包人人员遣返总费用为 180 万元。

(8) 承包人已完成的各类工程款和计日工等，发包人均已按合同规定支付。

(9) 解除合同时，发包人与承包人协商确定：由于解除合同造成的承包人的进场费、设备撤回、人员遣返等费用损失，按未完成合同工程价款占合同价格的比例计算。

(二) 问题

合同解除时，发包人应总共支付承包人多少金额(包括已经支付的和还应支付的)？发包人应进一步支付承包人多少金额？

(三) 分析要点

本案例考核工程合同解除后的工程合同计量和结算支付。

(四) 解题要点

1. 合同解除时，承包人已经得到工程款 13 511.3 万元

(1) 合同解除时，承包人已完成的合同金额为 12 000 万元，新增项目 1 100 万元，计日工 100 万元。

工程预付款 = 222 887 313 × 10% = 2 228.873 1(万元)

发包人应支付的款项金额 = 12 000 + 1 100 + 100 + 2 228.873 1 = 15 428.9(万元)

(2) 合同解除时。

① 工程预付款扣还

截止日前合同累计完成额 = 12 000 + 1 100 + 100 = 13 200(万元)

累计扣回工程预付款：

$$R = \frac{22\,288.731\,3 \times 10\%}{(0.9 - 0.2) \times 22\,288.731\,3} \times (13\,200 - 0.2 \times 22\,288.731\,3) = 1\,248.893(\text{万元})$$

② 扣保留金

$$13\,200 \times 10\% = 1\,320(\text{万元}) > 22\,288.731\,3 \times 3\% = 668.662(\text{万元})(\text{保留金总额})$$

故已扣保留金 668.662 万元。

承包人应扣款项金额 = 1 248.893 + 668.662 = 1 917.56(万元)

(3) 承包商已经得到的工程款 = 应支付的款项金额 − 应扣款项的金额

= 15 428.9 − 1 917.56 = 13 511.3(万元)

2. 合同解除时，发包人应总共支付承包人 14 694.72 万元

(1) 承包人已完成的合同金额：12 000 万元。

(2) 新增项目：1 100 万元。

(3) 计日工：100 万元。

(4) 承包人的库存材料：500 万元(一旦支付，材料归发包人所有)。

(5) 承包人订购设备定金：200 万元。

(6) 承包人设备、人员遣返费损失补偿：

$$(22\,288.731\,3 - 12\,000)/22\,288.731\,3 \times (280 + 180) = 212.341(\text{万元})$$

(7) 利润损失补偿：

$$(22\,288.731\,3 - 12\,000) \times [6\%/(1 + 6\%)] = 582.381(\text{万元})$$

发包人应总共支付承包人金额 14 694.72 万元。

3. 合同解除时，发包人应进一步支付承包人金额

进一步支付承包人金额 = 总共应支付承包人金额 − 承包人已经得到的工程款

= 14 694.72 − 13 511.3 = 1 183.42(万元)

第十二章　水利工程造价案例

第一节　水利工程概估算编制应用

一、水利工程概算编制案例分析

(一) 背景

某市为进一步改善经济技术开发区水环境面貌，提升园区品质，打造良好的营商环境，拟对某经济开发区生态清洁小流域内5条镇村级河道进行整治。

该河湖整治工程等别为Ⅳ等，目前正处于初步设计阶段。现根据《上海市水利工程设计概(估)算编制规定》(DB31 SW/Z 009—2021)编制设计概算，初步设计概算部分成果如表12-1所示。

表12-1　初步设计概算部分成果表(节选)

序号	项目	项目费用/万元
一	工程费用	A
1	河道工程费用	1 755.22
2	景观工程费用	4.30
二	独立费用	B
(一)	建设管理费	C
1	建设单位管理费	36.32
2	前期工作费	D
3	招标代理费	9.93
4	工程量清单编制费	5.62
5	施工场地准备费	E
(二)	工程建设监理费	F
(三)	科研勘察设计费	G
1	工程勘察费	40.55
2	工程设计费	H
2.1	设计费	I

（续表）

序号	项目	项目费用/万元
2.2	施工图预算编制费	J
2.3	竣工图编制费	K
三	预备费	M
四	建设用地费	629.50
五	总投资	N

已知：

① 建设管理费。

参照上海市教育委员会关于转发《财政部关于印发〈基本建设项目建设成本管理规定〉的通知》(沪财建〔2016〕50 号)，建设管理费取费费率见表 12-2。

表 12-2　河道工程建设管理费费率表

计费基数/万元	费率	计费基数/万元	费率
1 000 以下	2.00%	10 000～50 000	1.00%
1 000～5 000	1.50%	50 000～100 000	0.80%
5 000～10 000	1.20%	100 000 以上	0.40%

注：计费基数：扣除建设用地费及建设单位管理费本身。

② 前期工作费。

前期工作费的计算：按工程费用的 0.5%～2%二级累进计算。

工程费用 1 500 万元以内，按 2%；

工程费用 3 000 万元以内，按 2%及 1.5%二级累进；

工程费用 3 000 万元以上，10 000 万元以内，按 3 000 万元乘以 1.5%及 3 000 万元以上部分乘以 1.0%二级累进；

工程费用 10 000 万元以上，按 10 000 万元以内乘以 1.0%，10 000 万元以上部分乘以 0.5%二级累进。

③ 施工场地准备费：按工程费用的 0.5%～2%二级累进计算。

工程费用 1 500 万元以内，按 2%累进；

工程费用 3 000 万元以内，按 2%及 1.5%二级累进；

工程费用 3 000 万元以上，10 000 万元以内，按 3 000 万元乘以 1.5%及 3 000 万元以上部分乘以 1.0%二级累进；

工程费用 10 000 万元以上，按 10 000 万元以内乘以 1.0%，10 000 万元以上部分乘以 0.5%二级累进。

④ 工程建设监理费。

工程建设监理费采用的计算公式为：

工程建设监理费＝监理费收费基价×专业调整系数×复杂程度调整系数×附加调整系数

本工程监理费专业调整系数为 0.9，复杂程度调整系数为 1.0，附加调整系数为 1.0。

参照《建设工程监理与相关服务收费管理规定》(发改价格〔2007〕670 号)，监理费收费基价见表 12-3。

表 12-3　监理费收费基价表

工程费用额/万元	收费基价/万元	工程费用额/万元	收费基价/万元
500	16.50	60 000	991.40
1 000	30.10	80 000	1 255.80
3 000	78.10	100 000	1 507.00
5 000	120.80	200 000	2 712.50
8 000	181.00	400 000	4 882.60
10 000	218.60	600 000	6 835.60
20 000	393.40	800 000	8 658.40
40 000	708.20	1 000 000	10 390.10

注:收费基价采用插值法计算。

⑤ 设计费。

设计费采用的计算公式为:

设计费＝设计费收费基价×专业调整系数×复杂程度调整系数×附加调整系数

本工程设计费专业调整系数为 0.8，复杂程度调整系数为 1.0，附加调整系数为 1.0。

参照《工程勘察设计收费标准》(2002 年修订版)，设计费收费基价见表 12-4。

表 12-4　设计费收费基价表

工程费用额/万元	收费基价/万元	工程费用额/万元	收费基价/万元
200	9.00	60 000	1 515.20
500	20.90	80 000	1 960.10
1 000	38.80	100 000	2 393.40
3 000	103.80	200 000	4 450.80
5 000	163.90	400 000	8 276.70
8 000	249.60	600 000	11 897.50
10 000	304.80	800 000	15 391.40
20 000	566.80	1 000 000	18 793.80
40 000	1 054.00	2 000 000	34 948.90

注:收费基价采用插值法计算。

⑥ 施工图预算编制费。

施工图预算编制费＝设计费×10%

⑦ 竣工图编制费。

竣工图编制费＝设计费×8%

$$预备费 = (工程费用 + 独立费用) \times 5\%$$

(二) 问题

(1) 计算该工程前期工作费 D、施工场地准备费 E、工程建设监理费 F、工程设计费 H。

(2) 计算该工程基本预备费 M、工程总投资 N。

以上计算结果均保留两位小数。

(三) 分析

本案例考核项目类型的划分、水利工程总投资构成与工程部分造价构成。水利工程概算项目划分为工程部分、建设征地移民补偿、环境保护工程、水土保持工程四部分。

本工程属于河道工程中的河湖整治工程，基本工程费用、景观工程费用已知，因此关键需求解工程部分投资。工程部分投资又包括建筑工程投资、机电设备及安装工程投资、金属结构设备及安装工程投资、施工临时工程投资、独立费用和预备费。

独立费用包括：建设单位管理费、前期工作费、招标代理费、工程量清单编制费、施工场地准备费、工程建设监理费、工程勘察费、工程设计费。

(四) 答案

1. 问题(1)的参考答案

解： 首先计算本项目建设工程费用 $A = 1\,755.22 + 4.30 = 1\,759.52$ 万元：根据河道工程建设管理费费率表可知：

前期工作费 $D = 1\,500 \times 2\% + (1\,759.52 - 1\,500) \times 1.5\% = 33.89$(万元)

施工场地准备费 $E = 1\,500 \times 2\% + (1\,759.52 - 1\,500) \times 1.5\% = 33.89$(万元)

根据内插法可知：

工程建设监理费 $F = [(78.1 - 30.1)/(3\,000 - 1\,000) \times (1\,759.52 - 1\,000) + 30.1] \times 0.9 \times 1.0 \times 1.0 = 43.50$(万元)

根据内插法可知：

设计费 $I = [(103.8 - 38.8)/(3\,000 - 1\,000) \times (1\,759.52 - 1\,000) + 38.80] \times 0.8 \times 1.0 \times 1.0 = 50.79$(万元)

施工图预算编制费 $J = 设计费 \times 10\% = 5.08$(万元)

竣工图编制费 $K = 设计费 \times 8\% = 4.06$(万元)

则工程设计费 $H = 50.79 + 5.08 + 4.06 = 59.93$(万元)

2. 问题(2)的参考答案

解： 该工程独立费用 $B = 建设单位管理费 + 前期工作费 + 招标代理费 + 工程量清单编制费 + 施工场地准备费 + 工程建设监理费 + 工程勘察费 + 工程设计费 = 36.32 + 33.89 + 9.93 + 5.62 + 33.89 + 43.50 + 40.55 + 59.93 = 263.63$(万元)

预备费 $M = (工程费用 + 独立费用) \times 5\% = (1\,759.52 + 263.63) \times 5\% = 101.16$(万元)

工程总投资 $N = 工程费用 + 独立费用 + 预备费 + 建设用地费 = 1\,759.52 + 263.63 + 101.16 + 629.50 = 2\,753.81$(万元)

初步设计概算见表 12-5。

表 12-5　初步设计概算部分成果表(节选)

序号	项目	项目费用/万元
一	工程费用	1 759.52
1	河道工程费用	1 755.22
2	景观工程费用	4.30
二	独立费用	263.63
(一)	建设管理费	119.65
1	建设单位管理费	36.32
2	前期工作费	33.89
3	招标代理费	9.93
4	工程量清单编制费	5.62
5	施工场地准备费	33.89
(二)	工程建设监理费	43.50
(三)	科研勘察设计费	100.48
1	工程勘察费	40.55
2	工程设计费	59.93
2.1	设计费	50.79
2.2	施工图预算编制费	5.08
2.3	竣工图编制费	4.06
三	预备费	101.16
四	建设用地费	629.50
五	总投资	2 753.81

二、泵闸工程设计概算案例分析

(一) 背景

某市一圩区为保护水环境,保证水质稳定,沟通畅活水系,拟建一个河道港口延伸工程,本工程主要工程内容有:新建护岸 3.85 km,新建桥梁 14 座,新建泵闸 1 座,平面布置采用“泵+闸”方案,水闸为 3 孔,单孔净宽 8 m,闸宽 33 m;泵站总流量为 60 m^3/s。

该工程目前正处于初步设计阶段。现根据《上海市水利工程设计概(估)算编制规定》(DB31 SW/Z009—2021)编制本项目的设计概算,工程总概算表中的部分费用如表 12-6 所示。

表 12-6　工程总概算表(节选)

序号	工程或费用名称	建安工程费/万元	设备购置费/万元	其他费用/万元	合计/万元	技术经济指标		
						单位	数量	单价/元
一	**工程费用**	***A***	***B***		**38 058.33**			
1	土方工程	10 500.00			10 500.00			
2	泵闸工程	*C*	*D*		*E*			
2.1	建筑工程	8 625.05			8 625.05			
(1)	水闸段	1 251.99			1 251.99			
(2)	泵房段	7 373.06			7 373.06			
2.2	机电设备及安装工程	*F*	*G*		*H*			
(1)	主机泵设备工程	201.49	1 679.04		1 880.53			
(2)	电气设备工程	141.31	942.06		1 083.37			
(3)	仪表自控设备工程	40.80	272.00		312.80			
(4)	通风和空调设备	4.77	31.80		36.57			
2.3	金属结构及安装工程	*I*	*J*		*K*			
2.4	临时工程	*L*			*L*			
3	塘堤工程	1 223.04			1 223.04			
4	河道工程	*M*			*M*			
4.1	新建仿木桩护岸	*M*			*M*	m	3 850	8 750.30
5	桥梁工程	1 138.55			1 138.55			
5.1	新建桥梁	1 138.55			1 138.55			
6	房屋建筑工程	832.71			832.71			
6.1	管理用房建筑	832.71			832.71			
二	**独立费用**			***N***	***N***			
(一)	建设管理费							
1	项目建设管理费			420.58	420.58			
2	前期工作费			347.69	347.69			
3	招标代理费			154.64	154.64			
(二)	工程建设监理费			677.64	677.64			
(三)	科研勘察设计费							
1	工程勘察费			*P*	*P*			
2	工程设计费			805.36	805.36			

（续表）

序号	工程或费用名称	建安工程费/万元	设备购置费/万元	其他费用/万元	合计/万元	技术经济指标		
						单位	数量	单价/元
（四）	联合试运转费			Q	Q			
三	**预备费用**			$\boldsymbol{R}$	$\boldsymbol{R}$			
四	**工程总投资**				$\boldsymbol{S}$			

已知：

(1) 本项目金属结构及安装工程费用的组成为设备费与安装费，金属结构工程设备购置费的单价如表 12-7 所示。

表 12-7　金属结构设备及安装费用表(节选)

编号	设备名称及规格	单位	数量	单价/元	
				设备费	安装费
1	钢闸门	t	226.6	25 000	
2	闸门埋件	t	143.5	18 000	
3	固定拦污栅 5.54/5.7×6.0(孔宽×孔高)	t	38	15 000	
4	拦污栅槽	t	8	12 000	
5	液压启闭机 QPPY-II-2×160 KN-5.2 m	台套	3	440 000	
6	液压启闭机 QPPY-II-2×160 KN-4.6 m	台套	4	410 000	
7	快速液压启闭机 QPKY-2×160 KN-3.7 m	台套	8	410 000	
8	液压集成系统	套	2	500 000	
9	HQ-A 回转式清污机 5.15/5.3×6.0(孔宽×孔高)	台套	4	345 000	
10	HQ-A 回转式清污机埋件 Q345+Q235	t	6	18 000	
11	水平 SPW 皮带输送机 带宽 800 mm	m	27	5 000	
12	污物运输小车 载重量 2 t	台	2	50 000	
13	外露部位防腐件	m^2	6 130	200	
14	埋入混凝土部位防腐件	m^2	2 280	100	
15	牺牲阳极	t	15	50 000	

(2) 本项目独立费用包括项目建设管理费、前期工作费、工程监理费、勘察设计费、招标代理费以及联合试运转费。其中，本工程建设单位管理费为 420.58 万元，前期工作费为 347.69 万元，工程监理费为 677.64 万元，招标代理费为 154.64 万元，工程设计费为 805.36 万元；工程勘察费收费基价按照表 12-8 计取，勘察费 = 收费基价 × 专业系数 × 复杂系数 × 附加调整系数(本工程勘察费专业系数、复杂系数、附加调整系数均为 0.9)；联合试运转费用为本工程设备费的 1.0%。

表 12-8 勘察费收费基价表

工程费用额/万元	收费基价/万元	工程费用额/万元	收费基价/万元
200	9.00	60 000	1 515.20
500	20.90	80 000	1 960.10
1 000	38.80	100 000	2 393.40
3 000	103.80	200 000	4 450.80
5 000	163.90	400 000	8 276.70
8 000	249.60	600 000	11 897.50
10 000	304.80	800 000	15 391.40
20 000	566.80	1 000 000	18 793.80
40 000	1 054.00	2 000 000	34 948.90

注:收费基价采用插值法计算。

(3) 本工程项目预备费用按照工程费用与独立费用之和的 5%计取。

(二) 问题

(1) 已知本项目河道工程内容新建仿木桩护岸工程的单价为 8 750.30 元/m。求本项目河道工程的总费用 M。

(2) 计算该泵闸工程的金属结构设备费 I 及安装费用 J(金属结构工程的安装费用以设备费的 12%计取),并补充表 12-9。

表 12-9 金属结构设备及安装费用表(节选)

编号	设备名称及规格	单位	数量	单价/元		合计/万元	
				设备费	安装费	设备费	安装费
1							
…							

(3) 根据已知条件计算本项目的泵闸工程费用 E、机电设备及安装工程费用 H 及临时工程费用 L。

(4) 已知本项目的工程费用为 38 058.33 万元,计算本工程的独立费用 N、预备费用 R 以及工程总投资 S,并补充工程总概算表。

以上计算结果均保留两位小数。

(三) 分析

工程部分投资包括建筑工程投资、机电设备及安装工程投资、金属结构设备及安装工程投资、施工临时工程投资、独立费用和预备费。其中建筑工程由主体建筑工程、交通工程、房屋建筑工程、供电设施工程和其他建筑工程组成。施工临时工程包括围堰导流工程。

工程机电设备及安装工程指构成工程固定资产的全部机电设备及安装工程。

(1) 泵站设备及安装工程。包括水泵、电动机、主阀、起重设备、水力机械辅助设备、电气设备等设备及安装工程。

(2) 水闸设备及安装工程。包括电气一次设备及电气二次设备及安装工程。

(3) 电站设备及安装工程。其组成内容可参照枢纽工程的发电设备及安装工程和升压变电设备及安装工程。

(4) 供变电设备及安装工程。包括供电、变配电设备及安装工程。

(5) 公用设备及安装工程。包括通信设备、通风采暖设备、机修设备、计算机监控系统、工业电视系统、管理自动化系统、全厂接地及保护网，坝(闸、泵站)区供水、排水、供热设备，水文、泥沙监测设备，水情自动测报系统设备，视频安防监控设备，安全监测设备，消防设备，劳动安全与工业卫生设备，交通设备等设备及安装工程。

金属结构设备及安装工程指构成枢纽工程、引水工程和河道工程固定资产的全部金属结构设备及安装工程。包括闸门、启闭机、拦污设备、升船机等设备及安装工程，水电站(泵站等)压力钢管制作及安装工程和其他金属结构设备及安装工程。

本案例重点考察工程部分造价构成以及机电设备与金属结构设备费用的构成。设备工程的费用＝单位数量×单价，相应安装费用＝设备购置费×安装费率。泵站部分及闸门部分的设备及安装费用为其所有子项费用之和。

已知本工程泵闸工程费用＝建筑工程费用＋机电设备及安装工程费用＋金属结构及安装工程费用＋临时工程费用，则可得出临时工程费用＝主体工程费用－建筑工程费用－机电设备及安装工程费用－金属结构及安装工程费用。相应独立费用可根据题目给出的已知内容求得。

(四) 答案

1. 问题(1)的参考答案

解：本项目护岸工程的总费用＝3 850×8 750.30/10 000＝3 368.87(万元)，即河道工程总费用 M 为 3 368.87 万元。

2. 问题(2)的参考答案

解：已知设备费合计＝设备费单价×数量，安装费合计＝设备费×12%，本工程金属结构设备及安装费用表计算如表 12-10 所示。

表 12-10　金属结构设备及安装费用表(节选)

编号	设备名称及规格	单位	数量	单价/元		合计/万元	
				设备费	安装费	设备费	安装费
1	钢闸门	t	226.6	25 000	3 000.00	566.50	67.98
2	闸门埋件	t	143.5	18 000	2 160.00	258.30	31.00
3	固定拦污栅 5.54/5.7×6.0(孔宽×孔高)	t	38	15 000	1 800.00	57.00	6.84
4	拦污栅槽	t	8	12 000	1 440.00	9.60	1.15
5	液压启闭机 QPPY-Ⅱ-2×160 KN-5.2 m	台套	3	440 000	52 800.00	132.00	15.84

（续表）

编号	设备名称及规格	单位	数量	单价/元		合计/万元	
				设备费	安装费	设备费	安装费
6	液压启闭机 QPPY-Ⅱ-2×160 KN-4.6 m	台套	4	410 000	49 200.00	164.00	19.68
7	快速液压启闭机 QPKY-2×160 KN-3.7 m	台套	8	410 000	49 200.00	328.00	39.36
8	液压集成系统	套	2	500 000	60 000.00	100.00	12.00
9	HQ-A 回转式清污机 5.15/5.3×6.0(孔宽×孔高)	台套	4	345 000	41 400.00	138.00	16.56
10	HQ-A 回转式清污机埋件 Q345+Q235	t	6	18 000	2 160.00	10.80	1.30
11	水平 SPW 皮带输送机 带宽 800 mm	m	27	5 000	600.00	13.50	1.62
12	污物运输小车 载重量 2 t	台	2	50 000	6 000.00	10.00	1.20
13	外露部位防腐件	m^2	6 130	200	24.00	122.60	14.71
14	埋入混凝土部位防腐件	m^2	2 280	100	12.00	22.80	2.74
15	牺牲阳极	t	15	50 000	6 000.00	75.00	9.00

可知：

该泵闸工程的金属结构设备费 $I=$ 566.50＋258.30＋57.00＋9.60＋132.00＋164.00＋328.00＋100.00＋138.00＋10.80＋13.50＋10.00＋122.60＋22.80＋75.00＝ 2 008.10(万元)

该泵闸工程的金属结构安装工程费用 $J=$2 008.10×12%＝240.97(万元)

则：

该泵闸工程的金属结构设备及安装总费用 $K=$2 008.10＋240.97＝2 249.07(万元)

3. 问题(3)的参考答案

解：据题可知泵闸工程费用：

$E=$工程费用－土方工程费用－堤塘工程费用－河道工程费用－桥梁工程费用－房屋建筑工程费用＝38 058.33－10 500.00－1 223.04－3 368.87－1 138.55－832.71＝20 995.16(万元)

机电设备及安装工程费用：

$H=$主机泵设备工程费用＋电气设备工程＋仪表自控设备工程＋通风和空调设备＝1 880.53＋1 083.37＋312.80＋36.57＝3 313.27(万元)

则临时工程费用：

$L=$泵闸工程费用－建筑工程费用－机电设备及安装工程费用－金属结构及安装工程费用＝20 995.16－8 625.05－3 313.27－2 249.07＝6 807.77(万元)

4. 问题(4)的参考答案

解：根据内插法可知，

勘察费P=[(1 054－566.8)/(40 000－20 000)×(38 058.33－20 000)+566.8]×0.9×0.9×0.9=733.88(万元)

联合试运转费Q=(机电设备费+金属结构设备费)×1%=(1 679.04+942.06+272+31.8+2 008.10)×1%=49.33(万元)

则，

独立费用N=项目建设管理费+前期工作费+工程建设监理费+工程勘察费+工程设计费+招标代理费+联合试运转费=420.58+347.69+677.64+733.88+805.36+154.64+49.33=3 189.12(万元)

预备费R=(工程费用+独立费用)×5%=(38 058.33+3 189.12)×5%=2 062.37(万元)

则

工程总投资S=工程费用+独立费用+预备费用=38 058.33+3 189.12+2 062.37=43 309.82(万元)

因此，补充工程总概算表见表 12-11。

表 12-11　工程总概算表(节选)

序号	工程或费用名称	建安工程费(万元)	设备购置费(万元)	其他费用(万元)	合计(万元)	技术经济指标		
						单位	数量	单价(元)
一	**主体工程费用**	**33 125.33**	**4 933.00**		**38 058.33**			
1	土方工程	10 500.00			10 500.00			
2	泵闸工程	16 062.16	4 933.00		20 995.16			
2.1	建筑工程	8 625.05			8 625.05			
(1)	水闸段	1 251.99			1 251.99			
(2)	泵房段	7 373.06			7 373.06			
2.2	机电设备及安装工程	388.37	2 924.90		3 313.27			
(1)	主机泵设备工程	201.49	1 679.04		1 880.53			
(2)	电气设备工程	141.31	942.06		1 083.37			
(3)	仪表自控设备工程	40.80	272.00		312.80			
(4)	通风和空调设备	4.77	31.80		36.57			
2.3	金属结构及安装工程	240.97	2 008.10		2 249.07			
2.4	临时工程	6 807.77			6 807.77			
3	塘堤工程	1 223.04			1 223.04			
4	河道工程	3 368.87			3 368.87			
4.1	新建仿木桩护岸	3 368.87			3 368.87	m	3 850	8 750.30
5	桥梁工程	1 138.55			1 138.55			

（续表）

序号	工程或费用名称	建安工程费（万元）	设备购置费（万元）	其他费用（万元）	合计（万元）	技术经济指标		
						单位	数量	单价(元)
5.1	新建桥梁	1 138.55			1 138.55			
6	房屋建筑工程	832.71			832.71			
6.1	管理用房建筑	832.71			832.71			
二	**独立费用**			**3 189.12**	**3 189.12**			
（一）	建设管理费			922.91	922.91			
1	项目建设管理费			420.58	420.58			
2	前期工作费			347.69	347.69			
3	招标代理费			154.64	154.64			
（二）	工程建设监理费			677.64	677.64			
（三）	科研勘察设计费			1 539.24	1 539.24			
1	工程勘察费			733.88	733.88			
2	工程设计费			805.36	805.36			
（四）	联合试运转费			49.33	49.33			
三	**预备费用**			**2 062.37**	**2 062.37**			
四	工程总投资				43 309.82			

第二节　水利工程预算编制应用

一、防汛墙工程施工图预算案例分析

（一）背景

某市一圩区为确保区域防汛安全，拟设计一个防汛墙新建工程，通过加固改造防汛墙、墙前保滩、重建防汛道路、恢复绿化、布置监控措施等工程措施，消除安全隐患，提高防汛除涝能力。

该新建防汛墙工程为Ⅱ等工程。该工程某一岸段的防汛墙长度为 285 m，每 15 m 为一标准节段，防汛墙断面主要设计为前板桩（15 m）后方桩（15 m）钢筋混凝土挡墙。防汛墙断面图如图 12-1。

以下为该防汛墙断面钢筋混凝土挡墙配筋图（图 12-2）以及一个标准节段的钢筋表（表 12-12）。

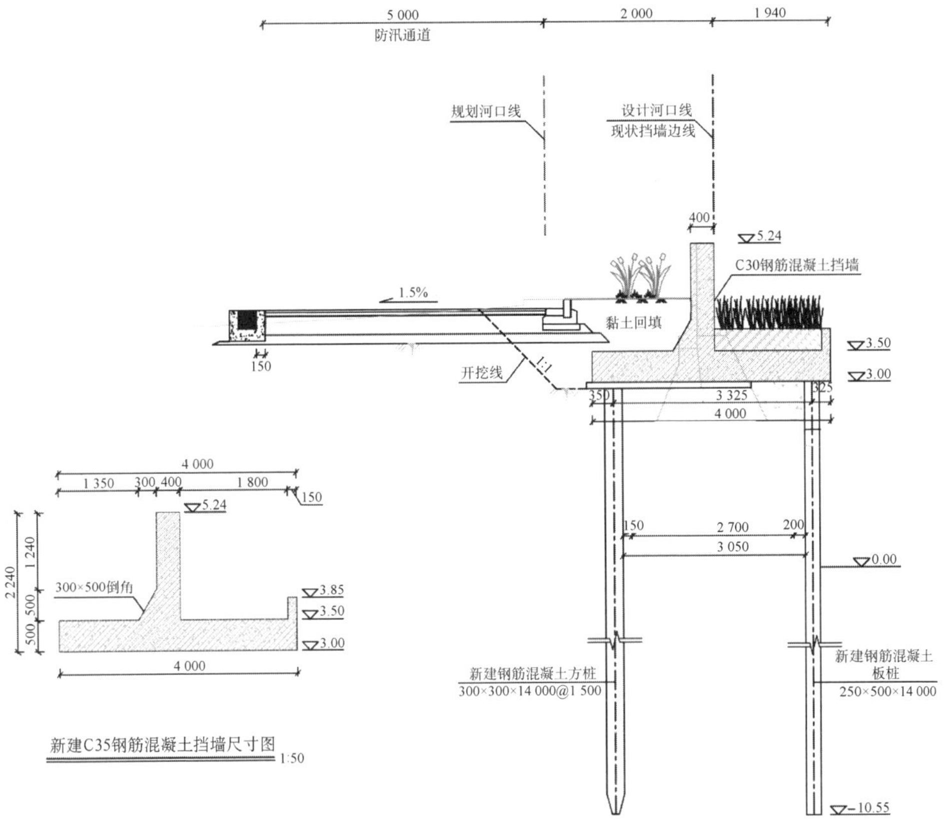

图 12-1　防汛墙断面图(mm)

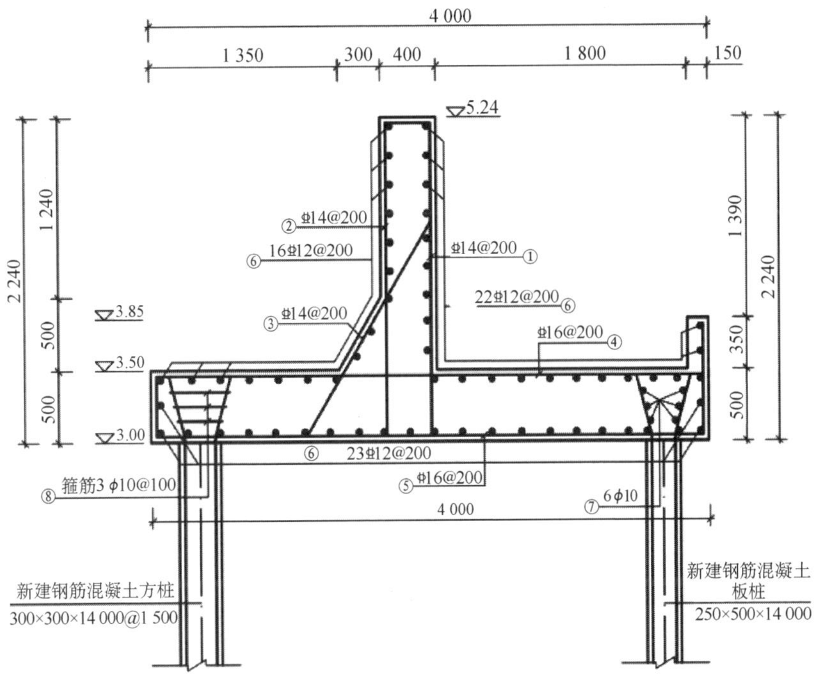

图 12-2　防汛墙挡墙配筋图(mm)

表 12-12　新建防汛墙钢筋表(15 m 标准段)

钢筋编号	型式	规格	单根长/mm	数量	总长/m
①	320 140 2 350	Φ14	2 810	75	210.75
②	2 350	Φ14	2 350	75	176.25
③	1 730	Φ14	1 730	75	129.75
④	3 900	Φ16	3 900	75	292.5
⑤	160 400 750 3 900	Φ16	5 210	75	390.75
⑥	150 80 14 920 150 80	Φ12	15 380	61	938.18
⑦	150 80 14 920 150 80	Φ10	15 380	6	92.28
⑧	箍筋边长320~420	Φ10	1 580	30	47.40

(二) 问题

(1) 该新建防汛墙工程为Ⅱ等工程,试说明本工程的主要建筑物的级别、次要建筑物的级别与该护岸工程的合理使用年限。

(2) 根据案例提供的背景信息,按水利工程工程量清单计价规范相关规定,计算本工程防汛墙桩基础工程方桩与板桩的工程量。

(3) 根据案例提供的背景信息,按水利工程工程量清单计价规范相关规定,计算本工程防汛墙混凝土和钢筋的工程量,并根据表 12-13 中给出的钢筋单位重量计算出本工程防汛挡墙的钢筋总重量。

表 12-13　钢筋材料表

规格	总长度/m	单位重/(kg/m)	总重/t
ϕ10		0.617	
ϕ12		0.888	
ϕ14		1.210	
ϕ16		1.580	

(4) 已知根据 2024 年 7 月份信息价,钢筋混凝土板桩单价 2 754.98 元/m^3,钢筋混凝土方桩单价 1 983.35 元/m^3,C30 混凝土单价 586.00 元/m^3,Φ10～Φ18 钢筋单价均为 3 986.00 元/t。请计算本防汛墙工程桩基础以及挡墙混凝土、钢筋的材料总价(单位:万元)。

以上计算结果均保留两位小数。

(三) 分析

根据《水利水电工程合理使用年限及耐久性设计规范》SL 654—2014 可知,Ⅱ等工程的主要建筑物为 2 级水工建筑物，次要建筑物级别为 3 级水工建筑物，堤防护岸工程的 2 级水工建筑物合理使用年限为 50 年。

本工程为防汛墙护岸工程，方桩桩长 15 m，间距为 1.5 m，因此方桩的混凝土工程量的计算思路为：先计算出单根方桩的混凝土工程量，再计算出此护岸工程中方桩数量，最后相乘，得出方桩工程的混凝土总量。板桩桩长 15 m，为密排桩，因此板桩的混凝土工程量的计算思路可为：先计算出单根板桩的混凝土工程量，再计算出中此护岸工程中板桩数量，最后相乘，得出板桩工程的混凝土总量；也可先计算出每延米护岸工程板桩混凝土工程量，后乘以护岸延米数得出板桩混凝土工程总量。

本工程防汛墙混凝土工程的工程量计算思路同上，可先计算出防汛墙混凝土工程的断面面积，后乘以护岸延米数得出。

根据该工程防汛墙配筋图可知，该防汛墙配筋共包含①号～⑧号 8 种型式的钢筋，可根据"每种型号的钢筋长度×该型号钢筋根数×该型号钢筋的单位重量"先计算出每延米护岸中每种型号的钢筋量，最终将各型号钢筋量相加并乘以护岸延米数得出一级防汛墙钢筋总工程量。

本防汛墙工程桩基础以及挡墙混凝土、钢筋的材料总价可根据材料单价乘以相应的工程量得出。

（四）答案

1. 问题(1)的参考答案

答：本工程的主要建筑物级别为 2 级，次要建筑物级别为 3 级，合理使用年限为 50 年。

2. 问题(2)的参考答案

解：(1) 方桩基础的工程量计算方法：根据防汛墙断面图可知，每根方桩边长为 0.3 m，桩长 15 m，两根方桩之间的间距为 1.5 m，设计岸线全长 285 m。计算方桩数量：

$n_1 = 285/1.5 + 1 = 191$(根)

每根方桩工程量 $= 0.3 \times 0.3 \times 15 = 1.35$($m^3$)

则

方桩工程量共计 $= 191 \times 1.35 = 257.85$($m^3$)

(2) 板桩基础的一种工程量计算方法：根据防汛墙断面图可知，每块板桩边宽 0.25 m，纵宽 0.5 m，桩长 15 m，密排布置，设计岸线全长 285 m。

板桩数量 $n_2 = 285/0.5 = 570$(根)

每根板桩工程量为 $0.25 \times 0.5 \times 15 = 1.875$($m^3$)

则

板桩工程量共计 $= 570 \times 1.875 = 1\,068.75$($m^3$)

板桩基础的另一种工程量计算方法：根据防汛墙断面图可知，每块板桩边宽 0.25 m，桩长 15 m，密排布置。

每延米板桩工程量 $= 0.25 \times 15 = 3.75$(m^3)

设计岸线全长 285 m，则

板桩工程量共计 $= 3.75 \times 285 = 1\,068.75$($m^3$)

3. 问题(3)的参考答案

解: (1) 根据防汛墙断面图可知,防汛墙混凝土工程截面面积

$A_1=0.5\times4+0.35\times0.15+(0.3\times0.5)/2+0.4\times1.74=2.82(m^2)$

设计岸线全长 285 m,则

该防汛墙混凝土工程量共计 $=2.82\times285=803.70(m^3)$

(2) 钢筋量计算如下。

①号钢筋为 ϕ14 号钢筋,每根全长 2.81 m,间距为 0.2 m,则

①号钢筋总根数 $n_1=285/0.2+1=1\ 426$(根)

①号钢筋总长度 $L_1=2.81\times1\ 426=4\ 007.06$(m)

①号钢筋总工程量 $=4\ 007.06\times1.210/1\ 000=4.85$(t)

②号钢筋 ϕ14 号钢筋,每根全长 2.35 m,间距为 0.2 m,则

②号钢筋总根数 $n_2=285/0.2+1=1\ 426$(根)

②号钢筋总长度 $L_2=2.35\times1\ 426=3\ 351.10$(m)

②号钢筋总工程量 $=3\ 351.10\times1.210/1\ 000=4.05$(t)

③号钢筋为 ϕ14 号钢筋,每根全长 1.73 m,间距为 0.2 m,则

③号钢筋总根数 $n_3=285/0.2+1=1\ 426$(根)

③号钢筋总长度 $L_3=1.73\times1\ 426=2\ 466.98$(m)

③号钢筋总工程量 $=2\ 466.98\times1.210/1\ 000=2.99$(t)

④号钢筋为 ϕ16 号钢筋,每根全长 3.90 m,间距为 0.2 m,则

④号钢筋总根数 $n_4=285/0.2+1=1\ 426$(根)

④号钢筋总长度 $L_4=3.9\times1\ 426=5\ 561.40$(m)

④号钢筋总工程量 $=5\ 561.40\times1.580/1\ 000=8.79$(t)

⑤号钢筋为 ϕ16 号钢筋,每根全长 5.21 m,间距为 0.2 m,则

⑤号钢筋总根数 $n_5=285/0.2+1=1\ 426$(根)

⑤号钢筋总长度 $L_5=5.21\times1\ 426=7\ 429.46$(m)

⑤号钢筋总工程量 $=7\ 429.46\times1.580/1\ 000=11.74$(t)

⑥号钢筋为 ϕ12 号钢筋,每根钢筋长度为一标准节段 15.38 m,断面配筋图⑥号钢筋中共有 61 根,则

⑥号钢筋总根数 $n_6=61\times285/15=1\ 159$(根)

⑥号钢筋总长度 $L_6=15.38\times1\ 159=17\ 825.42$(m)

⑥号钢筋总工程量 $=17\ 825.42\times0.888/1\ 000=15.83$(t)

⑦号钢筋为 ϕ10 号钢筋,每根钢筋长度为一标准节段 15.38 m,断面配筋图⑦号钢筋中共有 6 根,则

⑦号钢筋总根数 $n_7=6\times285/15=114$(根)

⑦号钢筋总长度 $L_7=15.38\times114=1\ 753.32$(m)

⑦号钢筋总工程量 $=1\ 753.32\times0.617/1\ 000=1.08$(t)

⑧号钢筋为 ϕ10 号方桩箍筋,每根方桩上有 3 根,每根钢筋的平均长度为 1.58 m,本工程有方桩总量共计 191 根,则

⑧号钢筋总长度 $L_8=1.58\times3\times191=905.34$(m)

⑧号钢筋每个标准段总量＝905.34×0.617/1 000＝0.56(t)

综上，本防汛墙工程各类钢筋工程的工程量见表 12-14。

表 12-14　工程量

钢筋种类	规格	总长度/m	单位重/(kg/m)	总重/t
①号钢筋	ϕ14	4 007.06	1.210	4.85
②号钢筋	ϕ14	3 351.10	1.210	4.05
③号钢筋	ϕ14	2 466.98	1.210	2.99
④号钢筋	ϕ16	5 561.40	1.580	8.79
⑤号钢筋	ϕ16	7 429.46	1.580	11.74
⑥号钢筋	ϕ12	17 825.42	0.888	15.83
⑦号钢筋	ϕ10	1 753.32	0.617	1.08
⑧号钢筋	ϕ10	905.34	0.617	0.56

则挡墙钢筋材料表见表 12-15。

表 12-15　钢筋材料

规格	总长度/m	单位重/(kg/m)	总重/t
ϕ10	2 658.66	0.617	1.64
ϕ12	17 825.42	0.888	15.83
ϕ14	9 825.14	1.210	11.89
ϕ16	612 990.86	1.580	20.53

4. 问题(4)的参考答案

解：钢筋混凝土板桩总价＝2 754.98×1 068.75/10 000＝294.44(万元)

钢筋混凝土方桩总价＝1 983.35×257.85/10 000＝51.14(万元)

C30 混凝土总价＝586×803.7/10 000＝47.10(万元)

钢筋的材料总价＝3 986×(1.64＋15.83＋11.89＋20.53)/10 000＝19.89(万元)

则

本防汛墙工程的材料总价＝294.44＋51.14＋47.10＋19.89＝412.57(万元)

二、土方疏浚工程案例分析

(一) 背景

某水利工程拟对一条河道的其中一节段(桩号为 K0＋032～K0＋232)进行整治，整治长度为 200 m。图 12-3 所示为该河道 K0＋032、K0＋082、K0＋132、K0＋182、K0＋232 五个桩号的断面套绘图。

桩号K0+032：4.99 m² 疏浚土方　7.86 m² 排除积水

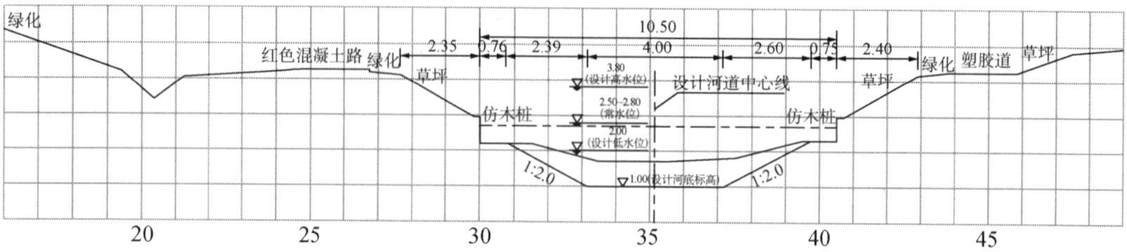

桩号K0+082：2.27 m² 疏浚土方　3.56 m² 排除积水

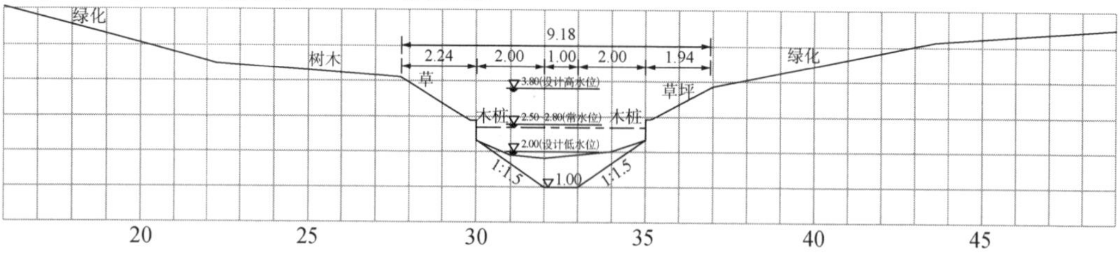

桩号K0+132：2.05 m² 疏浚土方　3.82 m² 排除积水

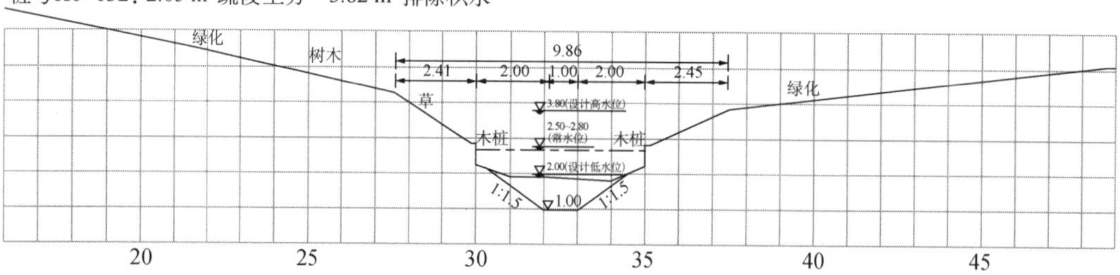

桩号K0+182：2.43 m² 疏浚土方　3.4 m² 排除积水

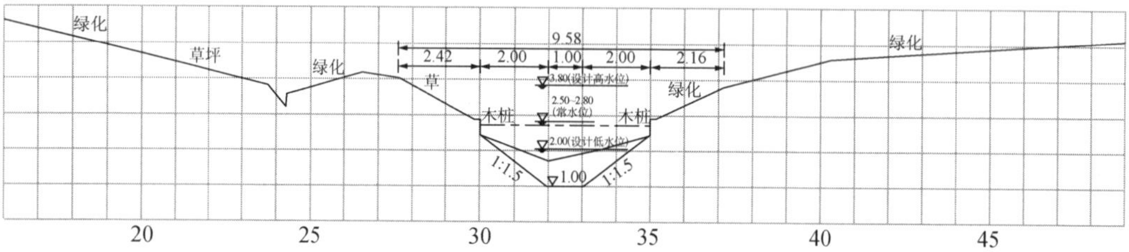

桩号K0+232：1.58 m² 疏浚土方　4.3 m² 排除积水

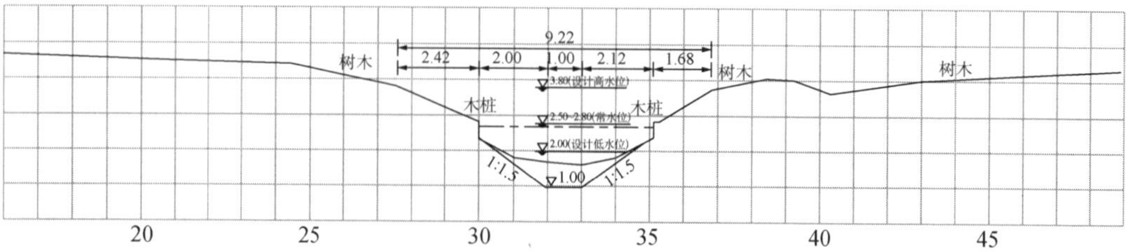

图 12-3　断面套绘图(m)

本工程项目所在地为一般地区，土壤为一级土。河道疏浚采用水力冲挖的方案进行施工,接一台 Φ100 泥浆泵,输泥管线长度为 150 m。根据设计方案,河道疏浚采用水利建筑工程预算定额(2016)计算工程费用,预算定额部分资料见表 12-16。

表 12-16 预算定额部分资料(节选)

定额编号				50-3-2-1	50-3-2-2	50-3-2-3	50-3-2-4
项目			单位	一级土			
				输泥管线长度			
				≤50 m	100 m	150 m	200 m
				10 000 m³	10 000 m³	10 000 m³	10 000 m³
人工	0210105	土方工	工日	27.266 7	29.266 7	31.416 7	33.733 3
机械	99440196	高压水泵 15 kW	组班	65.424 0	70.240 0	75.408 0	80.958 0
	99440250	泥浆泵 ϕ100	台班	65.424 0	70.240 0	75.408 0	80.958 0
	99450910	水枪 ϕ65	组班	65.424 0	70.240 0	75.408 0	80.958 0
	99460230	排泥管 ϕ100×L100 m	百米·班	32.712 0	70.240 0	113.112 0	161.916 0
	其他机械费		%	2.000 0	2.000 0	2.000 0	2.000 0

(二) 问题

(1) 请根据以上断面套绘图计算出本工程的疏浚量。

(2) 已知本次河道疏浚工程套用定额[5-3-2-3]子目,根据 2024 年 7 月水利信息价可知,工料机各单价见表 12-17。

表 12-17 工料机各单价(节选)

项目	编号	项目名称	单位	不含税单价/(元/10 000 m³)	合价/(元/10 000 m³)
人工	0210105	土方工	工日	228	
机械	99440196	高压水泵 15 kw	组班	319.124	
	99440250	泥浆泵 ϕ100	台班	244.596	
	99450910	水枪 ϕ65	组班	577.428	
	99460230	排泥管 ϕ100×L100 m	百米·班	5.95	
	其他机械费		%		
合计					

请根据表 12-17 给出的数据计算选用定额的疏浚单价,并计算该疏浚项目总工程的直接费用,并补充该表格。

(3) 以下为工程费用的构成表,已知本疏浚工程不考虑施工措施费用,请计算本疏浚工程的工程单价合计并补充表 12-18。

表 12-18　工程费用组成(节选)

序号	费用名称	费率	费用(元)
1	直接费		
1.1	其中人工费		
1.2	*A*		
1.3	其中施工机具使用费		
2	零星项目费	30%	
2.1	其中零星项目人工费		
3	*B*		
3.1	其中人工费合计		
4	企业管理费和利润	4.98%	
5	安全文明施工费	1.85%	
6	*C*	9%	
	工程单价合计		

(三) 分析

土方的疏浚、开挖与填筑在水利工程中相当常见,应当熟练掌握其工程量计算方法。本河道疏浚工程长度 232 m,分别有五个桩位断面图,可将河道分为 K0+032~K0+082、K0+082~K0+132、K0+132~K0+182、K0+182~K0+232 四个节段来分别计算疏浚量,每个节段的疏浚量 V =(选取的第一个套绘断面疏浚面积 S_1 + 选取的第二个套绘断面疏浚面积 S_2)/2 × 该节段长度 L。

可知本题选用定额为[50-3-2-3]预算定额。水利工程预算定额单价的计取公式为:

$$\text{定额单价} = \sum(\text{现行预算定额中各种人工用量} \times \text{人工单价}) + \sum(\text{现行预算定额中各种材料耗用量} \times \text{相应材料单价}) + \sum(\text{现行预算定额中各种机械台班用量} \times \text{机械台班单价})$$

本案例着重考核河道整治工程建筑工程费的费用构成以及基础单价和建筑工程单价的编制方法和计算标准。水利工程费用的构成包括直接费、零星项目费、企业管理费和利润、安全防护、文明施工措施费及增值税。在水利工程费用的构成中:

直接费 = 其中人工费 + 其中材料费 + 其中施工机具使用费 + 其中主材费 + 其中设备费

零星项目费 = 直接费 × 直接费率

直接费合计 = 直接费 + 零星项目费

企业管理费和利润 =(其中人工费 + 其中施工机具使用费)× 费率

安全防护、文明施工措施费 = 直接费合计 × 费率

增值税＝（直接费合计＋企业管理费和利润＋安全防护、文明施工措施费）×增值税税率

工程费合计＝直接费合计＋企业管理费和利润＋安全防护、文明施工措施费＋增值税

(四) 解答

1. 问题(1)的参考答案

解： K0＋032～K0＋082 桩号疏浚量＝(4.99＋2.27)/2×(82－32)＝181.5(m^3)

K0＋082～K0＋132 桩号疏浚量＝(2.27＋2.05)/2×(132－82)＝108(m^3)

K0＋132～K0＋182 桩号疏浚量＝(2.05＋2.43)/2×(182－132)＝112(m^3)

K0＋182～K0＋232 桩号疏浚量＝(2.43＋1.58)/2×(232－182)＝100.25(m^3)

则

本工程疏浚量＝181.5＋108＋112＋100.25＝501.75(m^3)

2. 问题(2)的参考答案

解： 土方工费用单价＝31.416 7×228＝7 163.01(元/10 000 m^3)

高压水泵费用单价＝75.408 0×319.124＝24 064.50(元/10 000 m^3)

泥浆泵费用单价＝75.408 0×244.596＝18 444.50(元/10 000 m^3)

水枪费用单价＝75.408 0×577.428＝43 542.69(元/10 000 m^3)

排泥管费用单价＝113.112 0×5.95＝673.02(元/10 000 m^3)

其他机械费单价＝(24 064.50＋18 444.50＋43 542.69＋673.02)×2%＝1 734.49(元/10 000 m^3)

则

[50-3-2-3]定额的疏浚单价＝7 163.01＋24 064.50＋18 444.50＋43 542.69＋673.02＋1 734.49＝95 622.21(元/10 000 m^3)

计算答案见表 12-19。

表 12-19　工料机各单价及合价(节选)

项目	编号	项目名称	单位	原始含量	不含税单价/(元/10 000 m^3)	合价/(元/10 000 m^3)
人工	0210105	土方工	工日	31.416 7	228	7 163.01
机械	99440196	高压水泵 15 kW	组班	75.408 0	319.124	24 064.50
	99440250	泥浆泵 ϕ100	台班	75.408 0	244.596	18 444.50
	99450910	水枪 ϕ65	组班	75.408 0	577.428	43 542.69
	99460230	排泥管 $\phi100\times L100$ m	百米·班	113.112 0	5.95	673.02
	其他机械费		%	2.000 0	1 734.49	1 734.49
合计						95 622.21

则该疏浚工程直接费＝501.75×95 622.21/10 000＝4 797.84(元)

3. 问题(3)的参考答案

解： 水利工程费用的构成包括直接费、零星项目费、企业管理费和利润、安全文明施工

费、施工措施费及增值税。据题所知 A 应为其中材料费、B 为直接费合计、C 为增值税费用；

根据问题(3)的答案，已知本疏浚工程直接费为 4 797.84 元。其中：

人工费 = 7 163.00 × 501.75/10 000 = 359.40(元)

材料费为 0 元。

施工机具使用费 = (24 064.50 + 18 444.50 + 43 542.69 + 673.02 + 1 734.49) × 501.75/10 000 = 4 438.44(元)

零星项目费 = 直接费用 × 3% = 4 797.84 × 3% = 143.94(元)

其中零星项目人工费 = 零星项目费 × 30% = 143.94 × 30% = 43.18(元)

直接费合计 = 直接费 + 零星项目费 = 4 797.84 + 143.94 = 4 941.78(元)

人工费合计 = 其中人工费 + 其中零星项目人工费 = 359.40 + 43.18 = 402.58(元)

企业管理费和利润费用 = (人工费合计 + 其中施工机具使用费) × 4.98% = (402.58 + 4 438.44) × 4.98% = 241.08(元)

安全防护、文明施工措施费 = 直接费合计 × 1.85% = 4 941.78 × 1.85% = 91.42(元)

增值税 = (直接费合计 + 企业管理费和利润 + 安全防护、文明施工措施费) × 9% = (4 941.78 + 241.08 + 91.42 + 0) × 9% = 474.69(元)

则

工程单价合计 = 直接费合计 + 企业管理费和利润 + 安全文明施工费 + 施工措施费 + 增值税 = 4 941.78 + 241.08 + 91.42 + 474.69 = 5 748.97(元)

工程费用的构成经补充后见表 12-20。

表 12-20 工程费用组成(节选)

序号	费用名称	费率	费用/元
1	直接费		4 797.84
1.1	其中人工费		359.40
1.2	其中材料费		0
1.3	其中施工机具使用费		4 438.44
2	零星项目费	3%	143.94
2.1	其中零星项目人工费	30%	43.18
3	直接费合计		4 941.78
3.1	其中人工费合计		402.58
4	企业管理费和利润	4.98%	241.08
5	安全防护、文明施工措施费	1.85%	91.42
6	增值税费	9%	474.69
	工程单价合计		5 748.97

第三节　招投标和工程量清单编制应用

一、防洪排涝工程施工招投标案例分析

(一) 背景

某项目法人单位作为招标人对某防洪排涝工程进行招标，主要水工建筑物等级为2级，工程可行性研究报告已经批复，初步设计批复和概算报审稿已经提交尚未批复。为了能在下一个汛前提前完工，招标人采用公开招标的方式进行施工招标。

招标过程中有以下主要内容。

(1) 2023年11月1日在中国采购与招标网上发布了该项目的施工招标公告，其内容如下。

① 招标项目的名称、内容、范围、规模和资金来源；

② 投标人应具备水利水电工程施工总承包二级及以上资质，且近两年在本地获得过优质工程奖，本项目不接受联合体投标；

③ 获得资格预审文件的时间、方式；

④ 递交资格预审文件的截止时间、方式；

⑤ 招标人的名称、地址、联系人及联系方式；

⑥ 评标标准。

(2) 2023年12月1日招标人向通过资格预审的A、B、C、D、E、F、G等7家资格预审申请人发售了招标文件，各投标人按照招标人的要求，在领取招标文件的同时提交了投标保函，并在同一张表格上进行了登记签收。

(3) 2023年12月5日，为提高工作效率，招标单位组织通过资格预审的7家单位一同到现场踏勘，介绍了现场的进场道路和周边情况。

(4) 经过严格评审，最终确定排名第一的A为中标候选人，按规定进行了公示并下发了中标通知书，中标候选人A以投标报价过低为由，迟迟不愿签订合同，要求提高合同价格。

(二) 问题

(1) 本项目的招标条件是否具备？请说明理由。

(2) 本项目的招标公告发布媒介是否妥当？请说明理由。

(3) 资格预审公告中的各项内容是否妥当？对不妥之处说明理由。

(4) 指出招标人在发售招标文件及组织踏勘过程中的不妥之处，并说明理由。

(5) 中标候选人的做法是否妥当？请说明理由。

(三) 分析

本题主要考查招标公告的新旧发布媒介的区别，水利水电工程招标项目的施工资质的

确定，限制和排除潜在投标人的表现形式，以及招标人要在招标环节注意对于投标人信息的保密。《招标公告和公示信息发布管理办法》(国家发展和改革委员会令第 10 号)规定，从 2018 年 1 月 1 日开始，依法必须招标项目的招标公告和公示信息应当在“中国招标投标公共服务平台”或者项目所在地省级电子招标投标公共服务平台发布，同时以前“中国采购与招标网”已失去招标公告法定发布媒体的效力。在招标公告中不能将当地是否获过奖项作为资格条件，是对潜在投标人的歧视、限制条件。评标标准是招标文件的组成部分，不应该出现在资格预审公告中。本项目的水工建筑物等级为 2 级，水利水电工程施工总承包二级及以上资质过低，故应为水利水电工程施工总承包一级及以上资质。发放招标文件时，注意分别签收，有条件的地区建议最好用网上下载方式，发放招标文件，这样能最大程度对潜在投标人的信息进行保密。最低评标价法是根据投标价和其他评审因素转为价格后的综合评审价的高低进行排序推荐中标候选人的。根据《最高人民法院关于审理建设工程施工合同纠纷案件适用法律问题的解释(二)》有关规定，背离合同实质性内容，并以变相降低工程价款为目的的各种做法，均不予支持。

(四) 答案

1. 问题(1)的参考答案

答：本项目初步设计及概算尚未批复，不具备招标条件。

根据《工程建设项目施工招标投标办法》第八条，依法必须招标的工程建设项目，应当具备“初步设计及概算应当履行审批手续的且已经批准”的条件才能进行施工招标。本项目初步设计及概算尚未批复，不具备招标条件。

2. 问题(2)的参考答案

答：招标公告发布的媒介不妥。

根据《招标公告和公示信息发布管理办法》，2018 年 1 月 1 日起，法定网络发布招标公告的媒介已经变更为“中国招标投标公共服务平台”，而不是之前的“中国采购与招标网”。

3. 问题(3)的参考答案

答：资质要求不妥当。

本项目的水工建筑物等级为 2 级，根据《建筑业企业资质标准》，水利水电工程施工总承包一级及以上资质才具备承担施工任务的能力，水利水电工程施工总承包二级的资质要求明显不满足规定。在招标公告中将是否获过奖项作为资格条件，限制或歧视潜在投标人的做法，应予以删除。将评标标准放入资格预审公告不妥当，评标标准是招标文件的组成部分，并不是资格预审公告的必要组成部分。

4. 问题(4)的参考答案

答：各投标人在同一张表格尚进行了登记签收不妥当。这有可能泄露其他潜在投标人的名称和数量等信息，作为招标人不得将已获取招标文件的潜在投标人的名称和数量等相关信息泄露给其他投标人。

各投标人按照招标人的要求，在领取招标文件的同时提交了投标保函不妥当。因为潜在的投标人购买招标文件后是否投标，招标人并无权干涉，这是投标人的自主权利。招标人只能依法要求投标人在递交投标文件时或在投标截止时间前递交投标保函。

组织通过资格预审的 7 家单位统一踏勘，不妥。作为招标人不得将已获取招标文件的潜在投标人的单位等相关信息泄露给其他投标人。

5. 问题(5)的参考答案

答：中标候选人的做法不妥。

根据《中华人民共和国招标投标法》第四十六条，招标人和中标人应当自中标通知书发出之日起 30 d 内，按照招标文件和中标人的投标文件订立书面合同。招标人和中标人不得再行订立背离合同实质性内容的其他协议。

二、海塘达标工程量清单案例分析

(一) 背景

为使海塘达到 100 年一遇防御标准，消除海塘安全隐患，上海市某海岛建设海塘达标工程(桩号：3＋157～3＋314)。该工程主要包括新建钢筋混凝土防浪墙和沥青混凝土路面。其中，结构断面如图 12-4 所示，防浪墙断面如图 12-5 所示，表 12-21 是可能存在错误内容的分类分项工程量清单。

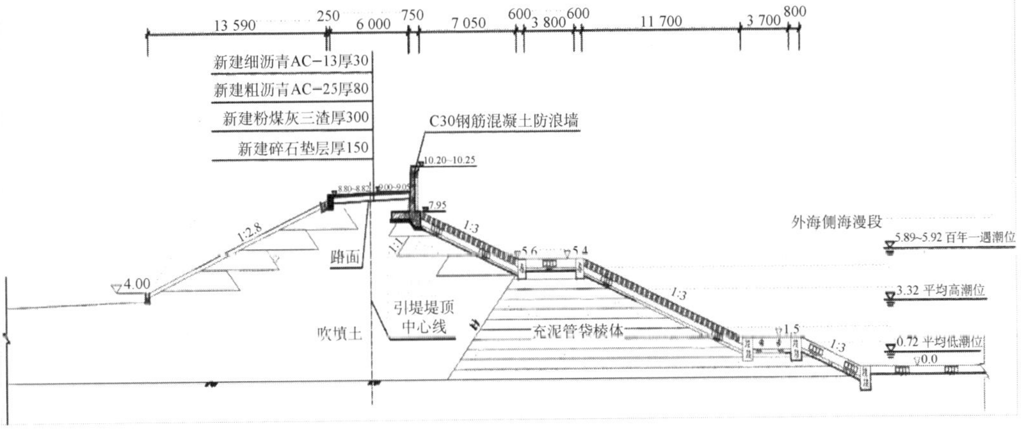

图 12-4　某海塘达标工程断面图

注：路面结构的碎石垫层规格为 10～20 mm。

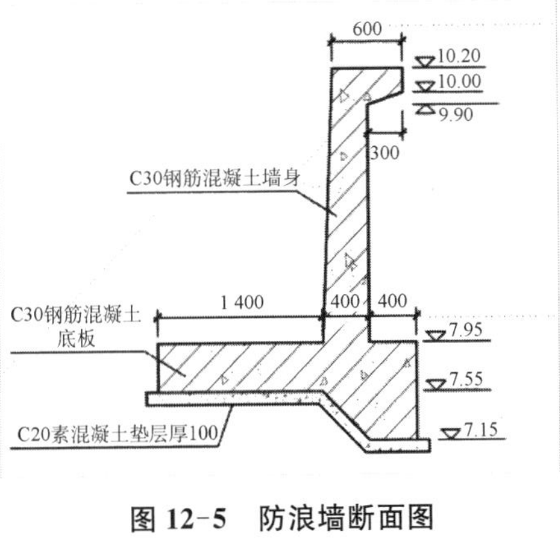

图 12-5　防浪墙断面图

表 12-21　某海塘达标工程分类分项工程量清单(节选)

项目编码	项目名称	项目主要特征	计量单位	数量	备注
001	防浪墙墙身	C30 泵送混凝土	m^3		
002	底板混凝土	C30 泵送混凝土	m^3		
003	防浪墙垫层混凝土	C30 泵送混凝土	m^2	402.8	
004	路面细沥青	AC-13	m^3	28.26	
005	路面粗沥青	AC-25	m^3		
006	粉煤灰三渣	松方体积配合比 熟石灰∶粉煤灰∶碎石=1∶2∶3	m^3	282.6	
007	碎石垫层	粒径 10～20 mm	m^3	141.3	
008	止水工程	PVC 塑料止水带	m^2	75.36	

(二) 问题

(1) 工程量清单计价应包括按招标文件规定完成工程量清单所列项目的全部费用,试说明包括哪三类费用。

(2) 根据案例提供的背景信息,按水利工程工程量清单计价规范相关规定,计算防浪墙C30 混凝土和路面粗沥青 AC-25 的工程量。

(3) 已知根据 2024 年 7 月份信息价,C30 混凝土单价为 586.00 元/m^3,粗沥青AC-25 单价为 460.73 元/t,单位重量 2.35 t/m^3,请计算防浪墙 C30 混凝土和路面粗沥青AC-25 的总价。

(4) 根据案例提供的背景信息,按水利工程工程量清单计价规范相关规定,在表 12-21 中找出错误内容,并说明理由。

(5) 描述 C30 钢筋混凝土底板的主要工作内容。

(三) 分析

本案例是工程量计算和工程量清单编制。本案例要求按水利工程工程量清单计价规范相关规定,掌握编制水利工程的工程量清单及清单计价的基本方法。具体是:编制分类分项工程量清单计价表、措施项目清单计价表、其他项目清单计价表、零星工作项目计价表和工程项目单价等,并汇总形成工程项目总价表。

《水利工程工程量清单计价规范》(GB 50501—2007)强制性条文规定:分类分项工程量清单的项目编码,一至九位应按本规范附录 A 和附录 B 的规定设置;十至十二位应根据招标工程的工程量清单名称由编制人设置,并应自 001 起顺序编码。

(四) 解答

1. 问题(1)的参考答案

答:包括分类分项工程费、项目措施费和其他项目费。

2. 问题(2)的参考答案

解：(1) 已知防浪墙工程沿线共计 157 m。

防浪墙墙身 C30 混凝土的断面面积为：

$A_1 = (0.3 + 0.4) \times (10.20 - 7.95)/2 + (0.2 + 0.3) \times 0.3/2 = 0.86(m^2)$

防浪墙底板 C30 混凝土的断面面积为：

$A_2 = 2.2 \times 0.4 + (0.4 + 0.8) \times 0.4/2 = 1.12(m^2)$

则防浪墙 C30 混凝土的断面面积 $A = A_1 + A_2 = 1.98(m^2)$

则防浪墙 C30 混凝土的工程量 $= 1.98 \times 157 = 310.86(m^3)$

(2) 路面粗沥青 AC-25 的工程量 $= 0.08 \times 6 \times 157 = 75.36(m^3)$

3. 问题(3)的参考答案

解：防浪墙墙身 C30 混凝土的总价 $= 586.00 \times 310.86/10\,000 = 18.22$(万元)

路面粗沥青 AC-25 的总价 $= 460.73 \times 75.36 \times 2.35/10\,000 = 8.16$(万元)

4. 问题(4)的参考答案

答：(1) 项目编码错误，项目编码应该是 12 位而不是 3 位。

(2) 防浪墙垫层混凝土的计量单位和数量错误，计量单位应该为 m^3；防浪墙垫层混凝土工程量应为 $(0.1 + 1.4 + 0.4 \times \sqrt{2} + 0.4 + 0.1) \times 0.1 \times 157 = 40.28(m^3)$。

5. 问题(5)的参考答案

答：钢筋混凝土底板的工作内容主要包括以下几个方面。

(1) 施工准备：包括熟悉设计图纸和技术规范；进行场地平整，准备施工材料和设备。

(2) 钢筋工程：包括钢筋加工、钢筋绑扎以及钢筋保护层设置。

(3) 模板工程：包括模板的选型与设计、模板的制作及安装。

(4) 混凝土工程：包括混凝土配合比设计、混凝土搅拌、混凝土运输、混凝土浇筑以及成品混凝土的养护。

(5) 钢筋混凝土底板的质量检查与验收：施工完成后，应进行质量验收。验收内容包括钢筋混凝土底板的尺寸、平整度、垂直度、强度等。

第四节　合同价款管理应用

一、河道整治工程计量和支付案例分析

(一) 背景

某河道治理工程内容包括：对主河道及支河进行疏浚、清淤及堤岸改造；河道治理 5.82 km，清淤 3.9 km；改建桥梁 3 座，改建箱涵 5 座；新建防汛通道 3.2 km。非防洪工程包括：新建截污闸 1 座；新节制闸 2 座；改建箱涵 2 座等。发承包双方依据《水利水电标准施工招标文件》签订了施工合同。合同规定如下。

(1) 合同价 9 800 万元，按月进行支付。

(2) 工程预付款为合同价的 10%,合同签订后一次支付给承包人;工程预付款采用规定的公式(见后)扣还,并规定开始扣预付款的时间为累计完成工程款金额达到合同价格的 10%,当完成 90%的合同价时扣完。

(3) 保留金扣留比率为 10%,总数达合同价 3%后不再扣留。

(4) 考虑到工期较短,不考虑物价波动引起的价格调整。

(5) 除完工结算外,月支付的最低限额为 500 万元。

合同工期为 10 个月,工程保修期 1 年。承包方已按照合同约定及时办理了履约担保和工程预付款担保。在合同实施过程中各月完成工程量清单中的项目价款如表 12-22 所示。

表 12-22　各月完成工程量清单中的项目价款

单位:万元

年度	2023 年						2024 年			
月份	7 月	8 月	9 月	10 月	11 月	12 月	1 月	2 月	3 月	4 月
完成工程款	400	600	1 200	1 400	1 800	1 000	900	550	…	…

合同实施中未发生变更、索赔、法规变更等事件。

(二) 问题

(1) 承包人申请工程预付款须分别具备什么条件?

(2) 承包人具备什么条件,监理人可同意支付永久工程材料进度款?

(3) 分别计算 2023 年 10 月和 2024 年 2 月承包人应得到的工程付款。

(4) 承包人应在什么时间提交完工付款申请单和最终付款申请单?完工支付的内容有哪些?

(5) 扣留的保留金如何退还?

附:工程预付款的扣回公式:

$$R=\frac{A}{(F_2-F_1)S}(C-F_1S)$$

式中,R——每次进度付款中累计扣回金额;

A——工程预付款总金额;

S——签约合同价;

C——合同累计完成金额(价格调整前未扣质量保证金的金额);

F_1——开始扣款时合同累计完成金额占签约合同价格的比例;

F_2——全部扣清时合同累计完成金额占签约合同价格的比例。

(三) 分析

本案例考核工程预付款的支付与扣还、工程质量保证金的扣留与退还、工程进度款的支付、完工结算和最终支付。

随着工程竣工和质量保修期结束,工程质量保证金一般分两次退还。工程缺陷未处理的,剩余工程质量保证金可暂不退还。

工程进度款的申请条件包括:①质量合格的工程项目;②变更项目各项手续完善;③符

合合同文件的规定；④月支付款应大于合同规定的最低支付限额。

工程进度款的支持程序包括：①承包人按合同约定时间向监理人递交上施工进度报告；②监理人对承包人递交的进度报告进行审核，然后将审核后的材料返回承包人；③承包人根据监理人审核后的工程量和其他项目，计算应支付的费用，并向监理人正式递交进度支付申请；④监理人收到支付申请后，组织有关方面复核、确认后，签署中期付款凭证，报请发包人批准。水利水电工程施工合同条件规定，监理人在收到进度付款申请单后的 14 d 内完成核查，并向发包人出具进度付款证书；⑤发包人在核实监理人提交的进度付款证书后，在规定时间内支付工程进度款。

在永久工程完工、验收、移交后，监理人应开具完工支付证书，在发包人与承包人之间进行完工结算。完工支付证书是对发包人以前支付过的所有款额以及承包人按合同有权得到的款额的确认，指出发包人还应支付给承包人或承包人还应支付给发包人的余额，具有结算的性质。

完工支付的内容包括：①确认按照合同规定应支付给承包人的款额；②确认发包人以前支付的所有款额；③确认发包人还应支付给承包人或者承包人还应支付给发包人的余额，双方以此余额相互找清。

完工支付的程序包括：①承包人提交完工付款申请单，详细地说明到移交证书注明的完工日期止，根据合同所累计完成的全部工程价款金额，和承包人认为根据合同应支付给他的追加金额和其他金额；②监理人在收到承包人提交的完工付款申请单后的规定时间内，完成复核并出具完工付款证书报送发包人审批；③发包人应在收到监理人的完工付款证书后的规定时间内，审批支付给承包人。

在工程缺陷责任期终止后，并且发包人或监理人颁发了缺陷责任终止证书，施工合同双方可进行工程的最终结算，其程序如下。

(1) 承包人提交最终结清申请单。在工程缺陷责任期终止证书签发后，承包人应及时提交最终结清申请单。发包人(或监理人)对最终结清申请单内容有异议的，有权要求承包人进行修正和提供补充资料。承包人按合同约定提交的最终结清申请单中，只限于提出合同工程完工证书颁发后发生的索赔。

(2) 监理人在收到承包人提交的最终结清申请单后的 14 d 内，提出发包人应支付给承包人的价款送发包人审核并抄送承包人。发包人应在收到后 14 d 内审核完毕，由监理人向承包人出具经发包人签认的最终结清证书。发包人应在监理人出具最终结清证书后的 14 d 内，将应支付款支付给承包人。

(四) 解答

1. 问题(1)的参考答案

答：工程预付款的申请条件如下。

(1) 发包人与承包人之间的合同文件已签订并生效。

(2) 承包人根据合同约定，在收到中标通知书后 28 d 内已向发包人提供了履约担保。

(3) 承包人根据合同约定已经提交了预付款保函(数额等同于工程预付款)。

2. 问题(2)的参考答案

答：工程进度款的申请条件包括①质量合格的工程项目；②变更项目各项手续完善；

③符合合同文件的规定；④月支付款应大于合同规定的最低支付限额。

工程进度款的支持程序包括：①承包人按合同约定时间向监理人递交施工进度报告；②监理人对承包人递交的进度报告进行审核，然后将审核后的材料返回承包人；③承包人根据监理人审核后的工程量和其他项目，计算应支付的费用，并向监理人正式递交进度支付申请；④监理人收到支付申请后，组织有关方面复核、确认后，签署中期付款凭证，报请发包人批准。水利水电工程施工合同条件规定，监理人在收到进度付款申请单后的 14 d 内完成核查，并向发包人出具进度付款证书；⑤发包人在核实监理人提交的进度付款证书后，在规定时间内支付工程进度款。

3. 问题(3)的参考答案

解：工程预付款总额＝ 9 800 × 10％ ＝980(万元)

工程预付款起扣时应累计完成工程款＝ 9 800 × 10％ ＝980(万元)

预付款终扣时应累积完成工程款＝ 9 800 × 90％ ＝8 820(万元)

本合同应扣保留金总额＝ 9 800 × 3％ ＝294(万元)

(1) 2023 年 10 月工程付款

① 应付工程量清单中项目工程款＝1 400(万元)

② 前 3 个月累计应扣保留金＝ (400 ＋ 600 ＋ 1 200) × 10％ ＝220 万元＜ 9 800 × 3％ ＝294(万元)

因此，

本月仍需扣留金额＝ (400 ＋ 600 ＋ 1 200 ＋ 1 400) × 10％ ＝360(万元) ＞ 9 800 × 3％ ＝294(万元)

本月需扣保留金＝ 294 － 220 ＝74(万元)，至此保留金全部扣完。

③ 截至 2023 年 9 月，累计应扣工程预付款＝ $\dfrac{9\,800 \times 10\%}{(90\% - 10\%) \times 9\,800} \times (2\,200 - 9\,800 \times 10\%) = 152.5$(万元)

截至 10 月累计应扣工程预付款＝ $\dfrac{9\,800 \times 10\%}{(90\% - 10\%) \times 9\,800} \times (3\,600 - 9\,800 \times 10\%) = 327.5$(万元)

本月应扣工程预付款＝ 327.5 － 152.5 ＝175(万元)

2023 年 10 月应支付工程款＝ 1 400 － 175 － 74 ＝1 151(万元) ＞ 500(万元)

则本月应支付 1 151 万元。

(2) 2024 年 2 月工程付款

① 应付工程量清单中项目工程款＝550(万元)

② 保留金已扣足，本月不再扣留；

③ 截至 2024 年 1 月累计应扣工程预付款＝ $\dfrac{9\,800 \times 10\%}{(90\% - 10\%) \times 9\,800} \times (7\,300 - 9\,800 \times 10\%) = 790.00$(万元)

截至本月累积应扣工程预付款＝ $\dfrac{9\,800 \times 10\%}{(90\% - 10\%) \times 9\,800} \times (7\,850 - 9\,800 \times 10\%) = 858.75$(万元)

本月应扣工程预付款＝858.75－790＝68.75(万元)

2024年2月应支付工程款＝550－68.75＝481.25(万元)＜500(万元)

本月不支付,结转到下月。

4. 问题(4)的参考答案

答:在工程移交证书颁发后的28 d内,承包人应提交完工付款申请单。在接到保修责任终止证书后的28 d内,承包人应提交最终付款申请单。

完工支付的内容包括:①确认按照合同规定应支付给承包人的款额;②确认发包人以前支付的所有款额;③确认发包人还应支付给承包人或者承包人还应支付给发包人的余额,双方以此余额相互找清。

5. 问题(5)的参考答案

答:扣留的保留金退还方式如下。

(1) 在单位工程验收并签发移交证书后,将其相应的保留金总额的一半在月进度付款中支付承包人;在签发合同工程移交证书后14 d内,由监理人出具保留金付款证书,发包人将保留金总额的一半支付给承包人。

(2) 监理人在合同全部工程保修期满时,出具为支付剩余保留金的付款证书。若保修期满时尚需承包人完成剩余工作,则监理人有权在付款证书中扣留与剩余工作所需金额相应得的保留金余额。

二、某水利枢纽工程工期及费用索赔案例分析

(一) 背景

某主干河流上游新建一水利枢纽工程,发包人依据《水利水电标准施工招标文件》与承包人签订了施工合同。该水利枢纽包括上下游闸室,本项目跨汛期施工。该监理工程师批准的闸底板网络进度计划(单位:d)如图12-6所示。

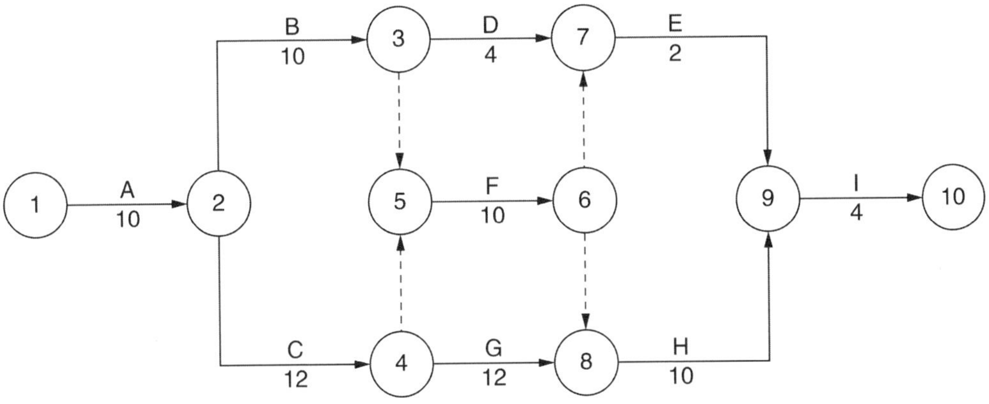

图12-6　网络进度计划图

施工过程中发生以下事件。

事件1:由于生产工人数量不足,C工作实际用时16 d完成。

事件 2：因工人操作不规范，钢筋绑扎不满足质量要求，B 工作返工重做，耗时增加 4 d，增加费用 3 万元；又因发包人要求设计变更，增加工期 3 d，增加费用 5 万；

事件 3：消力池底板施工时，为加快工程进度，施工单位自行将垫层混凝土标号提高到与底板相同，垫层和底板同时进行浇筑。监理机构发现该问题后，发出监理指示要求整改。

事件 4：施工中，由于超强台风的影响，造成已运至现场的原材料、工程设备以及施工机械设备产生一定损失，且双方及第三方人员均有不同程度的受伤。台风过后，为了确保工程按期竣工，发包人要求承包人赶工。

(二) 问题

(1) 计算该网络计划的时间参数，并指出网络进度计划的工期和关键线路。

(2) 分别分析事件 1、事件 2 对工程计划工期有何影响？实际工期是多少？承包人提出的工期和费用索赔是否成立？若成立，分别是多少，并说明理由。

(3) 根据事件 3，指出承包人做法的不妥之处，并简要说明理由。该事件若要进行变更，应履行什么程序？

(4) 根据事件 4，试分析该台风造成损失的责任分担原则是什么？

(三) 分析

不论是由何方提出的变更要求或建议，均需经监理人与有关方面协商，并得到发包人批准或授权后，再由监理人按合同规定及时向承包人发出变更指示。变更指示的内容应包括变更项目的详细变更内容、变更工程量和有关文件图纸以及监理人按合同规定指明变更处理原则。监理人发布变更指示前应征得发包人同意。没有监理人的变更指示，承包人不得擅自变更。

(四) 解答

图 12-7 所示为案例解答图。

1. 问题(1)的参考答案

答：计划工期为 48 d。关键线路为 A-C-G-H-I。

2. 问题(2)的参考答案

答：事件 1 造成 C 工作延迟 4 d，C 为关键路线上的关键工作，实际总工期延长为 52 d；因延迟责任为承包人人员数量不足，工期索赔不成立。

事件 2 造成 B 工作延迟 7 d，B 为非关键路线，总时差为 8 d，因此，事件 2 不影响总工期；由于施工质量不满足规范要求是承包人的责任，费用和工期索赔均不成立；由于发包人设计变更造成的费用增加 5 万，予以成立；因设计变更造成工期增加 3 d，但小于该工作的总时差 8 d，工期索赔不予成立。

3. 问题(3)的参考答案

答：承包人自行变更施工方法是不妥的。

没有监理人的指示，承包人不得擅自变更。承包人应就变更事宜报监理工程师后，由监理工程师变更指示后才能实施变更事项。

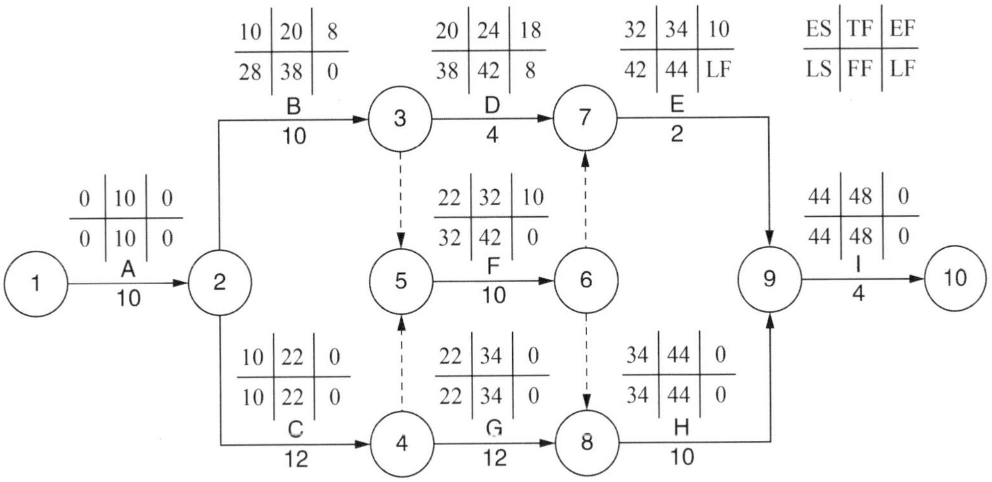

图 12-7　网络进度计划图解答

4. 问题(4)的参考答案

答:超强台风属于不可抗力。

除合同条款有约定外,不可抗力造成的人员伤亡、财产损失、费用增加和(或)工期延误等后果,由合同双方按照以下原则承担。

(1) 永久工程,包括运至工地现场的材料和工程设备的损害,以及因工程损害造成的第三者人员伤亡和财产损失,由发包人承担。

(2) 承包人设备的损坏由承包人承担。

(3) 发包人和承包人各自承担其人员伤亡和其他财产损失及其相关费用。

(4) 承包人的停工损失由承包人承担,但停工期间应发包人要求照管工程和清理、修复工程的费用由发包人承担。

(5) 不能按期竣工的,应合理延长工期,承包人不需支付逾期竣工违约金。发包人要求赶工的,承包人应采取赶工措施,赶工费用由发包人承担。